U0289951

STC公司大学计划推荐图书

[微课视频版]

清华

开发者书库

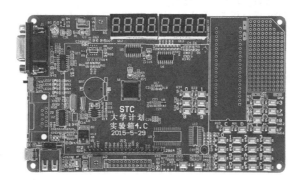

Development of STC15 Microcontroller C Language Project

STC15单片机 C语言项目开发

周小方　陈育群◎编著
Zhou Xiaofang　Chen Yuqun

清华大学出版社

北京

内 容 简 介

MCS-51 单片机是 8 位 MCU 的典型代表,在国内单片机教学领域有不可撼动的地位和作用。宏晶科技的 STC 单片机已成为业界主流的 51 兼容单片机,该公司的 STC15W4K32S4 系列单片机中的 IAP15W4K58S4 芯片具有在应用可编程(In-Application Programming,IAP)功能,用它构成的实验板就是一个 STC15 系列 51 兼容单片机的在线仿真器,可以很方便地构建起功能强大、价格低廉、便携式的硬件实验系统。

本书基于宏晶科技 IAP15W4K58S4 单片机实验箱,讲解 STC15 系列增强型单片机的功能特点,阐述 51 单片机高级语言 Keil C51、汇编语言及混合编程程序设计方法,结合实例阐述单片机应用系统的两种常用的开发技术,其一是基于在应用编程的硬件实验板的在线仿真技术;其二是基于 Proteus 软件的模拟仿真技术,从而实现单片机原理与实验的一体化教学。

本书结合大量综合案例,既分析 51 单片机原理,又贴近工程,可作为电子信息类专业"单片机原理与实验"课程的教材,也可作为 STC 单片机竞赛、单片机认证考试的参考用书。对于从事单片机应用系统设计的工程技术人员,本书也有很好的参考价值。

本书封面贴有清华大学出版社防伪标签,无标签者不得销售。

版权所有,侵权必究。举报:010-62782989,beiqinquan@tup.tsinghua.edu.cn。

图书在版编目(CIP)数据

STC15 单片机 C 语言项目开发/周小方,陈育群编著. —北京:清华大学出版社,2021.1(2024.8 重印)
(清华开发者书库)
ISBN 978-7-302-56307-5

Ⅰ. ①S… Ⅱ. ①周… ②陈… Ⅲ. ①单片微型计算机—C 语言—程序设计 Ⅳ. ①TP368.1②TP312.8

中国版本图书馆 CIP 数据核字(2020)第 156000 号

责任编辑:曾 珊 李 晔
封面设计:李召霞
责任校对:李建庄
责任印制:刘 菲

出版发行:清华大学出版社
      网　　　址:https://www.tup.com.cn,https://www.wqxuetang.com
      地　　　址:北京清华大学学研大厦 A 座　　　　邮　　编:100084
      社 总 机:010-83470000　　　　邮　　购:010-62786544
      投稿与读者服务:010-62776969,c-service@tup.tsinghua.edu.cn
      质量反馈:010-62772015,zhiliang@tup.tsinghua.edu.cn
      课件下载:https://www.tup.com.cn,010-83470236
印 装 者:三河市龙大印装有限公司
经　　销:全国新华书店
开　　本:186mm×240mm　　印　张:25.25　　　　字　　数:569 千字
版　　次:2021 年 3 月第 1 版　　　　　　　　　印　　次:2024 年 8 月第 5 次印刷
印　　数:4101～4900
定　　价:89.00 元

产品编号:087680-01

推荐序(一)

电子信息产业是我国国民经济的支柱产业,占工业总体比例超过 9%。2020 年,我国电子信息产业销售收入预计将超过 20 万亿元人民币。

与产业规模相对应,我国电子信息类专业的办学规模也非常庞大,高等院校本科设置的电子信息类专业主要有电子信息工程、电子科学与技术、通信工程、微电子科学与工程、光电信息科学与工程、信息工程等。据不完全统计,在全国本科院校中,设有电子信息工程专业的 681 所、没有电子科学与技术专业的 215 所、没有通信工程专业的 572 所等。其中,应用型本科院校占了较大比例。

电子信息技术的发展日新月异,对电子信息类人才培养提出了新的更高的要求。其一,传统工业及消费领域融合了新的电子信息技术,产生了大量的应用需求,应用型人才需具备系统级设计能力。其二,电子信息系统设计技术快速发展,应用型人才需具备软硬件协同设计能力。其三,第三方技术支持公司为系统设计者提供了丰富的生态资源,应用型人才需具备快速掌握第三方开发工具并利用其设计资源的能力。"单片机原理"是电子信息类应用型本科专业学生涉足电子信息系统软硬件设计的入门课程,对应用型本科学生系统设计能力的培养起到至关重要的作用。

我和周小方教授多年前在"华东地区高校电子线路课程教学研究会"上相识,彼此都热心于教学研究会的工作,因此有颇多交流。不久前,周小方教授告知其主持的 STC 大学计划资助的教材建设项目"STC15 单片机 C 语言项目开发"已完成,并和我进行了深入交流。

本书具有以下几个特点:

(1) 选择 STC 单片机为载体讲述 51 单片机原理;

(2) 以 C51 为主要的开发语言,选择 Keil 公司的 μVision 为软件开发平台;

(3) 以口袋式学习实验板 STC15-IV 为主要的硬件平台,并结合 Proteus 虚拟仿真突破物理硬件的局限;

(4) 教学内容与硬件平台紧密结合,所有例程均可实证;

(5) 既有综合实验项目,也有完整的系统设计案例。

本书是周小方教授多年从事教学和科研工作的成果总结,体现了 CDIO 工程教育理念,结构合理,理论与实验有机结合,贴近工程实际,可读性强,是一本很好的单片机方面的教材,特此推荐给大家。

王成华

2020 年 12 月于南京

推荐序(二)

1980 年,Intel 公司推出的 8051 单片机是计算机发展的里程碑,开创了嵌入式计算机系统蓬勃发展的时代,经过 40 年的发展,传统 8051 技术不可避免地面临落伍的局面。21 世纪以来,STC 一直致力于 8051 单片机的创新与技术升级,是单时钟 1T 8051 技术和在系统编程/在应用编程技术领导者,在 STC89 单片机的基础上,先后推出了 STC10/11、STC12、STC15、STC8 系列单片机,累计上百种产品,是全球最大的 8051 单片机供应商。与传统 8051 单片机相比,STC15/STC8 系列单片机的主要特性有:

(1)采用超高速内核,单时钟周期,最快指令提速 24 倍;在平均运行速度上,STC15 系列提速 6.8 倍,STC8 系列提高 13.2 倍。

(2)采用 Flash 技术和 ISP/IAP 技术,一个芯片就能仿真。

(3)采用专门的抗干扰与特别的加密技术,抗干扰与加密能力超强。

(4)内置高精准、低温漂 R/C 时钟(最高 48MHz)、高可靠复位电路、看门狗定时器。

(5)采用低功耗技术,2.0~5.5V 宽工作电压范围。

(6)集成大量实用外设电路,单片机 SoC 化,如集成有 ADC/模拟比较器、2 路 CCP/PCA/PWM 定时器、6 路 15 位增加型 PWM 定时器、SPI 和 I^2C、4 组高速 UART、5 个 16 位自动重载定时/计数器、大容量 SRAM、大容量 DataFlash/EEPROM、大容量 Flash 程序存储器等。

(7)有 DIP/SOP/TSSOP/LQPF/QFN/DFN 等多种封装,有 6~62 个 I/O 口,极大地方便了选型和设计工作。

此外,STC 新近推出的 STC8H 系列单片机增加了 USB 接口,与计算机通信无需任何转换芯片,可直接通过 USB 接口进行在系统下载编程和仿真,ADC 提升到 12 位,16 位高级 PWM 定时器可配置成 4 对互补/对称/死区控制的 PWM,还增加了 16 位硬件乘除法器。STC 将于 2020 年 9 月推出 16 位 8051 单片机 STC16F32K128,该单片机增加单精度浮点运算器和 32 位硬件乘除法器,其运算能力超越 Cortex M0/M3,增加了大容量 32KB SRAM 和大容量程序 Flash;并将于 2021 年推出 STC32 系列 32 位单片机,速度全面超越 Cortex M0/M3。

我国 8051 单片机有三十多年的应用历史,绝大多数工科院校都有此必修课,有几十万名熟悉该单片机的工程师可以交流开发心得,有大量的经典程序和外围电路可以直接引用,从而大幅降低开发风险,极大地提高开发效率,这是 STC 单片机产品的巨大优势。为促进

我国 8051 单片机课程的教学改革,STC 大学计划已进行了十多年,主要工作概况如下:

(1) 投入巨资在全国高校建立 1000 所 STC 高性能单片机联合实验室,目前已建立联合实验室的高校有浙江大学、上海交通大学、复旦大学、南京大学、电子科技大学等 300 多所。

(2) 支持全国大学生电子设计竞赛。2021 年及 2023 年的竞赛,采用可仿真的超高速 STC15 或 STC8H 系列单片机为主控芯片完成设计,获得最高奖的参赛队伍(限 1 队),STC 特别奖励其 10 万元;获得一等奖的参赛队伍(限 300 队以内),STC 特别奖励每队 2 万元。

(3) 支持 211 高校举行全国大学生设计竞赛校内选拔赛。

(4) 支持各类高校在校内举办 STC 杯单片机系统设计大赛。

(5) 支持国内高校资深教师使用 STC15/STC8/STC16/STC32 系列单片机创作全新教材。

在 STC 大学计划的支持下,周小方教授主持的单片机原理与应用教材建设项目 "STC15 单片机 C 语言项目开发"已经完成,该教材具有以下特点:

(1) 选择以 STC15 系列单片机为载体讲述 8051 单片机原理。

(2) 以 Keil C51 为主要开发语言,选择 Keil μVision 为集成开发平台。

(3) 以 STC 官方 STC15 系列单片机实验箱为主要的硬件仿真学习平台,并用 Proteus 虚拟仿真平台作为物理硬件的补充。教学案例与主辅硬件平台紧密结合,所有例程均可实证。

(4) 将 STC 单片机片内资源的工作原理讲述与项目导向有机结合,既讲清原理又贴近工程,充分体现 CDIO(构思/设计/实现/运作)工程教育理念。

(5) 配有 3 个综合实践项目和 5 个系统设计完整案例,是理论和实验合一的教材。

(6) 配有大量工程化的综合性例题,并用统一的单片机应用系统软件设计方法贯穿始终。

本书的特点与 STC 大学计划所秉持的单片机教育教学理念是一致的,我一直旗帜鲜明地表明如下观点。

首先,现在本科高校工科非计算机专业学生嵌入式系统的入门课程到底应该直接学 32 位的 ARM(或 STC32)单片机好还是先学 8 位的 8051 单片机好? 我觉得还是学习 8 位的 8051 单片机比较好,原因是: 现在大学的嵌入式系统课程只有 64 个学时,甚至只有 48 个学时。如果用 48 学时使学生学懂 8 位 8051 单片机并做出产品,那么今后只需要很少的时间,他就能触类旁通了。例如,要将现有的 8 位 STC15 系统升级成引脚兼容的 16 位 STC16 系统,只需在 Keil 集成开发环境中用 80251 编译器重新编译软件,然后重新下载即可,30 分钟足够。但如果只用 48 个学时直接学 32 位的 ARM(或 STC32),学生很难学懂,最多只能使用函数调用,都搞不懂微机原理或单片机原理,这样没有意义,培养不出真正的人才。因此,多数业界人士建议应该将 C 语言与 8051 单片机教学结合起来,大学二年级结束前完成 8 位单片机入门,到三年级时学有余力的学生再选修 32 位嵌入式单片机课程,例如,即将推出的 STC32 系列,基于 V8 架构的 M4 延伸架构,效果会更好。

其次,现在工科非计算机专业的 C 语言课程多是空中飘着、落不着地的状况,学完之后不知道干什么。若将课程内容由标准 C 语言改为嵌入式 C 语言,问题可随之化解。将单片机和 C 语言组合到一门课中,讲授嵌入式 C 语言(或面向控制的 C 语言),在大学一年级开设,学生学完后对自己未来的发展方向会做到心中有数。在此基础上,接着开设 Windows 下的 C++ 程序设计,学生学完模电、数电(或 FPGA)、数据结构、实时操作系统(RTOS)、传感器、自动控制原理、数字信号处理等课程后,大学三年级再开一门综合电子系统设计课程,知识体系就比较完整了。

再次,以 STC15/STC8 系列单片机为载体讲授 8051 单片机原理有几个好处:

(1) 该单片机一个芯片就是一个仿真器,尤其是使用 STC15 系列单片机实验箱,可以低成本地掌握单片机开发的核心技术——在线仿真、调试技术。

(2) 该单片机的定时器被改造为支持 16 位自动重载模式,初学者只需学习该模式,降低了学习难度。

(3) 该单片机的串口波特率发生器增加了新的工作模式,其波特率计算简化为[系统时钟/4/(65536-重装数)],极大地降低了学习难度。

(4) 该单片机的定时器 T0 增加了不可屏蔽的 16 位自动重载模式,可作为实时操作系统 RTOS 的任务调度定时器。

(5) 最新的 STC-ISP 烧录软件提供了大量的贴心辅助开发小工具,如范例程序/定时器计算器/软件延时计算器/波特率计算器/头文件/指令表/Keil 仿真设置/串口助手等;所有这些都将给初学者极大的帮助。

周小方和陈育群老师的这部力作,是两位老师长期科研教学工作的总结,也是他们与 STC 大学计划合作的结晶。在单片机教学改革中,高校已推出众多新教材,本书特色鲜明,有许多独到之处,值得向读者推荐。

本书是 STC 大学计划单片机原理及应用课程推荐教材、STC 高性能单片机联合实验室单片机原理上机实践指导教材、STC 杯单片机系统设计大赛参考教材,是 STC 推荐的全国智能车大赛和全国大学生电子设计竞赛 STC 单片机参考教材,采用本书作为教材的院校将优先免费获得 STC 官方 STC15(或 STC8)系列单片机实验箱的支持(主控芯片为 STC 可仿真的 IAP15W4K58S4-30I-LQFP44 或 STC8H8K64U-48I-LQFP64)。

关于 STC 单片机的更多技术资料和 STC 大学计划的详细内容,欢迎读者访问 STC 官网 www.STCMCU.com 或 www.STCMCUDATA.com。

明知山有虎,偏向虎山行!

STC MCU Limited:姚永平

2020 年 12 月

前 言
PREFACE

　　尽管相当多的业内人士认为 8 位单片机已经过时,且 51 单片机的教材已多至不可尽数,但对电子信息类应用型本科专业而言,以下事实是清楚的。其一,在今后相当长一段时间内,8 位单片机还将占据 MCU 市场的多数份额,毕业生在职场中的专业成长还是离不开 8 位单片机系统开发。其二,应用型本科学生需要有成本低廉、学习资源丰富、电路制作工艺简单的 MCU 作为基础性、大众化的工程实践训练载体,这方面 51 单片机无疑是最佳选择。其三,多数的应用型本科学生采用先 8 位单片机、后 ARM 微处理器的分级递进学习进程无疑是合适的选择。其四,51 单片机的教材虽然很多,但围绕主流芯片与开发工具,既能讲透原理,又贴近工程应用,突出开发技术的教材却不多见。鉴于此,我们认为编写 51 单片机原理与开发技术的教材是有意义的。

　　在芯片选择方面,宏晶科技有限公司 STC15 系列单片机是采用流水线设计的高性能 51 兼容单片机,相比标准 51 单片机,运行速度提高了 8~12 倍,增加了多个外围接口设备。如 STC15W4K32S4 系列单片机,除 CPU 外,片内还集成了程序存储器 Flash、数据存储器 SRAM、定时/计数器、高速 UART、掉电唤醒专用定时器、I/O 口、高速 A/D 转换、比较器、看门狗、PCA/CCP/PWM、高速同步串行通信端口 SPI、片内采用高精度 RC 时钟及高可靠复位电路等模块,几乎包含了数据采集与控制应用领域所需要的所有单元模块,成为该领域一款品质优秀的片上系统(System on Chip,SoC)。系列中的 IAP15W4K58S4 单片机还有在应用编程(IAP)功能,基于该芯片的实验板 STC15-Ⅳ 就是一个 STC15 单片机的在线仿真器,可以很方便地构建起功能强大、价格低廉、便携式的口袋实验系统的硬件平台。

　　在开发工具方面,C 语言已成为单片机系统开发的主要程序设计语言,Keil 公司的 μVision 集成开发环境是 51 兼容单片机软件开发综合平台,也可支持 ARM 芯片开发,是业界公认的优秀主流平台。Labcenter Electronics 公司的 Proteus 是性能卓越、功能强大的 EDA 工具软件,是模/数混合电路以及微控制器系统设计与虚拟仿真平台,借助该平台可以突破硬件实验板的框囿。

　　本书以 IAP15W4K58S4 单片机为代表,讲解 STC15 系列增强型单片机的功能特点,阐述单片机高级语言 Keil C51 程序设计方法,结合实例阐述单片机应用系统两种常用的开发技术,其一是基于 Proteus 软件的虚拟仿真技术;其二是基于在应用编程的硬件实验板的在线仿真技术。

　　单片机应用系统开发是实践性很强的专业技术工作,只有通过大量设计案例的学习与实践,贯彻 CDIO 工程教育理念,才能掌握应用系统开发要领。为此,本书配置了完整的 STC15 系列单片机实验,共有 8 个实验,其中 3 个是综合性实验,5 个是应用系统设计实验。在内容安排上,注意尽量符合单片机应用系统发展要求,突出系统设计方法、C51 编程技术和仿真调试技术。

本书可作为电子信息类应用型本科专业单片机原理与实验课程的教材,全书共 12 章,第 1~11 章可作为理论课教材,适合 48~64 学时的课程,对于少学时课程,7.5 节、第 8 章、9.4 节、10.4 节、10.5 节、第 11 章的内容可以酌情甄选。第 12 章可作为对应实验实践课教材,适合 12~16 学时的课程,对少学时课程,12.7 节、12.8 节的内容可以酌情甄选。

本书第 1、2、3、5、8、10、11、12 章由周小方编写,第 4、6、7、9 章由陈育群编写,全书统稿由周小方完成。陈育群制作了本书的教学课件,周小方整理了习题解答及软件设计文件。在教材编写过程中,作者的同事白炳良、陈福昌、王灵芝、郭海燕认真审阅了全部书稿,对教材体系、内容选取提出了宝贵的建议,参与了部分教学视频制作,学生陈鑫龙对全部稿件进行了认真检查,在此表示衷心感谢。

本书的编写参考了 STC/深圳国芯人工智能有限公司(原宏晶科技)最新的技术文档、手册和部分范例程序,得到公司多名员工的热心帮助,姚永平先生对本书编写思路提出了有益的建议,并审阅了编写大纲,在此表示衷心感谢。

有关 8 位单片机的教材有很多,但以 Keil μVision 集成开发环境为平台,融合虚拟仿真技术(基于 Proteus 软件)和在线仿真技术(基于便携式的口袋实验系统硬件平台,即宏晶科技 IAP15W4K58S4 实验板),结合大量设计案例,践行 CDIO 工程教育理念的教材并不多见,书中实例多数来源于作者开发的实际应用系统,程序都是经实践检验的。

本书在讲清原理,贴近工程应用,突出开发技术,践行 CDIO 工程教育理念等方面作了一些探索。由于作者水平有限,书中难免存在不当之处,敬请读者批评指正。

编　者

2020 年 12 月

学习建议

本书定位

本书可作为电子信息类以及机电、电气、控制、计算机等相关专业本科生的单片机原理与实验课程的教材,也可供相关工程技术人员阅读参考。

建议授课学时

如果将本书作为教材使用,建议将课程的教学分为理论讲授和实验实践操作两个层次。理论讲授建议 48～64 学时,实验实践操作 12～16 学时,学生自主上机 24～32 学时。教师可以根据不同的教学对象或教学大纲要求安排学时数和教学内容。

教学内容、重点和难点提示、学时分配

序 号	教学内容	教 学 重 点	教学难点	学时分配
第 1 章	绪论	单片机相关描述	无	1
第 2 章	STC15 单片机基础	STC15 单片机的存储结构、特殊功能寄存器、并行 I/O 端口及工作模式、时钟、复位电路	STC15 单片机的存储结构、特殊功能寄存器	5
第 3 章	51 单片机 C51 语言编程基础	单片机 C51 程序设计语言、单片机资源的 C51 语言描述方法	单片机资源的 C51 语言描述方法	6
第 4 章	单片机仿真与调试技术	Proteus 和 Keil μVision 在单片机开发与调试中的应用、STC15 单片机实验板的在线仿真和调试方法	Keil μVision 在单片机仿真中的应用	6
第 5 章	数码显示与键盘接口	数码管显示、键盘扫描及其消抖动、数码管动态显示与键信号消抖动处理的协同等程序设计,矩阵键盘应用	数码管动态显示与键信号消抖动处理的协同	6
第 6 章	STC15 单片机的中断系统与定时/计数器	STC15 单片机的中断系统结构、定时/计数器的工作模式,中断及定时/计数器的应用编程	STC15 单片机中断和定时/计数器的应用编程	8
第 7 章	STC15 单片机异步串行通信接口	STC15 单片机串口结构和工作方式,单片机的多机通信及与 PC 的通信,串口应用编程	单片机的多机通信及与 PC 的通信,串口应用编程	6
第 8 章	C51 语言与汇编语言混合编程	51 单片机寻址方式与汇编语言指令集,汇编语言程序设计基础,C51 语言与汇编语言混合编程	51 单片机汇编语言指令集,汇编语言程序设计基础	10

续表

序　号	教学内容	教学重点	教学难点	学时分配
第9章	STC15 单片机 A/D 转换器与比较器	STC15 单片机 A/D 模块、模拟比较器模块结构及配置,应用编程	STC15 单片机 A/D 模块的应用编程	6
第10章	STC15 单片机 PCA 与增强型 PWM 模块	STC15 单片机 PCA 模块结构与工作方式、增强型 PWM 模块结构,PCA 模块和增强型 PWM 模块的应用编程	STC15 单片机 PCA 模块和增强型 PWM 模块应用编程	8
第11章	STC15 单片机串行外设接口	STC15 单片机 SPI 接口结构与工作方式,SPI 接口的应用编程	STC15 单片机 SPI 接口应用编程	2
第12章	STC15 单片机实验与系统设计案例	I/O 口输入输出操作,动态数码管显示,定时计数器与矩阵键盘,电动门控制系统设计,简易电子时钟设计,简易数字温度控制器设计等	系统程序设计方法,程序调试方法	16

网上资源

为方便教学与自学,本书配套提供了相应的教学课件、实例软硬件设计文件、习题解答及软硬件设计文件,以及部分视频教学资源,这些资源可从清华大学出版社网站本书页面下载。

目 录

CONTENTS

---

① 本附录包括附录 A（ASCII 码字符表）、附录 B（C51 编译器选项卡）、附录 C（C51 其他库函数）、附录 D（STC1515W4K32S4 系列单片机引脚分布）、附录 E（STC15-Ⅳ实验板 USB 串口驱动程序安装）、附录 F（STC15 系列单片机汇编指令集）、附录 G（STC15 系列单片机片内 RAM 与特殊功能寄存器）、附录 H（STC15-Ⅳ实验板原理图汇总）。

第1章

绪　　论

1.1　单片机及其发展概况

　　1971 年,Intel 公司首先将原先由多个芯片构成的中央处理单元、运算器、控制器集成在一个芯片内,推出了全球首款 4 位微处理器(Microprocessor)芯片 Intel 4004,拉开了微处理器迅速发展的序幕。在微处理器的发展过程中,人们试图在微处理器芯片中增加存储器、I/O 接口、中断控制、定时/计数器、时钟及系统总线、串行通信接口等电路,以提高其功能,由此产生了各种不同功能和用途的微处理器,称为微控制器(Microcontroller),亦称为单片机。单片机的英文缩写 SCM 源于 Single Chip Microcomputer,其含义是单芯片的微型计算机,在单片机发展初期,这是一个准确的概念。随着技术、体系结构、控制功能的不断发展与完善,单芯片的微型计算机已不能准确表达高性能微控制器的内涵,国际上逐渐用 MCU(Micro Controller Unit)取代 SCM,国内则沿用单片机一词。

　　单片机在计算机发展历程中是划时代的,它的诞生导致微型机发展形成了通用计算机系统和嵌入式计算机系统两大分支。嵌入式计算机系统是以应用为中心,以计算机技术为基础,软硬件可裁剪的专用微计算机系统,以满足应用系统对功能、可靠性、成本、体积、功耗的严格要求。嵌入式系统融合了计算机技术、电子技术、信息处理技术、测控技术,产生了众多的智能化机电产品,对传统产品的结构和应用方式都产生了巨大的影响。单片机体积微小、成本低廉,可嵌入到仪器仪表、工控单元、通信设备、导航系统、汽车电子系统、机器人、办公设备、个人终端、家用电器、玩具等产品中,应用领域十分广泛。

1.1.1　单片机的发展历程

　　从 20 世纪 70 年代中期单片机诞生到如今,其发展历史大致可划分为 4 个阶段。

　　第一阶段(1976—1978 年),单片机发展初级阶段。该阶段主要完成了计算机的单芯片集成探索。Intel 公司的 MCS-48 系列单片机是该阶段的代表。

　　第二阶段(1978—1982 年),单片机的完善阶段。计算机的单芯片集成取得成功后,紧接着的任务就是单片机体系结构的完善。在 MCS-48 系列单片机的基础上,1980 年,Intel

公司推出的 8 位 MCS-51 系列单片机成为该阶段的代表性产品,该产品增加了面向工控的位寻址、位操作和许多突出控制功能的指令,确定了单片机的基本体系结构。

第三阶段(1982—1990 年),微控制器的形成阶段。该阶段 16 位单片机逐渐推出,8 位单片机得到巩固和发展。1983 年 Intel 公司推出 16 位的 MCS-96 系列单片机,将测控领域中的程序运行监视定时器、模/数转换器、脉冲宽度调制器集成到单片机内部,突出其微控制器特性。随着 8 位 MCS-51 单片机的广泛应用,许多著名的电气厂商,如 Philips 公司等,使用 80C51 作为内核,将测控领域的许多电路技术、接口技术、模/数转换技术、可靠性技术等集成到单片机中,增加其外围电路功能,强化其微控制器特性。

第四阶段(1990 年至今),微控制器全面发展阶段。该阶段众多著名电气和芯片厂商介入了微控制器领域,出现了百花齐放、百家争鸣,技术不断创新、产品推陈出新,异彩纷呈的局面。随着单片机在各领域的深入应用,出现了高速、大寻址范围、强运算能力的 8 位/16 位/32 位通用型单片机,也保留了一些小型、廉价的专用单片机。在结构上,出现了冯·诺依曼结构与哈佛结构的单片机,以及复杂指令集(Complex Instruction Set Computer, CISC)与精简指令集(Reduced Instruction Set Computer, RISC)的单片机,各种功能的 I/O 接口繁多,串行扩展技术成为主流,普遍使用在线编程技术。在开发技术方面,发展了多种集成开发环境,支持 C 语言开发。

1.1.2 主流的 8 位通用单片机及其特点

自 20 世纪 90 年代单片机进入全面发展阶段以来,世界各大芯片厂商都推出了自己的单片机,8 位通用单片机产品应有尽有,数不胜数,这里仅简单介绍部分常用的单片机系列产品及其特点。

1. 80C51 兼容单片机

Intel 公司在 20 世纪 80 年代初推出了 MCS-51 单片机,此后 Intel 公司将发展重点定位于 X86、奔腾等高端微处理器开发,并将 80C51 内核使用权授让给许多著名 IC 制造厂商,如 Philips、Atmel、Siemens、Fujitsu、华邦、LG、宏晶科技有限公司等,在保持与 80C51 单片机兼容的基础上,这些公司扩展了满足不同应用场合的外围电路,如满足模拟量输入的 A/D、伺服驱动的 PWM、串行扩展总线 I^2C、保证程序可靠运行的 WDT、引入好用且价廉的 Flash ROM 等,推出了许多功能各异的新品种,统称为 51 系列单片机。51 系列成为 8 位单片机的主流,其内核 80C51 成为 8 位 MCU 的一个标准。兼容 80C51 的单片机品牌主要有:

(1) Philips 公司发展了 I2C 串行总线,推出了 80C51 系列、P89LPC900 系列、P87LPC700 系列单片机等。

(2) Atmel 公司引入了 Flash ROM(Read-Only Memory),推出了 AT89C5x 系列、AT89S5x 系列、AT89C205x 系列单片机等。

(3) ADI 公司在模/数混合集成电路发展中扮演了重要角色,推出了 ADμC8xx 系列单片机等,推动了单片机向片上系统(System on Chip, SoC)发展。

(4) Cygnal 公司(2003 年并入 Silcon Laboratories 公司)引入全新流水线设计,极大地提高了单片机的运算速度,推出了 C8051F0XX 系列单片机,推动单片机向片上系统迈进了一大步。

（5）深圳宏晶科技有限公司长期致力于国产增强型 51 系列单片机研发,推出了 STC89、STC90、STC10/11/12/15 等系列单片机。

2. 非 80C51 兼容单片机

1）Motorola 单片机

Motorola 公司是世界上最大的单片机厂商,其单片机品种繁多,8 位单片机主要有 68HC05、68HC08、68HC11 几个系列,其中 68HC05 是全球产量第一的单片机。Motorola 8 位单片机的典型代表是 MC68HC705C8A,其特点之一是在同样速度下所用的时钟频率较 51 系列单片机低得多,因而高频噪声低、抗干扰能力强,更适合用于工业控制领域及恶劣的环境。

2）PIC 单片机

Microchip 公司的 PIC 单片机是市场份额增长最快的单片机,其 8 位单片机主要产品是 PIC16C 系列单片机,CPU 采用精简指令集(RISC)、哈佛总线结构,仅 33 条指令,其高速度、低电压、低功耗、大电流驱动能力、强抗干扰能力、价格低廉等都体现了单片机发展的新趋势。PIC 单片机系列产品已广泛应用于计算机外设、家电控制、电子通信、智能仪器、汽车电子、金融电子等领域。

3）AVR 单片机

Atmel 公司除了有 AT89C51/52、AT89S51/52 等 51 系列单片机产品外,其 90 系列单片机是增强型精简指令集、内载 Flash 的单片机,通常简称为 AVR 单片机。AVR 单片机采用 20 世纪 90 年代新发展的精简指令集结构,并增加了许多外围 I/O 接口电路,属于高性能的单片机。在 8 位微处理器市场上,AVR 单片机具有最高 MIPS/mW 能力(衡量功率效率的指标,即单位能耗执行的指令数)。

1.2 单片机的发展趋势与应用

当前计算机系统正朝着巨型化、单片化和网络化 3 个方向发展,巨型机的作用是解决复杂系统计算和高速数据处理问题,而单片机的作用是将计算机嵌入到各种仪器设备中,网络将巨型机和各种仪器设备连接起来,实现彼此间的数据通信。巨型机和网络不可能取代单片机,单片机将长期存在,本节对单片机技术未来的发展趋势做简要分析。

1.2.1 单片机的发展趋势

单片机诞生至今已四十余年,近十年,单片机技术在高速、低功耗、低价格、大存储容量、增强 I/O 功能、多选择等方面都有较大发展,呈现出一些新特点,未来发展趋势大致体现在如下方面。

1. 高性价比的片上系统单片机

单片机发展一方面是采用精简指令集体系结构、并行流水线操作和数字信号处理等,以提高指令执行效率和速率,优化微控制器的性能价格比;另一方面是尽可能将应用系统所需的各种功能的I/O接口电路集成到芯片中,实现外围电路内装化,如将LCD显示和触摸屏驱动器、语音、图像等部件集成到单片机中,其目的就是最大限度地实现应用系统单片化,因此高性价比的片上系统单片机(SoC单片机)自然成为一个重要发展趋势。

2. 多档次单片机共存,8位单片机生命力长盛

在工控领域,高性能的8位单片机已能满足大多数应用场合的需要。近年来,随着移动通信产品、个人智能终端的兴起,32位单片机(32位ARM微处理器)获得广泛应用,形成8位/16位/32位多种档次的单片机共存,适应各自的应用领域的发展格局。尽管32位单片机已成主流,但8位单片机仍不断推陈出新。从历年市场的占有率和销售额来看,8位MCU的市场份额甚至还在不断攀升,其超过全年单片机全部市场营收的三分之一以上的市场地位仍然无法撼动。

在8位通用单片机中,虽然品种繁多,各具特色,但51系列单片机仍是主流,Microchip公司的PIC系列单片机(精简指令集单片机)、Atmel公司的AVR单片机、Motorola公司的单片机均占有一定的市场份额。在一定时期内,将维持这种主流与多品种共存、依存互补的发展格局。

3. 多核结构处理器

为适应网络和通信应用对微控制器性能的高要求,出现了多核结构的单片机,如英飞凌科技公司推出的32位单片机TC1130是集MCU/DSP于一体的3核架构微控制器,TC1130片内集成了RISC、CISC、DSP(Digital Signal Processor)和多种高级通信外设等功能,支持Linux等操作系统、以太网和USB(Universal Serial Bus)接口,特别适用于高度集成的应用,如可编程逻辑控制器(Programmable Logic Controller,PLC)系统、高性能电机驱动系统、工业现场总线控制器和通信设备及消费应用等。

4. 宽工作电压和低功耗

便携式设备是单片机的重要应用领域,对于降低单片机工作电压下限和功耗有重要意义。目前一般单片机的工作电压范围为3.3~5.5V,一些品牌的单片机可以在2.2~6.0V条件下工作,如TI公司的MSP430系列单片机的最小工作电压是2.2V,最低功耗只有0.1μA。

5. 串行扩展总线

串行扩展总线可以使单片机的引脚数量显著减少,缩小电路板尺寸,简化系统结构,目前有些品牌的单片机删去并行总线,属于非总线单片机,需要扩展外围器件时,采用串行扩展。

6. 功能更强的仿真开发环境和更便捷的编程工具

单片机应用系统设计开发,需要进行软硬件设计和联合调试,需要有友好的开发环境和工具,近年来,芯片开发支持公司推出了多种集成开发环境和仿真建模软件,比较典型的有Keil集成开发环境和Proteus仿真建模软件;在单片机编程测试方面则普遍采用JTAG接口的在线编程测试工具。

Keil 集成开发环境是美国 Keil Software 公司专门针对嵌入式微控制器应用研发的 C 语言编译器,其使用接近于标准的 C 语言,支持 51 系列兼容单片机和 32 位单片机 ARM 的 C 语言软件开发。与汇编语言相比,C 语言在功能上、结构性、可读性、可维护性上有明显的优势,因而易学易用,而且大大提高了工作效率和项目开发周期。Keil μVision4 支持嵌入汇编,可以在关键的位置嵌入,使程序达到接近于汇编的工作效率。

英国 Labcenter Electronics 公司的 Proteus 软件除具有 EDA 工具软件的仿真功能,还能仿真单片机及外围器件,是目前最好的单片机及外围器件仿真工具。使用 Proteus 软件可完成原理图布图和 PCB 设计,其单片机应用系统的原理图就是一个直观的单片机与外围电路协同仿真模型,使用该模型可模拟程序运行,直观呈现程序运行结果,完成代码调试。Proteus 软件是较好地将电路仿真软件、PCB 设计软件和虚拟模型仿真软件三合一的设计平台,其处理器模型支持 8051、PIC10/12/16/18/24/30/DsPIC33、AVR、ARM、8086、MSP430、Cortex 和 DSP 等单片机。在软件编译方面,它也支持 IAR、Keil 和 MPLAB 等多种编译器。

JTAG(Joint Test Action Group)是一种国际标准测试协议,主要用于各类可编程芯片的内部测试。目前,多数的单片机都配有 JTAG 接口,通过该接口实现在线编程(In System Program,ISP)和在线仿真调试。

1.2.2 单片机的应用

单片机体积小、成本低,易于嵌入到各种应用系统中,广泛应用于家用电器、商务设备、仪器仪表、汽车电子、工控设备、网络通信设备等领域,下面列举一些典型应用领域。

1. 家用电器

在日常生活中,很多家用电器的控制电路的核心都是单片机,如洗衣机、电冰箱、空调、电视机、音响设备、跑步机等。

2. 商务设备

商务活动中使用的很多设备,如 LED(Light Emitting Diode)信息显示屏、医院排队取号机、银行 POS(Point Of Sales)机、电子秤、电子收款台等,其控制核心也是单片机。

3. 仪器仪表

绝大多数的数字仪器仪表都是将单片机嵌入其测控电路中,并起核心作用,如电子式电能表、各种流量表、各种液体和气体分析仪器、心电监护仪、电子血压计等。

4. 汽车电子

在汽车电子中,常见的单片机嵌入设备有车载电脑、音响、里程表、导航仪、轮胎气压计以及出租车计价表等。

5. 工控设备

在工业控制领域,单片机常嵌入到专用机电设备的控制器中,成为控制器的核心部件,如液位控制器、温度控制器、转速控制器、电脑绣花机等。

6. 网络通信设备

单片机普遍拥有串行通信接口,可方便地与其他计算机或嵌入式设备进行数据通信,因此单片机常嵌入到数据通信终端中,成为其核心,如小型程控交换机、楼宇通信对讲系统、无线对讲电话机、各种分布式测控终端等。

此外,单片机在教育、现代农业、环境保护、科研、金融、交通等领域都有广泛的应用。随着物联网技术的发展,物联网绝大多数的终端都会嵌入单片机。

本章小结

本章介绍了单片机及其发展概况、主要芯片厂商的 8 位单片机产品及特点,简要介绍了单片机主要应用领域和发展趋势。

习题

1.1　什么是单片机?主流的 8 位通用单片机有哪些特点?51 兼容和非兼容至少各列举两个。

1.2　简述单片机的发展历程和发展趋势。

1.3　单片机在哪些领域有应用?举 3 个例子说明之。

第 2 章

STC15 单片机基础

视频

　　深圳宏晶科技有限公司是国产单片机主要厂商,公司近期推出的 STC15 系列单片机属于 8051 兼容单片机,但在体系结构、性能和片内资源等方面作了大量的改进,片内存储器采用新型 Flash 闪存,引入在线编程和在应用编程技术,简化了单片机应用系统开发过程,深得用户认可,市场推广迅速,STC15W4K32S4 系列单片机属于 STC15 的子系列,本章以 STC15W4K32S4 为例介绍 STC15 单片机的整体结构与特点。

2.1　STC15 单片机的片上资源与内部结构

2.1.1　STC15 单片机的片上资源

　　STC15W4K32S4 系列单片机是宏晶科技有限公司生产的新一代高性能 8051 兼容单片机,其主要性能特点如下:

　　(1) CPU 采用 STC-Y5 超高速增强型的 8051 内核,单时钟周期,即所谓 1T 单片机,最快指令提速 24 倍;平均运行速度 STC15 系列提高 6.8 倍。

　　(2) 16～63.5KB 的 Flash 程序存储器,擦写次数可达 10 万次以上。

　　(3) 片内 4096 字节 SRAM,其中 256 字节为常规的片内 RAM,3840 字节为片内扩展 XRAM。

　　(4) 大容量片内 EEPROM(数据 Flash 存储器),擦写次数 10 万次以上。

　　(5) 内置 8 通道 10 位高速 A/D 转换器,转换速度可达 30 万次/秒;有 8 路 PWM 可作 8 路 D/A 转换器使用;有 1 路模拟比较器。

　　(6) 内置 6 通道 15 位专用高精度 PWM 和 2 通道 CCP(Compare/Capture/PWM,比较/捕获/脉冲宽度调制)单元。

　　(7) 内置 5 个 16 位可自动重载定时/计数器 T0～T4,2 路 CCP 也可实现 2 个定时器。

　　(8) 内置 4 个通道全双工异步串行通信端口 S1～S4。

　　(9) 内置 1 组高速同步串行通信端口 SPI。

　　(10) 内置 6 路可编程时钟输出,T0～T4 及主时钟分频输出。

（11）最多 62 根 I/O 口线，可设置 4 种工作模式。

（12）内部高精度 R/C 振荡器，可免去外部晶振，内部时钟频率范围 5～30MHz 可选。

（13）内部高可靠复位电路设计，16 级可选复位门槛电压，可免去外部复位电路。

（14）内部硬件看门狗电路（即程序运行监视定时器），避免程序脱轨进入死循环。

（15）采用低功耗设计，具有低速、空闲、掉电和停机 4 种工作模式，支持掉电/停机唤醒功能。

（16）宽工作电压，工作电压范围为 2.0～5.5V。

（17）具有 ISP/IAP（在系统编程/在应用编程）功能，一个芯片就能仿真；支持 Keil μVision 仿真，用户目标板就是仿真器；支持 USB 下载、RS485 下载和程序加密传输。

图 2.1 是 STC15W4K32S4 系列单片机外观示例，该系列单片机的品名标称由 10 个部分构成，如图 2.2 所示，各部分含义如下：

图 2.1 STC15W4K32S4 系列
单片机外观示例

XXX 15 W 4K nn S4 – nn X – XXXX nn
(1)　(2)(3) (4) (5) (6)　(7)(8)　　(9)　(10)

图 2.2 STC15W4K32S4 系列单片机
品名标称

（1）该域 XXX 为 STC、或 IAP、或 IRC，其中 STC 意为用户不可将程序 Flash 用作 EEPROM，但片内有专门的 EEPROM；IAP 意为用户可将程序 Flash 用作 EEPROM；IRC 意为用户可将程序 Flash 用作 EEPROM，且使用内部 24MHz 或外部晶振。

（2）该域为 CPU 内核，15 意为 STC-Y5 超高速增强型 8051 内核、1T。

（3）该域为芯片工作电压，W 为 2.5～5.5V 宽工作电压。

（4）该域为片内 SRAM 大小，4K 意为 4096 字节的片内 SRAM。

（5）该域用 2 位数字表示片内程序 Flash 大小，16/32/40/48/56/58/61/63 分别表示 16KB/32KB/40KB/48KB/56KB/58KB/61KB/63.5KB 的 Flash ROM。

（6）该域异步串行通信接口数，S4 意为 4 串口。

（7）该域用 2 位数字表示芯片最高工作频率，30 表示工作频率最高可达 30MHz。

（8）该域表示芯片工作温度范围，I 指工业级 −40℃～85℃，C 指商业级 0℃～70℃。

（9）该域表示封装类型，如 LQFP（Low profile Quad Flat Package，薄型四方扁平封装）、QFN（Quad Flat No-lead package，四方扁平无引脚封装）、PDIP（Plastic Dual-In-Line，塑料双列直插式封装）、SOP（Small Out-Line Package，小外形封装）、SKDIP（Shrink Dual In-Line Package 小双列封装）等。

（10）该域用 2 位数字表示芯片引脚数目。

2.1.2　STC15 单片机内部结构

视频

51 系列单片机的体系结构已成为 8 位 MCU 的一种典型。STC15 是超高速增强型 51 单片机。下面以 STC15W4K32S4 为例,介绍 STC15 单片机的体系结构,其内部结构如图 2.3 所示。

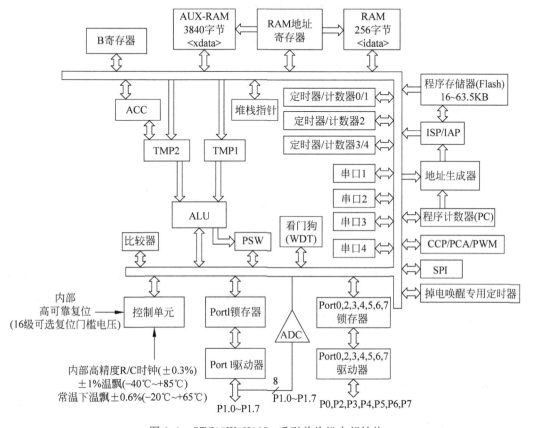

图 2.3　STC15W4K32S4 系列单片机内部结构

单片机内部集成有 CPU(中央处理单元)、程序存储器 Flash、数据存储器 SRAM、时钟与复位电路、各种 I/O 功能电路,其中 CPU 是最重要的部件,它由运算器和控制器构成。

1. 运算器

运算器由 ALU(算术逻辑单元)、累加器 ACC、寄存器 B、程序状态字 PSW、堆栈指针 SP、16 位数据指针 DPTR、暂存器 TMP1 和 TMP2 等构成,ACC、B、PSW 和 SP 都是 8 位寄存器。运算器用于完成二进制数据的各种算术与逻辑运算,如加、减、乘、除算术运算和与、或、异或、非、循环移位等逻辑运算,以及位数据处理。

2. 控制器

控制器由时钟及时序控制逻辑电路、指令寄存器 IR、指令译码器 ID、程序计数器 PC 等构成,主要完成指令的读取与译码,执行相应的运算和控制操作,并通过时序控制电路产生各种相关控制信号,协调各部件工作。

2.2 STC15 单片机的存储器与特殊功能寄存器

2.2.1 STC15 单片机的存储器结构

STC15W4K32S4 系列单片机片内有 4 个物理上相互独立的存储器空间:程序存储器(程序 Flash)、EEPROM(数据 Flash)、片内基本 RAM、片内扩展 RAM,其中程序存储器和EEPROM 有多种配置方案,以 IAP15W4K58S4 芯片为例,其存储器结构如图 2.4 所示。

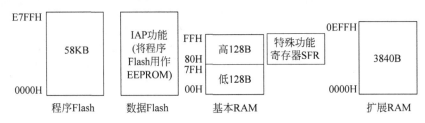

图 2.4   IAP15W4K58S4 片内存储器结构

1. 程序存储器(程序 Flash)

程序存储器用于存放程序、常数、数据转换表格等信息,STC15W4K32S4 系列单片机的程序存储器有多种配置方案,容量大小为 16～63.5KB,起始地址为 0000H,结束地址与存储器容量有关,其中 IAP15W4K58S4 单片机片内集成了 58KB 的程序 Flash 存储器,其地址范围 0000H～E7FFH。

程序存储器的一些特定单元有特殊用途,代码在程序存储器中的组织(或存放顺序)须满足一定要求。采用 C 语言编程时,代码的组织由编译系统(例如 Keil μVision 集成开发环境)自动完成,开发者无须关注,但若用汇编语言编程,代码的组织则由开发者完成,这些特殊单元须予以关注,详见第 8 章。

2. EEPROM(数据 Flash)

EEPROM 是电可擦除可编程只读存储器,用于保存在应用中需修改、掉电又不能丢失的重要数据,如密码口令、设备工作状态、仪器校正参数等。EEPROM 与 Flash 的主要差别是读写与擦除方式不同,Flash 属于广义的 EEPROM,单片机片内的 EEPROM 也称为数据Flash 存储器。

对 IAP 或 IRC 前缀的单片机,数据 Flash 存储器与程序 Flash 存储器在物理上是统一编址的,未使用的程序 Flash 存储器可以用作数据 Flash 存储器,用户程序可直接对程序Flash 存储器进行操作,例如 IAP15W4K58S4 单片机,数据 Flash 不独立,理论上地址范围也是 0000H～E7FFH。而对 STC 前缀的单片机,数据 Flash 存储器与程序 Flash 存储器在物理上是相互独立的,分开编址,用户程序不能对程序 Flash 存储器进行操作,例如

STC15W4K56S4,其程序 Flash 存储器地址范围 0000H～DFFFH(容量 56KB),数据 Flash 地址范围 0000H～0BFFH(容量 3072 字节)。

3. 基本 RAM

片内基本 RAM 分为 3 部分:低 128 字节 RAM、高 128 字节 RAM 和特殊功能寄存器。

1) 低 128 字节 RAM

这部分 RAM 单元地址范围 00H～7FH,按寻址方式不同分为工作寄存器区(00H～1FH)、位寻址区(20H～2FH)、通用 RAM 区(30H～7FH),如表 2.1 所示。

表 2.1　STC15 单片机片内基本 RAM 特性

字节地址	位地址								分区	寻址方式
	B7	B6	B5	B4	B3	B2	B1	B0		
FF～80H	特殊功能寄存器 (字节地址能被 8 整除的单元可位寻址)								SFR	直接寻址 部分位寻址
FF～80H	通用数据存储器(高 128 字节)								通用 RAM 区	间接寻址
7F～30H	通用数据存储器(堆栈、数据缓冲区)								通用 RAM 区	直接/间接寻址
2FH	7FH	7EH	7DH	7CH	7BH	7AH	79H	78H	位寻址区	直接寻址 间接寻址 位寻址
...	...									
20H	07H	06H	05H	04H	03H	02H	01H	00H		
1F～18H	工作寄存器 3 组:R7～R0								工作寄存器区	直接寻址 间接寻址 寄存器寻址
17～10H	工作寄存器 2 组:R7～R0									
0F～08H	工作寄存器 1 组:R7～R0									
07～00H	工作寄存器 0 组:R7～R0									

(1) 工作寄存器区(00H～1FH),共 32 字节,分为 4 个工作寄存器组,每组占用 8 个地址单元,记为 R0～R7,程序运行的某一时刻,CPU 只能使用其中一组工作寄存器,称为当前工作寄存器。当前工作寄存器由程序状态字 PSW 中的 RS1 和 RS0 位的状态选定,CPU 访问该区存储单元的寻址方式有直接寻址、间接寻址、寄存器寻址,共 3 种寻址方式。

(2) 位寻址区(20H～2FH),共 16 字节,每个字节 8 位,总计有 128 位,规定各位的位地址为:[(该位所在存储单元的字节地址−20H)×8+该位在字节中的位号],该区域各位的位地址范围为 00H～7FH,例如,字节地址为 22H 的存储单元中的 B3 位,该位也记为 22H.3,其位地址为 $2×8+3=13$H。位寻址区的 16 个存储单元既可以按字节操作,也可按位操作,CPU 访问该区存储单元的寻址方式有直接寻址(字节操作)、间接寻址(字节操作)、位寻址(位操作),共 3 种寻址方式。

(3) 通用 RAM 区共 80 字节,地址范围为 30H～7FH,一般作数据缓冲器或堆栈使用,CPU 访问该区存储单元的寻址方式有直接寻址、间接寻址,共 2 种寻址方式。

2) 高 128 字节 RAM 和特殊功能寄存器

高 128 字节 RAM 和特殊功能寄存器是物理上相互独立但地址重叠的两块存储区域,地址范围都为 80H～FFH,CPU 访问它们所用的寻址方式不同。

（1）高 128 字节 RAM 是通用 RAM 区，可作数据缓冲器，但不能作堆栈使用，访问该区域存储单元只能间接寻址。

（2）特殊功能寄存器（Special Function Register，SFR）用于对单片机的 CPU 和片内各种 I/O 功能模块进行管理和控制，并监视和保存其工作状态及变化，访问特殊功能寄存器只能直接寻址，部分特殊功能寄存器（地址可以被 8 整除，详见 2.2.2 节）还可以位寻址。

4. 扩展 RAM

标准 8051 单片机片内 RAM 最多只有 256 字节，如果应用系统需要更多的 RAM 存储器，那么只能片外扩展，并使用"片外数据存储器访问指令"进行访问（指令助记符为 MOVX，详见第 8 章）。STC15W4K32S4 系列单片机一方面保留了标准 8051 单片机的片外数据存储器扩展功能；另一方面在片内集成了 3840 字节的扩展 RAM，地址范围为 0000H～0EFFH，仍然只采用"片外数据存储器访问指令"访问该扩展 RAM，因此该扩展 RAM 在物理上属于片内，但在逻辑上仍属于片外数据存储器范畴。STC15W4K32S4 系列单片机扩展 RAM 与片外数据存储器不能并存，可通过特殊功能寄存器 AUXR 中的 EXTRAM 位进行选择，默认选择是使用片内扩展 RAM。实际应用中应尽量使用片内扩展 RAM，不推荐使用片外数据存储器。

2.2.2 STC15 单片机的特殊功能寄存器配置

单片机中集成了各种功能部件，统称为 I/O 功能模块，单片机通过一些寄存器访问、控制各 I/O 功能模块，这些寄存器称为特殊功能寄存器。不同系列的 51 单片机，其片内集成的 I/O 功能模块不同，因此各系列 51 单片机的特殊功能寄存器的配置也不同（不超过 128 个），除保留 8051 基本的特殊功能寄存器外，还增加了各自特有的特殊功能寄存器。STC15W4K32S4 系列单片机的特殊功能寄存器名称及地址映像如表 2.2 所示，其中加粗表示的为标准 8051 基本的特殊功能寄存器，其他为新增的特殊功能寄存器，每个单元格中的英文符号为特殊功能寄存器的名称，二进制数为其上电复位值（x 表示不确定）。

表 2.2 STC15W4K32S4 系列单片机特殊功能寄存器名称及地址（B 版芯片，加黑的为标准 51 的 SFR）

地址	可位寻址	不可位寻址						
	+0	+1	+2	+3	+4	+5	+6	+7
F8H	P7 1111,1111	CH 0000,0000	CCAP0H 0000,0000	CCAP1H 0000,0000				
F0H	**B** 0000,0000	PWMCFG 0000,0000	PCA_PWM0 0000,0000	PCA_PWM1 0000,0000		PWMCR 0000,0000	PWMIF 0000,0000	PWMFDCR 0000,0000
E8H	P6 1111,1111	CL 0000,0000	CCAP0L 0000,0000	CCAP1L 0000,0000				
E0H	**ACC** 0000,0000	P7M1 0000,0000	P7M0 0000,0000				CMPCR1 0000,0000	CMPCR2 0000,1001

续表

地址	可位寻址	不可位寻址						
	+0	+1	+2	+3	+4	+5	+6	+7
D8H	CCON 0000,0000	CMOD 0000,0000	CCAPM0 0000,0000	CCAPM1 0000,0000				
D0H	**PSW** 0000,0000	T4T3M 0000,0000	T4H RL_TH4 0000,0000	T4L RL_TL4 0000,0000	T3H RL_TH3 0000,0000	T3L RL_TL3 0000,0000	T2H RL_TH2 0000,0000	T2L RL_TL2 0000,0000
C8H	P5 xx11,1111	P5M1 xx00,0000	P5M0 xx00,0000	P6M1 0000,0000	P6M0 0000,0000	SPSTAT 00xx,xxxx	SPCTL 0000,1100	SPDAT 1111,1111
C0H	P4 11111111	WDT_ CONTR 0000,0000	IAP_ DATA 0000,0000	IAP_ ADDRH 0000,0000	IAP_ ADDRL 0000,0000	IAP_ CMD xxxx,xx00	IAP_ TRIG xxxx,xxxx	IAP_ CONTR 0000,0000
B8H	**IP** 0000,0000	SADEN 0000,0000	P_SW2 0000,0000	ADC_ CONTR 0000,0000	ADC_RES 0000,0010	ADC_RESL 0000,0000		
B0H	**P3** 1111,1111	P3M1 1000,0000	P3M0 0000,0000	P4M1 0011,0100	P4M0 0000,0000	IP2 0000,0000		
A8H	**IE** 0000,0000	SADDR 0000,0000	WKTCL WKTCL_ CNT 1111,1111	WKTCH WKTCH_ CNT 0111,1111	S3CON 0100,0000	S3BUF xxxx,xxxx		IE2 x000,0000
A0H	**P2** 1111,1111	BUS_ SPEED xxxx,xx01	AUXR1 P_SW1 0100,0000					
98H	**SCON** 0000,0000	**SBUF** xxxx,xxxx	S2CON 0000,0000	S2BUF xxxx,xxxx		P1ASF 0000,0000		
90H	**P1** 1111,1111	P1M1 1100,0000	P1M0 0000,0000	P0M1 1100,0000	P0M0 0000,0000	P2M1 1000,1110	P2M0 0000,0000	CLK_DIV PCON2 0000,0000
88H	**TCON** 0000,0000	**TMOD** 0000,0000	**TL0** RL_TL0 0000,0000	**TL1** RL_TL1 0000,0000	**TH0** RL_TH0 0000,0000	**TH1** RL_TH1 0000,0000	AUXR 0000,0001	INT_CLKO AUXR2 0000,0000
80H	**P0** 1111,1111	**SP** 0000,0111	**DPL** 0000,0000	**DPH** 0000,0000	S4CON 0100,0000	S4BUF xxxx,xxxx		**PCON** 0011,0000

1. 特殊功能寄存器的地址

在表 2.2 中，左边第 1 列为每行 8 个寄存器的基地址，从左边第 2 列至最右列，特殊功能寄存器的地址为基地址分别+0，+1，…，+7。例如，倒数第 2 行第 4 列名为 TL0 的特殊功能寄存器的字节地址为 88H+2=8AH。

2. 可以位寻址的特殊功能寄存器

在表 2.2 中,左边第 2 列的寄存器的字节地址为 80H,88H,…,这些字节地址可被 8 整除的寄存器还可以位寻址,规定其位地址等于其字节地址加上位号,因此可位寻址的特殊功能寄存器的位地址范围为 80H~FFH。例如,程序状态字 PSW 的字节地址是 D0H,可被 8 整除,为可以位寻址的特殊功能寄存器,PSW 的 B7 位(也简记为 PSW.7)的位地址为 D0H+7= D7H。

3. 标准 8051 单片机常用的一些寄存器

1) 程序计数器 PC

程序计数器 PC 在物理上是独立的,不属于特殊功能寄存器。PC 是 16 位的计数器,用于保存下一个待取指令字节在程序存储器中的存储单元地址,每取一个指令字节后,PC 值自动加 1,指向下一个待取指令字节。当 CPU 执行跳转或子程序调用指令(或 CPU 响应中断)时,由指令(或中断)系统自动给 PC 置入新的地址值,指向程序转向处。单片机上电或复位后,PC=0000H,强制单片机从程序存储器的 0000H 单元开始执行代码。

2) 累加器 ACC

累加器 ACC 是特殊功能寄存器,字节地址 E0H,可以位寻址,复位值 00H。ACC 用于存放参与算术逻辑运算的操作数及运算结果,在指令中简记为 A。大多数指令的执行都需要 ACC 参与,如数据传送、交换等指令,ACC 是 CPU 中工作最频繁的寄存器。

3) B 寄存器

B 寄存器是特殊功能寄存器,字节地址 F0H,可以位寻址,复位值 00H。B 寄存器用于存放乘除运算操作数和运算结果,不做乘除运算时,B 可作普通寄存器使用。

4) 程序状态字寄存器 PSW

程序状态字寄存器 PSW 是可位寻址的特殊功能寄存器,PSW 用于保存算术逻辑运算结果的状态信息,每个二进制数据位均有特殊含义,格式如下:

SFR 名称	地址	位	B7	B6	B5	B4	B3	B2	B1	B0	复位值
PSW	D0H	名称	CY	AC	F0	RS1	RS0	OV	—	P	0000,0000

(1) CY:进位标志位。执行加法运算时,当最高位(即 B7 位)有进位,或执行减法运算最高位有借位时,CY=1;反之 CY=0。

(2) AC:辅助进位标志位。执行加法运算时,当 B3 位有进位,或执行减法运算 B3 位有借位时,AC=1;反之 AC=0。

(3) F0:用户标志位(用户自定义)。

(4) RS1、RS0:工作寄存器组选择位。片内基本 RAM 的工作寄存器 R0~R7 可分为 4 组,RS1 和 RS0 用于选择当前工作寄存器组,对应关系如下:

当 RS1:RS0=00 时,当前工作寄存器 R0~R7 选择 0 组(00H~07H);

当 RS1:RS0=01 时,当前工作寄存器 R0~R7 选择 1 组(08H~0FH);

当 RS1:RS0＝10 时,当前工作寄存器 R0～R7 选择 2 组(10H～17H);

当 RS1:RS0＝11 时,当前工作寄存器 R0～R7 选择 3 组(18H～1FH)。

(5) OV:溢出标志位。进行有符号数运算时,当结果超出－128～＋127 范围,产生溢出 OV＝1;否则 OV＝0。

(6) B1:保留位。

(7) P:奇偶标志位。该标志位始终反映累加器 ACC 中二进制数 1 的个数的奇偶性,当 ACC 中 1 的个数为奇数时,P 为 1;反之,当 ACC 中 1 的个数为偶数或 0 时,P 为 0。

5) 堆栈指针 SP

堆栈指针是一个 8 位专用特殊功能寄存器,地址 81H,不可位寻址,它指示出堆栈顶部在片内基本 RAM 中的位置,系统复位后,SP＝07H。51 单片机的堆栈属于满递增类型(数据入栈前 SP 先增长),复位后系统默认堆栈从片内基本 RAM 的 08H 单元开始向高地址方向生长,由于 08H～1FH 单元工作寄存器级 1～3,20H～2FH 为位寻址区,该两区域都有特殊的用途,不宜作堆栈,复位后一般应修改 SP 的值,在 30H～7FH 区域内建立堆栈,注意栈顶极限不能超过 7FH 单元。

6) 数据指针 DPTR

数据指针 DPTR 是一个 16 位专用寄存器,由 2 个特殊功能寄存器 DPL(低 8 位)和 DPH(高 8 位)组成,地址分别是 82H 和 83H,不可位寻址。程序存储器、片内扩展 RAM 或片外数据存储器是有 16 位地址的存储器,DPTR 用于对这些存储器进行访问。

2.3　STC15 单片机的并行 I/O 端口

2.3.1　STC15 单片机的并行 I/O 端口与工作模式

1. STC15 单片机的并行 I/O 端口

STC15W4K32S4 系列单片机的 I/O 端口数量与芯片的封装有关,如附录 D 图 D.1 所示,LQFP64/QFN64 封装的单片机 I/O 端口最多,有 62 个 I/O 端口,组成 P0～P7 共 8 个并口,其中 P0、P1、P2、P3、P4、P6、P7 为 8 位并口,P5 为 6 位并口。I/O 端口的名称记为 $Pn.x(n,x＝0,1,2,3,4,5,6,7)$,其中 n 表示 I/O 端口所属的并口,x 表示 I/O 端口在该并口的位号,如 P2.3 表示 P2 并口的第 3 位 I/O 端口。每个 I/O 端口的最大驱动可达 20mA,但整个芯片最大工作电流不超过 120mA(40 引脚以上封装),或 90mA(20 引脚以上,32 引脚及其以下封装)。这些 I/O 端口中的大多数具有 2 个以上功能,本节只讨论其基本并行输入/输出功能。

2. STC15 单片机 I/O 口的工作模式

STC15W4K32S4 系列单片机的所有 I/O 端口均有 4 种工作模式:准双向口(标准 8051 单片机 I/O 模式)、推挽输出、仅为输入、开漏输出,I/O 端口工作模式由软件配置。每个 8 位并口 Pn 的工作模式由 2 个特殊功能寄存器 PnM1 和 PnM0(n＝0,1,2,3,4,5,6,7)的相应位控制,2个寄存器第 x 位 $PnM1.x$ 和 $PnM0.x$ 设置 $Pn.x$ 端口的工作模式,设置关系如表 2.3 所示,STC15W4K32S4 系列单片机上电后所有 I/O 端口(除与增强型 PWM 有关的 12 个引脚之外)均默认为准双向口模式。

表 2.3 I/O 端口工作模式设置

$PnM1.x$	$PnM0.x$	$Pn.x$ 端口工作模式
0	0	准双向口/弱上拉,标准 8051 模式,灌电流 20mA,拉电流 150~230μA
0	1	推挽输出/强上拉,灌电流 20mA,拉电流 20mA,应外接限流电阻
1	0	仅为输入/高阻,电流既不能流入也不能流出
1	1	开漏,无内部上拉,外接上拉电阻才能输出高电平,用于 5V 器件和 3V 器件电平转换

I/O 端口工作模式配置寄存器 $PnM1$ 和 $PnM0$ 是不可位寻址的,只能按字节操作。例如,通过软件设置,P2M1 和 P2M0 的(二进制)值为 P2M1 = 10100000b,P2M0 = 11000000b,则 P2 口的工作模式配置为 P2.7 口为开漏输出、P2.6 口为推挽输出、P2.5 口为高阻输入、P2.4~P2.0 口为准双向口。

2.3.2 STC15 单片机并行 I/O 端口的结构框图

STC15W4K32S4 单片机每个 I/O 端口都有 4 种工作模式,图 2.5~图 2.8 给出了各工作模式 I/O 端口的电路结构,不同工作模式 I/O 端口的内部结构和特性不同,作用各异。

由图 2.5~图 2.8 可见,每个并口都有一个 8 位锁存器,即表 2.2 中的特殊功能寄存器 P0~P7,用于锁存输出数据。并口锁存器 P0~P7 都是可以位寻址的,当以字节或位方式将数据写入锁存器,即实现数据从并口输出,且输出数据会一直保持到锁存器再次被写入新数据,但输入数据则直接从并口的引脚读取信息,不经锁存。端口引脚输入通道前置有干扰抑制滤波电路和施密特触发器,保障输入信息稳定可靠。

1. 准双向口工作模式

准双向口工作模式下 I/O 端口的电路结构如图 2.5 所示,准双向口内有 4 个场效应管 T1~T4,以适应不同的需要。

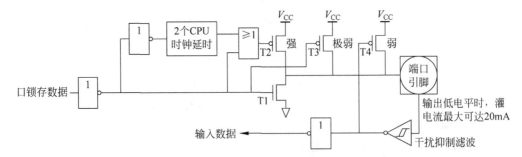

图 2.5 准双向口工作模式下 I/O 端口的电路结构

T1 为下拉的场效应管,当端口锁存数据为 0 时,T1 导通,从引脚输出低电平,T1 管可以吸收从引脚流入的最大 20mA 的灌电流。当口锁存数据为 1 时,T1 截止,引脚电平与外部装置吸收从引脚流出的电流的情况有关。

T2 为"强上拉",当端口锁存器由 0 到 1 跳变时,T2 导通约 2 个 CPU 时钟,提供高达 20mA 的上拉电流,使引脚迅速上拉到高电平。

T3 为"极弱上拉",当端口锁存数据为 1 时,T3 导通,若引脚悬空或对地阻抗较大,这个极弱的上拉将引脚拉为高电平。T3 提供的最大拉电流与单片机的电源电压有关,对 5V 单片机最大拉电流约 $18\mu A$,对 3.3V 单片机最大拉电流约 $5\mu A$。

T4 为"弱上拉",端口锁存数据为 1 且引脚为高电平时,T4 导通,提供基本驱动电流使引脚输出高电平。如果端口锁存数据为 1,但引脚被外部装置(如外接接地开关)拉为低电平,则 T4 关闭,T3 维持导通,外部装置只要能够吸收 T3 的极弱拉电流,使引脚的电压降到门槛电压以下,就能维持引脚稳定的低电平。T4 提供的最大拉电流与单片机的电源电压有关,对 5V 单片机最大拉电流约 $250\mu A$,对 3.3V 单片机最大拉电流约 $150\mu A$。

当工作于准双向口模式时,I/O 端口是双向口,既可作输出口,也可作输入口。作为输出口时,当 CPU 向端口锁存器写入数据 1,T1 截止,弱上拉使引脚输出高电平,引脚带载能力弱,仅能提供 $150\sim250\mu A$ 的拉电流(所谓拉电流,即高电平时由引脚流出的电流);当 CPU 向端口锁存器写入数据 0,T1 导通,强下拉使引脚输出低电平,引脚带载能力强,能吸收最大 20mA 的灌电流(所谓灌电流,即低电平时由引脚流入的电流)。作为输入口时,CPU 必须先向口锁存器写入数据 1,使 T1 截止(否则 T1 导通将引脚强拉为低电平),当外部装置送给引脚低电平信号,且能够吸收从引脚流出的极弱电流时,引脚为低电平;反之,当外部装置送给引脚高电平信号,引脚没有电流流出时,引脚为高电平;CPU 从引脚读取输入数据,可有效反映外部装置给定的信号。由于作为输入口时,读数据之前,必须先向口锁存器写入 1,因此称该模式的双向口为准双向口。

2. 推挽输出工作模式

推挽输出工作模式下 I/O 端口的电路结构如图 2.6 所示。在该工作模式下,I/O 端口的上拉为持续的强上拉,其他均与准双向口模式的电路结构相似,输出高或低电平时,最大拉电流或灌电流都可达 20mA。作为输入口时,读取数据之前,必须先向口锁存器写入 1。

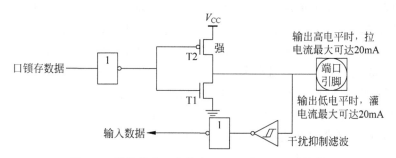

图 2.6　推挽输出工作模式下 I/O 端口的电路结构

3. 仅为输入工作模式

仅为输入工作模式下I/O端口的电路结构如图2.7所示。在该工作模式下,输出部件全部与端口引脚之间的连接全部断开,引脚处在高阻抗状态,不向外部装置提供拉或灌电流。CPU可直接从端口引脚读取数据,无须先向口锁存器写入1。

4. 开漏工作模式

开漏工作模式下I/O端口的电路结构如图2.8所示。在该工作模式下,I/O端口的上拉部件与端口引脚之间的连接全部断开,场效应管T1的漏极开路。作为输出口时,端口引脚必须外接上拉电阻,最大灌电流为20mA。作为输入口时,读取数据之前,必须先向口锁存器写入1。

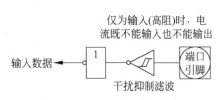

图 2.7 仅为输入工作模式下 I/O 端口的电路结构

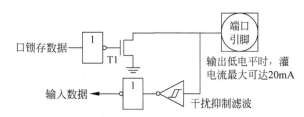

图 2.8 开漏工作模式下 I/O 端口的电路结构

2.4 STC15 单片机的时钟与复位

2.4.1 STC15 单片机的时钟

单片机的CPU是一种复杂的同步时序电路,所有工作都是在时钟信号控制下协同完成的。时钟信号的频率越高,单片机运行速度越快,功耗和电路噪声亦越大。单片机应用系统设计时,在满足系统实时性要求的前提下,应尽可能选择频率较低的时钟信号。

1. STC15 单片机时钟源选择

STC15W4K32S4系列单片机有两种时钟源:内部高精度RC振荡时钟或外部时钟。

(1)使用内部高精度RC振荡时钟时,芯片的两个外部引脚XTAL1和XTAL2可作I/O端口使用。常温下,STC15W4K32S4系列单片机内部RC振荡时钟频率为5~35MHz,在-40℃~+85℃温度范围内,温漂为±1%,常温下温漂为±0.5%。

(2)使用外部时钟时,引脚XTAL1和XTAL2是芯片内部一个反相放大器的输入和输出端,有两种获得外部时钟信号的方法。其一,在XTAL1和XTAL2引脚外接石英晶体,如图2.9(a)所示,放大器产生自激振荡形成时钟信号,时钟信号频率等于晶振频率;其二,将其他电路产生的时钟信号从XTAL1输入,XTAL2悬空,如图2.9(b)所示,时钟信号频率等于输入时钟信号频率。

使用宏晶科技有限公司提供的在线编程STC-ISP软件,用户可在程序下载编程时,选

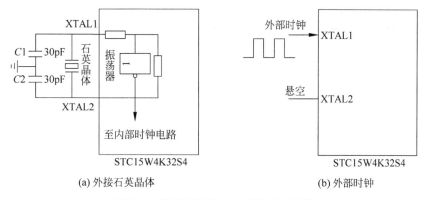

(a) 外接石英晶体　　　　　　　　(b) 外部时钟

图 2.9　STC15W4K32S4 单片机时钟源

择应用系统所用时钟源。如图 2.10 所示,打开 STC-ISP 软件后,选择单片机型号,在"硬件

选项"选项卡内,若选中"选择使用内部 IRC 时钟"选项,并在"输入用户程序运行时的 IRC 频率"的下拉菜单中选择或输入合适的时钟频率,则一旦把程序下载到 STC15W4K32S4 系列单片机内,完成芯片编程后,单片机即被设置成"使用内部高精度 RC 振荡时钟",否则单片机被设置为"使用外部时钟"。

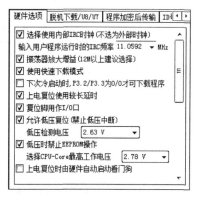

2. 系统时钟与时钟分频寄存器

对 STC15W4K32S4 系列单片机,时钟源输出的时钟信号并不直接作为 CPU 和其他内部 I/O 接口电路的时钟信号,而是经过一个可编程时钟分频器后,再提供给 CPU 和其他内部 I/O 接口电路。为区分起见,把单片机时钟源信号称为主时钟,其频率记为 f_{OSC},CPU 和内部 I/O 接口电路使用的时钟称为系统时钟,其频率记为 f_{SYS},二者关系为 $f_{SYS}=f_{OSC}/N$,其中 N 为可编程分频器的分频系数,分频系数 N 由时钟分频寄存器 CLK_DIV 进行设置。时钟分频寄存器 CLK_DIV 的地址为 97H,为不可位寻址的特殊功能寄存器,其格式如下:

图 2.10　STC-ISP 软件系统时钟
选择与设置

SFR 名称	位	B7	B6	B5	B4	B3	B2	B1	B0	复位值
CLK_DIV	名称	MCKO_S1	MCKO_S0	ADRJ	Tx_Rx	MCLKO_2	CLKS2	CLKS1	CLKS0	0000,x000

其中 CLKS2~CLKS0 为系统时钟分频系数选择位,系统时钟及分频系数如表 2.4 所示, $N=2^{CLKS}$ 。

表 2.4　CPU 系统时钟与分频指数

CLKS2	CLKS1	CLKS0	分频系数 N	系统时钟
0	0	0	1	f_{OSC}
0	0	1	2	$f_{OSC}/2$

CLKS2	CLKS1	CLKS0	分频系数 N	系统时钟
0	1	0	4	$f_{OSC}/4$
0	1	1	8	$f_{OSC}/8$
1	0	0	16	$f_{OSC}/16$
1	0	1	32	$f_{OSC}/32$
1	1	0	64	$f_{OSC}/64$
1	1	1	128	$f_{OSC}/128$

3. 主时钟输出

STC15W4K32S4 单片机的主时钟信号可以从 I/O 引脚分频输出,输出信号的分频系数由时钟分频寄存器 INT_CLKO 的第 3 位 MCKO_S2 和寄存器 CLK_DIV 中的 MCKO_S1 和 MCKO_S0 设定,具体关系如表 2.5 所示。

表 2.5 主时钟分频输出信号与分频系数之间的关系

MCKO_S2	MCKO_S1	MCKO_S0	主时钟分频输出信号
x	0	0	禁止输出
0	0	1	输出时钟频率 $= f_{OSC}$
0	1	0	输出时钟频率 $= f_{OSC}/2$
0	1	1	输出时钟频率 $= f_{OSC}/4$
1	0	1	输出时钟频率 $= f_{OSC}/16$
1	1	0	
1	1	1	

主时钟分频输出的 I/O 引脚由寄存器 CLK_DIV 中的 MCLKO_2 位选择,当 MCLKO_2=0 时,由 P5.4/SysClkO 引脚输出;当 MCLKO_2=1 时,由 P1.6/SysClkO_2 引脚输出。

2.4.2 STC15 单片机的复位

1. 复位及其类型

复位是单片机的初始化工作,复位状态下停止一切工作,CPU 和片内其他 I/O 接口电路都处在一个确定的初始状态,当复位解除后单片机从这个确定状态开始工作。复位分为热启动复位和冷启动复位两大类,它们的区别如表 2.6 所示。

表 2.6 热启动复位和冷启动复位

复位种类	复位源	上电复位标志(POF)	复位后程序启动区域
冷启动复位	系统停电后再上电引起的硬复位	1	从系统 ISP 监控程序开始执行程序,如果检测不到合法的 ISP 下载指令流,将软件复位到用户程序区执行

续表

复位种类	复位源	上电复位标志(POF)	复位后程序启动区域
热启动复位	通过控制 RST 引脚产生的硬复位	不变	从系统 ISP 监控程序开始执行程序,如果检测不到合法的 ISP 下载指令流,将软件复位到用户程序区执行
	内部看门狗复位	不变	若 SWBS=1,软件复位到 ISP 监控程序区 若 SWBS=0,软件复位到用户程序区 0000H 地址
	通过 IAP_CONTR 寄存器操作的软复位	不变	若 SWBS=1,软件复位到 ISP 监控程序区 若 SWBS=0,软件复位到用户程序区 0000H 地址

表 2.6 中的上电复位标志位于电源控制寄存器 PCON 中,PCON 的地址为 87H,为不可位寻址的特殊功能寄存器,格式如下:

SFR 名称	位	B7	B6	B5	B4	B3	B2	B1	B0	上电复位值
PCON	名称	SMOD	SMOD0	**LVDF**	**POF**	GF1	GF0	PD	IDL	0011,0000

其中 LVDF 为低电压检测标志位,POF 为上电复位标志位,单片机停电后再上电引起的硬复位,POF 被置 1,可由软件清 0;热启动复位时,POF 保持不变。用户程序可用该位判断单片机是冷启动复位还是热启动复位,从而执行不同的初始化程序。判断的流程如图 2.11 所示。

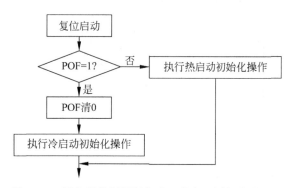

图 2.11　用户程序判断复位类型执行不同初始化流程

2. 复位的实现

STC15 单片机有 7 种复位模式:内部掉电/上电复位、外部 RST 引脚复位、MAX810 专用电路复位、内部低电压检测复位、看门狗复位、软件复位、程序地址非法复位。

1) 内部掉电/上电复位与 MAX810 专用电路复位

当单片机电源电压低于掉电/上电复位检测门槛电压时,所有逻辑电路都会复位。当电源电压上升到复位门槛电压之上后,延迟 32768 个时钟周期,掉电/上电复位结束。STC15

单片机内部还集成了一个微控制器专用复位电路 MAX810,当使用 STC-ISP 软件对单片机进行程序下载编程时,如果选中"上电复位使用较长延时"选项,如图 2.10 所示,则MAX810 复位电路被激活,该复位电路在掉电/上电复位结束后,会额外插入 180ms 的复位延时,之后才解除复位状态。

直流电源含有大容量的滤波电容,在单片机应用系统上电/掉电过程中,由于电容的充电/放电,存在一段电压未完全建立/失去的时间,上电/掉电复位与 MAX810 专用电路复位保证在这段时间内单片机处在复位状态下,停止一切工作,避免电压不稳导致的工作紊乱。

2）外部 RST 引脚复位

STC15 单片机的外部引脚 P5.4/RST 有两个功能,其一是并行 I/O 端口 P5.4,其二是外部复位引脚 RST。该引脚在芯片出厂时已被设置为 I/O 端口,如果用 STC-ISP 软件给单片机编程,取消选中"复位脚用作 I/O 口",那么下载编程后,单片机的 P5.4/RST 引脚就被重新设置成外部复位 RST 引脚。如果给单片机的外部复位 RST 引脚施加持续 24 个时钟周期加 20μs 以上的高电平信号,那么单片机进入复位状态,将 RST 引脚拉回低电平,单片机结束复位状态并从系统 ISP 监控程序区开始执行监控程序;如果检测不到合法的 ISP 下载命令流,则将软复位到用户程序区执行用户程序。

单片机的外部复位电路与标准 8051 单片机的复位电路一样,常用的外部复位电路如图 2.12 所示。图 2.12(a)为上电复位电路,上电时电容 C1 未充电,在 RST 引脚生成一个正脉冲,高电平的持续时间约为 $R1C1$;图 2.12(b)除有上电复位功能外,兼有手动复位功能,正常工作时,如果按下复位按钮 SW,电容 C1 通过 R2 放电,在 RST 引脚产生高电平$(R2 \ll R1)$,SW 抬起,RST 延迟 $R1C1$ 时间后恢复低电平。

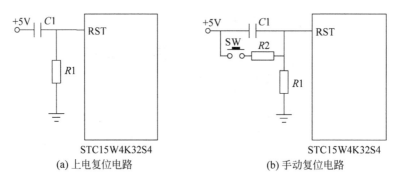

图 2.12　STC15 单片机外部 RST 引脚复位电路

3）内部低电压检测复位

STC15 单片机除了有上电复位检测门槛电压外,内部还有一个更可靠的低电压检测电路,用 STC-ISP 软件给单片机编程时,选中"允许低压复位(禁止低压中断)"选项,并在"低压检测电压"下拉菜单中选定一门槛电压,如图 2.10 所示。当电源电压 VCC 低于该低压检测门槛电压时,低电压检测电路将使单片机复位,相当于将低压检测门槛电压设置为复位门槛电压。

内部低电压检测复位的主要作用之一是避免低电压下的 EEPROM 操作,因此单片机下载编程时,若选中"允许低压复位(禁止低压中断)"选项,建议也要选中"低压时禁止EEPROM 操作"选项。STC15W4K32S4 系列单片机内置了 16 级低压检测门槛电压。

4) 看门狗复位

看门狗是程序运行监控定时器,其作用是能有效防止程序脱轨运行。看门狗定时器(Watch Dog Timer,WDT)使能后,须在规定的时间内给予清 0 操作,俗称"喂狗",否则规定时间到,WDT 将产生复位信号,使单片机复位。如果单片机程序启用了 WDT,程序设计时安排了定时喂狗操作,正常运行时能确保 WDT 不会产生复位。由于干扰等作用,一旦程序运行脱离正常轨道,在规定时间内没有喂狗,时间到 WDT 产生复位信号,单片机复位,程序重新正常运行。

STC15W4K32S4 单片机增加了控制 WDT 的特殊功能寄存器 WDT_CONTR,地址C1H,格式如下:

SFR 名称	位	B7	B6	B5	B4	B3	B2	B1	B0	复位值
WDT_CONTR	名称	WDT_FLAG	—	EN_WDT	CLR_WDT	IDLE_WDT	PS2	PS1	PS0	0000,0000

其中各位含义如下:

(1) WDT_FLAG——看门狗定时器溢出标志位。看门狗溢出时由硬件置 1,需要用软件清 0。

(2) EN_WDT——看门狗定时器使能位。由软件置 1,启动看门狗定时器。

(3) CLR_WDT——看门狗清 0 位。由软件对看门狗定时器置 1 或清 0,并重新启动运行;产生看门狗定时器溢出复位后,由硬件将该位清 0。

(4) IDLE_WDT——看门狗定时器空闲位。由软件置 1 时,看门狗定时器在"空闲模式"下仍继续计数;由软件清 0 时,看门狗定时器在"空闲模式"下停止计数。

(5) PS2~PS0——看门狗定时器的预分频系数。看门狗定时器定时溢出时间与主时钟频率和预分频系数的关系为

$$T_{\text{WDT\_OVER}} = \frac{12 \times 2^{\text{PS}+1} \times 32768}{f_{\text{OSC}}} \qquad (2\text{-}1)$$

其中 PS 为 3 个二进制数位 PS2、PS1、PS0 所表示的数值。例如,STC15 单片机主时钟频率为 12MHz,< PS2:PS1:PS0 >=010,则看门狗定时器溢出时间为 262.1ms,即 WDT 使能后,若程序在 262.1ms 内没有执行过"置位 CLR_WDT"的操作,则看门狗定时器将溢出,使单片机复位重启。

5) 软件复位

STC15 单片机设置了软件复位重启功能。用户系统运行时,有时会有特殊需求,需实现系统软复位重启,例如,软件陷阱捕捉到程序脱轨,或依靠数据冗余技术发现系统受到严重干扰,需要复位重启。用户只要操作 ISP/IAP 控制寄存器 IAP_CONTR 即可实现软件

复位重启,该特殊功能寄存器地址 C7H,格式如下:

SFR 名称	位	B7	B6	B5	B4	B3	B2	B1	B0	复位值
IAP_CONTR	名称	IAPEN	SWBS	SWRST	CMD_FAIL	—	WT2	WT1	WT0	0000,x000

其中 SWBS 和 SWRST 两位与软件复位有关,其含义如下:

(1) SWBS——软件复位程序启动区选择位。SWBS＝1,从 ISP 监控程序区启动;SWBS＝0,从用户程序区启动。

(2) SWRST——软件复位控制位。SWRST＝1,产生软件复位,重启硬件自动清 0;SWRST＝0,不产生软件复位。

6) 程序地址非法复位

如果程序计数器 PC 指向的地址超过了 STC15 单片机有效的程序空间的大小,会引起程序地址非法复位。

3. 复位状态

冷启动复位和热启动复位时,除 ISP/IAP 控制寄存器 IAP_CONTR 的程序启动区域选择位 SWBS 和电源控制寄存器 PCON 的上电标志位 POF 的变化不同外,复位后 PC 值与各特殊功能寄存器的初始状态是一样的,详见表 2.2,其中 PC＝0000H,SP＝07H,DPTR＝0000H,PSW＝00H。与 PWM2～PWM7 相关的 12 个 I/O 口(P0.6、P0.7、P1.6、P1.7、P2.1、P2.2、P2.3、P2.7、P3.7、P4.2、P4.4、P4.5)复位后工作于仅为输入模式,其他 I/O 端口工作于准双向模式,所有并口锁存器 P0～P7 为 FFH。冷启动复位后,片内 RAM 状态随机,热启动复位后,片内 RAM 状态不变。

本章小结

本章以 STC15W4K32S4 系列单片机为例介绍了 STC15 单片机的内部资源与系统结构,STC15 单片机内部主要有 CPU、存储器、时钟与时序逻辑控制电路、各种功能 I/O 接口电路。

STC15 单片机的 CPU 是最重要的部件,由运算器和控制器组成。

STC15 单片机片内存储器有程序存储器、片内基本 RAM、片内扩展 RAM、EEPROM,其中片内基本 RAM 可进一步分区,各区的寻址方式如表 2.1 所示;特殊功能寄存器用于对单片机的 CPU 和片内各种 I/O 功能模块进行管理和控制,是最重要的片上资源,用户程序通过对各特殊功能寄存器的操作,实现预定功能。

STC15 单片机的 I/O 端口组成 8 个并口 P0～P7,每个并口有 1 个输出锁存寄存器,所有 I/O 端口都有准双向口、推挽输出、仅为输入、开漏输出 4 种工作模式,Pn.x 端口的工作模式由工作模式配置寄存器 PnM1.x 和 PnM0.x 控制,各模式 I/O 口的电路结构如图 2.5～图 2.8 所示,I/O 端口的工作模式设置及其输入/输出操控方法尤其重要。

STC15 单片机的时钟源有内部高精度 RC 振荡时钟和外部时钟两种。复位模式有 7 种：内部掉电/上电复位、MAX810 专用电路复位、外部 RST 引脚复位、内部低电压检测复位、看门狗复位、软件复位、程序地址非法复位。在程序下载编程时，单片机的时钟配置与复位模式选择同时设定。

习题

2.1　在片内 RAM 低 128 字节中，哪个区域是工作寄存器区？工作寄存器如何分组？如何选择当前的工作寄存器组？该存储区有几种寻址方式？

2.2　在片内 RAM 低 128 字节中，哪个区域可以位寻址？位地址如何确定？位寻址区有几种寻址方式？

2.3　特殊功能寄存器的地址与片内 RAM 高 128 字节的地址是重叠的，寻址时如何区分？

2.4　什么样的特殊功能寄存器是可以位寻址的？该区域可位寻址的位其位地址如何确定？

2.5　程序状态字 PSW 是重要的特殊功能寄存器，简述其各位的含义。它可以位寻址吗？如可以位址，各位的位地址是多少？

2.6　如果 CPU 当前的工作寄存器组为两组，此时 R4 对应的地址是多少？

2.7　简述 STC15W4K32S4 系列单片机有几种可能的时钟源？如何选择时钟源？系统时钟与主时钟之间的关系？

2.8　STC15W4K32S4 系列单片机的主时钟可以从哪个引脚输出？是如何控制的？

2.9　STC15W4K32S4 系列单片机有几种复位模式？哪些复位模式属于冷启动复位？哪些复位属于热启动复位？如何判断冷启动和热启动复位？

2.10　STC15W4K32S4 系列单片机复位后，PC、SP、DPTR、PSW、并口锁存器 P0～P7、I/O 端口的工作模式、片内 RAM 各处在什么状态？

## 第 3 章

51 单片机 C51 语言编程基础

视频

早期单片机程序设计采用汇编语言,程序设计难度大。20 世纪末,单片机的 C 语言编译器逐渐兴起,与汇编语言程序相比,C 语言程序在功能上、结构上、可读性、可移植性、可维护性等方面有明显优势,且易学易用,现已成主流的单片机编程语言。Keil C51 是美国 Keil Software 公司专为 51 系列兼容单片机设计的高级语言 C 编译器,是使用最广泛的 51 单片机 C 语言编译器,C51 保留了 ANSI C 的所有规范,并针对 8051 单片机的特点作了一些特殊的拓展。

3.1 C51 程序与编程规范

3.1.1 C51 的程序结构

C51 源程序文件扩展名为.c,其结构与 ANSI C 语言相同,包括预处理命令、全局声明和函数定义 3 部分构成,各部分程序均有注释,程序一般结构如下:

```
/* 程序说明、功能、设计者、设计时间、修改时间、版本描述等 */
预处理命令                    //用于包含头文件等
全局变量声明;                 //全局变量可被本程序所有函数引用

函数 1(形参说明表)声明;
…;
函数 n(形参说明表)声明;

/* 主函数 */
main()
{    局部变量声明;
     执行语句;
     函数 i 调用(实参表);
}

/* 其他函数定义 */
函数 1(形参说明表)              //函数 1 定义
```

```
{      局部变量声明;                      //局部变量只能在函数内部引用
       执行语句;
       函数 j 调用(实参表);
}
…
函数 n(形参说明表)                       //函数 n 定义
{           …;
}
```

1. 预处理命令

预处理命令包括文件包含(♯include)、宏定义及撤销(♯define,♯undef)、条件编译(♯if、♯else、♯endif)。

2. 函数定义

函数是 C51 程序的基本单位,程序由一个或多个函数构成,其中有且仅有一个名为 main()的主函数,程序总是从 main()函数开始执行,主函数所有语句执行完毕,则程序结束。主函数中可以调用其他功能函数,调用结束后又返回主函数,功能函数不能调用主函数,但功能函数之间可相互调用和嵌套。功能函数可以用户自定义,也可以是 C51 编译器提供的库函数。

3. 全局声明

全局声明包括变量声明和函数声明,在函数之外定义的变量为全局变量,在函数之内定义的变量则为局部变量。当一个函数调用另一个函数时,被调用的函数必须是已定义的,还未定义的必须先声明,被调用函数往往和全局变量一起声明。

4. 程序注释

注释语句只起对程序代码功能进行描述的作用,增加程序的可读性,不参与程序的编译链接,不产生可执行的机器码。与 ANSI C 的规则相同,C51 源程序的注释有单行注释和块式注释两种。

1) 单行注释

以"//"符号开始,其后面至行末的所有符号构成单行注释。一般放在执行语句的后面,用于对其所在行的语句功能进行注释。

2) 块式注释

以"/ *"符号开始、以" * /"符号结束,其间的所有符号构成块式注释。一般放在某程序模块的前面,用于对其后的程序模块功能进行注释。

3.1.2　C51 的标志符与关键字

1. 标志符

在编程语言中,用来对变量、符号常量、函数、数组、结构体等对象命名的有效字符串称为标志符(或标识符),C51 语言支持自定义的标志符。与 ANSI C 标志符的命名规则完全相同,C51 的标志符可以由字母、下画线"_"及数字 0～9 组成,首符号必须是字母或下画线,最多 32 个字符,区分大小写。

2. 关键字

C51 语言继承了 ANSI C 的 32 个关键字,并根据 51 系列单片机的硬件特点,增加了一些关键字,C51 语言的关键字如表 3.1 所示。

表 3.1 C51 语言的关键字

类别	关键字	类　型	作　用
ANSI C 标准关键字	void	基本数据类型声明	声明无(或空)类型数据
	char	基本数据类型声明	声明单字节整型数据或字符型数据
	int	基本数据类型声明	声明整型数据
	float	基本数据类型声明	声明单精度浮点型数据
	double	基本数据类型声明	声明双精度浮点型数据
	short	数据类型修饰说明	修饰整型数据,短整型数据
	long	数据类型修饰说明	修饰整型数据,长整型数据
	signed	数据类型修饰说明	修饰整型数据,有符号整数(二进制补码表示)
	unsigned	数据类型修饰说明	修饰整型数据,无符号整数
	enum	复杂数据类型声明	声明枚举型数据
	struct	复杂数据类型声明	声明结构类型数据
	union	复杂数据类型声明	声明联合(共用)类型数据
	typedef	复杂数据类型声明	声明重新定义数据类型
	sizeof	数据类型大小运算符	计算特定类型的表达式或变量的大小(即字节数)
	auto	数据存储类别说明	指定变量为自动变量,其空间在动态存储区分配(默认)
	static	数据存储类别说明	指定变量为静态变量,其空间在静态存储区分配
	register	数据存储类别说明	指定局部变量为寄存器变量,其空间优先在 CPU 内部寄存器分配
	extern	数据存储类别说明	指定变量为外部变量,由其他程序文件声明的全局变量
	const	数据存储类别说明	指定变量的值在程序执行过程中不可变更
	volatile	数据存储类别说明	指定变量的值在程序执行过程中可被隐含地变更
	return	流程控制(跳转)	用于函数体中,返回特定值
	continue	流程控制(跳转)	中止当前循环,开始下一轮循环
	break	流程控制(跳转)	退出当前循环或 switch 结构
	goto	流程控制(跳转)	无条件转移语句
	if	流程控制(分支)	用于构成 if…else 条件语句,条件及其肯定分支
	else	流程控制(分支)	用于构成 if…else 条件语句,否定分支
	switch	流程控制(分支)	用于构成 switch…case 开关语句,分支条件
	case	流程控制(分支)	用于构成 switch…case 开关语句中的第 n 个分支
	default	流程控制(分支)	用于构成 switch…case 开关语句中的其他分支
	for	流程控制(循环)	用于构成 for 循环结构语句
	do	流程控制(循环)	用于构成 do…while 循环结构
	while	流程控制(循环)	用于构成 do…while 或 while 循环结构

续表

类别	关键字	类 型	作 用
C51扩展关键字	bit	位变量声明	声明一个位变量或位类型的函数
	sbit	位变量声明	声明一个可位寻址变量(指定位地址)
	sfr	特殊功能寄存器声明	声明一个8位特殊功能寄存器(指定字节地址)
	sfr16	特殊功能寄存器声明	声明一个16位的特殊功能寄存器(指定低位字节地址)
	data	存储器类型说明	指定直接寻址的单片机片内数据存储器
	bdata	存储器类型说明	指定可位寻址的单片机片内数据存储器
	idata	存储器类型说明	指定间接寻址的单片机片内数据存储器
	pdata	存储器类型说明	指定分页寻址的单片机扩展数据存储器
	xdata	存储器类型说明	指定单片机扩展数据存储器
	code	存储器类型说明	指定单片机程序存储器
	interrupt	中断函数说明	说明一个中断服务函数
	reentrant	再入函数说明	说明一个再入函数
	using	寄存器组说明	指定单片机的工作寄存器组
	_at_	存储绝对地址说明	声明变量时指定其所在地址
	small	编译模式说明	—
	compact	编译模式说明	—
	large	编译模式说明	—

3.1.3 C51编程规范

养成良好的编程习惯很重要,按一定规范编写程序,有助于设计者理清思路,方便程序纠错、修改、整理、阅读,是程序可维护和可移植的前提。进行 C51 程序设计时,应注意以下几方面的编程规范。

(1) 一个好的源程序应该添加必要的注释,以增加程序的可读性。

(2) 标志符应能直观反映其含义,避免过于冗长,方便源程序的编写、阅读与理解。

(3) 编译系统专用标志符以下画线开头,建议自定义标志符不使用下画线为首字符。

(4) 自定义的标志符避免与关键字或 C51 库函数同名。

(5) 虽然 C51 语言没有限制主函数 main()放置的位置,但为阅读方便,最好将其放在所有自定义函数的前面,程序语句的书写顺序依次为:头文件声明、全局变量和自定义函数声明、主函数 main()、自定义函数。

(6) 每条语句单独写一行,或将配合完成某一功能的几条短语句写在同一行,并注释。

(7) 源程序文件中不同结构部分之间要留有空行,来明显区分不同的结构。

(8) 对 if、for、while 等块结构语句中的"{"和"}"要配对对齐,以突出该块结构的起始和结束位置,使程序阅读更直观。

(9) 源程序书写时,可以通过适当的 Tab 键操作来实现代码对齐。

3.2 C51 语言的数据

使用数据时,与 ANSI C 基本相同,C51 也要说明其数据类型、常量或变量、变量的作用范围;与 ANSI C 略有不同,C51 还要说明其存放在存储器的什么区域。

3.2.1 数据类型

ANSI C 语言数据类型包括基本类型、构造类型、指针类型以及空类型等。基本类型有字符、整型、短整型、长整型、浮点型、双精度浮点型等;构造类型包括数组、结构体、共用体以及枚举类型等。基本数据类型中,C51 语言增加了位(bit)类型。整型和短整型相同,均为 16 位;浮点型和双精度浮点型相同,均为 32 位。因此,在 C51 中使用 short 和 double 标志符是没有实际意义的。C51 支持的基本数据类型、长度及值域如表 3.2 所示。

表 3.2 C51 支持的基本数据类型、长度及值域

数 据 类 型	标 志 符	长度/bit(Byte)	值 域
位型	bit	1	0,1
无符号字符型	unsigned char	8(1)	0~255
有符号字符型	signed char	8(1)	−128~127
无符号整型	unsigned int	16(2)	0~65 535
有符号整型	signed int	16(2)	−32 768~32 767
无符号长整型	unsigned long	32(4)	0~4 294 967 295
有符号长整型	signed long	32(4)	−2 147 483 648~2 147 483 647
浮点型	float	32(4)	$\pm 1.175494E-38 \sim \pm 3.402823E+38$
指针型	*	8~24(1~3)	对象地址 0~65 535

数据的存储有大端与小端模式之别。所谓大端模式(Big-Endian),即高位字节存储在低地址,而小端模式(Little-Endian)则低位字节存储在低地址。C51 的数据存储采用大端模式。

3.2.2 常量与变量及其存储模式

1. 常量

常量是不接受程序修改的固定值,C51 的常量包括位常量、整型常量、实型常量、字符型常量、字符串常量等。

1) 位常量

位常量即位常数,只有两个值:0 或 1。

2) 整型常量

整型常量即整常数,可带负号。通常情况下,C51 程序设计时常采用十进制和十六进制。十进制整常数以非 0 开始的整数表示,例如,−6、965 等。十六进制整常数以 0x 开始的数表示,例如,−0x2a、0xc1f4 等。

整型常量后加字母"L"或"l"表示该数为长整型,例如 965 为整型,在内存中占 2 字节,

而 965L 为长整型,在内存中占 4 字节。

3) 实型常量

实型常量又称浮点常量,是用十进制表示的实常数,可带负号,值包括整数部分、尾数部分和指数部分,指数以 10 为基数,幂为有符号整数,指数部分以 E 或 e 开头,字母 E 或 e 之前必须有数字,例如,-3.14、126E-3 表示 126×10^{-3}、1.76E6 表示 1.76×10^{6}。

C51 语言的浮点数使用 24 位精度(单精度),占 4 字节的存储单元,浮点数的二进制编码如表 3.3 所示。

表 3.3 浮点数的二进制编码

位	31~24	23~16	15~8	7~0
内容	SEEEEEEE	EMMMMMMM	MMMMMMMM	MMMMMMMM

其中 S(1 位)为符号位,0 表示"正",1 表示"负";E(8 位)为指数,偏移为 127,E 取值范围 1~254;24 位的数值中规定整数部分 1 位和尾数部分 23 位,整数始终为 1 不保存,仅保存 23 位的尾数 M。例如,浮点数 -13.75,其二进制表示为 -1101.11,即 $-1.10111 \times 2^{130-127}$,因此符号位 S$=1$,指数 E$=130$ (即 10000010),尾数 M$=1011100\ 00000000\ 00000000$,所以 -13.75 的十六进制编码为 0xc15c0000,采用不同的端模式,该浮点数在内存中的信息和占用的存储单元亦不同,如表 3.4 所示。

表 3.4 浮点数 -13.75 在内存中的存储模式

存储地址(首地址 Addr)	Addr$+0$	Addr$+1$	Addr$+2$	Addr$+3$
大端模式(C51 的模式)	0xc1	0x5c	0x00	0x00
小端模式	0x00	0x00	0x5c	0xc1

4) 字符型常量

字符型常量是指用一对单引号括起来的单个字符,并按其对应的 ASCII 码值来存储,如'a'、'9'、'!'等,ASCII 码参见附录 A。

5) 字符串常量

字符串常量是指用一对双引号括起来的一串字符,字符串在内存中以 ASCII 码值存储,系统自动在字符串的末尾加的一个结束标志 NUL,其 ASCII 码值为 00H。因此在程序中,长度为 n 个字符的字符串常量,在存储器中占 $n+1$ 字节的存储空间。例如,程序中的常量 9、'9'、"9"在存储器中的信息和占用空间是不同的。

6) 符号常量

C51 允许将程序中的常量定义为一个标志符,称为符号常量。符号常量一般使用大写字母表示,符号常量使用前必须用宏定义(♯define)命令定义。例如:

```
♯define PI 3.1416          //定义实型符号常量 PI 为圆周率
```

2. 变量及其存储模式

变量是程序执行过程中其值可以改变的量。变量使用前必须先定义,用一个标志符作

为变量名。在 ANSI C 中,变量定义的格式如下:

　　　　[存储类别] 数据类型 变量名表;

　　存储类别(或存储类型)表示变量的存储方式,存储方式有静态和动态两大类,静态存储方式是指程序运行期间由系统分配固定的存储空间的方式;动态存储方式是指程序运行期间根据需要动态地分配存储空间的方式。存储类别共有 4 种:auto(自动的)、static(静态的)、register(寄存器的)、extern(外部的),变量定义时未指定存储类别时,默认存储类别为auto。局部或全局特性表征变量的作用域各异,动态或静态存储特性表征变量的生存期不同,各种类型变量的作用域和生存期如表 3.5 所示。

表 3.5　各种类型变量的作用域和生存期

变量存储类别	在函数内定义		在函数外定义	
	作用域	生存期	作用域	生存期
register	局部	动态	—	—
auto(或无修饰)	局部	动态	可全局	静态
static	局部	静态	限本文件	静态
extern	全局	静态	全局	静态

　　针对 51 单片机的数据存储器被分为片内 RAM、片外 RAM 和程序存储区的特点,在C51 中,定义变量时还可以指定给变量分配的存储器类型,变量定义的格式如下:

　　　　[存储类别] 数据类型 [存储器类型] 变量名表;

　　存储器类型选项用于指定给变量分配的存储器类型,进行准确的地址范围定位。C51编译器能够识别存储器类型如表 3.6 所示。

表 3.6　C51 存储器类型与数据存储空间的对应关系

存储器类型	说　　明
data	片内 RAM 的低 128 字节,DATA 区(00H～7FH 地址空间),直接寻址
bdata	片内 RAM 的位寻址区,BDATA 区(20H～2FH 地址空间),可位寻址
idata	片内 RAM 的 256 字节,IDATA 区(00H～FFH 地址空间),间接寻址
pdata	外部 RAM 存储器分页寻址(256 字节),PDATA 区(00H～FFH 地址空间) 用"MOVX A,@Ri"和"MOVX @Ri,A"指令访问(详见第 8 章)
xdata	外部 RAM 存储器,XDATA 区(0000H～FFFFH 地址空间) 用"MOVX A,@DPTR"和 "MOVX @DPTR,A"指令访问(详见第 8 章)
code	程序存储器 ROM,CODE 区(0000H～FFFFH 地址空间) 用"MOVC A,@A+DPTR"和"MOVC A,@A+PC"指令读(只读,详见第 8 章)

变量定义实例如下：

```
unsigned char data var;         //在 DATA 区定义无符号字符型变量 var
char bdata flags;               //在 BDATA 区定义字符型变量 flags
extern float idata x,y,z;       //在 IDATA 区定义浮点型外部变量 x,y,z
float pdata a,b;                //在 PDATA 区定义浮点型变量 a,b
char xdata text[] = "OK!";      //在 XDATA 区定义字符串数组变量 text[]
unsigned int code V_to_T[200];  //在 CODE 区定义无符号整型数组变量 V_to_T[]
```

变量定义时如果省略存储器类型，Keil C51 编译器按选择的编译模式 Small、Compact 或 Large 确定默认的存储器类型，各编译模式对应的默认存储器类型如表 3.7 所示。

表 3.7 编译模式对应的默认存储器类型

编 译 模 式	默认的存储器类型
Small(小模式)	data(访问速度最快)
Compact(紧凑模式)	pdata(访问速度较快)
Large(大模式)	xdata(访问速度最慢)

3.3 用 C51 语言描述单片机资源

C51 语言对 51 单片机资源的描述主要有特殊功能寄存器和位变量的定义，以及以绝对地址方式访问片内 RAM、片外 RAM 和 I/O 端口。

3.3.1 特殊功能寄存器定义

51 单片机通过特殊功能寄存器 SFR 实现对 CPU 及其片内各种 I/O 功能模块的管理和控制，表 2.2 列出了 STC15W4K32S4 系列单片机特殊功能寄存器名称及地址映像。特殊功能寄存器的地址范围为 80H～FFH，只能用直接寻址方式访问，其中地址能被 8 整除的特殊功能寄存器还是可以位寻址的。

为了能用直接寻址方式访问特殊功能寄存器，C51 语言引入扩展的关键字 sfr，专用于特殊功能寄存器定义，其语法如下：

```
sfr 特殊功能寄存器名字 = 特殊功能寄存器地址；
```

例如：

```
sfr PSW = 0xd0;         //程序状态字寄存器 PSW 地址 D0H(见表 2.2)
sfr DPL = 0x82;         //16 位数据指针 DPTR 低 8 位地址 82H
sfr DPH = 0x83;         //16 位数据指针 DPTR 高 8 位地址 83H
```

特殊功能寄存器名称(标志符)通常采用大写字母，用 sfr 定义特殊功能寄存器时，"="后面的地址必须是常数，其值为 0x80～0xff，不允许使用带运算符的表达式。

在 51 单片机中,有部分特殊功能寄存器可组合成 16 位的寄存器,其特征是 16 位寄存器的高位字节地址直接位于低位字节地址之后,C51 可用关键字 sfr16 将其定义为 16 位特殊功能寄存器,可直接访问其 16 位值。sfr16 的语法与 sfr 类似,用低位字节的地址作为 16 位特殊功能寄存器的地址。

例如,51 单片机有 16 位数据指针 DPTR,如表 2.2 所示,DPTR 由高位字节 DPH 和低位字节 DPL 两个 8 位寄存器组合而成,DPH 的地址(83H)紧随 DPL 的地址(82H)之后,因此 DPTR 可如下定义:

```
sfr16 DPTR = 0x82;     //定义 16 位特殊功能寄存器,数据指针 DPTR 低位字节 DPL 地址 82H
```

51 单片机还有一些 16 位的特殊功能寄存器,如表 2.2 所示的定时/计数器 T0(详见第 6 章),它也由高位字节 TH0 和低位字节 TL0 组合而成,但前者地址不紧随后者,这类寄存器不能使用 sfr16 关键字将其定义为 16 位特殊功能寄存器,其 16 位值不能直接访问。

3.3.2 位变量定义

51 单片机片内 RAM 有可位寻址区 BDATA ,其字节地址为 20H~2FH,位地址为 00H~7FH,此外地址可被 8 整除的特殊功能寄存器 SFR 也是可位寻址的,位地址为 80H~FFH。单片机的 CPU 都可以处理位数据,对此 C51 增加了 bit(位)数据类型,位变量的定义有两种方式,一是一般位变量定义,位地址由编译系统在 BDATA 区自动分配;二是可位寻址整型变量和 SFR 的位变量定义,位地址是确定的。

1. 一般位变量定义

一般位变量定义与其他基本数据类型变量的定义相似,如:

```
bit k0;                        //在 BDATA 区定义位变量 k0
```

2. 可位寻址位变量定义

可位寻址位变量定义使用 sbit 关键字,其语法格式如下:

```
sbit 位变量名 = 可寻址位的位地址;
```

可位寻址整型变量的位变量定义需先在 BDATA 区定义整型变量,可寻址位的位地址以"整型变量名^位序"的形式定义。如:

```
unsigned char bdata flag;      //在 BDATA 区定义可位寻址 8 位字符型变量 flag
sbit bx = flag^3;              //8 位整型 flag 的第 3 位定义为 bx
unsigned int bdata key;        //在 BDATA 区定义可位寻址 16 位整型变量 key
sbit k0 = key^0;               //16 位整型 key 的高位字节第 0 位为 k0
sbit k7 = key^7;               //16 位整型 key 的高位字节第 7 位为 k7
sbit k8 = key^8;               //16 位整型 key 的低位字节第 0 位定义为 k8
sbit k15 = key^15;             //16 位整型 key 的低位字节第 7 位定义为 k15
```

对可位寻址的特殊功能寄存器,可寻址位的位地址有 3 种表示方法,其一先用 sfr 定义

SFR 名称,然后用"SFR 名称^位序";其二用"SFR 地址^位序";其三用绝对位地址。例如,程序状态字 PSW 的地址是 D0H(见表 2.2),该地址能被 8 整除,所以 PSW 是可位寻址的SFR,其各位含义详见 PSW 寄存器描述,相应位变量可如下定义:

```
sfr PSW = 0xd0;              //定义特殊功能寄存器 PSW
sbit CY = PSW^7;            //用"SFR 名称^位序"表示位地址
sbit AC = 0xd0^6;          //用"SFR 地址^位序"表示位地址
sbit OV = 0xd2;            //用绝对位地址表示位地址
```

又例如,51 单片机 8 位并行 I/O 口 P1 的地址(90H)可被 8 整除,可位寻址,该并口各位可如下定义:

```
sfr P1 = 0x90;              //定义特殊功能寄存器 P1
sbit P10 = P1^0;          //定义 P1.0 端口
sbit P11 = P1^1;          //定义 P1.1 端口
sbit P17 = P1^7;          //定义 P1.7 端口
```

3. 通过头文件访问特殊功能寄存器及其可位寻址位

Keil C51 编译器把标准 51 系列单片机的所有特殊功能寄存器及其可位寻址位进行了定义,存放在头文件 Keil\C51\INC\REG51. H 和 REG52. H 中,分别对应 80C51 和 80C52单片机。宏晶科技有限公司也为各系列 STC 单片机的特殊功能寄存器及其可位寻址位作了定义,并存放在头文件中,STC15W4K32S4 系列单片机的头文件为 Keil\C51\INC\STC\STC15. H。开发用户程序时,只要在程序开始时用预处理命令♯include 将这个头文件包含到程序中,就可直接使用特殊功能寄存器及其可位寻址位的名称。

【例 3.1】　头文件引用举例。

```
♯include< stc15.h>        //使用 STC15 系列单片机,引用片内资源定义头文件
void main(void)
{
    ACC = 0x0f;            //给累加器 ACC 赋值 0x0f
    P1 = 0x5a;            //从 8 位并口 P1 输出 0x5a
    …
}
```

3.3.3　绝对地址访问

通常单片机系统的数据存储器和 I/O 接口是统一编址,绝对地址访问可以涵盖片内RAM、片外 RAM、程序 ROM(或 Flash)及 I/O 接口,通过变量定义可以对单片机的硬件资源进行描述。如前所述,通常情况下 C51 在定义变量时只需说明其数据类型、存储类别(可缺省,默认为 auto)、存储器类型(可缺省,small 编译模式下默认为 data),变量的地址由编译器自动分配,但描述一些特定硬件资源时,必须指定其绝对地址。例如,单片机系统扩展了某个 I/O 模块,该模块的绝对地址由其与单片机的硬件连接决定,对该模块的访问须指定访问单元的绝对地址。又例如,单片机系统的配置参数一般保存在非易失存储器的指定

单元中,要读取这些重要参数须指定访问单元的绝对地址。C51 访问绝对地址单元常使用"绝对宏"和"_at_关键字",由于指定了变量的绝对地址,所定义的变量只能是全局变量,无须说明其存储类别。

1. 绝对宏

在 Keil C51 编译器的安装目录下有一个头文件 Keil\C51\INC\ABSACC. H,该文件中定义了一组访问绝对地址的宏,可对 code、data、pdata、xdata 4 种类型的存储器进行绝对寻址,相关定义如下:

```
# define CBYTE ((unsigned char volatile code * ) 0)
# define DBYTE ((unsigned char volatile data * ) 0)
# define PBYTE ((unsigned char volatile pdata * ) 0)
# define XBYTE ((unsigned char volatile xdata * ) 0)

# define CWORD ((unsigned int volatile code * ) 0)
# define DWORD ((unsigned int volatile data * ) 0)
# define PWORD ((unsigned int volatile pdata * ) 0)
# define XWORD ((unsigned int volatile xdata * ) 0)
```

CBYTE、DBYTE、PBYTE、XBYTE 是以字节(8 位)形式分别对 code 区、data 区、pdata 区、xdata 区绝对寻址的宏,CWORD、DWORD、PWORD、XWORD 是以字(16 位)形式分别对 code 区、data 区、pdata 区、xdata 区绝对寻址的宏。可以用绝对宏对 RAM、ROM 或 I/O 口进行定义和操作,例如:

```
# include < absacc. h >
# define PORT XBYTE[0xffc0]        //PORT 定义为外部扩展 I/O 口,地址 0xffc0,8 位
void main(void)
{unsigned char data x;             //在片内 data 区定义局部变量 x
     PORT = 0xa5;                   //将数据 0xa5 写入 PORT 口
     x = CBYTE[0x1000];            //将程序 ROM 区 0x1000 地址单元内容传给 x
}
```

2. _at_关键字

使用_at_关键字指定变量在存储空间的绝对地址,一般格式如下:

数据类型 [存储器类型] 变量名 _at_ 地址常数;

所定义的变量为未初始化变量(不能既定义又初始化)。如果使用_at_关键字声明访问 xdata 外设的变量,则需要 volatile 关键字,以确保 C 编译器不会优化必要的内存访问。例如:

```
# define uchar unsigned char       //定义宏名 uchar,表示 8 位无符号整型
uchar code p1 _at_ 0x1000;         //在 CODE 区定义 8 位整型变量,地址 0x1000
uchar volatile xdata PA _at_ 0x8000;//在 XDATA 区定义 8 位 I/O 端口,地址 0x8000
void main(void)
{uchar data y;                      //在片内 data 区定义局部变量 y
```

```
    y = p1;                        //将 CODE 区 0x1000 地址单元内容传给 x
    PA = (y&0xf0)|0x05;            //P1 高 4 位保留、低 4 位改为 5,之后从 PA 口输出
}
```

3.4　C51 语言的基本语句

3.4.1　基本运算

C51 语言的基本运算与 ANSI C 语言完全相同,有赋值运算、算术运算、自加减运算、位运算、复合赋值运算、关系运算、逻辑运算、逗号运算等。

1. 赋值运算

赋值运算符"＝"将一个数据赋给一个变量,例如:

```
P1 = 0x5a;                        //将十六进制数据 0x5a 从并行口 P1 输出
```

2. 基本算术运算

基本算术运算符都是双目运算符,共有"＋"(加)、"－"(减)、"＊"(乘)、"/"(除)和"％"(模)5 个运算符。

3. 自加与自减运算

"＋＋"(自加)与"－－"(自减)运算符是单目运算符,是变量自加或自减 1 的操作。有"先自加自减"还是"后自加自减"之分,例如:

```
i = (j++) + k;                    //先将 j + k 的值赋给 i,然后 j 再自加 1
i = (++j) + k;                    //j 先自加 1,然后将 j + k 的值赋给 i
```

采用自加自减运算编程,可提高代码效率和运算速度。

4. 位运算

对 char 和 int 型数据,可以按二进制位进行操作运算,位运算有"～"(按位求反)、"&"(按位求与)、"|"(按位求或)、"^"(按位求异或)、"<<"(指定次数的按位左移)和">>"(指定次数的按位右移)。执行按位左移(或右移)操作时,从低位(或高位)补 0。在 C51 语言中,最后移出的位进入了 PSW 中的进位标志位 CY。

为适应控制领域的应用,单片机重要特点之一是可进行位处理。在 C51 语言控制类程序设计中,普遍使用位运算,并占相当比例的代码量。

5. 复合赋值运算

赋值运算可以和算术运算、位运算结合构成复合的赋值运算,有 10 种复合赋值运算:＋＝、－＝、＊＝、/＝、％＝、&＝、|＝、^＝、<<＝、>>＝。例如:

```
unsigned char x = 0xe5;
x <<= 2;                          //对 x 的值(11100101)左移 2 位,结果 x = 0x94,CY = 1
```

"与"运算的特点是:和 0 与,结果为 0;和 1 与,结果不变。C51 语言中常用这个特点

将 char 或 int 型变量的某位或某几位清 0,例如:

```
unsigned char x;
x &= 0xf0;                              //x 高半字节(或高 4 位)保持,低半字节清 0
P1 &= (1<<7)|(1<<6)|(1<<3);            //P1 口第 7、6 和 3 位保持不变,其他位清 0
P1 &= ~((1<<7)|(1<<6)|(1<<3));         //P1 口第 7、6 和 3 位清 0,其他位保持不变
```

"或"运算的特点是:和 0 或,结果不变;和 1 或,结果为 1。C51 语言中常用这个特点将 char 或 int 型变量的某位或某几位置 1,例如:

```
P2 |= (1<<6)|(1<<4)|(1<<2);            //P2 口第 6、4 和 2 位置 1,其他位不变
```

"异或"运算的特点是:和 0 异或,结果不变;和 1 异或,结果为求反。C51 语言中常用这个特点将 char 或 int 型变量的某位或某几位置求反,例如:

```
P3 ^= (1<<5)|(1<<2)|(1<<0);            //P3 口第 5、2 和 0 位求反,其他位不变
```

6. 关系运算

关系运算即比较运算,用于比较操作数的大小关系。C51 语言有 6 种关系运算符:<(小于)、<=(小于或等于)、>(大于)、>=(大于或等于)、==(等于)、!=(不等于),其中前 4 种运算符<、<=、>、>=优先级相同,为高优先级;后 2 种运算符==、!=优先级相同,为低优先级。关系运算符的优先级低于算术运算符的优先级,高于赋值运算符的优先级。关系表达式的值为逻辑值,只有真(逻辑 1 或非 0 值)和假(逻辑 0)两种取值。

7. 逻辑运算

逻辑运算是对逻辑变量进行逻辑与、逻辑或、逻辑非 3 种运算,其 C51 语言运算符为 &&(逻辑与)、||(逻辑或)、!(逻辑非),其中逻辑非运算的优先级最高,高于算术运算符;或逻辑运算的优先级最低,低于关系运算符,但高于赋值运算符。逻辑表达式的值也是逻辑量,只有真和假两种取值。

3.4.2 分支判断语句

C51 语言的分支判断语句与 ANSI C 的分支判断语句完全相同,有条件语句和开关语句。

1. 条件语句

条件语句使用关键字 if,C51 提供了 3 种形式的条件语句,如图 3.1 所示。

第一种形式如图 3.1(a)所示,若逻辑表达式结果为真(逻辑 1 或非 0 值),则执行后面的语句;若逻辑表达式为假(逻辑 0),则不执行后面的语句,其语法格式为:

```
if (逻辑表达式){语句;}
```

第二种形式如图 3.1(b)所示,若逻辑表达式结果为真(逻辑 1 或非 0 值),则执行语句 1;若逻辑表达式为假(逻辑 0),则执行语句 2,其语法格式为:

```
if (逻辑表达式){语句 1;}
else {语句 2;}
```

第三种形式如图 3.1(c)所示,用于实现多条件分支,其语法格式为:

```
if (逻辑表达式 1){语句 1;}
else if (逻辑表达式 2){语句 2;}
  ⋮
else if (逻辑表达式 n){语句 n;}
else {语句 m;}
```

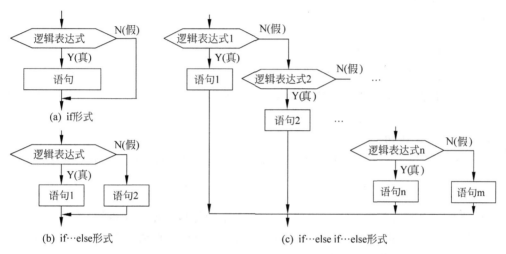

(a) if形式

(b) if…else形式

(c) if…else if…else形式

图 3.1　if 语句的 3 种形式

此处所说的语句可以是组合语句。例如:

```
unsigned char x,y,max,min;
if (x > = y){max = x;min = y;}
else {max = y;min = x;}
```

2. 开关语句

开关语句使用关键字 switch,实现多分支选择,其语法格式为:

```
switch (表达式){
    case 常量表达式 1: {语句 1}; break;
    case 常量表达式 2: {语句 2}; break;
        ⋮
    case 常量表达式 n: {语句 n}; break;
    default: {语句 m};
}
```

其中,switch()内的表达式可以是整型或字符型表达式,也可以是枚举型数据,每个 case 和 default 后面的语句的花括号{}可以省略。开关语句将 switch()中的表达式的值与 case 后面的各个常量表达式的值逐一进行比较,若与某个 case 后面的常量表达式的值匹配,则执行其后的语句,遇到 break 语句时,中止执行,跳出 switch 语句;如果该 case 中没有 break

语句,那么将会顺序执行下一个 case 后的语句;若无匹配情况,则执行 default 后的语句。

3.4.3 循环控制语句

C51 语言的循环控制语句与 ANSI C 的循环控制语句完全相同,有 while 语句、do⋯while 语句和 for 语句。

1. while 语句

如图 3.2(a)所示,while 语句用来实现"当型"循环,其语法格式为:

while (逻辑表达式){语句};

其中 while()后的语句称为循环体语句,当 while()中的逻辑表达式的结果为真(逻辑 1 或非 0 值)时,则执行循环体语句;反之则终止 while 循环,向后执行其余程序。如果逻辑表达式的结果一开始就为假,那么循环体语句一次也不会执行。

2. do⋯while 语句

如图 3.2(b)所示,do⋯while 语句用来实现"直到型"循环,其语法格式为:

do{语句;}while (逻辑表达式);

其中 do 之后的语句称为循环体语句。do⋯while 结构先执行循环体语句,然后检查逻辑表达式的结果,为真(逻辑 1 或非 0 值)则重复执行循环体语句,直到逻辑表达式的结果变为假(逻辑 0)时为止,循环体语句至少执行一次。

3. for 语句

如图 3.2(c)所示,for 语句是最为灵活、复杂的循环控制语句,其语法格式为:

for (表达式 1; 逻辑表达式 2; 表达式 3){语句;}

其中 for()之后的语句称为循环体语句。for 语句执行过程如下:先求解表达式 1,初始化循环;然后检查逻辑表达式 2 的结果,为真(逻辑 1 或非 0 值)则执行循环体语句并求解表达式 3,为假则退出循环。

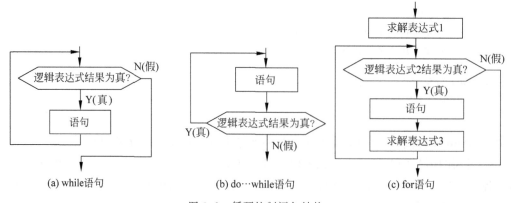

图 3.2 循环控制语句结构

单片机用户程序开发时,经常使用循环语句构成查询等待、延时、无限循环等程序模块,分别举例说明。

【例 3.2】 如图 3.3(a)所示,51 单片机的 I/O 引脚 P3.2 外接按键开关 K1,试编程一程序段实现等待键抬起,如图 3.3(b)所示。

由图 3.3(a)可知,键 K1 按下时,I/O 引脚 P3.2 为低电平,抬起时为高电平,因此等待键抬起的程序段如下:

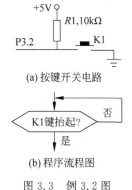

(a) 按键开关电路

(b) 程序流程图

图 3.3　例 3.2 图

```
#include<reg51.h>          //引用单片机资源定义头文件
sbit K1 = P3^2;            //定义 K1 键位变量
…
void main(void)
{   …;
    while(!K1);            //等待 K1 抬起
    …;
}
```

【例 3.3】 延时程序设计。

单片机用户程序常用的延时函数可以使用 while 语句,也可使用 for 语句。

(1) 使用 while 语句的延时函数。

```
void delay(unsigned int td)    //td 为控制延时时长的形参
{   while(td--);                //判断 td,不为 0 则自减 1 直到为 0
}
```

(2) 使用 for 语句的延时函数。

```
void delay(unsigned int td)    //td 为控制延时时长的形参
{   unsigned char i,j;
    for (i=td;i>0;i--)         //判断 td,不为 0 则自减 1 直到为 0
    {   for (j=0xff;j>0;j--);
    }
}
```

【例 3.4】 无限循环程序设计。

单片机用户程序的整个结构一般是个无限循环程序,使用 while 和 for 均可实现无限循环。

(1) 使用 while 语句的无限循环。

```
while(1)                   //逻辑表达式的值恒为"非 0"
{   …;                     //循环体
}
```

(2) 使用 for 语句的无限循环。

```
for ( ; ; )               //逻辑表达式 2
{   …;                     //循环体
}
```

3.4.4 goto 等语句

1. goto 语句

goto 语句是无条件转移语句,其一般形式为:

```
goto 标号;
…
标号:语句;
```

其中标号是一个标志符,程序中存在以该标号带冒号":"开头的某语句,执行 goto 语句时,程序将无条件转移到给定的标号处,执行其后的语句。C51 程序常用 goto 语句跳出多重循环,且只能从内层循环跳到外层循环,不允许从外层循环跳到内层循环。在结构化的程序设计中使用 goto 语句容易导致程序混乱,在 C51 语言程序设计中应尽量避免使用该语句。

2. break 语句

break 语句也是一个无条件转移语句,只能用于开关语句和循环语句之中,其一般形式为:

```
break;
```

执行 break 语句程序将退出开关语句或循环语句,执行其后的语句。对于多重循环,break 语句只能跳出其所在的那一层循环,而 goto 语句可以直接从最内层循环跳出来。

3. continue 语句

continue 语句也是一个无条件转移语句,只用于循环语句之中,其一般形式为:

```
continue;
```

执行 continue 语句程序将中止本轮循环,程序从下一轮循环开始处继续执行,直到循环条件不满足(逻辑表达式的值为假)为止,结束循环。

4. return 语句

return 语句用于终止函数的执行,控制程序返回到调用该函数处,其一般形式为:

```
return [表达式];
```

如果 return 语句后边有表达式,则返回时要计算表达式的值,并将其作为函数的返回值;如果不带表达式,则函数返回时,函数值不确定。一个函数内部可以有多个 return 语句,但程序仅执行其中的一个 return 语句返回调用处。函数也可以不含 return 语句,程序执行到最后一个界限符"}"时,返回调用处。

3.5 C51 语言的数组、指针、函数

3.5.1 数组

数组是一组数目一定、类型相同的数据的有序集合,用一个名字标记,称为数组名,其中的数据称为数组元素,数组元素的数据类型为该数组的基本类型。例如,字符型(char)变量

的有序集称为字符型(char)数组,整型(int)变量的有序集合称为整型(int)数组。C51 语言不能定义 bit 类型数组。

数组中各元素的顺序用下标表示,下标为 n 的元素表示为"数组名[n]"。只有一个下标的数组称为一维数组,有两个(或多个)下标的数组称为二维(或多维)数组。C51 语言中常用一维数组、二维数组,除了说明数组元素的存储器类型外,定义数组的方法与 ANSI C 相同。

1. 一维数组

定义一维数组的一般形式如下:

数据类型 [存储器类型] 数组名[元素个数];

其中数组名是用户标志符,元素个数是一个整型常量表达式。例如:

unsigned char data DispBuf[8];

该语句在 DATA 区定义名为 DispBuf 的数组,含 8 个无符号字符型元素。定义数组时可同时对数组进行整体初始化,若定义后需给数组赋值,只能逐个对元素赋值。例如:

```
char b[4] = {1,2,3,4};              //全部初始化,b[0] = 1,b[1] = 2,b[2] = 3,b[3] = 4
int a[6] = {1,2,3};                 //部分初始化,a[0] = 1,a[1] = 2,a[2] = 3,未初始化的元素为 0
char s[] = {"this is string"};      //定义一维字符数组,共 15 个元素,最后一个是"\0"
```

2. 二维(或多维)数组

二维数组定义的一般形式如下:

数据类型 [存储器类型] 数组名[行数][列数];

其中行数和列数都是整型常量表达式,例如:

```
char c[3][4] = {{1,2,3,4},{5,6,7,8},{9,10,11,12}};   //全部初始化
int d[3][4] = {{1,2,3,4},{5,6,7,8}};                 //部分初始化,未初始化的元素为 0
char s[3][6] = {"length","width","height"};          //定义二维字符数组
```

3. 用数组实现查表

在基于单片机的嵌入式控制系统中,经常需要按某已知规律实现特定的变换,例如,控制 DA 转换器(数字量到模拟量的转换)生成正弦波信号,或将热敏电阻(非线性元件)的电阻值变换为温度值。由于单片机运算能力有限,所以人们通常用查表法取代复杂数学计算,以实现特定的变换,查表法代码量少而且运行速度快。

【例 3.5】 用 8 位 DA 转换器生成 32 点的正弦信号,该正弦信号可如下表示:

$$x(n) = \text{INT}[128 + 127\sin(2\pi n/N)] \tag{3.1}$$

其中 $N = 32, n = 0, 1, \cdots, 31$。

按式(3.1)计算出所有 32 点的正统信号值,如表 3.8 所示。在 CODE 区定义无符号字符型数组 xsin[32]保存数字正弦信号。

表 3.8 32 点 8 位数字正弦信号表

n	0	1	2	3	4	5	6	7	8	9	10	11	12	13	14	15
$x(n)$	128	152	176	198	217	233	245	252	255	252	245	233	217	198	176	152
n	16	17	18	19	20	21	22	23	24	25	26	27	28	29	30	31
$x(n)$	128	103	79	57	38	22	10	3	1	3	10	22	38	57	79	103

```
unsigned char code xsin[32] =                      //在 CODE 区定义 xsin[32]
{   128,152,176,198,217,233,245,252,255,252,245,233,217,198,176,152,
    128,103,79,57,38,22,10,3,1,3,10,22,38,57,79,103
};
```

3.5.2 指针

指针是存放变量(或存储器)地址的变量,与 ANSI C 不同,C51 语言定义指针需要说明指针所指变量的存储器类型和指针自身的存储器类型,其声明格式如下:

数据类型 [存储器类型 1] * [存储器类型 2] 指针名;

其中数据类型和存储器类型 1 说明指针所指变量的数据类型和存储器类型,存储器类型 2 说明指针自身的存储器类型。定义指针时,如果未给出指针所指变量的存储器类型(存储器类型 1 缺省),则称为一般指针;若给出指针所指变量的存储器类型,则称为基于存储器的指针;若未给出指针自身的存储器类型(存储器类型 2 缺省),则由编译模式选择默认存储器类型(如表 3.7 所示)。C51 语言不能定义 bit 类型的指针。

1. 基于存储器的指针

基于存储器的指针定义时,指针所指对象具有明确的存储器空间。如表 3.6 所示,若指针所指对象的存储器空间为 data 型、bdata 型、idata 型或 pdata 型,存储单元地址均为 1 字节,则这种指针占 1 字节;若指针所指对象的存储器空间为 xdata 型或 code 型,存储单元地址均为 2 个字节,则这种指针占 2 字节。例如:

```
char xdata * px;           //定义指向 XDATA 区的 char 型数据指针 px,其在默认存储区占 2 字节
int data * data pd;        //定义指向 DATA 区的 int 型数据指针 pd,其在 DATA 区占 1 字节
px = 0x1000;               //px 存入 XDATA 区存储单元地址 0x1000
* px = 0xa5;               //px 指向的单元(XDATA 区地址 0x1000)存入 0xa5(char 型数据)
pd = 0x30;                 //pd 存入 DATA 区存储单元首地址 0x30
* pd = 0x5ac3;             //pd 指向的单元(DATA 区首地址 0x30)存入 0x5ac3(int 型数据)
```

2. 一般指针

一般定义指针时,若没有说明指针所指对象的存储器空间,则这种指针占 3 字节,第 1 字节保存所指对象的存储器类型编码(如表 3.9 所示),第 2 字节和第 3 字节分别保存所指对象的高位和低位地址。例如:

```
char * spt;               //定义指向 char 型数据的一般指针 spt,其在默认存储区占 3 字节
char * data dpt;          //定义指向 char 型数据的一般指针 dpt,其在 DATA 存储区占 3 字节
spt = (char code *)0x1000; //spt 指向 CODE 区 0x1000 单元,其 3 字节存放 0xff1000
dpt = (char data *)0x1f;  //dpt 指向 DATA 区 0x1f 单元,其 3 字节存放 0x00001f
* dpt = * spt;            //将 CODE 区 0x1000 单元内容读出并存入 DATA 区 0x1f 单元
```

表 3.9　一般指针的存储器类型编码

存储器类型	data/bdata/idata	xdata	pdata	code
编码值	0x00	0x01	0xfe	0xff

3.3 节中使用绝对宏进行存储器绝对地址访问,所用的宏即为指向 0 基址的基于存储器的常数指针,例如:

♯ define CBYTE ((unsigned char volatile code *) 0)

此即指向 CODE 区基址为 0 的字符型常数指针。

一般指针长度长,系统需根据指针首字节的存储器类型编码选择不同的寻址方式访问所指对象,程序运行速度慢,使用一般指针可以访问任意对象,兼容性高,许多 C51 的库函数都采用一般指针。基于存储器的指针长度短,既节省存储器空间运行速度又快,使用该指针只能指向特定的存储空间,兼容性较低。采用基于存储器的指针作为自定义函数的参数,应在程序的开始处直接给出函数的原型声明,或用预处理命令"♯ include"将函数原型说明文件包含进来,否则编译系统会自动将基于存储器的指针转换为一般指针,从而导致错误。

3.5.3　函数

1. 函数的定义

函数是 C51 语言的重要内容,C51 语言编译器继承了 ANSI C 的函数定义方法,并在选择函数的编译模式、选择函数所用工作寄存器组、定义中断服务函数、指定再入方式等方面进行了扩展。C51 语言定义函数的一般格式为:

```
函数类型 函数名([形式参数表])[编译模式][reentrant][interrupt n][using m]
{    局部变量定义;
     函数体语句;
}
```

其中函数类型、函数名、形式参数表、局部变量定义、函数体语句 5 部分继承 ANSI C 函数定义相关语法,编译模式、reentrant、interrupt n、using m 这 4 个可选项是 C51 语言的扩展。

（1）函数类型说明函数返回值的类型,函数无返回值时其类型为 void(空),与 ANSI C 不同,C51 语言中函数类型可以为 bit 型。

（2）函数名是用户自定义的函数标志符。

（3）形式参数表列出主调用函数与被调用函数之间传递数据的形式参数,形式参数必须有数据类型说明,定义无形式参数函数时圆括号不能省略。

（4）局部变量定义是对函数内部使用的临时变量进行定义。

（5）函数体语句为实现自定义函数特定功能而设置的各种语句。

（6）编译模式有 Small、Compact、Large 共 3 种选择，用于说明函数内部局部变量和参数的默认存储器类型，各编译模式的默认存储器类型如表 3.7 所示。

（7）reentrant 选项用于定义可再入函数（或可重入函数）。

（8）interrupt n 选项用于定义中断服务函数，其中 n 为中断号，可取值 0～31，详见第 6 章。

（9）using m 选项用于确定函数所用的工作寄存器组，其中 m 为所选工作寄存器组编号，可取值 0～3。

调用有"using m"选项的函数时，将完成以下操作：进入函数时将当前 PSW（程序状态字）的值压入堆栈保护，根据 m 值，更改 PSW 中的工作寄存器组选择位 RS1 和 RS0，执行函数体语句，退出函数时从堆栈中弹出数据恢复 PSW。使用"using m"选项声明的函数时，函数既不能通过寄存器返回其值，也不能返回 bit 值。非中断服务函数应慎用"using m"选项，以免发生错误。

2．可再入函数

可再入函数（或称可重入函数）可以由多个进程共享。所谓共享，即当一个进程正在执行一个可再入函数时，另一个进程可以中断该进程，然后执行同一个可再入函数，而不会影响函数的运行结果。

调用函数时，ANSI C 会将调用参数和函数所用局部变量压入堆栈保护，递归调用仅使用局部变量的函数时，ANSI C 函数总是可再入的。与 ANSI C 不同，C51 堆栈使用片内 RAM，堆栈很浅，调用函数时，使用固定的存储空间（称为局部数据区）传递参数和保护局部变量，递归调用将导致局部数据区被覆盖，因此 C51 函数一般是不可再入的。

C51 语言必须用 reentrant 关键字声明函数为可再入的，C51 编译器在默认的存储空间（由编译模式确定）中为可再入函数创建一个模拟堆栈，实现函数调用时的参数传递与局部变量入栈保护，解决数据覆盖问题。可再入函数一般占用较大内存空间，不允许传递 bit 型参数，不能使用 bit 型局部变量，运行速度也较慢。

中断服务函数和非中断服务函数共同调用的函数必须声明为可再入函数，否则将导致不可预测的结果。

3.6　C51 语言的预处理命令

与 ANSI C 类似，一个 C 文件经过编译后才能形成可执行的目标文件，编译过程有预处理、编译、汇编和连接共 4 个阶段。C51 语言也提供了预处理命令，在 C 文件中以"♯"开头的命令被称为预处理命令，有宏定义 ♯define、包含 ♯include，以及条件编译 ♯if、♯ifdef 等。对 C51 源程序进行编译时，首先进行预处理，将要包含的文件插入源程序中、将宏定义展开、根据条件编译命令选择要使用的代码，然后将预处理的结果和源代码一并进行编译，最后生成目标代码。

3.6.1　宏定义

宏定义指令即♯define命令,以指定的标志符作为宏名来替代一个字符串的预处理命令。使用宏定义指令,可以减少程序中字符串输入的工作量,而且可以提高程序的可移植性。宏定义分为简单的宏定义和带参数的宏定义,其格式分别为:

♯define 宏名 宏替换体
♯define 宏名(形参) 带形参的宏替换体

其中♯define是宏定义指令的关键词,宏名即指定的标志符,一般使用大写字母表示,宏替换体可以是数值常量、自述表达式、字符和字符串等。使用宏定义命令时,应注意以下几点:

(1) 宏定义可以出现在程序的任何地方,通常"♯define"命令写在文件开头,函数之前,作为文件的一部分,在此文件内有效,或直到用"♯undef"命令终止该宏定义处有效。

(2) 在编译过程的预处理阶段,编译器将宏定义有效作用域内的所有宏名用宏替换体替换,带参数时,形参用实参替换。进行宏定义时可以引用已定义的宏名,预处理时实现逐层替换。

(3) 带参数的宏定义时,宏替换体内的形参一定要带括号,因为实参可能是任意表达式,形参若不加括号可能导致其用实参替换后所得表达式与设计者的原意不符。

(4) 宏名引用只是字符串替换,带参数的宏名展开时不分配内存单元,既不进行数值的传递,也没有"返回值"的概念,因此宏定义不存在类型问题,宏名、形参和实参都没有类型。

3.6.2　文件包含

文件包含指令即♯include命令。所谓包含,是一个程序文件将另一个指定文件的全部内容包含进来。文件包含的一般格式为:

♯include<文件名>或♯include "文件名"

例如,"♯include < stdio. h >"就是将C51编译器提供的输入/输出库函数的说明文件stdio. h包含到用户程序中。进行大规模程序设计时,往往将程序的各功能模块函数分散到多个程序文件中,各文件由团队成员分工完成,最后再由包含命令嵌入到一个总的程序文件中。使用包含命令时,应注意以下几点:

(1) "♯include"命令出现在程序中的位置,被包含文件就从该位置插入。一般情况下,被包含的文件要放在程序文件的前面,否则可能会出现内容尚未定义的错误。

(2) 需包含多个文件时,要用多个包含命令,每个♯include命令只指定一个文件。

(3) 采用<文件名>格式时,在头文件目录(即 Keil\C51\INC 目录)中查找指定文件;采用"文件名"格式时,在当前目录中查找指定文件。

3.6.3　条件编译

一般情况下,源程序中所有代码行都参与编译,但有时希望程序中某些功能模块只在满足一定条件时才参与编译,这就是条件编译。与 ANSI C 类似,C51 语言编译器提供 ♯if、♯ifdef 和 ♯ifndef 共 3 种条件编译预处理指令。

1. ♯if 型的基本格式

```
♯if 常量表达式
代码段 1;
♯else
代码段 2;
♯endif
```

如果常量表达式为非 0,则编译代码段 1,否则编译代码段 2。

2. ♯ifdef 型的基本格式

```
♯ifdef 标志符
代码段 1;
♯else
代码段 2;
♯endif
```

如果本组条件编译命令之前指定标志符已用宏定义 ♯define 指令定义过(不论定义为何字符串),则编译代码段 1,否则编译代码段 2。

3. ♯ifndef 型的基本格式

```
♯ifndef 标志符
代码段 1;
♯else
代码段 2;
♯endif
```

与 ♯ifdef 型相反,如果本组条件编译命令之前指定标志符没有用宏定义 ♯define 指令定义过,则编译代码段 1,否则编译代码段 2。

这里的代码段 1 或 2 既可以是 C51 语言语句(以";"结束),也可以是预处理指令语句(不以";"结束)。在以上 3 种类型的条件编译指令中,♯else 分支又可以再带自己的编译选项,形成多分支的条件编译;当然 ♯else 分支也可以没有。

条件编译在单片机用户程序设计中非常有用,单片机应用系统常有多种硬件配置,使用条件编译可使一套软件适应不同硬件配置,且不增加编译后的形成的可执行目标代码的代码量和运行速度。

3.7　C51 语言的库函数

C51 语言提供了丰富的可直接调用的库函数,使用库函数可使程序代码简单、结构清晰、易于调试和维护,体现 C51 功能强大、高效等优点。每个库函数都在相应的头文件中给出了函数原型声明,调用库函数之前,必须在源程序开始处使用预处理命令#include将相应的头文件包含进来,C51语言主要函数库及其相应的头文件如表3.10所示。

表3.10 C51主要函数库及其相应的头函数

函数库名称	函数原型声明头文件	函数库名称	函数原型声明头文件
本征函数库	intrins.h	数学函数库	math.h
输入/输出函数库	stdio.h	绝对地址访问函数库	absacc.h
字符函数库	ctype.h	变量参数表函数库	stdarg.h
字符串函数库	string.h	全跳转函数库	setjmp.h
标准函数库	stdlib.h	偏移量函数库	stddef.h

C51程序设计时经常使用本征函数库、输入/输出函数库和数学函数库,分别介绍如下。

3.7.1 本征函数库

本征函数是指编译时直接将固定的代码插入到当前行,而不是采用子程序调用方式实现函数功能,避免了堆栈操作,大大提高了函数的访问效率。本征函数库提供了循环移位和延时操作等函数,该函数库中的函数如表3.11所示。

表3.11 本征函数库的函数及其功能(intrins.h)

循环左移函数	原型	unsigned char _crol_(unsigned char val, unsigned char n);
crol		unsigned int _irol_(unsigned int val, unsigned char n);
irol		unsigned long _lrol_(unsigned long val, uchar n);
lrol	功能	将字符型、整型、长整型数据val循环左移n位,相当于RL指令
循环右移函数	原型	unsigned char _cror_(unsigned char val, unsigned char n);
cror		unsigned int _iror_(unsigned int val, unsigned char n);
iror		unsigned long _lror_(unsigned long val, unsigned char n);
lror	功能	将字符型、整型、长整型数据val循环右移n位,相当于RR指令
位测试函数	原型	bit _testbit_(bit x);
testbit	功能	相当于JBC bit指令
浮点数检查函数	原型	uchar _chkfloat_(float ual);
chkfloat	功能	测试并返回浮点数状态
延时函数	原型	void _nop_(void);
nop	功能	使单片机产生延时,相当于插入NOP指令

3.7.2 输入/输出函数库

输入/输出函数主要用于通过串口的数据传输操作,由于这些函数使用51单片机的标准串口,因此调用之前应对串口初始化,确保串口通信正常。串口初始化需设置串口模式、波特率和中断允许,8051单片机串口初始化具体代码详见第7章。该函数库提供的库函数及其功能如表 3.12 所示。

表 3.12 输入/输出函数库的函数及其功能(stdio.h)

字符读入输出函数 getchar	原型	char getchar(void);
	功能	从串口读入一个字符,并输出该字符
字符读入函数 _getkey	原型	char _getkey(void);
	功能	从串口读入一个字符(改变输入串口唯一需修改的函数)
字符串读入函数 gets	原型	char * gets(char * s,int n);
	功能	从串口读入一个长度为 n 的字符串并存入由 s 指向的数组
格式化输出函数 printf	原型	int printf(const char * fmstr [,…]);
	功能	按一定格式从串口输出数据或字符串
字符输出函数 putchar	原型	char putchar(char c);
	功能	从串口输出一个字符(改变输出串口唯一需修改的函数)
字符串输出函数 puts	原型	int puts(const char * s);
	功能	将字符串和换行符写入串口
格式化输入函数 scanf	原型	int scanf(const char * fmstr [,…]);
	功能	将字符串和数据按照一定格式从串口读入
格式化内存缓冲区 输出函数尾 sprintf	原型	int sprintf(char * s, const char * fmstr [,…]);
	功能	按一定格式将数据或字符串输出到内存缓冲区
格式化内存缓冲区 输入函数 sscanf	原型	int sscanf(char * s,const char * fmstr [,…]);
	功能	将格式化的字符串和数据送入数据缓冲区
字符回送函数 ungetchar	原型	char ungetchar(char c);
	功能	将读入的字符回送到输入缓冲区
字符串内存输出函数 vprintf	原型	void vprintf(const char * fmstr, char * argptr);
	功能	将格式化字符串输出到内存数据缓冲区
指向缓冲区的输出函 数 vsprintf	原型	void vsprintf(char * s, const char * fmstr, char * argptr);
	功能	将格式化字符串和数字输出到内存数据缓冲区

3.7.3 数学函数库

数学计算库函数有绝对值、指数、对数、平方根、三角、反三角、双曲函数等常用函数的,数学函数库提供的库函数及其功能如表 3.13 所示。

表 3.13 数学函数库的函数及其功能(math.h)

绝对值函数 abs、cabs	原型	int abs(int val);	float fabs(float val);
		char cabs(char val);	long labs(long val);
fabs、labs	功能	用于计算并返回整型、字符型、浮点型、长整型数据的绝对值	
指数以及对数函数 exp、log	原型	float exp(float x);	float log10(float x);
		float log(float x);	float sqrt(float x);
log10、sqrt	功能	用于计算并返回指数、对数、以 10 为底的对数、平方根	

续表

三角函数 cos、sin、tan acos、asin、atan atan2 cosh、sinh、tanh	原型	float cos(float x);	float atan(float x);
		float sin(float x);	float atan2(float y, float x);
		float tan(float x);	float cosh(float x);
		float acos(float x);	float sinh(float x);
		float asin(float x);	float tanh(float x);
	功能	用于计算并返回余弦、正弦、正切、反余弦、反正弦、反正切、(y/x)反正切、双曲余弦、双曲正弦、双曲正切	
取整函数 ceil、floor	原型	float ceil(float x);	float floor(float x);
	功能	计算并返回浮点数的整数部分。ceil 不小于最小；floor 不大于最大	
浮点型分离函数 modf	原型	float modf(float x, float * ip);	
	功能	将浮点数 x 分成整数和小数两部分，整数部分放入 * ip，返回小数部分	
幂函数 pow	原型	float pow(float x, float y);	
	功能	计算并返回 xy	

3.7.4　其他函数库

除了前述的本征函数库 intrins.h、输入/输出函数库 stdio.h、数学函数库 math.h 外，C51 还有以下函数库：字符函数库 ctype.h、字符串函数库 string.h、标准函数库 stdlib.h、绝对地址访问函数库 absacc.h、变量参数表函数库 stdarg.h、全跳转函数库 setjmp.h、偏移量函数库 stddef.h，这些库函数请参见附录 C 和 Keil Software 公司的相关资料。

本章小结

单片机的 C 语言编程与单片机的硬件紧密联系。以第 2 章 51 单片机硬件基本知识为基础，本章主要介绍 51 单片机 C 语言编程涉及 C51 基本知识，包括 C51 语言的数据、对单片机主要资源的描述、基本运算、程序流程控制、数组、指针、函数、预处理等。读者必须掌握这些单片机 C 语言编程的基本知识，为编写简单的单片机 C 语言程序打下基础。

本章的叙述是以读者已初通 ANSI C 语言为前提的，如读者此前没有学习过 ANSI C 语言，请另补充阅读相关内容。

习题

3.1　C51 语言支持哪些变量类型？其中什么类型是 ANSI C 没有的？

3.2　C51 语言中整型 int、浮点型 float 数据各是几字节、几位？

3.3　简述 C51 语言的数据存储器类型。

3.4　简述 C51 语言对 51 单片机特殊功能寄存器的定义方法。

3.5　简述 C51 语言对 51 单片机片内 I/O 口和外部扩展 I/O 口的定义方法。

3.6 简述 C51 语言对 51 单片机位变量的定义方法。

3.7 简述 C51 语言定义指针的方法,指出其与 ANSI C 的不同点。基于存储器的指针和一般指针有什么不同?

3.8 简述 C51 语言的函数定义的方法,指出其与 ANSI C 的不同点。

3.9 按照给定的数据类型和存储器类型,写出下列变量的说明形式。

(1) 在 data 区定义字符变量 val1。

(2) 在 idata 区定义整型变量 val2。

(3) 在 code 区定义无符号字符型数组 val3[4]。

(4) 在 data 区定义一个指向 xdata 区无符号整型的指针 pi。

(5) 在 bdata 区定义无符号字符型变量 key,定义其第 0 位为 k0。

(6) 定义特殊功能寄存器变量 P3 口,定义其第 2 位端口 P3.2。

第4章

单片机仿真与调试技术

Proteus 是性能卓越、功能强大的电子设计自动化（Electronics Design Atuomation，EDA）软件，它是模/数混合电路以及微控制器系统设计与仿真平台，正在逐渐成为电子系统综合设计不可或缺的基本工具。

Keil μVision 集成开发环境（Integrated Development Environment，IDE）是一个基于 Windows 的微控制器软件开发平台，它支持单片机 C 语言开发，可完成 C51 源程序编辑、编译、链接、调试、仿真等软件开发全过程。

基于现代技术手段，单片机应用系统设计的主要工作可分为：①原理图设计；②电路仿真与分析；③软件设计；④代码调试与仿真；⑤仿真系统功能验证与测试；⑥印制电路板设计与硬件样本制作；⑦实际系统功能验证与测试。将 Keil μVision 与 Proteus 两个开发平台对接，可完成单片机系统软硬件综合设计全流程。第①和②两项工作由 Proteus 平台完成；第③和④两项工作由 μVision 平台完成；第⑤项工作可由两平台联合调试，用虚拟技术实现；第⑥项工作由 Proteus 平台及其他器材、工具完成；第⑦项工作还要使用其他测试仪器。作为单片机教材，所举的综合实例和实验不可能全部制作专门的硬件样本，为此本书回避前述单片机系统第⑥项设计工作，直接引入一款 STC15W4K32S4 单片机实验板，基于该实验板，书中所有实验均是完成设计全流程的综合性和设计性实验。

本章主要讲解 Proteus 与 Keil μVision 两个平台的应用基础、系统仿真方法与联合调试、实验板硬件电路原理及其在线编程等。

4.1 EDA 软件 Proteus 应用基础

Proteus 是英国 Labcenter Electronics 公司研发的 EDA 工具软件，由智能原理图输入系统（Intelligent Schematic Input System，ISIS）和印制电路板高级布线编辑软件（Advanced Routing Editing Software，ARES）两部分构成，本书只关注前者。Proteus 软件包提供了大量元件库及虚拟仪器仪表，调用库中元件可设计出各种单片机应用系统的原理图，此原理图也就是系统的虚拟模型，在此模型上可进行软件编程和虚拟仿真调试，配合虚拟示波器、逻辑分析仪等，可虚拟单片机系统运行结果，直观便捷。下面介绍 Proteus 智能

视频

原理图输入系统 ISIS 的应用基础,Proteus 8.0 版以后,该系统也称为原理图攫取系统(Schematic Capture)。

4.1.1 Proteus 主界面

安装好 Proteus 8.6 软件包后,启动 Proteus,进入其工作主界面,如图 4.1 所示。主界面有标题栏、主菜单(文件 File、系统 System、帮助 Help)及工具条、设计按钮、入门教程、帮助中心、关于软件(版权与许可证)、版本更新信息等内容。

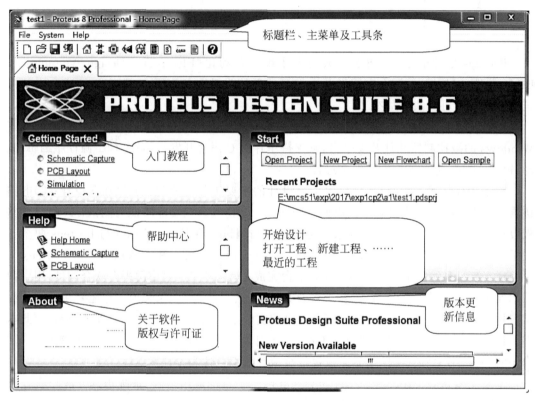

图 4.1　Proteus 8.6 平台主界面

从"文件(File)"菜单,或主界面"开始设计"选择新工程按钮,可进入如图 4.2 所示的工程创建向导界面,选择工程存储路径,输入工程文件名,单击 Next 按钮之后,依次选择从选定的模板创建工程(Create a schematic form the selected templates)及图纸大小、不创建 PCB 布局(Do not create PCB layout)、没有固件(No Firmware Project),之后单击 Finish 按钮,完成工程创建,进入 ISIS 系统工作窗口,工程文件扩展名为. pdsprj。

已经存在的工程文件,可在主界面中用"打开工程"或从"最近的工程…"列表中单击选择,直接进入 ISIS 系统工作窗口。

图 4.2　工程创建向导

4.1.2　ISIS 系统工作窗口

ISIS 系统(Schematic Capture)工作窗口如图 4.3 所示。该窗口中主要有标题栏、主菜单、命令工具栏、窗口选项卡、模式选择工具栏、对象旋转控制按钮、交互仿真控制按钮、状态栏、预览窗口、对象列表窗口、原理图编辑窗口等。其中原理图窗口用于放置元件、绘制电气连接线、绘制原理图；预览窗口用于预览选中的器件，或以原理图某点为中心快速显示整个原理图。

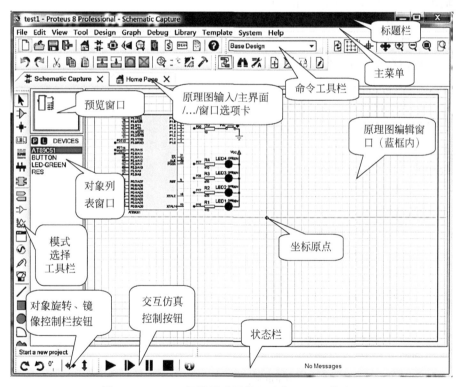

图 4.3　Proteus 智能原理图输入系统 ISIS 工作窗口

1. 主菜单

Proteus ISIS 系统是原理图设计与电路仿真基本平台,主菜单包括 File(文件)、Edit(编辑)、View(视图)、Tools(工具)、Design(设计)、Graph(图表)、Debug(调试)、Library(库)、

Template(模板)、System(系统)、Help(帮助)共 11 个菜单。

1) File(文件)菜单

File(文件)菜单包括以下操作命令：

- 新建工程/New Project。
- 打开工程/Open Project。
- 打开示例工程/Open Sample Project。
- 导入旧版本工程/Import Legacy Project。
- 保存工程/Save Project。
- 工程另存为/Save Project As。
- 关闭工程/Close Project。
- 导入图片/Import Image。
- 导入工程剪辑/Import Project Clip。
- 输出图像/Export Graphics。
- 输出工程剪辑/Export Project Clip。
- 打印设计图/Print Design。
- 打印机设置/Print Setup。
- 打印机信息/Printer Information。
- 标记输出区域/Mark Outer Area。
- 打开工程文件夹/Explore Project Folder。
- 编辑工程描述/Edit Project Description。
- 退出程序/Exit Application。
- 最近的工程列表/Recent Project List。

其中工程剪辑文件的扩展名为. pdsclip。

2) Edit(编辑)菜单

Edit(编辑)菜单包括以下操作命令：

- 撤销/Undo Change。
- 重做/Redo Change。
- 查找并编辑元件/Find/Edit Component。
- 全选/Select All Objects。
- 清除选择/Clear Selection。
- 剪切到剪贴板/Cut To Clipboard。
- 复制到剪贴板/Copy To Clipboard。
- 从剪贴板粘贴/Paste Form Clipboard。
- 对齐对象/Align Objects。
- 放到后面/Send To Back。
- 放到前面/Bring To Front。

- 清理/Tidy Design。

其中"放到后面/前面"意指在层次化设计原理图时元件后移或前移一层。

3）View（视图）菜单

View（视图）菜单包括以下操作命令：

- 刷新显示/Redraw Display。
- 切换网格/Toggle Grid。
- 切换至伪原点/Toggle False Origin。
- 切换 X 光标/Toggle X-Cursor。
- 捕捉间距选择/Snap 10th、Snap 50th、Snap 0.1in、Snap 0.5in。
- 光标居中/Center At Cursor。
- 放大/Zoom In。
- 缩小/Zoom Out。
- 查看整张图纸/Zoom To View Entire Sheet。
- 局部放大/Zoom To Area。
- 工具条配置/Toolbar Configuration。

在原理图编辑窗口中，光标可以不带叉、带"×"（小叉）或带大"＋"（大叉）三种形式，用"切换 X 光标"命令切换。原理图编辑窗口中网格的最小间距称为捕捉间距（或格点间距），捕捉间距有 0.5 英寸、0.1 英寸、50 密尔（1 密尔即千分之一英寸）、10 密尔 4 种选项。选定捕捉间距后，各图形元素只能按当前的间距对齐放置。

4）Tools（工具）菜单

Tools（工具）菜单包括以下操作命令：

- 自动连线/Wire Autorouter。
- 搜索并标记/Search & Tag。
- 属性赋值工具/Property Assignment Tool。
- 全局标注/Global Annotator。
- ASCII 数据输入工具/ASCII Data Import Tool。
- 电气规则检查/Electrical Rule Check。
- 编译网络表/Netlist Compiler。
- 编译模型/Model Compiler。

5）Design（设计）菜单

Design（设计）菜单包括以下操作命令：

- 编辑设计属性/Edit Design Properties。
- 编辑图纸属性/Edit Sheet Properties。
- 编辑设计备注/Edit Design Notes。
- 配置供电网/Configure Power Rails。
- 新建（顶层）图纸/New（Root）Sheet。

- 移除/删除图纸/Remove/Delete Sheet。
- 跳转至上一张顶层或子图纸/Goto Previous Root or Sub-sheet。
- 跳转至下一张顶层或子图纸/Goto Next Root or Sub-sheet。
- 退出到父图纸/Exit to Parent Sheet。
- 跳转至图纸/Goto Sheet。

其中顶层图纸、父图纸、子图纸等意指在层次化设计原理图时的分层图纸,及其图纸间级联关系。

6) Graph(图表)菜单

Graph(图表)菜单包括以下操作命令:

- 编辑图表/Edit Graph。
- 添加图线/Add Traces。
- 仿真图表/Simulate Graph。
- 查看仿真日志/View Simulation Log。
- 导出图表数据/Export Graph Data。
- 清除图表数据/Clear Graph Data。
- 检验图表/Verify Graphs。
- 检验文件/Verify Files。

7) Debug(调试)菜单

Debug(调试)菜单包括以下操作命令:

- 开始仿真/Start VSM Debugging。
- 暂停仿真/Pause VSM Debugging。
- 停止仿真/Stop VSM Debugging。
- 运行仿真/Run Simulation。
- 不加断点仿真/Run Simulation (no breakpoints)。
- 执行仿真(时间断点)/Run Simulation (timed breakpoints)。
- 单步/Step Over Source Line。
- 跳进函数/Step Into Source Line。
- 跳出函数/Step Out from Source Line。
- 跳到光标处/Run To Source Line。
- 连续单步/Animated Single Step。
- 恢复弹出窗口/Reset Debug Popup Window。
- 恢复可保存模型的数据/Reset Persistent Model Data。
- 配置诊断/Configure Diagnostics。
- 启动远程编译监视器/Enable Remote Debug Monitor。
- 水平标题栏弹出窗/Horizontal Tile Popup Windows。
- 窗口垂直对齐/Vertical Tile Popup Windows。

8）Library（库）菜单

Library（库）菜单包括以下操作命令：

- 从库中选择零件/Pick parts from Libraries。
- 制作元件/Make Device。
- 制作符号/Make Symbol。
- 封装工具/Packaging Tool。
- 分解/Decompose。
- 导入 BSDL 文件/Import BSDL。
- 编译到库/Compile To Library。
- 自动放置库文件/Place Library。
- 校验封装/Verify Packagings。
- 库管理器/Library Manager。

9）Template（模板）菜单

Template（模板）菜单包括以下操作命令：

- 进入母版/Goto Master Sheet。
- 设置设计默认值/Set Design Colours。
- 设置图表和曲线颜色/Set Graph & Trace Colours。
- 设置图形样式/Set Graphic Styles。
- 设置文本样式/Set Text Styles。
- 设置 2D 图形默认值/Set 2D Graphics Defaults。
- 设置节点样式/Set Junction Dot Styles。
- 应用默认模板/Apply Styles From Template。
- 将设计保存为模板/Save Design as Template。

10）System（系统）菜单

System（系统）菜单包括以下操作命令：

- 系统设置/System Settings。
- 文本观察器/Text Viewer。
- 设置显示选项/Set Display Options。
- 设置快捷键/Set Keyboard Mapping。
- 设置属性定义/Set Property Definitions。
- 设置纸张大小/Set Sheet Sizes。
- 设置文本编辑器/Set Text Editor。
- 设置动画选项/Set Animation Options。
- 设置仿真选项/Set Simulation Options。
- 恢复出厂设置/Restore Default Settings。

11) Help(帮助)菜单

Help(帮助)菜单包括以下操作命令：

- 概述/Overview。
- 关于 Proteus 8/About Proteus 8。
- 关于 Qt/About Qt。
- 原理图捕获帮助/Schematic Capture Help。
- 原理图捕获教程/Schematic Capture Tutorial。
- 仿真帮助/Simulation Help。
- Proteus VSM/SDK 帮助/VSM Model/SDK Help。

2. 命令工具栏

如图 4.3 所示，ISIS 系统的命令工具栏有 4 个工具条：File Toolbar(文件)、View Toolbar(视图)、Edit Toolbar(编辑)、Design Toolbar(设计)。命令工具栏全部按钮图标及其对应的菜单命令如表 4.1 所示。

除文件工具条外，其他 3 个工具条可显示或隐藏，单击主菜单"视图"→"工具条配置"进入配置界面，如图 4.4 所示，根据需要，选择相应选项，完成工具条显示配置。

图 4.4 工具条设置

表 4.1 命令工具栏全部按钮图标及其对应的菜单命令列表

类别	图标	命令及其功能	类别	图标	命令及其功能
文件工具条		切换到主页	编辑工具条		撤销
		切换到原理图设计窗口			重做
		切换到 PCB 布版窗口			剪切到剪贴板
		切换到 3D 观察器窗口			复制到剪贴板
		切换到 PCB 观察器窗口			从剪贴板粘贴
		切换到设计浏览器窗口			块复制
		切换到物料清单窗口			块移动
		切换到源代码窗口			块旋转
		切换到工程笔记窗口			块删除
		新建工程			从库中选择元件
		打开工程			制作元件
		保存工程			封装工具
		导入工程			分解

续表

类别	图标	命令及其功能	类别	图标	命令及其功能
视图工具条		刷新显示	设计工具条		自动连线
		切换栅格			搜索并标记
		切至伪原点			属性赋值工具
		光标居中			新建(顶层)图纸
		放大			移除/删除图纸
		缩小			退出到父图纸
		查看整张图纸			电气规则检测
		局部放大			

3. 模式选择工具栏

模式选择工具栏包括编辑工具图标、调试工具图标和 2D 图形工具图标,用来确定原理图的编辑模式,即当选择不同的模式时,在原理图编辑窗口可执行不同的操作。例如元件模式(Component Model),也即元件放置模式,在该模式下,对象列表窗口列出之前已经从元件库中拾取的元件,若该窗口中没有所要放置的元件,先从元件库中补充拾取所要放置的元件,之后从该窗口中点选所要放置的元件(高亮),在编辑窗口单击,即可将所需元件放置到鼠标单击处,并与当前的网络对齐。与命令工具栏不同,模式选择工具栏没有对应的菜单命令,总是呈现在编译窗口中,不能隐藏,被选中的模式的图标呈加边框凹陷状。各模式选择工具图标及其功能如表 4.2 所示。

表 4.2　各模式选择工具图标及其功能列表

类别	图标	模式选择工具及其功能	类别	图标	模式选择工具及其功能
编辑模式选择工具箱		选择模式	调试模式选择工具箱		终端模式
		元件模式			元件引脚模式
		结点模式			图形模式
		连线标号模式			调试弹出模式
		文字脚本模式			激励源模式
		总线模式			探针模式
		子电路模式			虚拟仪器模式
2D 图形模式工具箱		二维直线模式	2D 图形模式工具箱		二维闭合图形模式
		二维方框图形模式		A	二维文本图形模式
		二维圆形图形模式			二维图形符号模式
		二维弧形图形模式			二维图形标记模式

4. 旋转控制栏按钮

在原理图设计中,放置电子元件等可以选择方向,对此类具方向性的对象,ISIS 提供了旋转、镜像控制栏按钮,用于调整对象列表窗口中已选、待放置、具有方向性对象的方向。原理图中有方向性的对象,其方向调整只能是以正交方式旋转(左右旋 90°)或镜像翻转。旋转控制栏各按钮图标及其功能如表 4.3 所示。

表 4.3 旋转控制栏各按钮图标及其功能列表

图　标	功　能
C	将对象列表窗口中已选、待放置、具有方向性的对象顺时针旋转 90°
↻	将对象列表窗口中已选、待放置、具有方向性的对象逆时针旋转 90°
90°	显示对象列表窗口中已选、待放置、具有方向性的对象的旋转角度
↔	将对象列表窗口中已选、待放置、具有方向性的对象水平镜像翻转
↕	将对象列表窗口中已选、待放置、具有方向性的对象垂直镜像翻转

5. 交互仿真控制按钮

Proteus 平台的一个重要功能是使用 ISIS 系统完成电路原理图设计后,即建立了电路的虚拟仿真模型(Virtual Simulation Model,VSM),该模型可与 μVision 微控制器软件开发平台对接,实现微控制器软硬件的交互式仿真,或联合调试。ISIS 工作窗口中提供了交互仿真控制按钮,各按钮功能如表 4.4 所示。

表 4.4 交互仿真按钮图标及其功能列表

图　标	功　能
▶	运行仿真
▐▶	开始仿真。单击该按钮,由动态帧运行仿真器,按预设的时间步长运行仿真
▐▐	暂停仿真。程序运行中按该按钮(或运行至断点处)暂停,暂停后再次按该按钮继续
■	停止仿真。停止当前仿真过程,所有动态停止,释放模拟器内存

6. 鼠标操作与快捷菜单

在 ISIS 系统中,原理图输入是调用元件库的各种元件的图形符号进行放置,绘制电气连线,设置或修改标号、参数与注释等的编辑过程,大量依赖鼠标进行操作。在原理图编辑窗口内,鼠标操作有以下特点:

(1)所有编辑操作如移动、调整方向、修改属性等,需先选取对象,之后再进行操作。鼠标指针对准对象单击或右击均可选定对象,但使用右击会弹出编辑快捷菜单,操作速度更快,编辑快捷菜单如图 4.5(a)所示。

(2)用鼠标左键或右键拖曳均可框选一个块对象,再用鼠标指针对准块对象右击,弹出块操作快捷菜单,如图 4.5(b)所示。

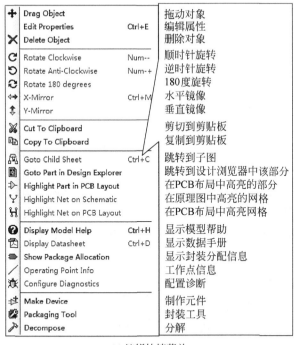

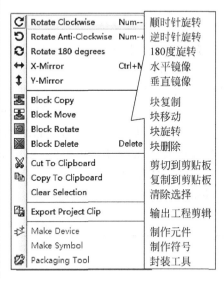

(a) 编辑快捷菜单　　　　　　　　　(b) 块操作快捷菜单

图 4.5　ISIS 系统快捷菜单

（3）鼠标滚轮用于缩放原理图，前滚时以鼠标指针为中心放大原理图，后滚时则缩小。单击鼠标滚轮，鼠标指针变为"✛"，图纸被拾取并随鼠标移动，单击鼠标任意键，退出图纸移动。

（4）将要查看的部分图纸移到编译窗口适当位置以适当的比例显示是设计中经常要做的事，常用以下两法实现。其一，后滚鼠标滚轮缩小图纸，将鼠标指针移到待查看图纸处，单击滚轮拾取图纸，移动图纸并滚动滚轮调整显示比例，当图纸位置和显示比例合适时单击鼠标任意键，退出即可。其二，用鼠标滚轮调整好显示比例，然后单击预览窗口，拾取取景小框，将其移到待查看的部分图纸处，再单击，即可退出。

4.1.3　电路原理图设计

原理图设计是单片机系统设计的首要，也是在 Proteus 平台上进行虚拟仿真的基础，对整体设计影响至深。好的原理图要满足以下几点要求：

（1）原理正确，示图能直观表达电路的工作原理，便于读图；

（2）模块清晰布局合理，按信号传输方向依次展开，便于分析；

（3）力求简洁美观，尽可能使用网络标号和总线等简洁的信号电气连接关系表示法制图。

原理图设计的主要步骤如下：

（1）新建工程专属文件夹，新建工程文件，设置图纸尺寸、样式等相关信息；

（2）放置与编辑元件，构思好布局；

（3）布线完成元件电气连接；

（4）检查、调整和修改；

（5）完善设计说明和注释；

（6）保存工程文件。

【例 4.1】 用 AT89C51 单片机的 4 个 I/O 端口 P1.6、P1.7、P2.6 和 P2.7 驱动 4 盏小功率 LED 指示灯，另用 1 个 I/O 端口 P3.2 外接下拉式按钮开关，采用 5V 电源供电。试用 Proteus 平台完成电路原理图设计，其中电源、复位和时钟发生电路采用标准电路，暂省略。

根据要求，小功率 LED 指示灯工作电流一般在 10mA 以下，AT89C51 的 I/O 灌电流驱动能力比较大，最大灌电流为 20mA，可采用该方式可直接控制 LED，每个 LED 还需串接一只限流电阻，本设计限流电阻取 1kΩ（LED 工作电流约 3mA）；此外，下拉式按钮一般串接一只百欧级的保护电阻。综上，本设计所需元件如表 4.5 所示。下面基于例 4.1 详述原理图编辑的关键步骤。

表 4.5　案例所用元件清单列表

元　件	标　称	数　量	元　件	标　称	数　量
单片机	AT89C51	1	按钮	BUTTON	1
LED 灯	LED-GREEN	4	电阻	RES	5

1. 新建文件夹及工程

新建文件夹（如 led），运行 Proteus 8.6，在主界面中单击 New Project 新建工程（如 ledkey.pdsprj），选择默认模版（A4 图纸）、不创建 PCB 布版设计、没有固件等相关设置，完成工程创建。进入原理图编辑窗口后，从 View（视图）菜单设置捕捉间距为 50 密尔（Snap 50th）。

2. 放置与编辑元件

放置元件前，需先从元件库中拾取所需元件，并将之添加到对象列表窗口中，以表 4.5 中单片机 AT89C51 的拾取为例说明之。如图 4.6 所示，单击对象列表窗口的 P 按钮，弹出如图 4.7 所示的拾取元件对话框，在搜索关键词窗中输入 at89c51，从搜索结果元件清单中选择 AT89C51，单击 OK 按钮，将 AT89C51 拾到对象列表窗口。

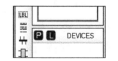

图 4.6　对象列表窗口的 P 按钮

拾取 AT89C51 后，预览窗口显示该元件图符，如图 4.8(a) 所示，此时可使用旋转、镜像控制栏按钮调整元件的方向。当鼠标指针在编辑窗口适当位置时单击，AT89C51 就被放置到图纸上指定位置，如图 4.8(b) 所示。

同法，再拾取和放置其他元件。同上，搜索 LED，在分类栏中选择 Optoelectronics（光电子类），从搜索结果中选择 LED-GREEN（绿色发光二极管），单击 OK 按钮。再搜索 RES，在分类栏中选择 Resistors（电阻类），封装子类选择 Generic（一般的），从搜索结果中

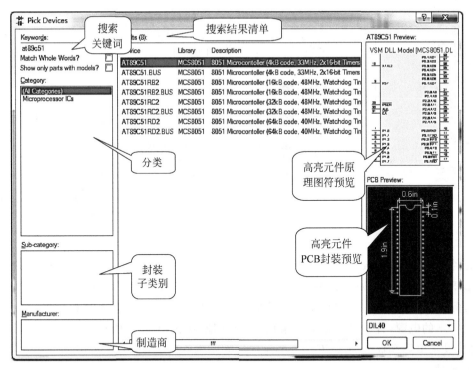

图 4.7　在元件拾取对话框中搜索 AT89C51

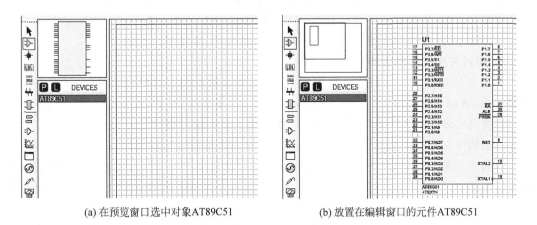

(a) 在预览窗口选中对象AT89C51　　　　(b) 放置在编辑窗口的元件AT89C51

图 4.8　对象拾取与放置

选择 RES,单击 OK 按钮。又搜索 BUTTON,在分类栏中选择 All Categories 或 Switch & Relays(所有类或开关与继电器类),从搜索结果中选择 BUTTON,单击 OK 按钮。如表 4.5 所示,将所有元件放置到原理图编辑窗口,如图 4.9(a)所示。其中,接地和电源端的放置,要在模式选择工具栏中单击" ≡ ",选择终端模式,在对象列表窗口中分别选择 GROUND(接地端)和 POWER(电源端)进行放置。

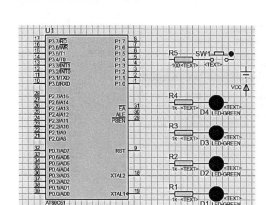
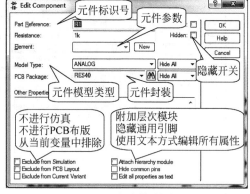

(a) 元件放置   (b) 元件编辑对话框

图 4.9　元件放置与编辑

元件放置时,其参数采用默认值(如电阻值默认为 $10\text{k}\Omega$),此值不一定符合设计要求,需进行编辑。将鼠标指针对准待编辑的元件,双击,打开元件编辑对话框,如图 4.9(b)所示,根据实际修改元件参数。类似地,一个系统可能有几组电源,如模拟电路和数字电路可能各自使用独立的电源,各模块电路最终采用 Y 形共地,单击电源端图符可打开编辑终端标签对话框,设定电源端标签为 VCC。每个元件还有脚本<TEXT>,单击<TEXT>可打开元件脚本编辑对话框。

对元件进行编辑后,还需调整各元件标识号、参数值和脚本等标注的位置,否则它们可能会重叠在一起,影响读图。将鼠标指针对准待移动对象,右击,弹出快捷菜单,选择拖动对象(Drag Object)命令,将对象拖到合适位置处再单击,完成移动。

3. 布线完成元件电气连接

ISIS 系统可自动或手动进入连线模式,在任意编辑状态下,将鼠标指针对准某一元件引脚末端,该端会自动出现一个节点,鼠标指针变为"小笔尖"形状,即自动进入连线标号模式;单击模式选择工具栏的"▦"图标亦可手动进入连线标号模式。在连线标号模式下,单击元件引脚末端的节点即将其设为信号线起点,移动鼠标将从该点引出信号线,牵引此线到另一引脚末端处单击,或在与某信号线交叉处单击(将自动产生节点),或到另一非引脚末端处双击左键,即完成一条信号线布线。信号线只能水平或垂直布设,需折直角弯时,可在折弯处单击。

采用网络标号表示信号的电气连接,可使原理图简洁美观。在连线标号模式下,先在待连接的元件两引脚的末端各引出一小段信号线,再将鼠标指针对准该短信号线的某处(对准时会自动出现带小×号的虚节点),右击,弹出快捷菜单,选择 Place Wire Label(添加网络标号)命令,打开编辑连线标号(Edit Wire Label)对话框,如图 4.10(a)所示,输入网络标号名,完成网络线命名,同名的网络线具有电气连接关系。按上述布线方法,完成本例 4.1 电路的连线,如图 4.10(b)所示。将鼠标指针对准某一网络线(对准时线自动呈淡红色),例如 P17,右击,在弹出的快捷菜单中选择 Highlight Net on Schematic(在原理图中高亮网络)命令,将看到单片机的 I/O 端口 P1.7 和电阻 R2 的右侧引脚都呈红色,这表示该两同名的网络线是有电气连接关系的。

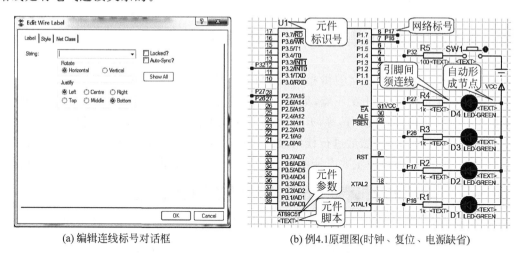

(a) 编辑连线标号对话框　　　　　　(b) 例4.1原理图(时钟、复位、电源缺省)

图 4.10　使用网络标号

4. 检查调整与修改

配置电源,从 Design(设计)菜单中选择 Configure Power Rails(配置电源网)命令,打开电源网配置对话框,如图 4.11(a)所示。查看电源端 VCC 的电压值是否为要求的 5V,并确认。

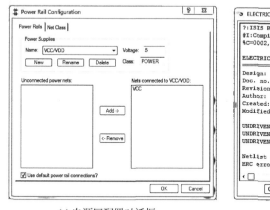

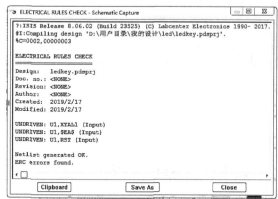

(a) 电源网配置对话框　　　　　　(b) 电气规则检查报告

图 4.11　电源网配置与电气规则检查

电气规则检查,从 Tools(工具)菜单中选择 Electrical Rule Check(电气规则检查)命令,打开检查报告窗口,如图 4.11(b)所示,由于省略了时钟发生电路(即没有外接晶振)和复位电路,访问外部程序存储器控制信号引脚 $\overline{\text{EA}}$ 没有设置(使用片内 ROM,该引脚接高电平),因此报告有 3 个错误,暂时忽略这 3 个错误。

视频

至此,便完成了原理图设计的关键内容。在此基础上可生成网络表、材料清单等,本书在后续章节中主要关注基于原理图的虚拟仿真模型及其与 μVision 平台的联合调试。

4.2 Keil μVision 集成开发环境应用基础

Keil 公司是一家业界领先的微控制器(MCU)软件开发工具的独立供应商,2009 年 2 月发布的 μVision4 集成开发环境,集成了微控制器系统软件开发所需的项目管理器、文本编辑器、编译器、仿真调试工具等,开发人员可在其中进行 C51 和汇编源程序编辑,将源程序编译生成机器码文件,然后进行代码级的仿真和调试。μVision4 集成开发环境的工作界面如图 4.12 所示,窗口中主要有标题栏、菜单栏、工具栏、管理窗口、工作窗口、信息窗口。

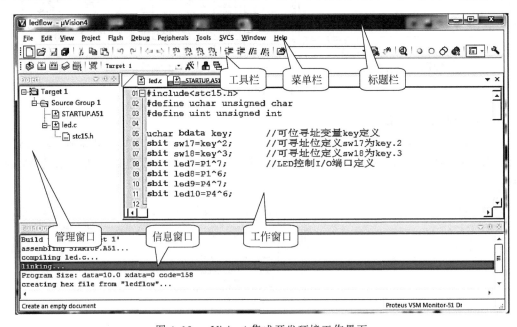

图 4.12 μVision4 集成开发环境工作界面

4.2.1 μVision 菜单及其功能

1. 主菜单

μVision 的主菜单包括 File(文件)、Edit(编辑)、View(视图)、Project(工程)、Flash(闪存)、Debug(调试)、Peripherals(外设)、Tools(工具)、SVCS、Window(窗口)、Help(帮助) 11 个菜单。

1) File(文件)菜单

File(文件)菜单是源程序文件管理相关命令的集合,包含以下命令:

- New/创建新的源文件。

- Open/打开已存在的文件。
- Close/关闭当前的文件。
- Save/保存当前文件。
- Save As/当前文件另存为。
- Save All/保存所有文件。
- Device Database/维护器件数据库。
- License Management/许可管理。
- Print Setup/设置打印机。
- Print/打印当前文件。
- Print Preview/打印预览。
- Exit/退出。

2）Edit（编辑）菜单

Edit（编辑）菜单是源程序文件编辑各种命令的集合，包含以下命令：

- Undo/撤销上次操作。
- Redo/重复上次操作。
- Cut/剪切所选文本。
- Copy/复制所选文本。
- Paste/粘贴。
- Navigate Backwards/光标后移。
- Navigate Forwards/光标前移。
- Insert/Remove Bookmark/设置/移除书签。
- Go to Next Bookmark/光标移到下一个书签。
- Go to Preview Bookmark/光标移到上一个书签。
- Clear All Bookmark/清除当前文件中所有书签。
- Find/查找。
- Replace/替换。
- Find in Files/在多文件中查找。
- Incremental Find/增量查找/按键入字母顺序查找文本。
- Outlining/有关源代码的命令。
- Advanced/高级选项。
- Configuration/配置。

3）View（视图）菜单

View（视图）菜单是工作界面（栏和视窗）设置各种命令的集合，包含以下命令：

- Status Bar/显示或隐藏状态栏。
- Toolbars/显示或隐藏工具条。
- Project Window/显示或隐藏工程窗口。

- Books Window/显示或隐藏说明书窗口。
- Functions Window/显示或隐藏函数窗口。
- Templates Window/显示或隐藏模板窗口。
- Source Browser Window/显示或隐藏资源浏览器窗口。
- Build Output Window/显示或隐藏编译输出窗口。
- Find In Files Window/显示或隐藏多文件查找窗口。
- Command Window/显示或隐藏命令窗口。
- Disassembly Window/显示或隐藏反汇编窗口。
- Symbol Window/显示或隐藏符号变量窗口。
- Registers Window/显示或隐藏寄存器窗口。
- Call Stack Window/显示或隐藏堆栈窗口。
- Watch Windows/显示或隐藏观察窗口。
- Memory Windows/显示或隐藏存储器窗口。
- Serial Windows/显示或隐藏串口观察窗口。
- Analysis Windows/显示或隐藏分析窗口。
- Trace/显示或隐藏跟踪窗口。
- System Viewer/显示或隐藏系统查看窗口。
- Toolbox Window/显示或隐藏工具箱。
- Full Screen/全屏幕模式。
- Periodic Window Update/程序运行时,周期刷新调试窗口。

4) Project(项目)菜单

Project(项目)菜单是工程(或项目)管理、设置、编译各种命令的集合,包含以下命令:

- New μVision Project/创建新工程。
- New Multi-Project Workspace/创建多工程工作空间。
- Open Project/打开已存在的工程。
- Close Project/关闭当前的工程。
- Export/输出。
- Manage/管理。
- Select Device for Target/为……选择 CPU。
- Remove Item/移出组或文件。
- Options for Target/为……设置编译工具选项。
- Clean Target/清除目标。
- Build Target/编译目标。
- Rebuild All Target Files/重新编译所有目标文件。
- Batch Build/批量编译。
- Translate/编译当前文件。

- Stop Build/停止编译。

5）Flash(闪存)菜单

Flash(闪存)菜单是使用专用编程工具对单片机 Flash 擦除、下载等操作命令的集合，包含以下命令：

- Download/下载到 Flash 中。
- Erase/擦除 Flash ROM。
- Configure Flash Tools/配置工具。

6）Debug(调试)菜单

Debug(调试)菜单是控制代码运行的各种命令的集合，包含以下命令：

- Start/Stop Debug Session/启动/停止调试模式。
- Reset CPU/重置 CPU。
- Run/运行。
- Stop/停止。
- Step/单步运行进入一个函数。
- Step Over/单步运行跳过一个函数。
- Step Out/跳出函数。
- Run to Cursor Line/运行到当前行。
- Show Next Statement/显示下一条执行的指令。
- Breakpoints/打开断点对话框。
- Insert/Remove Breakpoint/当前行设置/移除断点。
- Enable/Disable Breakpoint/使当前行断点有效/无效。
- Disable All Breakpoints/使所有断点无效。
- Kill All Breakpoints/去除所有断点。
- OS Support/操作系统支援。
- Execution Profiling/记录执行时间。
- Memory Map/打开存储器映射对话框。
- Inline Assembly/打开在线汇编对话框。
- Function Editor (Open Ini File)/功能编辑(编辑调试函数及初始化文件)。
- Debug Settings/调试设置。

7）Peripherals(外设)菜单

Peripherals(外设)菜单是设置单片机外设工作状态的各种命令的集合，包含以下命令：

- Interrupt/中断。
- I/O-Ports/I/O 端口。
- Serial/串口。
- Timer/定时器。
- Clock Control/时钟控制。

8）Window（窗口）菜单

Window（窗口）菜单是对工作窗口进行管理的各种命令的集合，包含以下命令：

- Debug Restore Views/调试恢复视图。
- Reset View to Defaults/恢复默认视图设置。
- Split/划分当前窗口为多个窗格。
- Close All/关闭所有窗口。

9）Tools（工具）、SVCS 和 Help（帮助）菜单

Tools（工具）、SVCS 和 Help（帮助）3 个菜单，其中 Tools（工具）菜单是使用 Gimpel Software 公司的 C/C++静态代码检测专用工具 PC-Lint 的操控命令的集合；SVCS 菜单是用于配置软件版本控制系统的命令集合；Help（帮助）菜单用于打开帮助手册、技术支持和 μVision 版本号查询等命令。本书略过这些内容。

2. 命令工具栏

如图 4.12 所示，μVision4 系统的命令工具栏有两个工具条：File Toolbar（文件工具条）、Build/Debug Toolbar（编译/调试工具条）。命令工具栏的全部按钮图标及其对应的菜单命令如表 4.6 所示，其中编译/调试工具条与平台的工作状态有关，不同状态工具条中的按钮图标不同。各工具条可显示或隐藏，单击主菜单 View/Toolbars（视图/显示或隐藏工具条），单击选择相应工具条，完成工具条显示设置。

表 4.6　命令工具栏全部按钮图标及其对应的菜单命令列表

类别	图标	命令及其功能	类别	图标	命令及其功能
文件工具条		创建新的源文件	文件工具条		清除当前文件中所有书签
		打开已存在的文件			所选文本行右缩进一个 Tab
		保存当前文件			所选文本行左缩进一个 Tab
		保存所有文件			将所选文本行注释
		剪切所选文本			取消所选文本行注释
		复制所选文本			在多文件中查找
		粘贴			查找
		撤销上次操作			增量查找
		重复上次操作			启动或停止调试模式
		光标后移			设置或移除当前行断点
		光标前移			使能或禁止当前行断点
		设置/移除书签			禁止所有断点
		光标移到下一个书签			删除所有断点
		光标移到上一个书签			打开或隐藏管理窗口下拉菜单
					配置

续表

类别	图标	命令及其功能	类别	图标	命令及其功能
编辑/调试工具条		编译当前文件	编辑/调试工具条		运行到光标处
		编译目标			显示下一条执行的指令
		重新编译所有目标文件			打开或关闭命令窗口
		批量编译			打开或关闭反汇编窗口
		停止编译			打开或关闭符号窗口
		下载到 Flash 中			打开或关闭寄存器窗口
		为……设置编译工具选项			打开或关闭堆栈窗口
		配置路径、文件扩展名、帮助等			打开或关闭变量窗口下拉菜单
		管理多项目工作区			打开或关闭存储器窗口下拉菜单
		复位 CPU			打开或关闭串口窗口下拉菜单
		全速运行			打开或关闭分析窗口下拉菜单
		停止运行			打开或关闭跟踪窗口下拉菜单
		单步进入			打开或关闭系统查看窗口下拉菜单
		单步跳过			打开或关闭工具箱下拉菜单
		单步跳出			打开或关闭调试还原视图下拉菜单

4.2.2　μVision 工程创建及设置、编译

μVision 是微控制器软件集成开发平台,主要功能是为单片机应用系统开发软件。以下举一个简单实例进行操作说明。

【例 4.2】　为例 4.1 硬件系统(原理图如图 4.10(b)所示)设计软件,要求实现以下 LED 灯的按键控制功能:

(1) 按键松开时,D1 灯每秒闪烁 1 次(亮与灭各 0.5 秒);

(2) 按键按下时,D1 灯每秒闪烁 4 次(亮与灭各 0.125 秒)。

本例为一个简单的循环控制程序,根据要求,源程序清单如下:

```
#include < reg51.h>
#define uchar unsigned char
#define uint unsigned int
sbit SW1 = P3^2;              //定义按键 I/O 引脚
void delay(uchar);            //声明延时函数

void delay(uchar td)          //延时函数定义,延时 2.5ms * td,@12MHz
{   unsigned int i;
```

```
     while(td-- )
        for(i = 0;i < 207;i++);          //常数 207 通过调试确定
}

void main()
{   uchar tx;                            //定义延时控制变量
    while(1)
    {   P1^ = 1 << 6;                    //P1 口第 6 位求反
        SW1 = 1;                         //准双向口,读之前先写 1
        if(SW1 == 1)tx = 200;            //无按钮,延时 500ms
        else tx = 50;                    //有按钮,延时 125ms
        delay(tx);
    }
}
```

用 μVision 平台开发单片机软件工程的基本步骤包括工程创建、工程设置、工程编译与链接和软件调试,下面通过例 4.2 讲解前 3 个步骤,软件调试将在 4.3 节单独讲解。

1. 创建工程

启动 μVision4,从 Project(工程)菜单中选择 New μVision Project(创建新工程)命令,在创建对话框中选择工程存储路径(一般与对应的硬件设计工程同一目录),输入工程文件名(如 ex4_2),单击"保存"按钮,进一步弹出选择目标 CPU 型号的对话框,如图 4.13 所示,选择 Atmel 公司的 AT89C51 并确认。选好 CPU 后,弹出"Copy Standard 8051 Startup Code to Project Folder and Add File to Project?"对话框,询问是否将标准 8051 启动代码添加到工程中,一般选择确认,完成软件工程创建,工程文件名后缀为.uvproj。

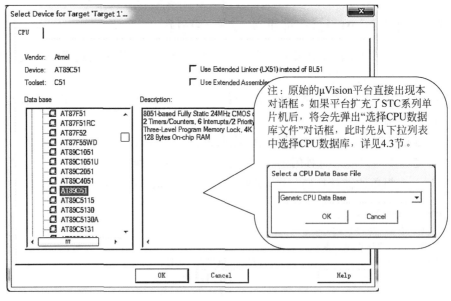

图 4.13　选择目标 CPU 型号对话框

标准 8051 启动代码是一个汇编语言源程序文件 STARTUP. A51,主要用于清除 CPU 的数据存储器、初始化硬件和重入函数堆栈指针等,用户可根据应用系统的硬件配置修改启动文件。

工程创建后,单击新建文件按钮▤,即在工作窗口打开一个空白的文本编辑窗口(默认标题为 TEXT)。在该窗口中,将前述例 4.2 的源程序录入,单击保存文件按钮,在弹出的对话框中输入源程序文件名(例如 main. c,C 源程序的扩展名为. c)。也可边录入,边保存文件。

保存源文件后,文本编辑窗口的标题即改为文件名,此时源程序文件与所创建的软件工程没有关联,需将源程序文件添加到软件工程中,才能建立二者的关联。单击项目窗口 Target1 前的⊞,如图 4.14(a)所示,在 Source Group 1 上右击,弹出快捷菜单,选择 Add Files to Group 'Source Group 1'(添加文件到 Source Group 1 组)命令,弹出如图 4.14(b) 所示对话框,选择源程序文件(如 main. c),单击 Add 按钮,将源程序添加到工程中。

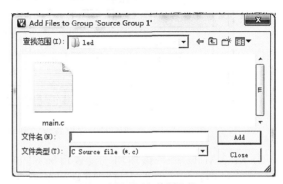

(a) 向源程序组添加文件　　　　　　　　　　(b) 选择要添加的源文件

图 4.14　添加文件到组

2. 设置工程

工程建好后,在源程序编译之前,μVision4 还允许用户根据目标硬件的实际,对编译器、链接及定位等编和译调试工具进行设置,以使编译生成的代码更便于调试、更高效、运行速度更快。

通过 Project 菜单、或单击工具栏按钮💥、或在工程管理窗口右击 Target1 弹出的快捷菜单进入 Options for Target…(为……设置编译工具选项)对话框,如图 4.15(a)所示。该设置对话框含有 Device(设备)、Target(目标硬件设置)、Output(输出)、Listing(列表)、UDS(用户)、C51(C51 编译器)、A51(A51 编译器)、BL51 Locate(链接定位)、BL51 Misc(链接其他设置)、Debug(调试)、Utilities(工具)共 11 个选项卡,通过这些选项卡可根据目标硬件实际设置编译、调试环境。下面仅对经常修改的选项卡设置内容进行解释。

1) Device(设备)选项卡

显示所选 CPU 的厂商、型号及编译器。创建工程时,已为目标硬件选择了 CPU,通过本选项卡可重新选择 CPU。

2) Target(目标硬件设置)选项卡

如图 4.15 所示，Target 选项卡有 8 个参数，分别描述如下。

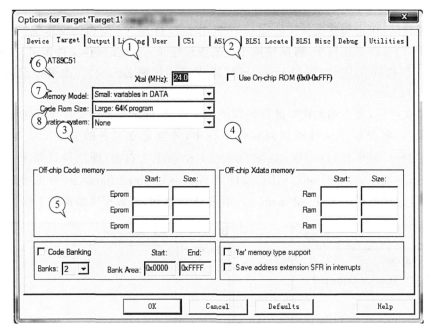

图 4.15　为所创建的工程设置编译和调试工具(当前为 Target 选项卡)

① Xtal(MHz)——该项用于设置目标 CPU 的工作频率，默认值为所选型号 CPU 的上限工作频率，用户根据目标硬件所用晶振实际值，在数值文本框中输入频率值。

② Use On-chip ROM(0x0-0xFFF)——该项表示是否使用所选 CPU 片内的 Flash ROM，括号内为其地址范围，与所选 CPU 对应。虚拟仿真时可不选该项。

③ Off-chip Code memory——该项表示片外配置的程序存储器 ROM 开始地址和大小。若没有配片外 ROM，则不设置。

④ Off-chip Xdata memory——该项表示片外配置的数据存储器 RAM 开始地址和大小。若没有配片外 RAM，则不设置。

⑤ Code Banking——该项表示是否要使用 Code Banking(代码分块)技术。标准 51 单片机程序存储器的寻址范围只有 64KB，有一些兼容单片机使用 Code Banking 技术，寻址范围最大可达 2MB。若程序存储器没有超过 64KB，则不选该项。

⑥ Memory Model——该项选择存储器编译模式，决定变量的默认存储器类型，有 Small、Compact 和 Large 3 种模式可选，如表 4.7 所示。变量的存储器类型决定了数据访问的寻址方式，从而影响代码运行速度，3 种模式的数据存储器均支持片内 256B 和片外 64KB，但 DATA 区访问速度最快，因此本项首选 Small 模式。

⑦ Code Rom Size——该项选择代码 ROM 大小编译模式，限制了总代码量和单个函数的代码量，有 Small、Compact 和 Large 3 种模式可选，如表 4.7 所示。代码量的多少会影响

程序转移范围,虽然 51 单片机程序转移有短转移(转移范围 2KB 以内)和长转移(转移范围 64KB 以内)之分,但是转移所需时间相同,因此本项建议选择 Large 模式。

表 4.7　编译模式

选 项 内 容	编 译 模 式		
	Small/小模式	Compact/紧凑模式	Large/大模式
Memory Model	变量默认在 DATA 区	变量默认在 PDATA 区	变量默认在 XDATA 区
Code Rom Size	总代码量不超过 2KB 单个函数代码不超过 2KB	总代码量不超过 64KB 单个函数代码不超过 2KB	总代码量不超过 64KB 单个函数代码不超过 64KB

⑧ Operating system——该项选择操作系统类型,共有 None、RTX-51 Tiny 和 RTX-51 Full 3 种选项。初学者一般不涉及操作系统,本项选择 None。

3) Output/输出选项卡

输出选项卡主要完成 3 个设置,如图 4.16 所示。

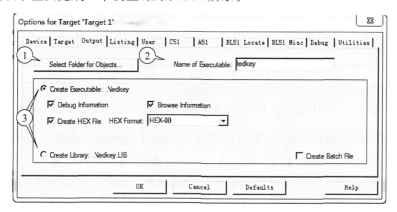

图 4.16　为所创建的工程设置编译和调试工具(当前为 Output 选项卡)

① 为编译生成的目标文件选择存储目录(Select Folder for Objects…),默认与工程文件同目录。

② 为生成的可执行文件取名(Name of Executable),默认与当前工程文件同名。

③ 为可执行文件选择文件类型,有两种互斥的类型:HEX 文件(扩展名为 .hex)和库文件(扩展名为 .lib)。HEX 格式为 Intel 公司格式的十六进制代码文件,是可以下载到 Flash ROM 的机器码文件,编译一般用户程序应选择此格式,并选中 Debug Information (调试信息)、Browse Information(浏览信息)和 Create HEX File(生成 HEX 文件),前两项是调试所必需的,没有这两个信息,测试时无法看到高级语言源程序;后一项是生成 HEX 文件所必需的。

4) C51/C51 编译器选项卡

通常情况下,C51 编译器选项卡可采用默认的设置。该选项卡的各设置项的详细说明请参考附录 C。

5）Debug/调试选项卡

调试选项卡用于设置调试器，选项如图 4.17 所示。该选项卡分成基本对称的左右两部分，只能二选一。

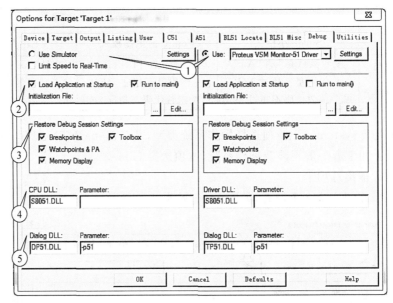

图 4.17 为所创建的工程设置编译和调试工具（当前为 Debug 选项卡）

① 项为左右互斥的两个选项，用于设置调试器的工作模式。选择左边 Use Simulator 时，将调试器设置为纯模拟仿真器，其后的 Settings 按钮用于模拟仿真器设置，若不对 PC 的运行速度作限制，则一般情况模拟仿真器会比真实的 51 单片机运行得更快，选中 Limit Speed to Real-Time 将模拟仿真器的速度限制到 51 单片机真实运行时间。选择右边的 Use 时，允许使用专用硬件仿真器（从下拉菜单中选取）对单片机用户系统进行在线仿真调试，其后的 Setting 按钮用于硬件仿真器的设置。

② 项用于启动调试时程序加载的设置（一般选择默认）。

• Load Application at Startup：启动时自动加载应用程序。

• Run to main()：进入调试模式时，程序自动运行到 main 函数处。

• Initialization File：选择加载初始化文件。

③ 项为 Restore Debug Session Settings/恢复调试会话设置（一般选择默认）。

本栏有 4 个选项，如果选中某项，那么每次单击⚫按钮启动调试时，该项对应的调试会话窗口将恢复上次退出调试状态时的设置。选项包括：

• Breakpoints——断点。

• Watchpoints & PA——变量观察点（及 PA，Performance Analyzer/性能分析器）。

• Memory Display——内存显示窗口。

• Toolbox——工具箱窗口。

④和⑤项配置 DLL 文件(属于 Keil 自身的配置,取默认)。

- CPU DLL 与 Parameter:CPU 动态链接库驱动文件和参数。
- Dialog DLL 与 Parameter:会话框动态链接库驱动文件和参数。

6) 其他选项卡

为工程项目设置编译工具对话框中还有 Listing(列表)、UDS(用户)、A51(A51 编译器)、BL51 Locate(链接定位)、BL51 Misc(链接其他设置)、Utilities(工具)6 个选项卡,本书暂不涉及这些选项卡,均采用默认设置。有关这些选项卡的细节可查阅相关资料。

对例 4.2 的工程项目,编译工具可设置如下:

(1) 在 Target 选项卡中设置晶振 12.0MHz;

(2) 在 Output 选项卡中选中 Create HEX File;

(3) 在 Debug 选项卡中选中 Use Simulator;

其他均取默认值。

3. 编译与链接工程

工程建立后,创建源程序文件,在文本编辑窗口中录入源程序,保存源程序文件并将其添加到工程中,设置编辑工具,完成上述内容后,需要对工程进行编译。编译源程序涉及的命令有 ▦ 按钮(菜单命令 Project→Build all target files)和 ▦ 按钮(菜单命令 Project→Build target),前者编译链接所有源程序文件;后者仅对上次编译链接后有修改的源程序进行编译,然后链接所有目标文件。对复杂的大型工程项目,修改某些源程序后,使用 ▦ 命令编译可节省一些编译时间,但程序定型后还是需要用 ▦ 命令将所有文件重新编译一次。

编译之后,如果源程序有语法错误,信息窗口会出现诸如:

```
…
compiling main.c...
MAIN.C(5): error C141: syntax error near 'void', expected ';'
Target not created
```

此类的提示信息,其中< MAIN.C(5)>表示错误发生在那个源程序的第几行,< error C141 >为错误的类型编号,< syntax error near 'void', expected ';'>是对错误的简单描述。开发者根据这些提示信息对源程序进行分析,排查错误,修改程序,直至没有语法错误。源程序语法正确后,编译通过,信息窗口出现:

```
…
linking...
Program Size: data = 9.0 xdata = 0 code = 62
creating hex file from "ledkey"...
"ledkey" - 0 Error(s), 0 Warning(s).
```

该信息说明程序占用存储器的情况,可执行的 HEX 文件名等信息,其中< Warning(s)>表示警告的个数。警告信息提示开发者注意一些问题,例如,源程序中存在没有使用的变量等。

4.3 单片机软件调试方法

单片机应用系统设计分为硬件和软件两部分。调试工作首先是硬件初步调试,硬件设计完成之后先检查其电源配置、电气规则、电路功能;其次在初调后的硬件上运行软件,进行软硬件联合调试,排查软件的逻辑错误和软硬件参数不匹配错误,直到所有预设功能和指标获得实现,完成调试。全面调试错综复杂,尤其是硬件错误排查几乎无规律可循,下面仅在硬件设计正确无误的前提下讲解软件调试的方法。

4.3.1 软件调试方法及其分类

在集成开发环境中,完成单片机应用系统软件编写,源程序成功通过编译,将源程序转换成可执行的机器码,这仅说明源程序没有 C51 语法错误,但代码能否实现预设功能,需经过调试才能确定。代码调试的基本方法是控制代码运行,然后根据运行结果与预期目标的一致性,判断程序是否正确。代码调试可分为在系统调试和在线调试两大类。

在系统调试(也称为离线调试)只需要廉价的代码下载器,不需要较昂贵的专用仿真调试工具,用 PC 和下载器将机器码直接烧写到目标芯片,然后在目标硬件板上独立运行代码,代码运行不受 PC 控制,通过测试、分析运行结果,判断代码是否实现预定功能。

在线调试需要较昂贵的专用仿真调试工具(也有代码下载功能),如 STC 公司提供的51 单片机在线仿真器 STC Monitor-51 Driver,用在线仿真器将 PC 与目标硬件板相连,在PC 的集成开发平台上通过在线仿真器操控,将机器代码下载到目标芯片的 Flash ROM 上,并控制代码在目标硬件板上单步、断点或连续运行,读取并显示代码(或代码段)执行后CPU 的内部状态,使用仪器测试硬件目标板,分析 CPU 内部状态及其变化,从而判断代码是否实现了预定功能。

在系统调试不占用目标芯片的任何资源,而在线调试会占用目标芯片的少量资源,用于PC 与目标芯片的数据通信、CPU 内部状态的读取、代码运行控制等。采用在线调试时,如程序未能实现预定功能,由于代码运行可操控且能读出代码执行后 CPU 的内部状态,因此程序逻辑错误排查手段较在系统调试多,程序纠错较为容易。

采用在系统调试时,如果程序存在重大逻辑错误,错误排查难度就会很大。为降低调试难度,μVision 平台提供了纯模拟仿真器。所谓纯模拟仿真,是用 PC 的 CPU 模拟单片机,直接在 PC 上模拟仿真单片机代码运行。纯模拟仿真也不占用目标芯片资源,代码运行是可控的,也可模拟出代码(或代码段)运行后单片机的内部状态,使用纯模拟仿真可排除源程序中绝大多数的逻辑错误,但对于软硬件参数是否匹配则无法判断。在 4.2.2 节所述的设置工程中,如在 Debug(调试)选项卡选中 Use Simulator,则进入调试状态时,调试器被设置成纯模拟仿真器。

用 Proteus 平台设计好单片机系统原理图,即构建了目标系统的虚拟模型,联合使用Proteus 和 μVision 两个平台,可实现虚拟的在系统调试和在线调试。4.3.2 节将引入基于

IAP15W4K58S4 单片机的实验板和 STC-ISP 在线下载编程软件，由于使用 IAP 芯片，因此该实验板可设置成 STC Monitor-51 Driver 在线仿真器，基于该实验板可实现物理的在系统调试和在线调试。

4.3.2　μVision 调试状态的工作环境

进行工程设置时，在 Debug（调试）选项卡中设置好调试器的工作模式，单击 🔍 按钮，启动并进入调试模式。该模式下的工作界面如图 4.18 所示，各窗口和工具简单说明如下。

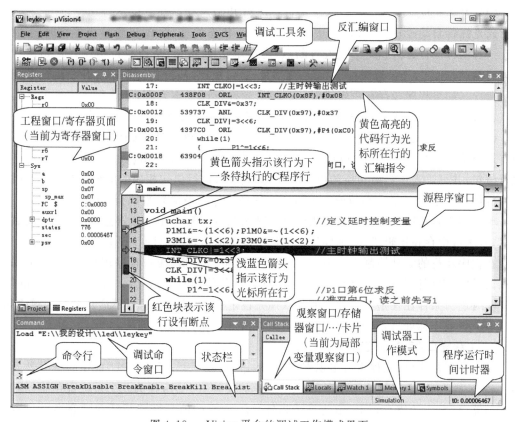

图 4.18　μVision 平台的调试工作模式界面

1. 工作窗口

进入调试状态，工作窗口中除了 C 语言源程序窗口外，还可以单击 📄 按钮打开反汇编窗口（Disassembly）。源程序窗口中带黄色箭头 ⇨ 的行是待执行的程序行，此窗口中仍可对源程序进行编辑修改，但不能编译，光标所在处是编辑修改处，光标所在行用浅蓝色箭头 ⇨ 标记，该行编译所得的首个机器码及相应的汇编指令也在反汇编窗口中以黄色整行突出显示。用红色块标记的行是断点所在行，将光标移到待设断点的行，单击 ● 按钮，即在该行设置了断点；或将鼠标指针放在待设断点处，双击也可在该行设置断点。

2. 调试状态工具条

进入调试模式后,编译工具条失效,由调试工具条替代,调试工具条含程序运行控制和观察窗口启闭两类命令,各命令按钮及其功能如表 4.6 所示。在仿真状态下,程序运行是可控的,控制方式有全速运行、运行至断点或光标处、单步执行 3 种方式。

(1) 全速运行是连续不间断地运行程序,速度最快,运行过程中无法显示 CPU 的状态变化,停止运行后,显示停止瞬时的 CPU 状态。单击 ▤ 按钮,从待执行程序行开始全速运行,直到单击 ⊗ 按钮,停止运行。

(2) 运行至断点或光标处是从待执行程序行开始连续不间断地运行程序,直至遇到断点行或光标行自动停止,运行过程中不显示 CPU 状态的变化,停止后显示停止时的 CPU 状态。有两种运行方法,其一,先设置断点,之后单击 ▤ 按钮,从待执行程序行开始运行直到遇到断点;其二,先设置光标所在行,之后单击 按钮,从待执行程序行开始运行直到光标所在行。如果程序段存在逻辑错误,或断点、光标行设置不合理,导致程序运行无法遇到断点、光标行,则程序将不会自动停止,只能用 ⊗ 按钮强制停止。

(3) 单步执行是执行完一行程序后立即停止,并显示停止时的 CPU 状态。调试工具条中有 3 个单步执行命令按钮:单步进入 、单步跳过 、单步跳出 。单步进入是执行待执行语句,并可进入该行语句所调用的函数内,或进入该行语句相应的汇编指令。单步跳过是将待执行行中的 C 语言函数或汇编语言子程序当作一条语句来执行,此即所谓的过程单步。单步跳出是从待执行语句开始执行直至跳出当前函数。用单步跳过、单步跳出调试程序时,若函数中存在逻辑错误,则导致无法从函数中退出,此时只能用 ⊗ 按钮强制停止。

在程序运行的 3 种控制方式中,单步执行可以逐行分析、排查程序逻辑错误,是最基本的调试手段,但调试效率比较低。对含有实时逻辑条件判断的语句,如按钮或中断判断等,由于实时逻辑条件往往是异步发生或难以预先设定的,因此单步执行不适合调试这样语句,运行至断点或光标处特别适合调试这类语句,是程序调试的重要方法。

3. 工程窗口/寄存器页面

进入调试模式后,工程窗口出现寄存器(Registers)页面,显示 CPU 重要的寄存器及其值。Regs 栏为 CPU 当前的工作寄存器组 r0~r7 及其值。Sys 栏为几个系统寄存器,其中 a 为累加器 ACC,b 为寄存器 B,sp 为堆栈指针,sp_max 的值是堆栈指针在动态运行过程中的最大地址值,PC 是程序计数器的当前值,auxr1 是辅助寄存器 AUXR1(其第 0 位用于在双 DPTR 单片机中选择 DPTR0 或 DPTR1 为当前的数据指针,标准 51 单片机为单 DPTR),states 的值是程序运行过程中累计的机器周期数,sec 的值是程序运行过程中累计的时间值,psw 为程序状态字 PSW。单击 Regs、Sys、dptr、psw 前的 ⊞(或 ⊟)可以展开(或收缩)显示内容。

4. 变量、存储器观察窗口

进入调试模式,为了便于观察变量、存储器、堆栈、I/O 端口、外设的状态变化,可以根据需要打开相关观察窗口,如图 4.18 右下方的 Locals(局部变量)窗口、Watch(变量观察)窗口、Memory(存储器)窗口等,打开各窗口的常用命令按钮简单介绍如下:

- 单击图▾打开/关闭变量窗口,通过下拉列表框可选择打开 Locals(局部变量)窗口,或最多 2 个 Watch(变量观察)窗口。Locals(局部变量)窗口自动显示当前运行的函数中的局部变量。Watch(变量观察)窗口初始时是空的,如图 4.19(a)所示,双击 < double-click or F2 to add >,出现变量名文本框,键入待观察的变量名后,即将待观察的变量手动添加窗口中。

  - 单击▦▾打开/关闭存储器窗口,通过下拉列表框最多可打开 4 个 Memory(存储器)窗口,如图 4.19(b)所示,在 Address 后的文本框内输入"存储器类型:首地址",即可显示相应类型的存储器从指定地址开始的存储单元的值,其中存储器类型用字母 C(程序存储器)、D(直接寻址片内 RAM)、I(间接寻址片内 RAM)或 X(扩展的片外 RAM)表示。

　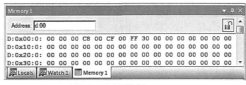

(a) 变量观察窗口　　　　　　　　　　　(b) 存储器窗口

图 4.19　变量观察窗口与存储器窗口

5. 调试命令窗口及命令行

调试命令窗口用于显示已经执行的调试命令。命令行用于输入将要执行的调试命令,回车即执行该调试命令。51 单片机的软件调试均使用调试工具条中的命令按钮直接操控程序的运行和 CPU 状态观察窗口,一般不采用从命令行输入、执行调试命令,此处略去调试命令及其功能部分的介绍。

在工程设置中,在 Debug 选项卡中必须选择默认的 Load Application at Startup(启动时自动加载应用程序),否则进入调试模式时,还需用调试命令:LOAD 路径\程序文件名(可执行代码文件.hex),加载应用程序。

6. 状态栏

状态栏显示调试器当前的工作模式和程序总运行时间计时器 t0,或程序段运行时间计时器 t1 和 t2。

7. 外设状态窗口

通过菜单 Peripherals 可以打开外设的状态窗口,如图 4.20 所示为并口 Port3 和 Port1 的状态窗口。并口状态窗口是悬浮于工作界面上的,上面一行是并口锁存器的值,锁存 1 的位用"√"表示;下面一行是端口引脚的值,高电平(逻辑 1)的引脚用"√"表示,通过并口状态窗口可模拟出 I/O 端口的输入与输出。

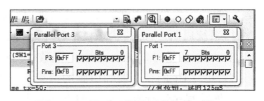

图 4.20　浮于工作界面上的并口窗口

4.3.3 μVision 平台上的纯模拟仿真

下面以例 4.2 的软件设计为例讲述使用纯模拟仿真器排查程序逻辑错误的基本方法。在工程设置中,在 Debug(调试)选项卡选中 Use Simulator(纯模拟仿真器),单击▦按钮编译源程序,若无语法错误,则源程序编译链接通过。单击⬜按钮,进入调试模式,打开了寄存器页面、反汇编窗口、调试命令窗口、局部变量窗口、变量观察窗口、存储器窗口和并口 Port1 浮窗,如图 4.21 所示。

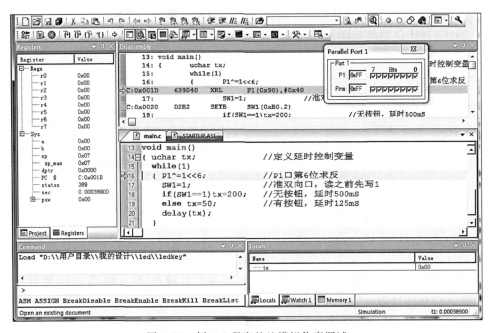

图 4.21   例 4.2 程序的纯模拟仿真调试

1. 界面初始信息概况

如图 4.21 所示,初次进入调试模式时,界面主要信息概述如下:

(1)调试器自动加载了应用程序并运行到 main()处,main()中第一条可执行的语句是第 16 行,该行带有黄色⬇标记,是待执行的行。

(2)寄存器页面中 sp=0x07、PC=C:0x001D、states=389、sec=0.00038900,这些数据表明满递增堆栈在 0x08~0x7F,当前待执行代码存储在 CODE 区 0x001D 单元,从复位状态运行到 main()处共用 389 个系统周期,耗时 0.00038900μs(标准 51 单片机采用 12MHz 晶振时,系统周期=1μs),状态栏中程序运行计时器 t1:0.00038900,二者一致。

(3)局部变量窗口显示 main()函数中的局部变量 tx 及其初值。

(4)并口 P1 的锁存器和引脚的值均为 0xFF。

2. 体验程序运行控制与 CPU 状态分析

(1)第 16 行的语句预期目标是将 P1 口第 6 位求反(其他位保持不变)。单击⤵(本行没有调用函数,执行单步进入或单步跳过,其结果是相同的),黄色 ⇨ 移到第 17 行,寄存器页面中的 PC、states、sec 和状态栏中 t1 计时器等也有相应变化,P1 状态浮窗显示 P1.6 由 1 变为 0(其他位保持不变),执行结果与预期目标一致,该行算法正确。

(2)在 Watch1 窗口中双击< double-click or F2 to add >,添加位变量 SW1(即 P3.2),如图 4.22(a)所示,打开并口 P3 状态浮窗。第 17 行语句预期目标是 SW1 写 1(即 P3.2 锁存 1),单击 ,P3 状态浮窗显示 P3.2 锁存 1(状态没变),执行结果与预期目标一致,该行算法正确。

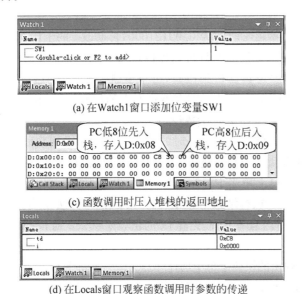

(a) 在Watch1窗口添加位变量SW1

(c) 函数调用时压入堆栈的返回地址

(d) 在Locals窗口观察函数调用时参数的传递

(b) 函数调用时的参数
传递与堆栈操作

图 4.22 工作界面上的各种窗口

(3)第 18 语句是读 P3.2 口(即 SW1),若其值为 1(无按键),则延时控制变量 tx=200 并转移到第 20 行;否则顺到第 19 行。P3 状态浮窗中 P3.2 引脚有"√",表示引脚电平为高电平(即无按键),逻辑条件为真,单击 ,黄色 ⇨ 移到第 20 行,局部变量窗口显示 tx 值为 0xC8,执行结果与预期目标一致,该行算法正确。

(4)第 20 行是调用延时函数,与前面 3 个步骤不同,若使用 ,则进入函数内部调试,若使用 ,则将函数看成一条独立语句执行。由于不能确定函数内部逻辑正确与否,因此此处应单击 ,黄色 ⇨ 移到第 9 行,即进入延时函数内第 1 条可执行的语句。寄存器页面变化如图 4.22(b)所示,函数调用时实参通过寄存器 R7 传递给形参,调用返回地址压入堆栈,栈指针 sp 变为 0x09,即返回地址保存在片内 RAM 的 0x08 和 0x09 两个单元,打开 Memory1 窗口,在 Address 文本框中输入 D:0x00,如图 4.22(c)所示,从该窗口中可见返回地址是 0x0030。在第 21 行单击,将光标移到该行,这是延时函数调用返回处,反汇编窗口中显示该行的代码地址正是 C:0x0030,正确无误。

(5)光标移回第 9 行,打开局部变量窗口,如图 4.22(d)所示,此时延时函数的局部变量全部列在窗口中,参数传递 td=0xC8。第 9 行预期目标是 td 非零则自减 1 并进入循环体(第 10 行);单击🗗,黄色 ⇨ 移到第 10 行,td=0xC7,执行结果与预期目标一致,该行算法正确。

(6) 第 10 行是由 for 构成的循环体,其预期目标是产生 2.5ms 延时,并返回第 9 行。为检查本行执行时产生的延时时间,右击状态栏中的计时器 t1,在弹出的快捷菜单中选择 "Reset Stop Watch (t1)"命令,t1 复位清零,单击🗗,黄色 ⇨ 返回第 9 行,可以看到 t1: 0.00249400,执行结果与预期目标一致,该行算法正确。实际上,本行中循环变量 i 的上限值是决定延时时间的唯一控制量,它的取值需在调试过程中确定,方法如下:

① 编程时先给定一个值,如 100;

② 调试时该行执行时产生的实际延时时间为 0.00121000,再修改 i 的上限为(0.0025/0.00121)×100=206.61~207,延时误差控制在许可范围内即可。

(7) 至此,延时函数的内部的主要逻辑已得到检验,可单步跳出延时函数。单击🗗,黄色 ⇨ 回到第 21 行(此行是延时函数调用返回处),寄存器页面中的堆栈指针 sp=0x07(表明执行退栈操作),执行结果与预期目标一致,延时函数逻辑正确。

(8) 程序调试还剩下第 18 行中逻辑条件不满足时的 else 分支没有得到验证,其预期目标是当按键 SW1 按下(P3.2 引脚为低电平)时,进入第 19 行。双击第 19 行,在该行设置断点,单击🗎,执行到断点处,在 P3 浮窗上单击 P3.2 引脚,引脚的"√"消失,表示引脚为低电平,此时程序在第 19 行(断点处)停止,执行结果与预期目标一致,该行算法正确。

(9) 单击🗗,黄色 ⇨ 移至第 20 行,查看局部变量 tx 的值,tx=0x32 与预期目标一致,算法正确。

(10) 右击状态栏计时器 t1,在弹出的快捷菜单中选择"Reset Stop Watch (t1)"命令,t1 复位清 0,单击🗗,黄色 ⇨ 移至第 21 行,t1:0.12501200,执行结果与预期目标一致,该行算法正确。

至此,例 4.2 的软件所有程序行都已执行过,运行结果与预期目标一致,实现了预期功能,纯模拟仿真结束。

4.3.4 µVision 和 Proteus 双平台联合调试

1. 基于 Proteus 原理图的虚拟在系统调试

使用 Proteus 平台绘制了单片机用户系统的原理图之后,即创立了单片机系统的虚拟硬件模型,基于该硬件模型可进行虚拟在系统调试,下面以例 4.2 的软件设计为例说明在系统调试。

(1) 用 Proteus 打开例 4.2 的硬件原理图,双击主芯片 U1,打开编辑元件对话框,如图 4.23(a)所示,在 Program File 栏单击"打开"按钮,选择 Keil µVision4 平台编译生成的可执行代码文件(HEX 格式),并确认。

(2) 单击交互仿真控制按钮中的 ▶(运行仿真),虚拟硬件模型开始工件,各引脚、信号线出现小方形色块,其中红色块表示该信号线为高电平,蓝色块表示低电平,黄色块表示逻辑电平不明确。在原理图模型上可以观察到 LED 灯 D1 闪烁,但 LED 灯的亮度不够。

(3) 单击 ■(停止仿真),双击 LED 灯 D1,弹出"编辑元件"对话框,如图 4.23(b)所示,修改虚拟模型的类型（Model Type），在下拉列表框中选择 Digital，重新运行仿真，可观察到 LED 灯正常亮度。

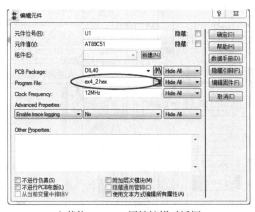

(a) 主芯片AT89C51属性编辑对话框

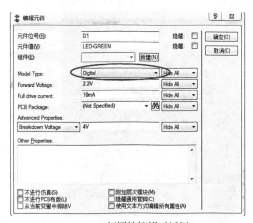

(b) LED灯属性编辑对话框

图 4.23 "编辑元件"对话框

在实际电路中，灯的亮度是由流过 D1 管的电流决定的，流过 D1 的电流为：

$$I_D = \frac{V_{CC} - V_D}{R_1} \tag{4-1}$$

其中 V_D 为 LED 的正向导通电压（约为 1.8V）。由式(4-1)可知，工作电压 V_{CC} 一定时，流过 D1 的电流由电阻 R_1 决定，但在虚拟仿真模型中，修改 D1 的模型类型即可改变其亮度，这反映了虚拟仿真模型与实际电路的差别。

（4）从虚拟仿真的初步运行结果看，LED 灯 D1 的闪烁功能基本正常，但闪烁频率是否正确还待确定。在调试模式选择工具箱中选择 （虚拟仪器模式），在对象列表窗口中选择 OSCILLOSCOPE（示波器），然后在原理图编辑窗口的空白处单击，将示波器放置在原理图窗口中，为 A 通道放置 P16 的网络标号，如图 4.24 所示。单击 ▶ 运行仿真，弹出示波器窗口，如图 4.25 所示。A 通

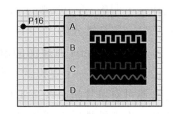

图 4.24 放置虚拟仪器（示波器）

道耦合选择 DC、A 通道信号正常、A 通道灵敏度选择 1V/DIV（每格 1V）、触发耦合方式选择 DC、触发沿选择上升沿、触发方式选择 Auto、触发源选择 A、水平输入选择锯齿波、扫描速度设置为 100ms/DIV（每格 100ms），适当调整水平、垂直位置，可观察到稳定波形如图 4.25 所示，A 通道信号（黄色）竖直方向 5 格，表明输出高电平为 5V，水平方向高、低电平各占 5 格，表明输出高、低电平时间均为 0.5s，即 LED 灯每秒闪烁一次。

（5）单击按钮开关 SW1 右上角的小圆点，按钮随之按下，可以观察示波器信号周期没有变化，与预期目标不一致。观察 P3.2 网络标号始终显示稳定的小红色块，表明高电平按钮按下没有导致 P3.2 电平变化。单击 ■ 停止仿真，双击电阻 R5，编辑元件属性，将 R5 的

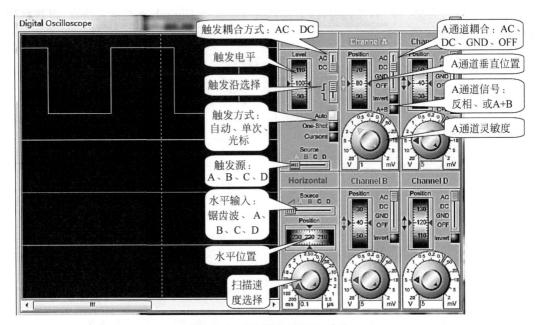

图 4.25　虚拟示波器设置、操作

虚拟模型类型修改为 Digital。再次单击 ▶ 运行仿真,观察示波器波形的变化,输出高、低电平时间均为 0.125s,结果与预期目标一致,程序设计正确。AT89C51 的 I/O 引脚 P3.2 为准双向口,内部有上拉电阻(几千欧)。在实际电路中,P3.2 串接电阻 R5 后,经按钮 SW1 接地,若 SW1 被按下,则 P3.2 的逻辑电平为可靠的低电平,但在虚拟仿真模型中,P3.2 引脚电平却是不明确的,这也反映了虚拟仿真模型的局限,实际电路中电阻是没有模拟(Analog)和数字(Digital)之分的。

2. 基于 Proteus 原理图的虚拟在线仿真调试

Proteus 提供一个虚拟的硬件仿真驱动器 Proteus VSM Monitor-51 Driver,通过该虚拟仿真器可对单片机系统虚拟硬件模型进行在线仿真调试。下面仍以例 4.2 程序设计为例讲述基于虚拟硬件的在线仿真调试。

首先,用 Proteus 打开例 4.2 的硬件原理图,双击单片机,打开"编辑元件"对话框,类似于图 4.23(a),删除 Program File 编辑框中的代码文件(注:删除代码文件不是必需的步骤,此处删除代码文件只是为了表明在线调试时,代码是由 μVision 平台的调试器控制的)。单击 Debug(调试)选项卡,选中 Enable Remote Debug monitor(启动运程编译监视器)选项。

其次,用 μVision 平台打开例 4.2 的软件工程,重新对工程进行设置,在 Debug(调试)选项卡选中 Use Proteus VSM Monitor-51 Driver 选项,然后单击 Settings 按钮设置通信接口,在 Host 后面添上"127.0.0.1",在 Port 后面添上 8000,完成设置。点击 ◉ 按钮,进入调试模式,工作环境保持上次退出调试模式时的状态,类似于图 4.18,仅状态栏中调试器工作模式改为 Proteus VSM Monitor-51 Driver。

最后,类似于 4.3.3 节所述的代码运行控制和 CPU 状态分析方法,逐行或逐段检验程序的逻辑正确性,所不同的是输入/输出条件由硬件电路虚拟模型直观实现,代码执行结果与预期目标的一致性判断更直观明了。

4.4 STC15 单片机实验板及其在线编程

视频

STC 公司官方提供的 STC 学习板布局图如图 4.26 所示。

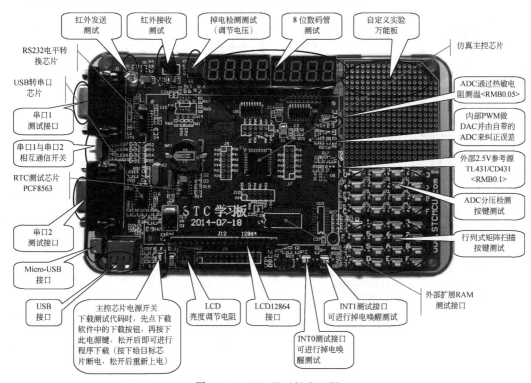

图 4.26　STC 学习板布局图

通过实验板可以学习 IAP15W4K58S4 单片机的内部资源以及矩阵键盘、数据管动态显示、红外发射-接收、LCD12864、I2C 总线和 SPI 总线等外围功能模块的使用方法。以下将根据该实验板详细介绍其各个功能模块的工作原理并结合 STC-ISP 在线编程软件介绍实验板的使用方法。

4.4.1　实验板功能模块工作原理

1. 仿真主控芯片 IAP15W4K58S4

STC15 实验板(或实验板)主芯片采用 IAP15W4K58S4,这是可在应用编程的芯片,载入运行监控代码后,该芯片可直接在线仿真。STC15 学习板中 IAP15W4K58S4 的最小系统如图 4.27 所示,单片机的 I/O 引脚大都是多功能复用的,一方面将主芯片的部分 I/O 引

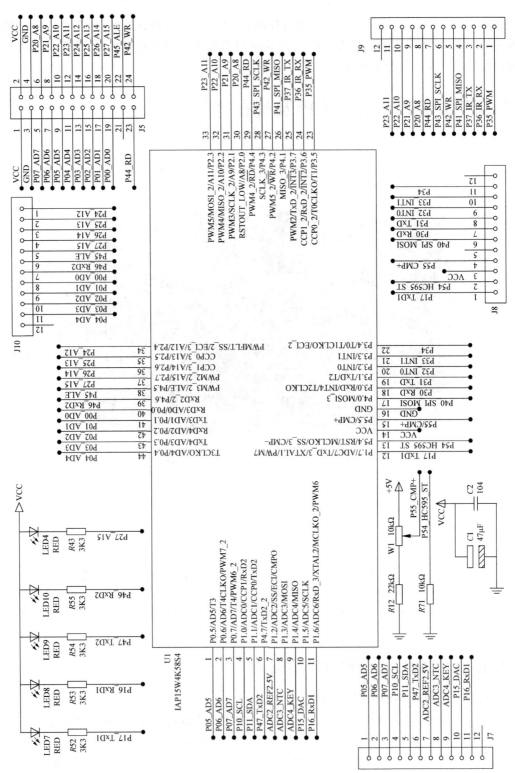

图 4.27 实验板上 IAP15W4K58S4 最小系统

脚连接到外部功能模块；另一方面,将 42 个 I/O 引脚和电源及接地端连接到 4 个 6×2 的双排排针(每排排针均有 1 只排针悬空),用户可根据需要,从排针引出 I/O 引脚,进行二次扩展。实验板上各 I/O 口已有的连接情况主要如下:

(1) P0 口一方面作为外部 4×4 矩阵键盘的行线和列线,另一方面也作为外部 128×64 点阵液晶显示屏的并行数据接口,同时与 P2 口共同通过 J5 排针连接构成学习板的并行接口。

(2) P1.0 和 P1.1 用于模拟 I²C 总线。P1.2 作为采集内部 ADC 模块的 2.5V 基准电压的 AD 通道。P1.3 作为外部 NTC 热敏电阻测温电路的 AD 采集通道。P1.4 作为外部 16 个按键组成的分压式键盘的 AD 采集通道。P1.5 作为片内 PCA 模块模拟量输出的 AD 采集通道。P1.6 和 P1.7 通过 SP232 芯片进行逻辑电平转换后,形成 RS232C 串行接口 (DB9 连接器 J1),用于与 PC 通信,两个端口同时分别通过 R53、LED8 和 R52、LED7 与 VCC 相连,作为串口 1 的通信指示灯。

(3) P2.2～P2.7 作为外部 128×64 液晶显示屏的控制信号,其中 P2.7 端口同时通过电阻 R43 和 LED4 与 VCC 相连,作为并行总线接口的运行指示电路。

(4) P3.0 和 P3.1 通过 UART 串口/USB 串口转换电路 CH340G 芯片构成 USB 接口,通过该 USB 接口实现 PC 与实验板之间的数据通信。P3.2 和 P3.3 一方面通过电阻 R69、R70 和拨动开关 S2 选择学习板的工作状态为下载状态或正常工作状态;另一方面通过电阻 R10、R11 和按键 SW17、SW18 接地,构成两个独立式按键,可模拟外部中断 INT0 和 INT1 信号。P3.5 用片内 PCA 模块,输出 PWM 信号,经外部低通滤波电路实现 D/A 转换,输出的模拟量可经 P1.5 作 A/D 采集。P3.6 和 P3.7 作为串口实现外部红外发送和接收的通信功能。

(5) P4.0、P4.1 和 P4.3 分别作为三线制 SPI 总线的 MOSI、MISO 和 SCLK 的信号引脚,其中 P4.0 和 P4.3 也同时作为 74HC595 芯片(串入并出移位寄存器,用于扩展并口)的控制信号。P4.2、P4.4 和 P4.5 分别作为学习板并行总线接口的 $\overline{RD}$、$\overline{WR}$ 和 ALE 信号引脚;P4.6 和 P4.7 通过 SP232 芯片进行逻辑电平转换后,形成 RS232C 串行接口(DB9 连接器 J2),用于与 PC 通信,两个端口同时分别通过 R55、LED10 和 R54、LED9 与 VCC 相连,作为串口 2 的通信指示灯。

(6) P5.4 由电阻 R71 下拉,作为 74HC595 和 PM25LV040 芯片的控制信号。P5.5 的第二功能是片内模拟量比较器的同相输入端,总工作电源(+5V)经电位器 W1 和电阻 R12 分压后,从 P5.5 输入,比较器反相信号可取片内带隙参考电压。

(7) 左下角 USB 接口(或 Micro-USB 接口)用以连接 USB 线缆,实现 USB 转 UART 串口,同时也为实验板提供总工作电源(+5V)。

2. 红外发射和接收电路

P3.6 和 P3.7 同时是 IAP15W4K58S4 的串口 1 的映射引脚 RXD_2 和 TXD_2,因此只要将单片机串口 1 的串行发送和串行接口引脚映射到 P3.6 和 P3.7 即可实现单片机的红外串行通信接口,如图 4.28 和图 4.29 所示。

3. 基准电压测量电路

利用精密基准电压芯片 CD431 可得到 2.5V 基准参考电压,由单片机 P1.2 进行 A/D 采集和转换,得到 A/D 模块的基准电压,如图 4.30 所示。

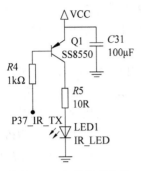

图 4.28　红外发射电路

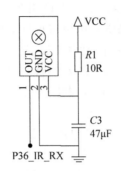

图 4.29　红外接收电路

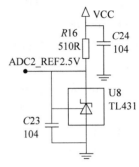

图 4.30　基准电压测量电路

4．NTC测温度电路

如图 4.31 所示，当环境温度发生变化时，NTC 电阻阻值也随之发生变化，此时 NTC 电阻两端的电压也发生变化，该电压由单片机 P1.3 端口进行 A/D 采集和转换，根据 NTC 电阻和温度的关系即可测得当前的环境温度值。

5．数模转换DAC电路

利用单片机内部 PCA 模块的 PWM 功能，在 P3.5 端口输出 PWM 波形，经过二阶 RC 低通滤波器滤波后，该模拟量再由 P1.5 端口进行 A/D 采集，如图 4.32 所示。

6．外部中断和学习板功能选择

如图 4.33 所示，当开关 S2 拨到 1 位时，P3.2 和 P3.3 端口没有接地，该两端口状态由独立按键 SW17 和 SW18 控制。当用户在 STC-ISP 在线编程软件的"硬件选项"选项卡中选中"下次冷启动时，P3.2/P3.3 为 0/0 才可下载程序"时；开关 S2 必须要拨到 2 位，才能实现程序的下载。

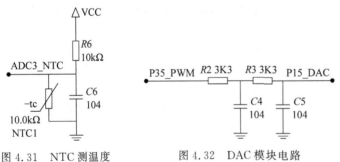

图 4.31　NTC测温度
电路

图 4.32　DAC模块电路

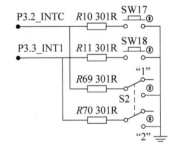

图 4.33　独立按键与学习板
功能选择

7．4×4矩阵键盘电路

4×4 矩阵键盘电路如图 4.34 所示，行线端口 P0.4～P0.7 通过上拉电阻接 VCC，当 SW24～SW39 任何按键没有被按下时，此时从端口读进来的电平均为高电平 1。当从列扫描线端口 P0.0～P0.3 中某一个端口输出低电平 0 时，若按键被按下，则从对应的行线端口读入的电平则变为低电平 0,例如 P0.0 端口输出 0;若 SW24 被按下,则 P0.4 端口读入 0。

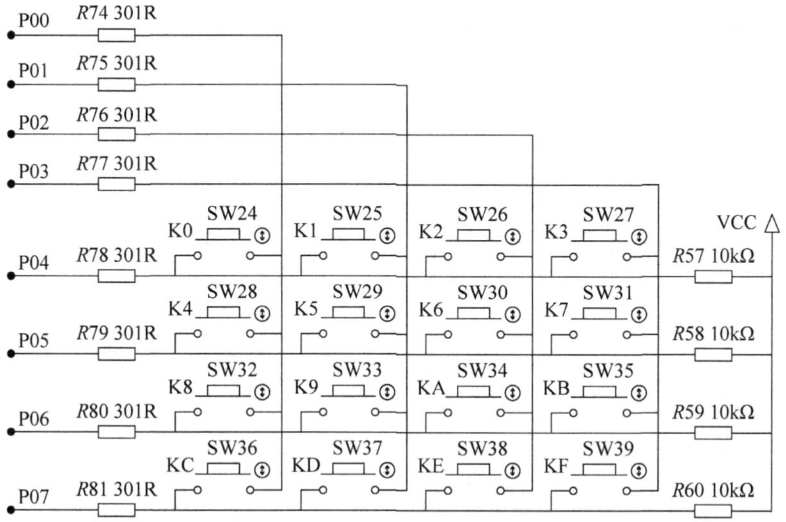

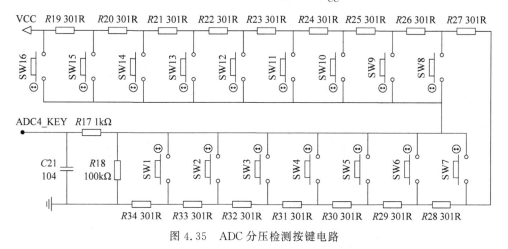

图 4.34　4×4 矩阵键盘电路

8. ADC 分压检测按键电路

ADC 分压检测按键电路如图 4.35 所示,由 V_{CC} 和地之间串接的 16 个同阻值的电阻和 16 个按钮组成,因此当 SW1 被按下时,被采样的电压大小为 $nV_{CC}/16$,IAP15W4K58S4 单片机内部 AD 为 10 位,当参考电压为 V_{CC} 时,其 ADC 采样值 Data_adc 为:

$$\text{Data\_adc} = \text{INT}\left(1023 \cdot \frac{n \cdot V_{CC}}{16} \cdot \frac{1}{V_{CC}}\right) \approx 64n \tag{4-2}$$

图 4.35　ADC 分压检测按键电路

9. 8 位数码管动态显示电路

利用两片 74HC595 级联和两片 4 位一体数码管构成 8 位数码管动态显示电路,如图 4.36 所示。74HC595 是一个 8 位串行输入、串行或并行输出的移位寄存器。在 SH_CP

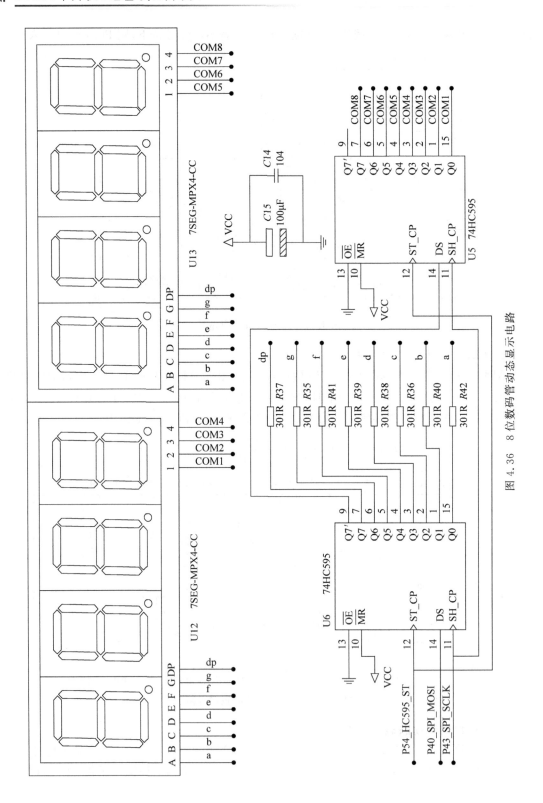

图4.36 8位数码管动态显示电路

的上升沿,串行数据由 DS 输入到内部的 8 位移位缓存寄存器,并由 Q7'串行输出,而并行输出则是在 ST_CP 的上升沿将在 8 位移位缓存寄存器的数据锁存到 8 位并行输出寄存器。在两片级联的 74HC595 芯片中,U5 用于输出 8 位数码管的位选信号,U6 用于输出数码管的字形码。

8 位数码管动态显示电路的工作原理是:结合 SPI 接口的 SCLK 时钟信号,先通过单片机 SPI 接口的 MOSI 端口串行输出一个 8 位的数码管位选信号,再输出一个 8 位的数码管字形码,然后利用单片机的 P5.4 端口产生一个 74HC595 芯片 ST_CP 引脚所需的上升沿信号,将移位缓存寄存器中的数据锁存到输出寄存器中,则被选中的数码管显示相应的字形内容。

10. 12864 液晶显示接口电路

12864 点阵液晶显示模块电路如图 4.37 所示,该接口电路利用单片机的 P0 口输出液晶显示数据,P2 口部分端口作为相应的控制信号实现液晶屏的显示输出。通过改变电位器 W2 的触点位置,调整液晶屏的对比度。

11. 串口逻辑电平转换和接口电路

单片机的异步串行通信接口信号是 TTL 电平,利用 SP232E 芯片可将信号逻辑电平转换为 RS232 标准电平,电平转换电路如图 4.38 所示。单片机串口 1(或串口 2)通过 DB9 连接器与 PC 的 RS232C 标准串口进行通信。当开关 S1 拨到(1)位时,单片机串口 1 和串口 2 之间没有关联,当开关 S1 拨到(2)位时,单片机串口 1 和串口 2 之间可以进行相互通信,信号逻辑电平为 TTL 电平。

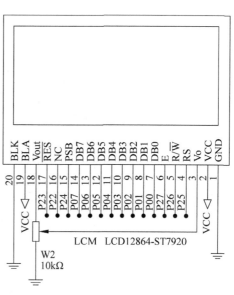

图 4.37 12864 液晶显示模块接口电路

12. 两线制 I^{2}C 串行总线接口电路

两线制 I^{2}C(或 IIC)串行总线接口器件常用于单片机外围扩展,实时时钟 RTC 芯片 PCF8653T 是 I^{2}C 串行总线接口器件,其与 STC 单片机接口如图 4.39 所示。由 PCF8653T 构成的实时时钟电路带备用电池,二极管 D2 和 D3 起电源隔离作用。

13. 三线制 SPI 串行总线接口电路

三线制 SPI 串行总线接口器件也常用于单片机外围扩展,Pm25LV040 是三线制 SPI 串行总线接口的 Flash 存储器芯片,存储容量 512KB,该存储器芯片与单片机的接口电路如图 4.40 所示,其中 ME6211C33M5 为低压差线性稳压器,将 5V 电压转换成 3.3V 稳定电压输出,为 Pm25LV040 提供工作电压,该芯片的额定工作电压为 3.3V。

14. USB-UART 串口下载通信接口及供电

如图 4.41 所示,学习板通过 USB 连接器 J4(或 Micro-USB 连接器 J6),使用 USB 电缆

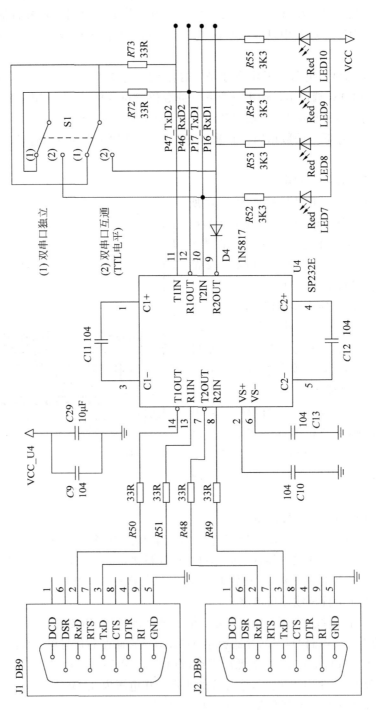

图 4.38 串口逻辑电平转换和接口电路

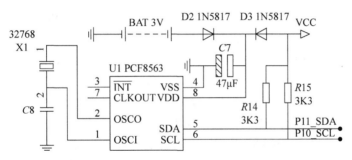

图 4.39 两线制 I^2C 串行总线接口电路

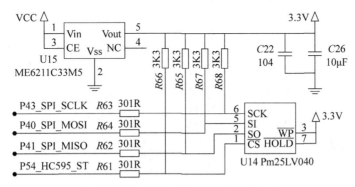

图 4.40 三线制 SPI 串行总线接口电路

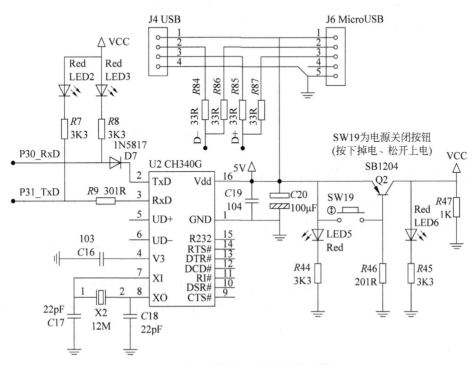

图 4.41 USB 转串口下载或通信及供电

与 PC 连接,经过 USB 与 TTL 电平串口转换芯片 CH340G,实现 PC 与单片机的串行通信,通过该接口实现单片机程序下载、在线仿真。LED2 和 LED3 作为下载通信指示灯,LED5和 LED6 作为电源指示灯。实验板电源通过 USB 电缆提供,当 SW19 没被按下时,Q2 导通并向单片机系统供电;当 SW19 被按下时,Q2 截止,单片机系统断电,但通信接口芯片CH340G 未掉电。因此,SW19 被按下再松开即可实现单片机的冷启动过程。

15. 外部并行总线扩展 32K 的 SRAM 电路

用外部并行总线扩展 SRAM 芯片电路如图 4.42 所示,该电路利用 74HC573 锁存器和SRAM 芯片 IS62C256AL 实现 32K 的 SRAM 扩展。结合 ALE、$\overline{RD}$ 和 $\overline{WR}$ 等控制信号可以实现对外部 SRAM 芯片的数据读写操作。

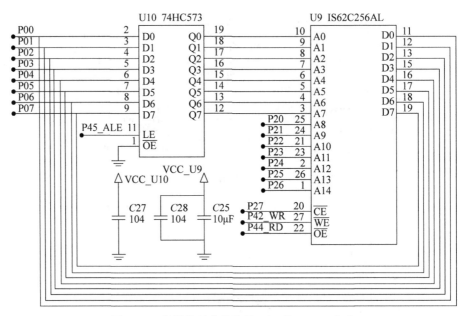

图 4.42　外部并行总线扩展 32K 的 SRAM 电路

4.4.2　STC 单片机的在线编程工具 ISP

STC 公司在官网上提供单片机的在线编程工具,对 STC15 系列单片机而言,要求在线编程工具版本不得低于 V6.xx。以下以 STC 官网上提供的 stc-isp-15xx-v6.86D 版本在线编程工具为例,简要介绍该软件的使用方法。软件启动后工作界面如图 4.43 所示。

1. 单片机型号

用户需根据单片机系统的目标芯片型号,在"单片机型号"下拉列表框中选择相应的芯片型号。以 STC 学习板的主芯片 IAP15W4K58S4 单片机为例,用户需选择 STC15W4K32S4系列,单击"+"展开列表之后,选择 IAP15W4K58S4。

2. 串口号

在 PC 上为 STC 学习板安装好 USB 转串口驱动程序后(安装方法详见附录 E),当用户

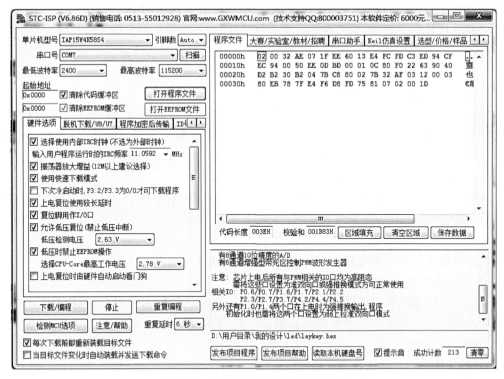

图 4.43 STC-ISP-V6.86D 工作界面

用 USB 线缆将 STC 学习板与计算机连接时,用户可以通过右击"我的电脑"(或"计算机"),选择"管理"→"设备管理器",展开"端口"列表即可查看到"USB-SERIAL CH340(COM＊)"对应的串口号(该端口通常设置为 115 200bps、8 个数据位、无检验、1 个停止位、无流控)。然后用户在 STP-ISP 软件中通过"串口号"下拉列表框选择对应的串口号,也可以通过单击扫描自动获得对应的串口号。

3. 打开程序文件

单击"打开程序文件"按钮后弹出"打开程序代码文件"对话框,选择已用 Keil μVision 编译和链接后生成的 ＊.hex 类型文档后,单击"打开"按钮,此时在界面右端的"程序文件"选项卡中将显示 ＊.hex 文档的内容(机器码)。

4. 下载/编程

可在系统(或在应用)编程的 STC 单片机冷启动时会运行 ISP 监控程序,检测 P3.0 口有没有合法的下载命令流,若有下载命令流,则执行用户程序下载然后转入执行用户程序;若无下载命令流,则直接转入执行用户程序。当用户在 STC-ISP 软件中单击"下载/编程"按钮后,此时在界面右下方显示"正在检测目标单片机……",PC 通过 USB-UART 串口向学习板发送下载命令流,此时短暂按下学习板上的按键 SW19,让 STC 单片机掉电后再重新上电,STC 单片机冷启动后检测到 P3.0 口的下载命令流即执行用户程序下载,STC-ISP

在线编程软件将用户程序代码、硬件选项设置等数据发送给目标单片机。下载结束后，STC-ISP软件显示下载/编程操作是否成功等信息，学习板则转入执行用户程序。

通常情况下，用户只需要根据上述步骤和方法进行操作即可完成程序烧写。

5. 硬件选项

1）选择使用内部 IRC 时钟（不选为外部时钟）

用户可根据单片机硬件系统的实际情况，选择是否使用内部 RC 振荡作为时钟（即IRC）。如果选择 IRC 时钟，则可以通过下方的频率栏右侧下拉列表选择内部 IRC 时钟的频率，或直接在频率栏中输入所需的时钟频率。

2）上电复位使用较长延时

选中该选项表明允许使用 STC 单片机片内专用复位电路 MAX810，在掉电/上电复位结束后，插入额外的 180ms 的复位延时，参见 2.4.2 节。

3）复位脚用作 I/O 口

当用户使用外部复位电路时，不能选中该项，参见 2.4.2 节。

4）允许低压复位（禁止低压中断）

当用户允许单片机内部低压检测复位功能时，需选中该项，并通过"低压检测电压"下拉列表框选定一个门槛电压。当该选项未被选中时，使能单片机的低压检测中断，参见 2.4.2 节。

5）上电复位时由硬件自动启动看门狗

该选项被选中时，单片机在上电复位时由硬件自动启动看门狗，此时可通过分频系数栏右侧的下拉列表框选择看门狗时钟的分频系数。选择该项时，用户程序必须含有定时清 0 看门狗定时器（俗称"喂狗"）的代码，程序未调试成功之前，不能选择该项，参见 2.4.2 节。

6. 串口助手

调试串口通信程序时，接收与发送双方的程序需要分别调试，单独调试发送（或接收）程序时，需要有一个能正确接收（或发送）串行数据的调试工具，从该工具接收到（或发送出）的数据来判断发送（或接收）程序的正确性，STC-ISP 提供的串口助手就是一个能正确接收（或发送）串行数据的串行通信程序调试工具。用户可以通过串口助手实现单片机系统（下位机）与 PC（上位机）之间的串行通信，对调试串口通信程序非常有用，可省去使用第三方串口助手软件的麻烦。单击 STC-ISP 编程软件的"串口助手"选项卡，即打开串口调试工具，如图 4.44 所示。

7. Keil 仿真设置

单击 STC-ISP 软件的"Keil 仿真设置"选项卡，如图 4.45 所示。用户可通过单击右上方的"添加型号和头文件到 Keil 中，添加 STC 仿真器驱动到 Keil 中"按钮将 STC 单片机的器件数据库文件、头文件和仿真器驱动器添加到 Keil。该操作完成后，用户可以在 Keil μVision 安装路径中的 UV4 文件夹中找到 stc.cdb，在"C51\INC"文件夹中找到 STC 文件夹以及在 Keil 工程设置面板中的 Debug 选项卡（见图 4.17）的右侧下拉列表框中找到（STC Monitor-51 Driver）等内容。

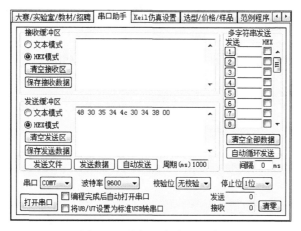

图 4.44　"串口助手"选项卡

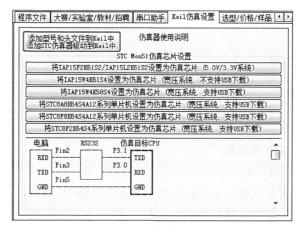

图 4.45　Keil 仿真设置界面

8. 其他设置

在线编程工具的其他选项一般可保持默认设置,若需要了解其他选项卡中未做出说明的内容,可查询 STC 官网提供的相关说明文档。

4.4.3　STC15 单片机的在系统仿真

基于上述实验板(即学习板)可构建一些 STC15 单片机应用系统,可在实验板上对其软件进行在系统仿真。仍以例 4.2 的软件为例讲解实验板上应用软件的在系统调试方法与步骤。

1. 修改程序

采用实验板,单片机的型号由 AT89C51 改为 IAP15W4K58S4,软件也应进行相应修改。在 μVision4 中打开例 4.2 的工程项目,修改源程序如下(加黑的程序行为修改部分):

```
# include < stc15.h >                         //单片机型号改变,头文件也相应改变
# define uchar unsigned char
# define uint unsigned int
sbit SW1 = P3^2;                              //定义按键 I/O 引脚
void delay(uchar);                            //声明延时函数

void delay(uchar td)                          //延时函数定义,延时 2.5ms * td,@12MHz
{    unsigned int i;
     while(td-- )
         for(i = 0;i < 1577;i++);             //stc15 比标准 51 单片机快近 8 倍,延时参数重新调试
}

void main()
{    uchar tx;                                //定义延时控制变量
     P1M1& = ～(1 << 6);P1M0& = ～(1 << 6);   //P1.6 设置为准双向
     P3M1& = ～(1 << 2);P3M0& = ～(1 << 2);   //P3.2 设置为准双向
     while(1)
     {    P1^ = 1 << 6;                       //P1 口第 6 位求反
          SW1 = 1;                            //准双向口,读之前先写 1
          if(SW1 == 1)tx = 200;               //无按钮,延时 500ms
          else tx = 50;                       //有按钮,延时 125ms
          delay(tx);
     }
}
```

2. 重新设置项目的编译工具

重新设置编译工具如下:

(1) 在 Device 选项卡中重新选择芯片型号为 STC15W4K32S4;

(2) 在 Target 选项卡中设置晶振 12.0MHz;

(3) 在 Output 选项卡中选中 Create HEX File;

(4) 在 Debug 选项卡中选中 Use Simulator;

其他均取默认值。重新编译,无误。

3. 在目标板上运行代码

用 USB 电缆将 PC 与实验板连接,启动 STC-ISP 编程软件,选择单片机型号为 IAP15W4K58S4;查看串口号是否正确,正确的串口号应是 USB-SERIAL CH340 (COMx),其中 x 是串口编号;打开可执行代码文件(.hex),选择使用内部 IRC 时钟(默认),选择用户程序运行时的 IRC 频率为 12.000MHz,其他可取默认设置。

单击"下载/编程"按钮,窗口右侧出现"正在检测目标单片机…"时,按下 SW19 之后松开,重新冷启动,STC-ISP 自动将已打开的单片机程序下载到目标芯片 IAP15W4K32S4 内,下载完成后窗口显示"操作成功! ……",实验板上的目标单片机自动运行下载的用户程序。

使用相关物理仪器设备对目标板进行测试,检查目标板的各项功能,从目标单片机运行结果,判断程序的正确性。反复修改程序、编译、将代码下载到目标板、代码在目标板上的运

行测试,直到实现预设的所有功能、指标,在线仿真、调试完成。

4.4.4　STC15 单片机的在线仿真

实验板主芯片使用 IAP15W4K58S4 单片机,该芯片具备在应用可编程功能,可设置成仿真芯片。把实验板上 IAP15W4K58S4 单片机设置成仿真芯片,用户即可对实验板上的目标系统进行物理在线仿真,仍以例 4.2 的软件为例讲解实验板上应用软件的在线调试方法与步骤。

1. 仿真芯片设置

可用 USB 电缆将 PC 与实验板相连接,启动 STC-ISP 软件,单击"Keil 仿真设置"选项卡,单击"将 IAP15W4K58S4 设置为仿真芯片(宽压系统,支持 USB 下载)"按钮,窗口右侧出现"正在检测目标单片机…"时,按下 SW19 之后松开,重新冷启动,STC-ISP 自动将在线仿真的监控代码下载到 IAP15W4K32S4 单片机内,下载完成后该单片机即被设置成仿真芯片。

2. μVision4 平台上的软件工程设置

在 μVision4 中打开例 4.2 已修改为 STC15 单片机的工程项目,在工程设置的 Debug 选项卡中选择 Use STC Monitor-51 Driver,单击其后的 Settings 打开目标设置对话框,如图 4.46 所示,串口选择与 STC-ISP 相同的编号。单击  按钮,进入调试状态后,可对实验板进行物理在线仿真。

3. 基于实验板的目标系统在线仿真

基于实验板的目标系统在线仿真的调试步骤与方法类似于纯模拟仿真,不同之处仅在于影响程序分支的输入/输出条件是由物理的目标板提供的。

图 4.46　串口设置

在 μVision 平台打开寄存器窗口、局部变量窗口、变量观察窗口、存储器窗口等必要的窗口,用单步、执行到断点(或光标处)、全速运行等方式操控用户代码的执行,分析代码执行后 CPU 的状态变化,根据代码执行结果与预期目标的一致性,判断程序正确性。排查算法、逻辑程序错误,修改后再运行,直至预期功能全部实现,完成软件调试。

本章小结

本章主要介绍单片机应用系统开发设计中广泛应用的两个重要软件平台 Proteus 和 Keil μVision 的应用基础,单片机应用系统仿真方法与联合调试,STC15 单片机实验板的硬件电路原理及其在线仿真。

Proteus 是单片机仿真和 Spice 分析的 EDA 软件,很好地解决了单片机及其外围电路的协同仿真问题。在没有物理硬件的情况下,利用 PC 可以实现各种主流单片机的软硬件协同仿真,极大地提高了单片机应用系统设计效率,也使初学者学习单片机开发技术变得简单容易。

Keil μVision 是平台式的单片机软件集成开发环境(IDE),包括软件项目管理器、源程序文件编辑器、源程序调试器等。支持单片机 C 语言开发,可以完成源程序编辑、编译、链接、调试、仿真等单片机应用系统软件开发全流程。从某种意义上说,掌握了使用 μVision 平台开发、调试单片机软件的方法,也就具备了单片机应用系统设计开发能力。

单片机应用系统开发有多种模拟仿真手段,不论仿真结果多么完美,系统设计最终是需要物理验证的,基于 IAP15W4K58S4 单片机的实验板与 μVision 平台结合,可学习单片机系统的编程与在线仿真方法,完成实际系统的设计验证。

习题

4.1 用 AT89C51 单片机的 P1.0 引脚驱动一只继电器(标称 G5Q-1-DC12),该继电器线圈额定工作电压为 12V、线圈电阻为 720Ω,试用 Proteus 画出该继电器驱动原理图。

4.2 用 AT89C51 单片机的 P1.1 引脚驱动一只蜂鸣器(标称 BUZZER/ACTIVE 库),该蜂鸣器额定工作电压为 5V,阻抗为 400Ω,频率为 500Hz,试用 Proteus 画出该继电器驱动原理图。

4.3 用 AT89C51 的 P2 口可直接驱动单只红色共阳极七段 LED 数码管(标称 7SEG-MPX1-CA),试用 Proteus 画出该数码管驱动原理图。

4.4 给习题 4.2 的蜂鸣器控制系统设计软件,要求实现以下功能:系统每隔 5s 发出一时长为 0.1s 的"嘟"声。需要完成以下任务:

(1) 建立专用文件夹;

(2) 创建软件工程项目;

(3) 创建 C51 源程序文件,完成代码录入,并将源程序添加到软件工程中;

(4) 设置好工程(其中调试器限设为纯模拟仿真器),完成软件工程的编译。

请提交 C51 源程序清单手写稿一份,并附带工程项目电子资料压缩包。

4.5 用 AT89C51 单片机的 P1.7 引脚驱动 1 只小功率 LED7 指示灯,用 P3.2 和 P3.3 引脚分别外接两个下拉按键 SW17 和 SW18。试为该硬件系统设计软件,要求实现以下功能:

(1) SW17 和 SW18 都松开时,LED7 每秒闪烁 4 次;

(2) SW17 按下、SW18 松开时,LED7 每秒闪烁 8 次;

(3) SW17 松开、SW18 按下时,LED7 每秒闪烁 16 次;

(4) SW17 和 SW18 都按下时,LED7 每秒闪烁 32 次。

需要完成以下任务:

(1) 建立专用文件夹;

(2) 创建软件工程项目;

（3）创建 C51 源程序文件,完成代码录入,并将源程序添加到软件工程中;

（4）设置好工程,完成软件工程的编译;

（5）用纯模拟仿真方法调试好软件。

请提交调试成功的 C51 源程序清单手写稿一份,并附带工程项目电子资料压缩包。

4.6　给习题 4.3 的单数码管系统设计软件,要求实现以下功能:系统每隔 1s 更换一个显示数字,依次显示 0,1,2,…,8,9,0,1,…。需要完成以下任务:

（1）建立专用文件夹;

（2）创建软件工程项目;

（3）创建 C51 源程序文件,完成代码录入,并将源程序添加到软件工程中;

（4）设置好工程(其中调试器限设为纯模拟仿真器),完成软件工程的编译。

请提交 C51 源程序清单手写稿一份,并附带工程项目电子资料压缩包。

第 5 章

数码显示与键盘接口

第 2～4 章分别讲述了 STC15 单片机的片内资源与内部结构,51 单片机的 C51 语言编程基础,单片机仿真与调试技术,分别对应单片机的硬件、软件和常用开发工具基础知识,以此为基础,可以将单片机内部集成的外围设备资源介绍与单片机应用实例相结合,探讨单片机应用系统开发技术。

单片机应用系统是由单片机和相关的外围设备共同组成的。不同的应用需求需要配置不同的外围设备,而人机对话设备通常是单片机应用系统中不可缺少的组成部分,数码显示与矩阵键盘是最常用的人机对话设备,本章专题研究其接口和编程技术。

视频

5.1 数码管及其显示接口

LED 七段数码显示器俗称数码管,具有价廉、可视性好、结构简单、品种丰富、接口灵活等特点,广泛应用于单片机系统中,是最常用的显示设备(输出设备)。

5.1.1 数码管及其分类

七段数码显示器(或数码管)是由 8 只发光二极管按一定空间位置排列构成的,有多种尺寸规格,封装有 1 位(单码)、2 位、4 位、6 位和 8 位等形式,不同的尺寸和封装的数码显示器引脚排列也不同。例如,0.5 英寸 1 位数码管的实物和引脚封装如图 5.1(a)和(b)所示,其中第 3 和 8 脚为公共端,称为数码管的位选线,其余 8 脚各对应内部 8 只 LED 的一个极,称为数码管的段选线 a,b,…,g,dp。根据内部 8 个 LED 的连接方式,数码管可分为共阴极和共阳极两种结构,分别如图 5.1(c)和(d)所示。

共阳极数码管是将 8 只笔段 LED 的阳极连接在一起,如图 5.1(c)所示。通常将公共阳极接高电平(一般接电源),各笔段(阴极)引脚分别串联电阻后接驱动电路输出端。当某笔段驱动电路的输出端为低电平时,则该笔段导通并被点亮,如图 5.2(a)所示。

共阴极数码管是将 8 只笔段 LED 的阴极连接在一起,如图 5.1(d)所示。通常将公共阴极接低电平(一般接地),各笔段(阳极)引脚分别串联电阻后接笔段驱动电路输出端。当某笔段驱动电路的输出端为高电平时,该笔段导通并被点亮。

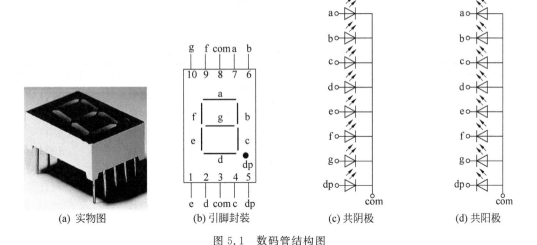

图 5.1　数码管结构图

5.1.2　数码管驱动电路

在 STC15 单片机应用系统中,准双向模式 I/O 口可直接驱动共阳极数码管;推挽模式 I/O 口可直接驱动共阴极或共阳极数码管。无论是采用共阴极还是共阳极连接,都需要根据各笔段的额定导通电流和外接电源来确定各笔段所需的限流电阻。由于二极管伏安特性的离散性导致二极管并联时电流分配是不均匀的,因此二极管一般不宜并联使用,数码管应避免在共阳极(或共阴极)串接公共的限流电阻,如图 5.2 所示,其中图(b)接法是错误的,8 只笔段 LED 的总电流是固定的,显示不同字符时,点亮的 LED 数目不同,数码管的亮度不同。

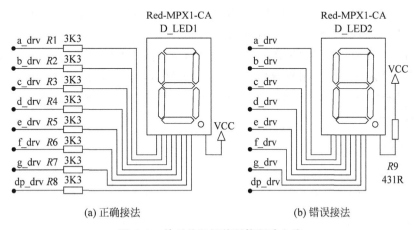

图 5.2　单只共阳极数码管驱动电路

要使数码管显示某个字符,必须从 8 个笔段驱动接口输出相应的字形编码。假设在单片机应用系统中,以单片机 Pn 口的 Pn.0~Pn.7 分别驱动数码管的 a~dp 笔段。当端口输出高电平时,共阴极数码管对应的笔段将被点亮;反之,当端口输出低电平时,共阳极数码管对应的笔段将被点亮。据此可得数码管显示各种字符的字形编码如表 5.1 所示,字形编码也称作段码。

表 5.1　数码管显示字符的段码表(不带小数点)

显示字符	共阴极字形码	共阳极字形码	显示字符	共阴极字形码	共阳极字形码
0	3FH	C0H	9	6FH	90H
1	06H	F9H	A	77H	88H
2	5BH	A4H	b	7CH	83H
3	4FH	B0H	C	39H	C6H
4	66H	99H	d	5EH	A1H
5	6DH	92H	E	79H	86H
6	7DH	82H	F	71H	8EH
7	07H	F8H	全亮	7FH	80H
8	7FH	80H	全灭	00H	FFH

5.1.3　数码管显示方式

1. 数码管静态显示

静态显示是指数码管显示某一字符时,相应的发光二极管恒定导通或恒定截止。这种显示方式的各位数码管相互独立,公共端(即位选线)恒定接地(共阴极)或接正电源(共阳极)。每个数码管的 8 个笔段线分别串接电阻后与一个 8 位 I/O 口相连,I/O 口只要有段码输出,相应的字符即显示出来并保持不变,直到 I/O 口输出新的段码。采用静态显示方式,较小的电流即可获得较高的亮度,且显示驱动程序占用 CPU 时间少,编程简单,电路故障和软件错误易排查,但其占用的 I/O 口多,硬件电路复杂,成本高,只适用于显示位数较少的场合。

【例 5.1】　数码管静态显示。标准单片机 AT 89C51 的 I/O 口是准双向口,灌电流驱动能力比较大,可直接驱动共阳极数码管。如图 5.3 所示,AT 89C51 单片机主时钟 12.0MHz,用其 P1 和 P2 口直接驱动 2 位共阳极数码管,小数点不显示,dp 笔段悬空,数码管采用静态驱动。为该硬件系统设计一软件,要求实现以下功能:2 位数码管每隔 1 秒向左滚屏 1 位,依次显示 9,8,7,…,0,9,8,…

```
# include < reg51.h >

# define uchar unsigned char
# define uint unsigned int

uchar code segTab[ ] = {                   //在 CODE 区定义七段码译码表
    0xc0,0xf9,0xa4,0xb0,0x99,0x92,0x82,0xf8,
    0x80,0x90,0x88,0x83,0xc6,0xa1,0x86,0x8e
};
uchar data disBuf[2] = {0,0};              //在 DATA 区定义显示缓冲区

void disp_s();                             //声明静态显示函数
```

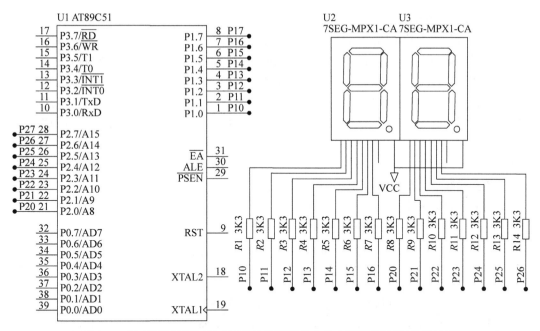

图 5.3　用 AT89C51 的 P1 和 P2 口直接驱动 2 只共阳极数码管(静态显示)

```
void delay(uchar);

void disp_s()                          //静态显示函数定义
{
    P1 = segTab[disBuf[0]]&0x0f;
    P2 = segTab[disBuf[1]]&0x0f;
}

void delay(uchar td)                   //定义延时函数,延时 100ms * td,主时钟 12.0MHz
{
    uint i;
    while(td -- )
        for(i = 0;i < 8329;i++);
}

void main()
{
    uchar j;
    while(1)
    {
        for(j = 0;j < 10;j++)
        {   disBuf[0] = 9 - j;             //显示缓冲区赋值
            disBuf[1] = (9 - j)> 0?(8 - j):9;
            disp_s();                      //调用静态显示函数
            delay(10);                     //延时 1 秒
        }
    }
}
```

2. 数码管动态显示

动态显示是指多位LED数码管逐位被轮流点亮,这种逐位点亮的方式称为位扫描,2位共阳数码管动态显示电路如图5.4所示。在数码管动态显示电路中,通常将各位数码管对应的段选线并联在一起,分别串接电阻后由1个8位的I/O口控制,各个数码管的位选线(即com端)由其他的I/O口线分别控制。当数码管以动态方式显示时,各位数码管分时轮流选通,即在某一时刻只选通一位数码管,并送出该位字符对应的段码,在下一时刻选通下一位数码管,再送出该位字符对应的段码。依此规律循环即可使各位数码管显示不同的字符,虽然这些字符是在不同的时刻分别显示,但由于人眼存在视觉暂留效应,只要所有数码管的循环扫描频率达到每秒30次以上,人眼就感觉不到闪烁,达到各位数码管连续稳定地显示不同的字符的效果。例如,4位数码管动态显示方式其段选和位选输出数据流如表5.2所示,如果每位扫描时间为2.5ms,则循环扫描周期为10ms,扫描频率达到每秒100次。

表5.2 4位数码管动态显示方式段选和位选数据流

时间流	……→时间进程→……								
扫描	前个扫描周期		当前扫描周期				下个扫描周期		
时间片	……	2.5ms	2.5ms	2.5ms	2.5ms	2.5ms	2.5ms	2.5ms	……
段码数据 (8位)	……	第3位段码	第4位段码	第1位段码	第2位段码	第3位段码	第4位段码	第1位段码	第2位段码
第1位选线	……	禁止	禁止	允许	禁止	禁止	禁止	允许	禁止	……
第2位选线	……	禁止	禁止	禁止	允许	禁止	禁止	禁止	允许	……
第3位选线	……	允许	禁止	禁止	禁止	允许	禁止	禁止	禁止	……
第4位选线	……	禁止	允许	禁止	禁止	禁止	允许	禁止	禁止	……

与静态显示方式相比,动态显示方式有如下特点:

(1)动态显示方式节省I/O口,限流等硬件电路也比较简单,如4位数码管,静态显示需32个I/O口,而动态显示仅需要12个I/O口。

(2)各位数码管是轮流导通,如果不提高每位数码管导通时的瞬时电流,那么各位数码管的平时电流将下降,数码显示的亮度也下降,因此动态显示时,数码管导通的瞬时电流要提高(限流电阻降低)。

(3)CPU要依次循环扫描各个数码管,导致显示驱动程序复杂,占用较多的CPU时间。

(4)每位数码管导通的时间必须是均等的,否则将导致数码管显示亮度不均匀,另外,单片机程序要避免在某一局部模块内循环。

【例5.2】 将例5.1的数码管改为动态显示。如图5.4所示为2位共阳极数码管动态显示电路,AT89C51的P1口为段选驱动,P2.6和P2.7口为位选控制,程序修改如下:

```
#include<reg51.h>
#define uchar unsigned char
#define uint unsigned int
```

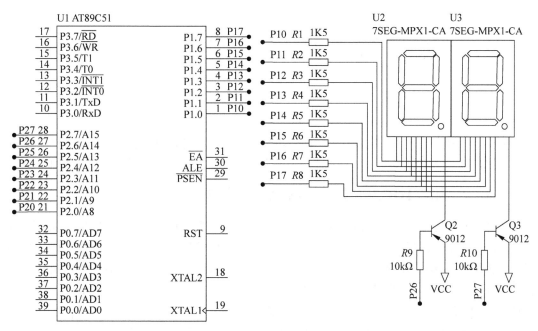

图 5.4 两只共阳极数码管动态显示电路(P1 段码驱动,P2.6 和 P2.7 位扫描控制)

```
uchar code segTab[ ] = {                              //在 CODE 区定义七段码译码表
    0xc0,0xf9,0xa4,0xb0,0x99,0x92,0x82,0xf8,
    0x80,0x90,0x88,0x83,0xc6,0xa1,0x86,0x8e
};
uchar code disScan[2] = {~(1 << 6),~(1 << 7)};        //在 CODE 区定义位选码
uchar data disBuf[2];                                 //在 DATA 区定义显示缓冲区
uchar data disNum;                                    //在 DATA 区定义扫描位控制变量
void disp_d();                                        //声明动态显示函数
void delay2ms5();

void disp_d()                                         //动态显示函数定义
{   P2 |= 3 << 6;                                     //关闭显示器
    P1 = segTab[disBuf[disNum]&0x0f];                 //输出扫描位的段码
    P2&= disScan[disNum];                             //输出扫描位的扫描码
    disNum = (disNum + 1) % 2;                        //准备扫描下一位
}
void delay2ms5()
{   uint i;
    for(i = 0;i < 427;i++);                           //2.5ms 延时函数
}
void main()
{   uchar j = 0;
    uint tx = 0;
    while(1)
    {   delay2ms5();                                  //延时 2.5ms
        disp_d();
        tx++;
```

```
                if(tx == 400)                          //1s 到?
                {   tx = 0;
                    disBuf[0] = 9 - j;                  //显示缓冲区赋值
                    disBuf[1] = (9 - j)>0?(8 - j):9;
                    j = (j + 1) % 10;
                }
            }
        }
```

如图 5.4 所示,在数码管动态显示接口电路中,不管数码管有几位,输出段码仅需要占用单片机的 1 个 8 位 I/O 口,当数码管位数增加时,所需的位选控制端口则相应增加。

5.1.4　用 74HC595 扩展数码显示接口

单片机应用系统常用带锁存功能的 8 位移位寄存器 74HC595 扩展 LED 显示接口,IAP15W4K58S4 实验板上的 8 位共阴极数码显示模块即采用此扩展方法,其电路如图 4.36 所示。为了不过多占用 IAP15W4K56S4 单片机的 I/O 资源,使用 2 片具有三态输出且带锁存功能的 8 位串入、并出或串出的移位寄存器 74HC595 扩展了一个串行输入转 16 位并行输出的接口,由于 74HC595 的输出端 Qn 的拉电流(或灌电流)最大可达 35mA,整个芯片的最大功率可达 500mW,可直接用 16 位的扩展并行输出口驱动数码管显示模块。这样仅用 STC15 单片机的 3 条 I/O 口线(最少 I/O 资源),实现 8 位数码管显示模块的扫描控制,其中 P4.0 作为串行数据输出线 DS,P4.3 作为移位脉冲输出线 SH_CP、P5.4 作为移位寄存器内部数据锁存脉冲线 ST_CP。

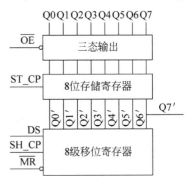

图 5.5　74HC595 的内部结构与功能框图

图 5.5 给出了 74HC595 的内部结构与功能框图,其真值表如表 5.3 所示。

表 5.3　74HC595 的真值表

SH_CP	ST_CP	$\overline{OE}$	$\overline{MR}$	DS	$Q0'$	$Q1'$	...	$Q7'$	Qn	功　　能
×	×	L	L	×	L	L	...	L	不变	MR 低电平,移位寄存器清零
×	↑	L	L	×	L	L	...	L	L	ST_CP 上升沿将移位寄存器零存储
×	×	H	L	×	L	L	...	L	高阻	OE 高电平,输出悬浮(高阻态)
↑	×	**L**	**H**	×	**DS**	$\boldsymbol{Q0'}$	...	$\boldsymbol{Q6'}$	不变	**SH_CP 上升沿串行数据内部移位**
×	↑	**L**	**H**	×	不变	不变	...	不变	$\boldsymbol{Qn'}$	**ST_CP 上升沿将移位寄存器值存储**
↑	↑	L	H	×	DS	$Q0'$	...	$Q6'$	Qn'	ST_CP 上升沿将移位寄存器先前值存储,SH_CP 上升沿串行数据内部移位

表头结构:输入(SH_CP、ST_CP、$\overline{OE}$、$\overline{MR}$、DS)　内部($Q0'$、$Q1'$、…、$Q7'$)　输出(Qn)　功能

使用 2 片 74HC595 扩展 16 位的串入并出接口,其工作原理是数码显示模块扫描数据的串行传输,详细说明如下:

(1) 所谓串行数据传输,是指仅用 1 条信号线 DS 传输信息,如要传输 1 字节的二进制数据,那么数据只能按位依序(先高位后低位,或先低位后高位)分时用该信号线传输,每个时间片只传输 1 位数据。例如,将 1 字节的数据 0x4e 以先高位后低位的顺序从 P4.0 端口(即 DS 端)串行输出,则 P4.0 将依次输出 0,1,0,0,1,1,1,0,每位数据占用多少时间与传输速率有关。

(2) 74HC595 是 8 位串入/并出或串出的移位寄存器,带锁存和三态输出功能,从真值表 5.3 的倒数第 3 行可见,SH_CP 引脚的脉冲上升沿触发内部 8 级移位寄存器移位,原先内部 $Q0' \sim Q6'$ 的数据移到了 $Q1' \sim Q7'$,DS 端的数据移入 $Q0'$,即 DS$\rightarrow Q0' \rightarrow Q1' \rightarrow \cdots \rightarrow Q6' \rightarrow Q7'$,$Q7'$ 是 74HC595 的串行数据的输出端,用于级联下 1 个 74HC595 芯片;从真值表 5.3 的倒数第 2 行可见,当输出允许 $\overline{OE}=0$ 时,ST_CP 引脚的脉冲上升沿触发内部移位数据 $Q0' \sim Q7'$ 锁存到 8 位存储寄存器,并从 8 位三态输出口 $Q0 \sim Q7$ 输出。图 4.36 中,单片机的串行数据从 P4.0 输出,传输给 U6(即左边的 74HC595 电路)的串行数据输入端 DS,U6 的串行数据输出端 $Q7'$ 再传输给 U5(即右边的 74HC595 电路)的串行数据输入端 DS,U6 和 U5 两芯片的移位脉冲引脚 SH_CP 并接,数据锁存脉冲引脚 ST_CP 并接,两片 8 位移位寄存器 74HC595 级联,构成 16 位串入/并出的扩展 I/O 口。在 16 位的扩展并行输出口中,U5 的输出口 $Q7 \sim Q0$ 对应高 8 位,作为数码管显示模块的 8 条位选线,U6 的输出口 $Q7 \sim Q0$ 对应低 8 位,作为数码管显示模块的段码输出端口。

(3) 如有 2 字节(16 位)数据,其二进制数据位分别为 $B2.7 \sim B2.0$ 和 $B1.7 \sim B1.0$,要将该 2 字节数据从扩展的 16 位串入/并出接口输出,单片机输出的接口信号 P40_HC595_DS、P43_HC595_SH、P54_HC595_ST 如图 5.6 所示。$B2.7$ 是最早串行输出的数据位,经过 16 次移位(16 个 SH_CP 脉冲作用)传输,最终从 U5 的 $Q7$ 端口输出。

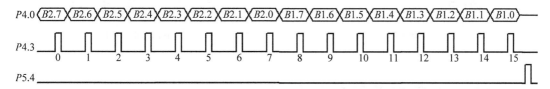

图 5.6　从 16 位串入/并出扩展接口输出 2 字节数据的接口信号

要控制实验板共阴极数码管显示模块以动态方式显示,核心的程序是如何将数码管扫描的段码和位选码从 16 位扩展并口输出。如图 5.6 所示,可先编写从 STC 单片机串行输出 1 字节数据的函数 send_595(uchar x)如下:

```
sbit P_595_DS = P4^0;        //定义 74HC595 的串行数据接口
sbit P_595_SH = P4^3;        //定义 74HC595 的移位脉冲接口
sbit P_595_ST = P5^4;        //定义 74HC595 的输出寄存器锁存信号接口
void send_595(uchar);        //声明移位输出 1 字节数据函数
```

```
void send_595(uchar x)              //从 STC 单片机移位输出 1 字节数据
{   uchar i;
    for(i = 0;i < 8;i++)            //循环移位,共 8 位
    {   x <<= 1;                    //左移 1 位,最高位移出到 CY
        P_595_DS = CY;              //CY 从串行数据口输出
        P_595_SH = 1;              //输出移位脉冲
        P_595_SH = 0;
    }
}
```

先执行 send_595(disScan[disNum]),再执行 send_595(segTab[disBuf[disNum]]),即可将当前扫描位的位选码和段码数据分别发送到移位寄存器 U5 和 U6 的内部(未锁存),然后再从 P_595_ST(即 P5^4)引脚输出 1 个锁存脉冲 ST_CP,即将当前扫描位的位选码和段码数据从 16 位串入/并出接口输出,完成当前位的扫描。实验板 8 位共阴极数码管动态扫描函数如下:

```
uchar code segTab[ ] = {                     //在 CODE 区定义七段码译码表
    0x3f,0x06,0x5b,0x4f,0x66,0x6d,0x7d,0x07,
    0x7f,0x6f,0x77,0x7c,0x39,0x5e,0x79,0x71
};
uchar code disScan[8] = {                    //在 CODE 区定义扫描码
    ~(1 << 0),~(1 << 1),~(1 << 2),~(1 << 3),~(1 << 4),~(1 << 5),~(1 << 6),~(1 << 7)
};
uchar data disBuf[8];                        //在 DATA 区定义显示缓冲区
uchar data disNum;                           //在 DATA 区定义位扫描控制变量

void disp_d();                               //声明动态显示函数

void disp_d(void)                            //显示驱动函数
{   send_595(disScan[disNum]);               //将当前扫描位扫描码发送
    send_595(segTab[disBuf[disNum]]);        //将当前扫描位段码发送
    P_595_ST = 1;                            //16 位数据移位后锁入输出寄存器中
    P_595_ST = 0;
    disNum = (disNum + 1) % 8;               //调整扫描位的值,指向下一位
}
```

视频

5.2 键盘接口电路及其消抖动

按键或其他开关元件也是单片机应用系统最常用的信息或控制量输入元件,与通用计算机系统不同,单片机系统的按键没有统一固定的规格,也没有专用接口电路来处理按键等开关控制量,需要根据应用系统的需要配置按键等开关元件。

5.2.1 按键开关及其接口电路

1. 按键开关的结构与分类

单片机系统通常使用廉价的、简单的、小型化的按键等开关元件作为开关量输入装置,

常用的有：按钮、按钮式薄膜开关、触摸开关、拨码开关、数字拨码开关、拨动开关(或微动开关)、自锁按钮开关、限位开关、干簧管等。

按键或开关按工作原理可以分为两类：一类是触点式开关按键,如机械式开关和导电橡胶式开关等；另一类是无触点开关按键,如开关管、晶闸管和固态继电器等。按结构特点可分为按钮型开关和闸刀型开关(或拨动型)。按钮开关按其开关状态可以分为两类：一类是常开型,即按下闭合,释放则断开；另一类是常闭型,即按下断开,释放则闭合。

2. 按键开关与单片机的简单接口

按键开关总是通过一定的接口电路与 CPU 相连,以两种不同的逻辑电平表示"闭合"和"断开"两种状态,或用逻辑电平跃变的上升沿和下降沿表示"按下"和"释放"状态。CPU 可以通过查询或中断的方式确定是否有按键被按下以及是哪个按键被按下,进而根据系统既定的功能执行相应的程序代码。图 5.7 是开关及其与单片机的简单接口电路,不论是按钮开关还是闸刀开关,与单片机的接口均可采用下拉或上拉方式。

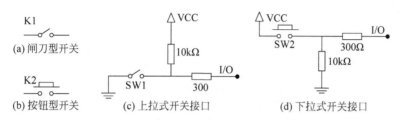

图 5.7　开关及其与单片机的简单接口电路

图 5.7(c)和(d)中 $10k\Omega$ 的电阻为上拉或下拉电阻(量级为 $10k\Omega$ 级),其作用是保证开关断开时,单片机的 I/O 端口有确定的电平,上拉式为高电平,下拉式为低电平；300Ω 电阻可以省略(量级为百欧级),其作用是 I/O 端口保护。采用上拉式开关接口时,开关导通时,I/O 端口逻辑电平为 0,断开为 1,开关状态用负逻辑表示；采用下拉式开关接口时,开关导通时,I/O 端口逻辑电平为 1,断开为 0,开关状态用负正逻辑表示。

3. 键盘的结构和工作方式

键盘通常由一组规则排列的按键组成,根据按键的接线方式的不同可分为独立式键盘和矩阵式键盘,其结构如图 5.8 所示。

独立式键盘是直接用 I/O 端口构成简单的按键接口电路,如图 5.8(a)所示,其特点是每个按键(或开关)单独占用一根 I/O 口线,每个按键的工作不会影响其他 I/O 口线的状态。独立式键盘电路配置灵活,软件结构简单,但是占用 I/O 端口较多,一般只在按键数量较少的场合下使用。

矩阵式键盘由行列控制线组成,按键(或开关)跨接在行列控制线之间,如图 5.8(b)所示,行列控制线简称行线、列线。矩阵式键盘可以在使用比较少的 I/O 端口的情况下得到比较多的按键数量,但是软件结构相对比较复杂,一般在对按键数量要求比较多的场合下使用。

键盘电路中上拉电阻的作用是确保在没有按键按下的情况下将 CPU 端口上拉为高电

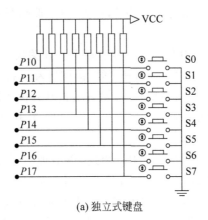

(a) 独立式键盘

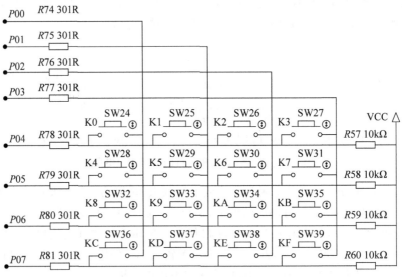

(b) 矩阵式键盘

图 5.8　键盘结构

平。实际应用中可根据单片机 I/O 口内部电路结构进行取舍,若单片机 I/O 口内部本身已经有上拉电阻,则键盘中的上拉电阻可省略。

　　键盘的工作方式应根据实际应用系统中 CPU 的工作状况而定,其选取的原则是既要保证 CPU 能及时响应按键操作,又不要过多地占用 CPU 的工作时间。通常,键盘的工作方式有 3 种,即编程扫描、定时扫描和中断扫描。

　　编程扫描方式是利用 CPU 完成其他工作的空余时间调用键盘扫描子程序来响应键盘输入的要求。在执行键功能程序时,CPU 不再响应键输入要求,直到 CPU 重新扫描键盘为止。

　　定时扫描方式是指每隔一段时间对键盘扫描一次,根据键盘的输入要求执行相应的程序功能。在对扫描时间精度要求不高的情况下,可利用主软件延时程序的方法实现定时扫描。在对扫描时间精度要求较高的情况下,可利用定时器定时中断实现,有关定时器中断内容详见第 6 章。

中断扫描方式是指将键盘电路采用一定的方式与 CPU 的外中断信号输入引脚进行关联。当有键盘操作的时候产生相应的外中断请求,CPU 在中断响应中进行相应的键盘处理,有关外中断内容详见第 6 章。

5.2.2 按键抖动与键信号消抖动处理

机械式按钮按下或释放时,由于机械弹性作用的影响,总是伴随有一定时间的触点机械抖动,之后触点才稳定下来。在抖动期间,触点的连接状态、导电特性不稳定,接口信号的电平也不稳定,其抖动过程如图 5.9 所示,图中 t_1 和 t_3 为抖动时间,其时长与按钮开关的机械特性有关,一般小于 20ms;t_2 为按键闭合的稳定期,其时间由使用者按键的动作确定,一般为几百毫秒以上,t_0 和 t_4 为按键释放期。

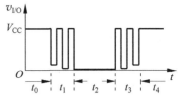

图 5.9 机械抖动导致下拉式按键
接口信号电平的抖动

与处理速度为微秒级的单片机相比而言,这种机械抖动是不可忽略的。如果在触点抖动期间进行按键的通断状态检测,那么可能会导致判断出错,即按键一次操作(按下或释放)被错误地认为是多次操作,从而使单片机产生错误的动作,这是不允许出现的。因此,为了避免按键触点机械抖动所导致的检测误判,必须采取相应的去抖动措施。消除按键抖动可以采用硬件方法,如在按键电路中增加 RS 触发器电路或 RC 积分电路进行消抖;也可采用软件方法,在按键扫描程序中增加相应的代码进行消抖。前者需要增加电路成本,且设备体积也随之增大;后者仅占用少量的 CPU 时间,单片机应用系统多采用软件方法消抖。

软件实现键信号去抖动处理的基本思想是:延时法,即当 CPU 检测到有按键按下时,执行一个 20ms 左右(时长可按键类型适当调整)的延时程序后再进行按键检测,如果检测到按键仍处于被按下状态,则确认按键被按下;反之,则认为是机械抖动引起的状态变化。对按键释放识别也是采用相同的办法处理。需要注意的是,如果单片机软件系统采用按键定时扫描方式,且扫描周期比软件去抖动的延时时间短,则需要对去抖动的延时程序做特殊的处理,否则可能会引起键盘误读错误。

【例 5.3】 使用实验板的以下硬件资源:

(1) 单片机 IAP15W4K58S4;

(2) 两个连接到 P3.2 和 P3.3 端口的独立式下拉按键 SW17 和 SW18,如图 4.29 所示;

(3) 数码显示模块的最左边 2 位,如图 4.32 所示。

试用这些硬件资源构成一个键控计数器,要求实现以下功能:

(1) 启动时系统显示 50;

(2) SW17 键作为"加 1"键,按该键一次,显示数值加 1,最大计数值 99;

(3) SW18 作为"减 1"键,按该键一次,显示数值减 1,最小计数值 01。

```
#include<stc15.h>
#define uchar unsigned char
#define uint unsigned int
uchar code segTab[] = {                        //在 CODE 区定义七段码译码表
    0x3f,0x06,0x5b,0x4f,0x66,0x6d,0x7d,0x07,
    0x7f,0x6f,0x77,0x7c,0x39,0x5e,0x79,0x71
};
uchar code disScan[2] = {~(1<<0),~(1<<1)};     //在 CODE 区定义扫描码仅最左边 2 位
uchar data disBuf[2];                          //在 DATA 区定义显示缓冲区
uchar data disNum;                             //在 DATA 区定义位扫描控制变量
sbit SW17 = P3^2;
sbit SW18 = P3^3;
sbit P_595_DS = P4^0;                          //定义 74HC595 的串行数据接口
sbit P_595_SH = P4^3;                          //定义 74HC595 的移位脉冲接口
sbit P_595_ST = P5^4;                          //定义 74HC595 的输出寄存器锁存信号接口
void send_595(uchar);                          //声明移位输出 1 字节数据函数
void disp_d();                                 //声明动态显示函数
void delay2ms5();
void delay20ms();

void send_595(uchar x)                         //从 STC 单片机移位输出 1 字节数据
{   uchar i;
    for(i=0;i<8;i++)                           //循环移位,共 8 位
    {   x<<=1;                                 //左移 1 位,最高位移出到 CY
        P_595_DS = CY;                         //CY 从串行数据口输出
        P_595_SH = 1;P_595_SH = 0;             //输出移位脉冲
    }
}

void disp_d()                                  //动态显示函数定义
{   send_595(disScan[disNum]);                 //将当前扫描位扫描码发送
    send_595(segTab[disBuf[disNum]]);          //将当前扫描位段码发送
    P_595_ST = 1;P_595_ST = 0;                 //16 位数据移位后锁入输出寄存器中
    disNum = (disNum + 1) % 2;                 //准备扫描下一位,仅 2 位
}

void delay2ms5()
{   uint i;
    for(i=0;i<2930;i++);                       //2.5ms 延时函数
}
void delay20ms()
{   uint i;
    for(i=0;i<24000;i++);                      //20ms 延时函数
}
```

```
void main()
{   uchar cnt = 50;                      //定义计数变量 cnt
    P3M1& = ～(3 ≪ 2);P3M0& = ～(3 ≪ 2);
    P4M1& = ～9;P4M0& = ～9;P5M1& = ～16;P5M0 = ～16;
    while(1)
    {   disBuf[0] = cnt/10;disBuf[1] = cnt % 10;
        delay2ms5();                     //延时 2.5ms
        disp_d();
        SW17 = 1;                        //P3.2 读之前写 1
        if(SW17 == 0)                    //有 SW17 键?
        {   delay20ms();                 //延时消抖
            while(!SW17);                //等 SW17 键释放
            delay20ms();                 //延时消抖
            if(cnt < 99)cnt++;           //计数未达上限时,执行 + 1
        }
        SW18 = 1;                        //P3.3 读之前写 1
        if(SW18 == 0)                    //有 SW18 键?
        {   delay20ms();                 //延时消抖
            while(!SW18);                //等 SW18 键释放
            delay20ms();                 //延时消抖
            if(cnt > 1)cnt -- ;          //计数未达下限时,执行 - 1
        }
    }
}
```

其中加黑的 3 个程序行是仅使用数码显示最左边 2 位时动态显示程序的相应修改。将代码下载到实验板中试运行,可验证系统功能正确性。

程序中使用编程扫描方式读取键状态,结合延时消抖、等待键释放等措施实现键每按下一次,增减一个计数值。但这个程序存在致命问题,即延时消抖、等待键释放与数码管动态显示的循环扫描驱动相冲突,导致键按下时,数码管显示停留在某一位上。

5.3　数码动态显示与键信号消抖动处理的协同

视频

　　例 5.3 中有数码动态显示与键信号消抖动处理两个任务,前者需要定时循环,后者需要延时并等待键释放,二者的冲突源自两个任务处理程序是独立编写的,没有从多任务系统的角度考虑整个系统编程问题,本节尝试解决这一问题。与操作系统所述的多任务处理有所不同,本节所述的多任务都不是并发的,是可以采用轮询方式分时处理的。一个可在实际系统中运用得好的键信号消抖动处理程序应具备以下几个特点:

　　(1) 能正确识别按键信息;

　　(2) 具有软件消抖动功能;

　　(3) 与其他程序模块(特别是数码管动态显示程序)能协同工作,不互相影响;

　　(4) 可以给出多种按键信息,如键状态变化前后沿提取。

5.3.1 多任务系统程序结构

含数码动态显示和键信号消抖动处理的多任务单片机系统流程如图 5.10 所示,程序每隔 2.5ms 启动一次主循环,完成定时读键盘保存键状态、数码显示动态扫描、完成按键状态消抖动等处理,及其他任务(如按键发出"嘀"声响、按键解释与响应等)。主程序在 2.5ms 延时后完成所有各项子任务,若所有任务都比较简单,则处理时间可忽略不计,可大致认为程序的循环时间就是 2.5ms。主程序的循环之所以取 2.5ms,是考虑到若将本例的方法移植到 8 位数码显示模块的系统,这样的循环扫描速度仍不会出现显示器频闪。在第 6 章,2.5ms 延时改用定时器实现,CPU 就有更多的时间处理更复杂的任务。

5.3.2 键信号处理

1. 消抖动处理

所有的机械按键在按下的最初 20ms 内,触点未达到稳定接触,连接按键的 I/O 端口的电平不稳定,CPU 读到的键状态不稳定,即所谓的键抖动,如图 5.11 所示。按键消抖动处理方法有多种,软件延时消抖动是最常用的方法,其算法原理是 CPU 一旦检测到键状态非零,表明有键按下,延时一段时间(不小于 20ms)后,等待键状态稳定后,再读取有效的键状态。

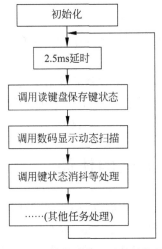

图 5.10 数码动态显示与键信号
处理流程

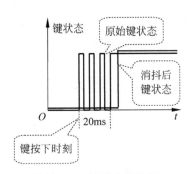

图 5.11 键抖动及处理

定义全局变量 edgk 用于保存从 I/O 接口读取的键状态,此处规定键状态统一用正逻辑表示,即按下或闭合为 1,释放或断开为 0。edgk 应是"可位寻址的",每位对应一个键,以便主程序可对各键状态进行查询,另定义全局变量 ktmr 作为消抖计时器。若采用如图 5.10 所示的主程序循环,则系统每 2.5ms 调用一次"扫描键盘保存键状态"及"键状态消抖等处理"函数,其中"键状态消抖等处理"算法流程图如图 5.12 所示。用已读取的键状态判断,无键时消抖计时器清零;当有键按下时,消抖计时器加1,由于主循环为2.5ms,因此消抖计时器的每个计数值相当于 2.5ms,消抖计时器计数达到 8 即已延时 20ms。消抖计时未达20ms,则丢弃不稳定的键状态;若 20ms 计时已到,则启用新读取的稳定的键状态。

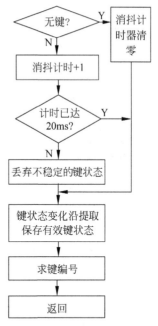

图 5.12 键状态消抖等处理
子程序流程图

2. 键状态变化沿提取

在微机系统中,按键通常有两种用法。其一是不论按键按下时间长短,按一次只起一次作用,这种按键是键状态变化的前沿或后沿(对应按下或释放)起作用,不妨称这种按键为触发键;其二是按键只在按下时才有作用,一旦按键释放其作用消失,这种按键是键状态(持续的导通或断开)起作用,不妨称这种键为开关键。如前所述,用变量 edgk 保存键状态变化沿,有变化沿为1,无变化沿为 0,即 edgk 保存触发键的键状态;另定义变量 key 用于保存键状态,它保存的是开关键的键状态。若前后两次循环的键状态不同(异或为1),且本次循环的键状态为1,则表明出现了键状态变化前沿,或发生了键按下;若前后两次循环的键状态不同(异或为1),且前次循环的键状态为1,则表明出现了键状态变化后沿,或发生了键释放;若前后两次循环的键状态相同(异或为0),则表明没有键动作发生。综上,键状态变化沿提取算法可表示为:

键状态变化前沿 = [(前次循环键状态)^(本次循环键状态)]&(本次循环键状态)
键状态变化后沿 = [(前次循环键状态)^(本次循环键状态)]&(前次循环键状态)

【例 5.4】 按本节所述方法,重新设计例 5.3 软件。
新程序代码清单如下,与例 5.3 比较,其中加黑的程序行为新增代码。

```
#include<stc15.h>
#define uchar unsigned char
#define uint unsigned int
uchar code segTab[] = {                         //在 CODE 区定义七段码译码表
    0x3f,0x06,0x5b,0x4f,0x66,0x6d,0x7d,0x07,
    0x7f,0x6f,0x77,0x7c,0x39,0x5e,0x79,0x71
};
uchar code disScan[2] = {~(1<<0),~(1<<1)};      //在 CODE 区定义扫描码
uchar data disBuf[2];                           //在 DATA 区定义显示缓冲区
uchar data disNum;                              //在 DATA 区定义位扫描控制变量
uchar bdata key;                                //声明变量,键状态
uchar bdata edgk;                               //声明变量,键变化前沿
uchar data ktmr;                                //定义变量,消抖计时器
uchar data kcode;                               //定义变量,键号
```

```
    sbit EK1 = edgk^0;                      //SW17 的键状态(触发型)
    sbit EK2 = edgk^1;                      //SW18 的键状态(触发型)
    sbit P_595_DS = P4^0;                   //定义 74HC595 的串行数据接口
    sbit P_595_SH = P4^3;                   //定义 74HC595 的移位脉冲接口
    sbit P_595_ST = P5^4;                   //定义 74HC595 的输出寄存器锁存信号接口
    void send_595(uchar);                   //声明移位输出 1 字节数据函数
    void disp_d();                          //声明动态显示函数
    void delay2ms5();                       //声明 2.5ms 延时函数
    void readkey();                         //读键盘保存键状态函数
    void keytrim();                         //键状态消抖动处理函数

    void send_595(uchar x)                  //从 STC 单片机移位输出 1 字节数据
    {   uchar i;
        for(i = 0;i < 8;i++)                //循环移位,共 8 位
        {   x <<= 1;                        //左移 1 位,最高位移出到 CY
            P_595_DS = CY;                  //CY 从串行数据口输出
            P_595_SH = 1;P_595_SH = 0;      //输出移位脉冲
        }
    }

    void disp_d()                           //动态显示函数定义
    {   send_595(disScan[disNum]);          //将当前扫描位扫描码发送
        send_595(segTab[disBuf[disNum]]);   //将当前扫描位段码发送
        P_595_ST = 1;P_595_ST = 0;          //16 位数据移位后锁入输出寄存器中
        disNum = (disNum + 1) % 2;          //准备扫描下一位
    }

    void delay2ms5()
    {   uint i;
        for(i = 0;i < 2930;i++);            //2.5ms 延时函数
    }

    void readkey()                          //扫描键盘存键状态
    {   P3| = 3 << 2;                       //P3.3、P3.2 准双向,读之前先写 1
        edgk = (~P3 >> 2)&0x03;             //读键状态,求反转正逻辑
    }

    void keytrim()                          //键状态消抖动,键前沿提取,求键号
    {   uchar temp;                         //本行以下为：消抖动
        if(edgk == 0)ktmr = 0;             //无键,消抖计时器清零
        else
        {   if(ktmr < 255)ktmr++;           //有键,消抖计时器 +1(防溢出)
            if(ktmr < 8)edgk = 0;           //延时未到弃不稳定键
        }
        temp = edgk;                        //本行以下为：键前沿提取.键状态暂存
        edgk = (key^edgk)&edgk;             //此时 key 还保存着上次循环键状态
        key = temp;                         //暂存的本次循环键状态移至 key
        if(edgk!= 0)                        //本行以下为：求键编号,无键为 0x10
        {   temp = edgk;
```

```
                for(kcode = 0;temp&1 = = 0;kcode++)temp >> = 1;
            }
            else kcode = 0x10;
        }
void main()
{   uchar cnt = 50;                              //定义计数变量 cnt
    P3M1& = ~(3 << 2);P3M0& = ~(3 << 2);
    P4M1& = ~9;P4M0& = ~9;P5M1& = ~16;P5M0 = ~16;
    while(1)
    {   disBuf[0] = cnt/10;disBuf[1] = cnt % 10;
        delay2ms5();                             //调用延时 2.5ms
        disp_d();                                //调用数码动态显示扫描
        readkey();                               //调用读键状态保存健状态
        keytrim();                               //调用键信号消抖动等处理
        if(EK1)                                  //有 SW17 键?
            if(cnt < 99)cnt++;                   //计数未达上限时,执行 + 1
        if(EK2)                                  //有 SW18 键?
            if(cnt > 1)cnt -- ;                  //计数未达下限时,执行 - 1
    }
}
```

将代码下载到实验板中试运行,可验证系统功能的正确性。

在例 5.3 的新软件中,键状态消抖动和键状态变化沿提取(或触发型键状态生成)是 keytrim()函数中的重要算法。为加深对键状态变化前沿提取算法的理解,下面以 SW17 键按动一次为例,每次调用 keytrim()函数前后,键状态信号处理过程中的各种重要中间结果如表 5.4 所示。从表 5.4 可清晰地看出键状态的消抖动和键状态变化沿提取的算法实现。

表 5.4　SW17 键按动一次,键状态消抖动的变化沿提取过程一些重要的中间结果

键动作	消抖前键状态 edgk	消抖计时器 ktmr	消抖后键状态 edgk	触发型键状态 edgk(沿提取后)	开关型键状态 key(沿提取后)
无键	0000 0000	0	0000 0000	0000 0000	0000 0000
SW17 按下	0000 0001	1	0000 0000	0000 0000	0000 0000
SW17 抖动	0000 0000	0	0000 0000	0000 0000	0000 0000
SW17 按稳	0000 0001	1	0000 0000	0000 0000	0000 0000
…	…	…	…	…	…
SW17 按稳	0000 0001	7	0000 0000	0000 0000	**0000 0000**
SW17 按稳	0000 0001	8	**0000 0001**	0000 0001	0000 0001
SW17 按稳	0000 0001	9	0000 0001	0000 0001	0000 0001
…	…	…	…	…	…
SW17 按稳	0000 0001	<=255	0000 0001	0000 0000	0000 0001
SW17 释放	0000 0000	0	0000 0000	0000 0000	0000 0000
SW17 抖动	0000 0001	1	0000 0000	0000 0000	0000 0000
SW17 抖动	0000 0001	2	0000 0000	0000 0000	0000 0000
SW17 抖动	0000 0000	0	0000 0000	0000 0000	0000 0000
SW17 抖动	0000 0001	1	0000 0000	0000 0000	0000 0000
SW17 释稳	0000 0000	0	0000 0000	0000 0000	0000 0000

视频

5.4 矩阵键盘及其应用

当单片机应用系统的输入开关型控制量数量超过 8 个,采用矩阵键盘接法可以节省单片机的 I/O 口资源,本节讲解矩阵键盘的读键(或键的识别)方法,即键盘扫描方法。

5.4.1 矩阵键盘的扫描方法

在矩阵键盘中,通常行线必须有上拉(若行线所用 I/O 端口没有内部弱上拉,则必须外部上拉),以保证无键按下时,行线处在高电平状态;列线可以设置为准双向或开漏模式。为说明键盘扫描识别按键的原理,以图 5.13(a)所示 1 行×2 列最小矩阵键盘为例。矩阵键盘扫描是分时逐列识别各行与该列跨接的键的状态,扫描某一列时,仅当前列线输出低电平,其他列线均输出高电平。如图 5.13(a),当扫描 X 列时,X 列线输出低电平,Y 列线输出高电平,此时键盘接口的等效电路如图 5.13(b)所示,不论按键 AY 是否按下,行线 A 为的信号电平只与按键 AX 的状态有关,键 AX 按下,行线 A 逻辑电平 0;键 AX 释放,行线 A 逻辑电平 1。若直接用行线逻辑电平表示键状态,则按键状态用负逻辑表示,即逻辑 0 表示键导通,逻辑 1 表示键断开;也可用行线逻辑电平的"非"表示键状态,则按键状态用正逻辑表示。

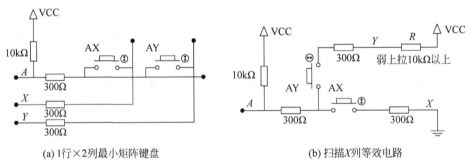

(a) 1行×2列最小矩阵键盘　　　　　　　(b) 扫描X列等效电路

图 5.13　矩阵键盘扫描方法

上述矩阵键盘识别方法就是所谓的行列扫描法,是单片机系统读矩阵键盘最常用的方法,以图 5.8(b)所示的 4×4 矩阵键盘为例,其扫描过程如下:

(1) 图 5.8(b)所示矩阵键盘,$P0$ 口应设置成准双向口,由于有内部弱上拉,图中的电阻 $R57$、$R58$、$R59$、$R60$ 可省略,不妨以 $P0.7$ ~ $P0.4$ 为列线,$P0.3$ ~ $P0.0$ 为行线。

(2) 准备扫描 $P0.7$ 列,给 $P0$ 口送该列扫描字~(1 << 7)(即 0x7f),将 $P0.7$ 置 0,其余列置 1,行线 $P0.3$ ~ $P0.0$ 是准双向口,作为输入口,读之前也要先写 1。

(3) 从行线 $P0.3$ ~ $P0.0$ 读取与 $P0.7$ 列线跨接的四键(KF、KE、KD、KC)的状态,若某行线逻辑电平为 0,则表示该行线与 $P0.7$ 列线跨接的键被按下,如 KD 键被按下,则行线 $P0.1$ 的逻辑电平为 0。

(4) 准备扫描下一列,修改列扫描字并从 $P0$ 口输出,$P0.6$、$P0.5$、$P0.4$ 列扫描字分别为~(1 << 6)、~(1 << 5)、~(1 << 4)。

（5）重复步骤（3）和（4），直到矩阵键盘中所有的列被扫描完成后，退出键盘扫描。

键盘扫描程序的编写有 3 种方式：编程扫描方式、定时扫描方式、中断扫描方式，其中定时扫描方式最为常用。

5.4.2　矩阵键盘应用举例

【例 5.5】　按键显示系统硬件如图 5.14 所示，用 AT89C51 的 $P0$ 口外接 4×4 的矩阵键盘，其中 $P0.7 \sim P0.4$ 为列线，$P0.0 \sim P0.3$ 为行线；用反相器 74HC04 驱动 4 位共阳数码显示模块的阳极，显示位扫描由 $P2.0 \sim P2.3$ 控制，$P1$ 口作为动态数码显示器的笔段驱动；$P2.4$ 经反相器驱动蜂鸣器，用于产生按键提示音。试为该按键显示系统设计软件，要求实现以下功能：

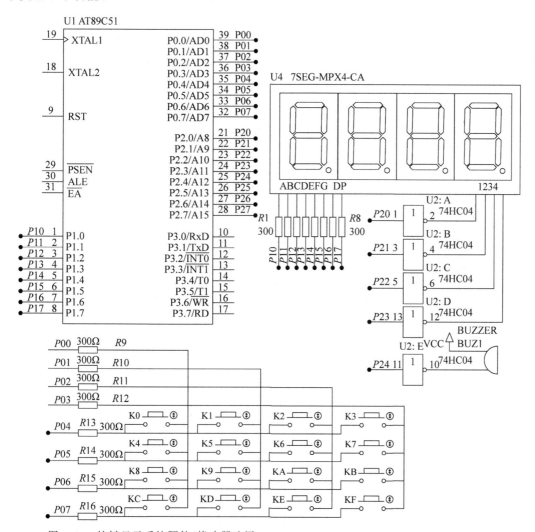

图 5.14　按键显示系统硬件（蜂鸣器选用：DC Operated Buzzer-Output Via Sound Card）

（1）启动时显示 0123；

（2）4×4 键盘对应十六进制数码 0～9、A～F，当按动按键时，与该键对应的数码从数码显示器的右边滚入；

（3）按键处理程序应能与动态显示程序模块协同工作、有键消抖功能、有按键提示音、按键仅在前沿起作用（即每次按键仅在按下时发生作用）。

图 5.15　模块化软件结构

为便于将键盘扫描和键状态消抖动、数码动态显示等程序移植到其他系统中，本例运用模块化编程思想，将软件分为 3 个模块。其一 key4r4l.c，含与键信号处理相关的函数；其二 disp4ca.c，含数码动态显示；其三 main.c，为系统主程序。将 3 个模块添加到本例的软件工程项目中，结构如图 5.15 所示。

（1）key4r4l.c 是定义了与键信号处理相关的函数，含 4 行×4 列矩阵键盘扫描保存键状态、键状态消抖动、键状态变化前沿提取、求按键编号、发按键提示音"嘀"等，算法原理如前所述，代码如下：

```
#include<reg51.h>
#define uchar unsigned char
#define uint unsigned int
extern uint bdata key;              //声明外部变量,键状态
extern uint bdata edgk;             //声明外部变量,键变化前沿
uchar data kcode;                   //定义变量,键编号
uchar data ktmr;                    //定义变量,消抖计时器
uchar data beeftmr;                 //定义变量,蜂鸣计时器
sbit BEEF = P2^4;                   //定义变量,蜂鸣器控制 I/O

void readkey()                      //扫描键盘存键状态
{   uchar i,j;
    for(i=7;i>3;i--)
    {   P0 = ~(1<<i);               //扫描 P0.i 列,该列线输出 0
        for(j=0;j<3;j++);           //延时约 10μs 待列信号稳定,键盘引线较长应延长
        edgk<<=4;                   //空出 edgk 的低 4 位
        edgk|=(~P0)&0x0f;           //读键转正逻辑,新读 4 个键状态填补 edgk 低 4 位
    }
}

void keytrim()                      //键状态消抖动,键前沿提取,求键号
{   uint temp;                      //本行以下为:消抖动
    if(edgk==0)ktmr=0;             //无键,消抖计时器清零
    else
    {   if(ktmr<255)ktmr++;         //有键,消抖计时器+1(防溢出)
        if(ktmr<8)edgk=0;           //延时未到弃不稳定键
    }
    temp=edgk;                      //本行以下为:键前沿提取.键状态暂存
    edgk=(key^edgk)&edgk;           //此时 key 还保存着上次循环键状态
    key=temp;                       //暂存的本次循环键状态移至 key
    if(edgk!=0)                     //本行以下为:求键号
```

```
{   temp = edgk >> 1;                       //kcode 初值,temp = 待查 16 个键位
    for(kcode = 0;temp!= 0;kcode++)temp >> = 1;        //逐位查键,未查出 kcode + 1
}
else kcode = 0x10;                          //无键,kcode = 0x10
}

void keysound()                             //按键发出"嘀"的声响
{   if(edgk!= 0)beeftmr = 40;               //有变化沿,蜂鸣 100ms 初值
    if(beeftmr == 0)BEEF = 0;               //蜂鸣时间已到,蜂鸣关
    else {beeftmr -- ;BEEF = 1;}            //蜂鸣时间未到,走时、蜂鸣开
}
```

与例 5.4 不同,本例键盘共有 16 键,保存键状态的全局变量 edgk 和 key 的数据类型定义为 16 位的 unsigned int 型,K0 键的键状态处理在最低位,KF 键的键状态处理在最高位,由于键状态 edgk 和 key、按键编号 kcode 是主程序的重要输入开关型控制变量,因此这 3 个变量在主程序 main. c 模块中定义,本模块使用 extern 声明引用。

(2) disp4ca. c 是 4 位共阳极数码显示器扫描驱动子程序。

```
# include < reg51. h >
# define uchar unsigned char
uchar code segTab[] = {                     //在 CODE 区定义七段码译码表
    0xc0,0xf9,0xa4,0xb0,0x99,0x92,0x82,0xf8,
    0x80,0x90,0x88,0x83,0xc6,0xa1,0x86,0x8e
};
uchar code disScan[4] = {～(1 << 0),～(1 << 1),～(1 << 2),～(1 << 3)}; //4 种位选码数据
uchar data disBuf[4];                       //定义变量,显示缓冲器
uchar data disNum;                          //定义变量,当前扫描位
void disp_d(void)                           //显示驱动函数
{   P2| = 0x0f;                             //关闭所有位
    P1 = segTab[disBuf[disNum]];            //将当前扫描位七段码送 P1 口
    P2& = disScan[disNum];                  //将当前扫描位选线信号送 P2 口
    disNum = (disNum + 1) % 4;              //调整扫描位的值,指向下一位
}
```

同理,由于显示缓冲器 disBuf[4]存放的是显示器所要显示的内容,当前显示扫描位 disNum 也是主程序中很重要的控制变量,主程序中要频繁使用该变量,因此这 2 个变量在主程序 main. c 模块中定义,本模块使用 extern 声明引用。

(3) main. c 是主程序,完成 2.5ms 定时器初始化,显示内容选择和简单的按键解释与响应,代码如下:

```
# include < reg51. h >
# define uchar unsigned char
# define uint unsigned int
extern void disp_d();                       //声明函数,显示扫描函数
extern void readkey();                      //声明函数,扫描键盘存键状态
extern void keytrim();                      //声明函数,键状态消抖等处理
extern void keysound();                     //声明函数,有键发出"嘀"的声响
```

```
extern uchar data disBuf[];              //声明外部变量,显示缓冲器
extern uchar data disNum;                //声明外部变量,当前扫描位
extern uchar data kcode;                 //声明外部变量,键编号
uint bdata key;                          //定义变量,键状态
uint bdata edgk;                         //定义变量,键状态变化前沿
sbit K0 = key^8;                         //定义变量,开关型键状态位
sbit K8 = key^0;                         //定义变量,开关型键状态位
sbit EK0 = edgk^8;                       //定义变量,触发型键状态位
sbit EK8 = edgk^0;                       //定义变量,触发型键状态位
sbit BEEF = P2^4;                        //定义变量,蜂鸣器控制I/O
void delay2ms5()
{   uint i;
    for(i = 0;i < 427;i++);              //2.5ms 延时函数
}
void main(void)
{   BEEF = 0;                            //关闭蜂鸣器
    disBuf[0] = 0x0; disBuf[1] = 0x1;    //默认显示"0123"
    disBuf[2] = 0x2; disBuf[3] = 0x3;
    while(1)
    {   delay2ms5();
        readkey();                       //调用扫描键盘存键状态函数
        disp_d();                        //调用显示扫描函数
        keytrim();                       //调用键状态消抖等处理函数
        keysound();                      //调用有键发出"嘀"声响函数
        if(kcode < 16)
        {   disBuf[0] = disBuf[1]; disBuf[1] = disBuf[2];        //键号右边滚入
            disBuf[2] = disBuf[3]; disBuf[3] = kcode;
        }
    }
}
```

用 μVision 平台完成上述软件项目设计,经编译和调试,在 Proteus 中验证系统软件功能的正确性。

本章小结

键盘和数码管显示模块是单片机应用系统最重要的输入/输出通道,由于成本问题,绝大多数的系统都不采用专门的键盘和数码显示接口电路,用单片机的 I/O 端口直接驱动数码管动态显示,或从 I/O 端口直接读入键盘信息,然后再作软件消抖动处理。为此,本章主要介绍数码管结构、驱动电路、显示方式和常用的扩展数码显示接口、按键开关及其接口电路、键信号消抖动处理、矩阵键盘扫描方法等基本知识;着重讨论数码动态显示与键信号消抖动处理等的软件协同问题,从多任务系统软件结构出发,引入触发型键状态和开关型键状态的概念,用键状态变化沿提取算法生成前沿触发型键状态或后沿触发型键状态。

习题

5.1 数码管显示一个字符时,用一字节的数据表示其各笔段的驱动电平,从高位到低位各笔段排序如下:dp,g,f,e,d,c,b,a,则称该字节数据为段码。试分析数码管显示以下字符的段码。

(1) 共阳极数码管,显示字符"4."和"H";

(2) 共阴极数码管,显示字符"7"和"L."。

5.2 如图5.4所示,2只共阳极数码管动态显示电路,如果稳定显示"87"字符,试填写以下数据表,列出CPU分时从$P1$口输出的段码流,和从$P2.7 \sim P2.6$输出的位选码流。

时 间 流		····→时间进程→····					
扫描	···	前个扫描周期		当前扫描周期		下个扫描周期	···
时间片	···	2.5ms	2.5ms	2.5ms	2.5ms	2.5ms	2.5ms	···
段码数据(P1)	···						···
位选码 P2[7:6]	···						···

5.3 在例5.5中,变量edgk、key、ktmr、kcode、beeftmr为什么必须定义为全局变量?

5.4 在例5.5中,键状态消抖动和键状态变化沿(或触发型键状态)提取是keytrim()函数(键状态消抖等处理)的重要算法,采用后沿提取算法,为加深对该算法的理解,请以K9键按动一次为例填写下表,分析键状态信息处理过程的几个重要的中间结果。

键 动 作	原始键状态 Edgk 高字节	消抖计时器 ktmr	消抖后键状态 edgk 高字节	触发型键状态 edgk 高字节	开关型键状态 key 高字节
无键	0000 0000	0	0000 0000	0000 0000	0000 0000
K9 按下	0000 0010	1			
K9 抖动	0000 0000	0			
K9 按稳	0000 0010	1			
···	···	···	···	···	···
K9 按稳		7			
K9 按稳		8			
K9 按稳		9			
···	···	···	···	···	···
K9 按稳		<=255			
K9 释放	0000 0000				
K9 抖动	0000 0010(假设)				
K9 抖动	0000 0000(假设)				
K9 抖动	0000 0010(假设)				
K9 抖动	0000 0010(假设)				
K9 释放	0000 0000				

5.5　试以图 5.8(b)所示的 4 行×4 列矩阵键盘为例说明矩阵键盘的识别方法——扫描法,以及读键盘的步骤。

5.6　如题图 5.6 所示,使用以下硬件资源:

(1) 单片机 AT89C51,主频率为 12.0MHz;

(2) 两个连接到 $P3.2$ 和 $P3.3$ 端口的独立式下拉按键 SW1 和 SW2,$R11$ 和 $R12$ 属性设置为 DIGITAL;

(3) 2 位共阳极数码显示器,动态显示驱动;

(4) 用 $P2.5$ 驱动蜂鸣器,蜂鸣器的元件模型选用经声卡输出的直流运行式(ACTIVE库,DC Operated Buzzer-Output Via Sound Card),属性设置:运行电压+5/负载阻抗 330/频率 500Hz。

试用这些硬件资源设计一个键控计数器,要求实现以下功能:

(1) 启动时系统显示"50";

(2) SW1 键作为"加 1"键,按该键一次,显示数值加 1,最大计数值 99;

(3) SW2 作为"减 1"键,按该键一次,显示数值减 1,最小计数值 01;

(4) 键信号需有去抖动处理、键状态变化前沿提取处理,按键每按动一次,蜂鸣器发出一声时长为 100ms 的提示音"嘀"。

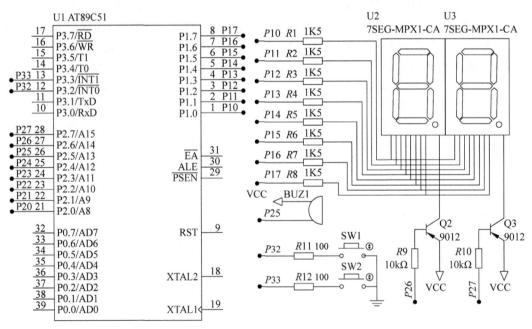

题图 5.6　用 AT89C51 构成键控计数器

第 6 章　STC15 单片机的中断系统与定时/计数器

中断系统是单片机响应和处理事件(或中断请求)的系统,包括硬件和软件子系统两部分,定时/计数器是单片机完成精确时间控制的部件,高性能的微处理器都有功能强大的中断系统和定时/计数器。基于中断系统和定时/计数器,单片机(或微处理器)可以实现实时控制、突发事件响应、紧急故障处理等复杂控制任务,极大地提高了单片机的执行效率。本章介绍 STC15 单片机的中断系统和定时/计数器。

6.1　中断系统概述

中断是计算机系统处理突发事件的软硬件机制,可以提高计算机的实时处理能力。

6.1.1　中断系统的几个概念

1. 中断

中断是指当 CPU 正在处理某件事务时发生了紧急事件请求,请求 CPU 暂停当前的工作,转而去处理这个紧急事件,处理完以后再回到原来被中断的地方,继续原来工作的过程,如图 6.1(a)所示。

2. 中断源

中断源是指所有能够引起 CPU 中断的内部事件或外部事件。

3. 中断请求

中断源向 CPU 提出处理的请求称为中断请求。中断请求信号通常通过逻辑电平的某种形式进行表达,如低电平或下降沿等。

4. 断点

发生中断时被打断程序的暂停点称为断点。断点的本质实际上是程序暂停处的指令代码在程序存储器中的保存地址值。

5. 中断优先级

当有几个中断源同时申请中断时,CPU 对中断请求进行处理的先后顺序称为中断源的中断优先级。先被 CPU 处理的中断源具有较高优先级,后被 CPU 处理的中断源具有较低优先级。

6. 中断嵌套

中断嵌套如图6.1(b)所示,当CPU正在执行中断处理程序时,又产生了其他中断请求并且导致CPU暂停当前的中断处理程序,转而去执行后面产生的中断的处理程序。待此中断处理程序执行完成后,再继续执行之前中断处理程序的过程称为中断嵌套。简言之,中断嵌套是中断的中断。高优先级中断可以打断低优先级中断,而低优先级中断不能打断高优先级中断。

7. 中断返回

中断返回是指CPU执行完中断处理程序后返回到断点的过程。

6.1.2 中断处理过程

中断处理一般包括中断请求、中断响应、中断服务和中断返回4个过程,其中前两个及中断返回过程由硬件实现。CPU在运行程序的过程中,当中断源提出中断请求时,CPU要根据情况决定是否进行中断响应。当CPU响应中断请求时,首先对断点地址进行压栈保护,然后根据中断源类型找到相应的中断入口地址,并自动执行相应的中断服务程序的调用。当中断服务程序执行完成以后,同样由硬件完成断点的恢复,即将断点地址从堆栈弹出到程序计数器,使CPU继续执行原来的程序。中断处理过程如图6.1所示。对中断嵌套而言,其执行过程与此相似。

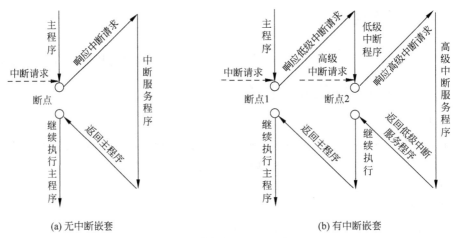

(a) 无中断嵌套   (b) 有中断嵌套

图6.1　中断处理过程示意图

6.2　STC15 单片机中断系统

STC15W4K32S4系列单片机中断系统具有21个中断源、2个中断优先级,可实现两级中断服务嵌套。在特殊功能寄存器中,共有28个寄存器与中断系统有关,分别实现中断请求的控制、中断优先级的设置以及中断标志位的操作等。

6.2.1　中断系统结构

STC15W4K32S4单片机中断系统结构如图6.2所示,中断源可以分为如下几类。

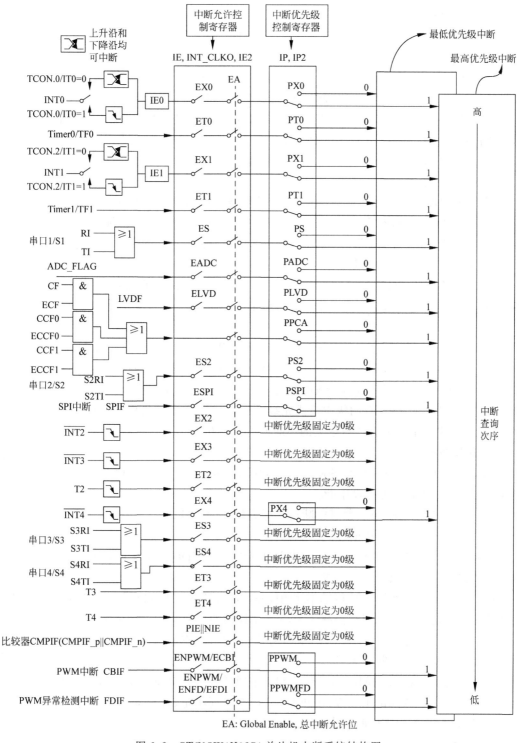

图 6.2　STC15W4K32S4 单片机中断系统结构图

1. 外部中断

STC15W4K32S4 单片机具有 5 个外部中断,分别为 INT0、INT1、$\overline{INT2}$、$\overline{INT3}$ 和 $\overline{INT4}$。

(1) INT0 和 INT1 可通过设置各自的控制位选择触发方式,触发方式有下降沿触发或双沿触发两种,具有各自对应的中断请求标志位 IE0 和 IE1,具有两级中断优先级。

(2) $\overline{INT2}$、$\overline{INT3}$ 和 $\overline{INT4}$ 只能采用下降沿触发方式,没有对应的用户可操作的中断请求标志位,$\overline{INT2}$ 和 $\overline{INT3}$ 只有固定的低优先级,$\overline{INT4}$ 有两级中断优先级。

(3) 5 个外部中断都有各自独立的中断使能控制开关。

2. 定时/计数器中断

STC15W4K32S4 单片机具有 5 个定时/计数器中断,分别为 T0、T1、T2、T3 和 T4。

(1) T0 和 T1 各自有中断请求标志位 TF0 和 TF1,具有两级中断优先级。

(2) T2、T3 和 T4 没有用户可操作的中断请求标志位,只有固定的低优先级。

(3) 5 个定时/计数器中断都有各自独立的中断使能控制开关。

(4) 需要特别注意的是,当 T0 工作在不可屏蔽中断的 16 位自动重装载模式时,其优先级是所有中断中最高的,且不受总中断允许位 EA 的控制。

3. 串口中断

STC15W4K32S4 单片机具有 4 个串口中断,分别为串口 S1、S2、S3 和 S4 中断。

(1) 每个串口中断都同时具有发送中断请求标志位和接收中断请求标志位,并且每个串口各有一个独立的中断入口,为该串口的发送和接收中断请求标志所共用。

(2) 串口 S1 和 S2 具有两级中断优先级,S3 和 S4 只有固定的低优先级。

(3) 4 个串口中断都有各自独立的中断使能控制开关。

4. 外设中断

STC15W4K32S4 单片机是 SoC 单片机,片内集成了多种外围 I/O 模块,它们都可以向 CPU 请求中断,共有 7 种外设中断。

(1) 模数转换 ADC 模块通过中断请求标志位 ADC_FLAG 产生中断请求,具有独立的中断使能控制开关和两级中断优先级。

(2) 低电压检测 LVD 模块通过中断请求标志位 LVDF 产生中断请求,具有独立的中断使能控制开关和两级中断优先级。

(3) 在可编程计数器阵列 PCA 模块中,公共计数器、CCP0 和 CCP1 共 3 个子模块各自有中断请求标志位和中断使能控制开关,3 个子模块的中断共用一个中断入口。

(4) 串行外设接口 SPI 模块通过中断请求标志位 SPIF 产生中断请求,具有独立的中断使能控制开关和两级中断优先级。

(5) 在增强型 PWM 模块中,计数器和 6 个通道各自有对应的中断请求标志位,模块中断使能控制开关可认为由 ENPWM 和 ECBI 两个共同决定,计数器和 6 个通道的中断共用一个中断入口,具有两级中断优先级。

(6) PWM 异常检测模块通过中断请求标志位 PWMFDIF 产生中断请求,具有独立的中断使能控制开关和两级中断优先级。

（7）比较器模块通过中断请求标志位 CMPIF 产生中断请求，CMPIF 中断请求区分为上升沿中断请求 CMPIF_p 和下降沿中断请求 CMPIF_n，上升沿中断和下降沿中断各自具有独立的中断使能控制开关，但两种中断共用一个中断入口，具有固定的低中断优先级。

6.2.2　中断控制寄存器

通过中断控制寄存器相关操作，用户可实现对 STC15W4K32S4 单片机中断允许控制位的使能与关闭、中断优先级的高低设置、外部中断触发类型的选择以及相关中断标志位的置位或清零操作。与中断系统有关的 28 个寄存器中，本章仅介绍与常用功能模块相关的寄存器的功能和操作，其他未介绍的寄存器可通过本书各功能模块对应的其他章节内容进行了解。

1. 中断允许寄存器（IE）

地址	D7	D6	D5	D4	D3	D2	D1	D0	复位值
A8H	EA	ELVD	EADC	ES	ET1	EX1	ET0	EX0	00000000

（1）EA：总中断允许控制位。

（2）ELVD：低压检测 LVD 中断允许控制位。

（3）EADC：模数转换 ADC 中断允许控制位。

（4）ES：串口 S1 中断允许控制位。

（5）ET1：定时/计数器 T1 中断允许控制位。

（6）EX1：外部中断 INT1 中断允许控制位。

（7）ET0：定时/计数器 T0 中断允许控制位。

（8）EX0：外部中断 INT0 中断允许控制位。

最高位 EA＝1，CPU 开放总中断；EA＝0，CPU 禁止所有中断请求。其他 7 位中某位为 1，对应的中断请求允许；某位为 0，对应的中断请求禁止。

2. 中断允许寄存器 2（IE2）

地址	D7	D6	D5	D4	D3	D2	D1	D0	复位值
AFH	—	ET4	ET3	ES4	ES3	ET2	ESPI	ES2	x0000000

（1）ET4：定时/计数器 T4 中断允许控制位。

（2）ET3：定时/计数器 T3 中断允许控制位。

（3）ES4：串口 S4 中断允许控制位。

（4）ES3：串口 S3 中断允许控制位。

（5）ET2：定时/计数器 T2 中断允许控制位。

（6）ESPI：SPI 中断允许控制位。

（7）ES2：串口 S2 中断允许控制位。

在 IE2 的 7 个有效位中，某位为 1，对应的中断请求允许；某位为 0，对应的中断请求禁止。

3．外部中断允许和时钟输出寄存器（INT_CLKO 或 AUXR2）

地址	D7	D6	D5	D4	D3	D2	D1	D0	复位值
8FH	—	EX4	EX3	EX2	MCKO_S2	T2CLKO	T1CLKO	T0CLKO	x0000000

（1）EX4：外部中断 $\overline{INT4}$ 中断允许控制位。

（2）EX3：外部中断 $\overline{INT3}$ 中断允许控制位。

（3）EX2：外部中断 $\overline{INT2}$ 中断允许控制位。

INT_CLK 中有 3 位用于中断允许控制，其中某位为 1，对应的中断请求允许；某位为 0，对应的中断请求禁止。

上面 3 个寄存器共涉及 17 个中断源的中断允许控制。某中断源的中断请求能被允许的前提条件是该中断源相应的中断允许控制位置 1（允许），且总中断允许控制位 EA 置 1。

4．中断优先级寄存器（IP）

地址	D7	D6	D5	D4	D3	D2	D1	D0	复位值
B8H	PPCA	PLVD	PADC	PS	PT1	PX1	PT0	PX0	00000000

（1）PPCA：可编程计数器阵列 PCA 中断优先级控制位。

（2）PLVD：低电压检测 LVD 中断优先级控制位。

（3）PADC：模数转换 ADC 中断优先级控制位。

（4）PS：串口 S1 中断优先级控制位。

（5）PT1：定时/计数器 T1 中断优先级控制位。

（6）PX1：外部中断 INT1 中断优先级控制位。

（7）PT0：定时/计数器 T0 中断优先级控制位。

（8）PX0：外部中断 INT0 中断优先级控制位。

在 IP 的 8 个有效位中，某位为 1，对应的中断优先级设置为高优先级；某位为 0，对应的中断优先级设置为低优先级。

5．中断优先级寄存器 2（IP2）

地址	D7	D6	D5	D4	D3	D2	D1	D0	复位值
B5H	—	—	—	PX4	PPWMFD	PPWM	PSPI	PS2	00000000

（1）PX4：外部中断 $\overline{\text{INT4}}$ 中断优先级控制位。

（2）PPWMFD：脉冲宽度调制 PWM 异常检测中断优先级控制位。

（3）PPWM：脉冲宽度调制 PWM 中断优先级控制位。

（4）PSPI：SPI 中断优先级控制位。

（5）PS2：串口 S2 中断优先级控制位。

在 IP2 的 5 个有效位中，某位为 1，对应的中断优先级设置为高优先级；某位为 0，对应的中断优先级设置为低优先级。

6. 定时/计数器控制寄存器（TCON）

地址	D7	D6	D5	D4	D3	D2	D1	D0	复位值
88H	TF1	TR1	TF0	TR0	IE1	IT1	IE0	IT0	00000000

（1）TF0、TF1：定时/计数器 T0、T1 溢出中断标志位。

TF0（或 TF1）＝1，定时/计数器 T0（或 T1）发生溢出中断请求；TF0（或 TF1）＝0，定时/计数器 T0（或 T1）没有溢出中断请求。

T0（或 T1）被允许计数以后，从初值开始加 1 计数。当产生溢出时，由硬件将 TF0（或 TF1）置 1，向 CPU 请求中断，一直保持到 CPU 响应中断时，才由硬件将 TF0（或 TF1）清 0。当采用软件查询时，也可以采用软件将 TF0（或 TF1）清 0。

（2）IE0、IE1：外部中断 INT0、INT1 中断请求标志位。

IE0（或 IE1）＝1，外部中断 INT0（或 INT1）产生中断请求；IE0（或 IE1）＝0；外部中断 INT0（或 INT1）没有中断请求。

当外部中断 INT0（或 INT1）向 CPU 请求中断时，由硬件将 IE0（或 IE1）置 1，一直保持到 CPU 响应中断时，才由硬件将 IE0（或 IE1）清 0。软件查询时，也可软件将 IE0（或 IE1）清 0。

（3）IT0、IT1：外部中断 INT0、INT1 中断触发方式选择位。

IT0（或 IT1）＝0，外部中断 INT0（或 INT1）触发方式为双沿触发（即上升沿和下降沿均可产生外中断）；IT0（或 IT1）＝1，外部中断 INT0（或 INT1）触发方式为下降沿触发。

TCON 中还有 2 位 TR0 和 TR1 分别为定时/计数器 T0 和 T1 的启停控制位，详见6.4 节。

7. 串口 1 控制寄存器（SCON）

地址	D7	D6	D5	D4	D3	D2	D1	D0	复位值
98H	SM0/FE	SM1	SM2	REN	TB8	RB8	TI	RI	00000000

TI：串口 S1 发送中断标志位；RI：串口 S1 接收中断标志位。SCON 各位的功能详见第 7 章相关内容。

6.2.3 中断响应

1. 响应时间

通常情况下，CPU 在每个指令周期的最后时刻对中断源进行采样，如果有中断请求，则置位相应的中断请求标志位；在下一个指令周期的最后时刻，CPU 按照优先级顺序查询各中断请求标志位；如果查询到某个中断请求标志位为1，则在下一个指令周期按优先级的高低顺序进行响应。但是，以下两种情况例外：

其一，当该中断源的中断允许控制位（如果有）未被置 1 或总中断允许控制 EA＝0，则该中断源的中断请求不会得到 CPU 的响应。唯一特例是，如果定时/计数器 T0 工作在不可屏蔽中断的 16 位自动重装载模式时，其中断响应不受总中断允许位 EA 的控制。

其二，当存在以下任何一种情况时，中断查询结果会被取消，CPU 不响应中断请求，而是在下一指令周期继续查询，当条件满足后，CPU 在下一指令周期才响应中断。

（1）CPU 正在执行同级或高优先级的中断。

（2）CPU 正在执行中断返回指令 RETI 或与中断有关的寄存器的指令，如访问 IE 或 IP 的指令。

（3）当前指令未执行完。

2. 中断查询优先级

在 STC15W4K32S4 单片机的 21 中断源中，当多个中断源的中断请求同时产生时，CPU 首先响应高优先级中断。当多个中断源中断优先级相同且同时向 CPU 申请中断时，CPU 将通过内部硬件查询逻辑，按照自然优先级顺序确定先响应哪个中断请求。自然优先级由内部硬件电路形成，其先后顺序如表 6.1 所示。

3. 中断响应过程

CPU 响应中断源的中断请求后，硬件自动产生一个长调用指令 LCALL（详见第 8 章），该指令首先将断点地址压入堆栈进行保护，然后将中断服务程序的入口地址送入程序计数器 PC 中，使程序转向响应的中断服务程序，进行相应的中断处理。

STC15W4K32S4 单片机对 21 中断源和 3 个预留中断源的中断服务程序的入口地址（该入口地址也称为中断向量）在内部程序存储器中指定的存储区域进行了映射，形成中断服务程序入口地址表，也称为中断向量表，如表 6.1 所示。由表 6.1 可知，STC15W4K32S4 单片机的中断服务程序入口地址与中断号之间的关系为：第 N 个中断源的中断服务程序入口地址＝0003H＋8×N。

表 6.1　同级中断的自然优先级顺序

中断编号	中断源	中断向量	查询顺序
0	INT0	0003H	高
1	TIMER 0	000BH	
2	INT1	0013H	
3	TIMER 1	001BH	
4	UART 1	0023H	
5	ADC	002BH	
6	LVD	0033H	
7	PCA	003BH	
8	UART 2	0043H	
9	SPI	004BH	
10	$\overline{\text{INT2}}$	0053H	
11	$\overline{\text{INT3}}$	005BH	
12	TIMER 2	0063H	
13	Unused(预留)	006BH	
14	Unused(预留)	0073H	
15	Unused(预留)	007BH	
16	$\overline{\text{INT4}}$	0083H	
17	UART 3	008BH	
18	UART 4	0093H	
19	TIMER 3	009BH	
20	TIMER 4	00A3H	
21	Comparator	00ABH	
22	PWM	00B3H	
23	PWMFD	00BBH	低

　　一个中断向量到下一个中断向量之间的程序存储空间都只有 8 字节,通常无法存放处理该中断请求所需的中断服务程序代码。在此存储空间中,通常只是存储一条长跳转指令 LJMP(3 字节,详见第 8 章),转移到处理该中断请求对应的中断服务程序实际入口处。在汇编语言程序设计中,这些转移到中断服务程序实际入口处的长跳转指令由编程人员设置。在 C51 语言程序设计中,定义中断服务函数时,应在函数名后面添加关键词"interrupt n"说明,其中 n 为中断源的编号。中断服务函数定义的一般格式为:

　　void 中断服务函数名() interrupt n [using m]{ … ;}

其中 using m(m＝0,1,2,3)可省略,用于选择中断服务程序使用的当前工作寄存器组。例如,外部中断 INT0 的中断服务函数可定义如下:

　　void INT0_ISR() interrupt 0{ … ;}

　　CPU 响应中断后需要对中断源的中断请求标志进行清除以避免重复中断而导致错误。

中断请求标志位的清除存在两种情况：硬件自动清除和软件手动清除。在 STC15W4K32S4 单片机已分配的 21 中断源的中断标志位中，除串口 S1~S4、A/D 转换模块、LVD 模块、PCA 模块、SPI 模块、模拟比较器等模块对应的中断请求标志位需要用户在中断服务程序中通过软件对其进行清除外，其余模块的中断请求标志位在 CPU 响应中断请求之后均会被硬件自动清除。

4. 中断服务

中断服务功能取决于单片机应用系统的实际需求，中断服务程序具体内容无法一概而论，但有一些相同的内容需要用户完成。

（1）通常情况下，中断服务程序结束时的 CPU 状态与断点处的 CPU 状态是不同的，如果不消除中断服务函数的运行对断点处 CPU 状态的影响，则中断返回后执行断点后的程序将产生无法预见的结果，编程者需要在中断服务程序的起始位置处对断点处可能受影响的 CPU 状态进行保护，即完成中断现场的保护。进行汇编语言编程时，中断现场保护由编程人员完成；进行 C51 语言编程时，现场保护可由编译系统自动完成，编程人员也可在中断函数定义时，通过使用［using m］选项设置，减少现场保护开销。

（2）当一个中断源具有多个中断请求标志位（如串口和 PCA 模块）时，用户在实现中断服务前需首先判定是哪个中断请求标志位有效，然后根据中断标志位的情况执行相应的中断服务功能。

（3）中断函数中若存在中断现场保护操作，则在中断函数结束处必须有相应的中断现场恢复操作。

5. 中断返回

中断返回实现中断处理中的断点恢复操作。在 C51 语言程序设计中，中断返回指令隐藏在中断函数中，编译系统编译时会自动给中断函数添加中断返回指令 RETI（详见第 8 章）。

6.2.4 标准 51 单片机的中断系统

STC15 系列单片机的中断系统是标准 51 单片机的中断系统的扩展，二者类似，主要差别只有 3 点：

（1）51 单片机内部的集成的外围 I/O 模块比较少，相应的中断源也就比较少。标准 51 单片机仅有 5 个中断源：外部中断 INT0 和 INT1 中断请求、定时/计数器 T0 和 T1 溢出中断请求、串口发送完或接收好数据中断请求。

（2）中断系统仅涉及 4 个特殊功能寄存器，如表 6.2 所示，其中黑体表示的位与中断系统有关。

（3）外部中断的触发模式选择位的意义有差别。STC15 单片机外部中断触发模式有双沿触发和下降沿触发两种模式，IT0＝0（或 IT1＝0）选择外部中断 INT0（或 INT1）为双沿触发模式；IT0＝1（或 IT1＝1）选择外部中断 INT0（或 INT1）为下降沿触发模式。标准 51 单片机外部中断触发模式有低电平触发和下降沿触发两种模式，IT0＝0（或 IT1＝0）选择外部中断 INT0(或 INT1)为低电平触发模式；IT0＝1(或 IT1＝1)选择外部中断 INT0(或INT1)为下降沿触发模式。

表 6.2 标准 51 单片机中断系统相关的 SFR(黑体为相关位)

SFR	地址	各位符号与含义								复位值
		D7	D6	D5	D4	D3	D2	D1	D0	
TCON	88H	**TF1**	TR1	**TF0**	TR0	**IE1**	**IT1**	**IE0**	**IT0**	00000000
SCON	98H	SM0	SM1	SM2	REN	TB8	RB8	**TI**	**RI**	00000000
IE	A8H	**EA**	—	**ES**	**ET1**	**EX1**	**ET0**	**EX0**		0xx00000
IP	B8H	—	—	—	**PS**	**PT1**	**PX1**	**PT0**	**PX0**	xxx00000

6.3 中断应用举例

视频

以下结合 Proteus 虚拟仿真平台和 STC15 学习板介绍外部中断的应用方法。

【例 6.1】 在如图 6.3 所示硬件系统中，若外部中断 INT0(或 INT1)采用下降沿触发方式，按下 SW1(或 SW2)在 INT0/P3.2(或 INT1/P3.3)产生下降沿，向 CPU 请求 INT0(或 INT1)中断。试为系统设计控制软件，要求实现以下功能。

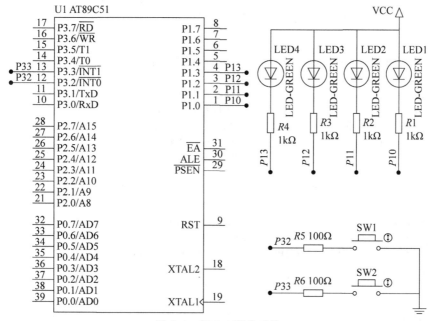

图 6.3 例 6.1 硬件系统

(1) 正常情况下，四灯以计数方式点亮，每秒计数值加 1，即 LED4～LED1 的点亮状态依次为：○○○○(计数 0)、○○○●(计数 1)、○○●○(计数 2)、○○●●(计数 3)、……、●●●●(计数 15)、○○○○(计数 0)……每秒轮替。

（2）按下 SW1 一次，四灯以左旋走马灯方式循环 4 次，每秒轮换 1 次。

（3）按下 SW2 一次，四灯以右旋走马灯方式循环 4 次，每秒轮换 1 次。

按照系统功能要求，系统软件设计如下：

```
#include<reg51.h>
#define uchar unsigned char
#define uint unsigned int
void INT01_Init();                      //声明外部中断初始化函数
void delay(uchar);                      //声明延时函数

void main()
{   uchar cnt = 0;                      //定义局部变量,计数变量 cnt
    INT01_Init();                       //外部中断初始化
    while(1)
    {   P1 = ~cnt;                      //四灯以计数方式点亮
        cnt = (cnt + 1) % 16;
        delay(200);
    }
}
void INT01_Init()
{   IT0 = 1; IT1 = 1;                   //INT0 和 INT1 为下降沿触发
    PX0 = 1; PX1 = 0;                   //INT0 中断为高优先级,INT1 中断为低优先级
    EX0 = 1; EX1 = 1; EA = 1;           //允许 INT0 和 INT1 中断,开放总中断
}

void INT0_ISR() interrupt 0            //INT0 中断服务函数定义
{   uchar saveLED, i;
    saveLED = P1;                       //中断现场保护
    for(i = 0; i < 4; i++)              //四灯左循环 4 次
        for(P1 = 0xfe; P1 != 0xef; P1 = (P1 << 1) | 0x01)delay(200);
    P1 = saveLED;                       //中断现场恢复
}                                       //中断返回

void INT1_ISR() interrupt 2            //INT1 中断服务函数定义
{   uchar saveLED, i;
    saveLED = P1;                       //中断现场保护
    for(i = 0; i < 4; i++)              //四灯左循环 4 次
        for(P1 = 0xf7; P1 != 0xff; P1 = (P1 >> 1) | 0x80)delay(200);
    P1 = saveLED;                       //中断现场恢复
}                                       //中断返回

void delay(uchar td)                   //延时函数定义,延时 5ms * td,@12MHz
{   unsigned int i;
    while(td--)for(i = 0; i < 413; i++);
}
```

由于外部中断初始化时，将 INT0 设置为高优先级中断，INT1 设置为低优先级中断。

如果按下 SW2 键进入右旋走马灯程序且循环未结束时；再按下 SW1 键,由于高优先级中断可打断低优先级中断,因此右旋走马灯程序将被中断,进入左旋走马灯程序;反之则不然。

由于主程序和 INT0(或 INT1)中断服务程序的操控对象都是 P1,为了保证中断服务程序返回后,四灯的状态能延续中断前的状态,中断服务程序必须对 P1 的状态进行保护,中断返回之前恢复 P1 的状态。

【例6.2】　使用实验板的以下硬件资源:

(1) 单片机 IAP15W4K58S4;

(2) 两个连接到 P3.2 和 P3.3 端口的独立式下拉按键 SW17 和 SW18,如图 4.29 所示;

(3) 数码显示模块的最左边 2 位,如图 4.32 所示。

每按一次按键 SW17 和 SW18,在 INT0/P3.2 和 INT1/P3.3 产生一个脉冲下降沿,以此作为外中断触发信号,试用这些硬件资源构成一个键控计数器,要求实现以下功能:

(1) 启动时系统显示"50";

(2) 以外中断响应方式处理按键,SW17 键作为"加 1"键,按该键一次,显示数值加 1,最大计数值 99;

(3) SW18 作为"减 1"键,按该键一次,显示数值减 1,最小计数值 01。

例 5.4 程序清单中加黑的内容包含数码动态显示相关的段码表、位选码表、16 位串行输入并行输出接口 8 位数据发送函数 send_595()、动态显示扫描函数 disp_d()、2.5ms 延时函数 delay2ms5()等代码,将这些代码移植过来形成独立程序文件 disp.c。

本例中,两个用于实现下拉的按键接在外部中断口 P3.2/$\overline{\text{INT0}}$ 和 P3.3/$\overline{\text{INT1}}$ 上,可用外中断方式响应按键,但按键抖动是不可避免的。由于按键数量少,可如下延时消抖:响应按键中断,进入相应中断服务程序,执行键任务后关闭中断,禁止对后续的抖动的响应,主程序中检查键是否抬起,连续 20ms 检查到键已抬起再开放按键中断。

在 μVision 集成开发环境中创建本例项目,创建主程序文件模块 main.c,并将程序模块 main.c 和 disp.c 添加到项目中。主程序模块 main.c 清单如下:

```
# include < stc15.h >
# define uchar unsigned char
# define uint unsigned int
extern void disp_d();                  //声明外部函数,动态显示函数
extern void delay2ms5();               //声明外部函数,2.5ms 延时函数
extern uchar data disBuf[];            //声明外部变量,显示缓冲区
extern uchar data disNum;              //声明外部变量,当前扫描位
uchar data cnt = 50;                   //定义计数变量 cnt
void gpio_init();                      //声明 I/O 口初始化函数
void INT01_Init();                     //声明 INT0 和 INT1 中断初始化函数

void main()
```

```
{   uchar tmr;                                  //定义局部变量
    gpio_init();                                //I/O 口初始化
    INT01_Init();                               //INT0 和 INT1 中断初始化
    while(1)
    {   delay2ms5();                            //调用 2.5ms 延时
        disBuf[0] = cnt/10;disBuf[1] = cnt % 10; //更新显示
        disp_d();                               //调用显示扫描函数
        P3 | = 0xc;                             //消抖动,读 P3.2 和 P3.3 之前先写 1
        if(!EA&&(P3&0xc) == 0xc)tmr++;          //EA = 0 且无按键则计时
        else tmr = 0;                           //有按键计时复 0
        if(tmr > = 8){tmr = 0;IE0 = 0;IE1 = 0;EA = 1;}//连续 20ms 无键清中断标志开中断
    }
}

void gpio_init()                                //定义 I/O 口初始化函数
{   P3M1& = 0xf3;P3M0& = 0xf3;                  //P3.2 和 P3.3 准双向
    P4M1& = 0xf6;P4M0& = 0xf6;                  //P4.0 和 P4.3 准双向
    P5M1& = 0xef;P5M0& = 0xef;                  //P5.4 准双向
}

void INT01_Init()                               //定义 INT0 和 INT1 中断初始化函数
{   IT0 = 1;IT1 = 1;                            //INT0 和 INT1 下降沿触发
    EX0 = 1;EX1 = 1;EA = 1;                     //允许 INT0 和 INT1 中断,开放总中断
}

void INT0_Isr() interrupt 0                     //INT0_SW17 键中断服务函数
{   if(cnt < 99)cnt++;                          //计数未达上限时,执行 + 1
    EA = 0;                                     //关闭总中断
}                                               //中断返回

void INT1_Isr() interrupt 2                     //INT1_SW18 键中断服务函数
{   if(cnt > 1)cnt -- ;                         //计数未达下限时,执行 - 1
    EA = 0;                                     //关闭总中断
}                                               //中断返回
```

将上述代码编译、下载到实验板中运行,验证系统功能的实现。在上述程序清单中,加粗表示的代码行的作用是消抖动;删去这些行重新编译,再次下载到实验板中试运行,并将运行结果与有消抖代码的程序运行结果进行比较。在主程序模块 main.c 的第 23 行中,当连续 20ms 检测到无键时,重新开放中断前为什么要清除外部中断标志 IE0 和 IE1? 如果不清除会有什么现象? 请读者思考。

6.4 STC15 单片机的定时/计数器

视频

定时/计数器是单片机内部一个十分重要的功能模块。在单片机应用系统中,常常需要实时时钟和计数器,以实现定时控制或者对外部事件的计数操作。STC15W4K32S4 单片机内部提供了丰富的定时/计数器资源,不仅能够实现定时器和计数器的功能,用户还可以通

过设置相应的寄存器实现可编程的时钟输出,为应用系统的其他功能电路提供时钟。

6.4.1　STC15 单片机定时/计数器结构

STC15W4K32S4 单片机内部设置了 5 个 16 位的定时/计数器,分别是定时/计数器 T0、T1、T2、T3 和 T4。通过设置相应控制寄存器的控制位,每个定时/计数器都可以实现定时、计数和可编程的输出时钟功能。各个定时/计数器的内部结构也大同小异,以定时/计数器 T0 和 T1 为例,其结构框图如图 6.4 所示。

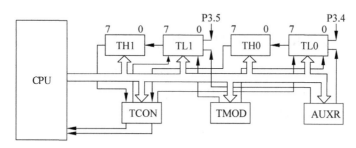

图 6.4　定时/计数器 T0/T1 结构框图

由图可见,定时/计数器 T0 和 T1 模块主要由数据寄存器(高 8 位数据寄存器 THi 和低 8 位数据寄存器 TLi,其中 $i=0,1$)、控制寄存器 TCON、模式寄存器 TMOD、辅助寄存器 AUXR 以及外部脉冲信号输入端组成。每个寄存器均为 8 位寄存器,而 THi 和 TLi 可以组合在一起形成一个 16 位寄存器。各寄存器的操作方法和功能将在稍后进行详细描述。

定时/计数器模块的核心是一个加 1 计数器,如图 6.5 所示。可见,定时/计数器的加 1 计数器的输入脉冲源有两个:其一是外部脉冲源,T0 的外部脉冲由 P3.4 引脚输入,T1 的外部脉冲由 P3.5 引脚输入;其二是系统的时钟信号。计数器对这两个脉冲信号之一进行加 1 计数,当计数器加满溢出时,一方面计数值回零,另一方面置位溢出标志位 TF0 或 TF1,向 CPU 请求中断。

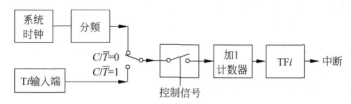

图 6.5　定时/计数器 T0(或 T1)的核心电路框图

1. 定时功能

当加 1 计数器的输入脉冲源为系统时钟信号时,其时基大小取决于外部振荡电路时钟或内部 RC 振荡时钟。在时钟信号分频系数确定的情况下,计数器计数时间的大小总是等于计数值、振荡周期和分频系数的乘积。若加 1 计数器总是以一定初值开始对系统时钟信号进行计数,那么当其计满溢出时,所需的时间间隔也是定值,这就是定时/计数器的定时功能。在该方式下,定时/计数器称为定时器。

2. 计数功能

当加 1 计数器的输入脉冲源为外部脉冲信号时,计数器的工作过程与定时功能相同。此时,外部脉冲信号可能是非周期的,也可能是周期信号但周期值未知,计数器从某个初始值开始计数直至计满溢出所需的外部脉冲数是确定的,由此就可获得脉冲的个数,这就是定时/计数器的脉冲计数功能,简称计数功能。在该方式下,定时/计数器称为计数器。定时/计数器作为计数器使用时,外部脉冲信号为下降沿有效,即输入端发生负跳变时,计数器执行加 1 操作。

6.4.2 STC15 单片机定时/计数器控制寄存器

通过对定时/计数器相关控制寄存器进行操作,可以操控 STC15W4K32S4 单片机的定时/计数器,实现定时(或计数)和可编程时钟输出等功能。用户还可以通过编程修改定时器的工作速度,对于定时/计数器 T0 和 T1,用户还可以通过编程选择不同的工作方式。

1. 定时/计数器 T0 和 T1 控制寄存器(TCON)

TCON 寄存器位组成结构如下:

地址	D7	D6	D5	D4	D3	D2	D1	D0	复位值
88H	TF1	TR1	TF0	TR0	IE1	IT1	IE0	IT0	00000000

(1) TF0(或 TF1):定时/计数器 T0(或 T1)溢出中断标志位。

TF0(或 TF1)=1,定时/计数器 T0(或 T1)产生溢出中断请求;TF0(或 TF1)=0,定时/计数器 T0(或 T1)没有产生溢出中断请求。

T0(或 T1)被允许计数以后,从初值开始加 1 计数。当产生计满溢出时,由硬件将 TF0(或 TF1)置 1,向 CPU 请求中断,一直保持到 CPU 响应中断时,才由硬件将 TF0(或 TF1)清 0。采用软件查询时,应由软件将 TF0(或 TF1)清 0。

(2) TR0(或 TR1):定时/计数器 T0(或 T1)运行控制位。

TR0(或 TR1)=1,启动定时/计数器 T0(或 T1)计数;TR0(或 TR1)=0,停止定时/计数器 T0(或 T1)计数。

2. 定时/计数器 T0 和 T1 模式寄存器(TMOD)

定时/计数器工作模式寄存器 TMOD 是不可位寻址的,其高半字节和低半字节是对称的,前者控制 T1,后者控制 T0。TMOD 各位的含义详述如下:

地址	D7	D6	D5	D4	D3	D2	D1	D0	复位值
89H	GATE	$C/\bar{T}$	$M1$	$M0$	GATE	$C/\bar{T}$	$M1$	$M0$	00000000
	←———— 定时/计数器 1 ————→				←———— 定时/计数器 0 ————→				

（1）$C/\overline{T}$：定时/计数器 T0（或 T1）功能选择位，用于计数脉冲源选择。

当 $C/\overline{T}=1$，定时/计数器 T0（或 T1）选择为计数器模式，计数脉冲由外部引脚输入。

当 $C/\overline{T}=0$，定时/计数器 T0（或 T1）选择为定时器模式，计数脉冲为系统时钟信号。

（2）$M1,M0$：定时/计数器 T0（或 T1）工作模式选择位。

$M1:M0$ 的值用于选择定时/计数器 T0（或 T1）的工作模式，具体含义如表 6.3 所示。4 种工作模式的工作结构与工作原理详见 6.4.3 节。

表 6.3　定时/计数器 T0（或 T1）工作模式

$M1:M0$	工作模式	功 能 说 明
00	模式 0	16 位自动重装载定时器
01	模式 1	16 位不可重装载定时器
10	模式 2	8 位自动重装载定时器
11	模式 3	T0：不可屏蔽中断的 16 位自动重装载定时器；T1：无效（停止计数）

（3）GATE：定时/计数器 T0（或 T1）门控位，图 6.5 所示的加 1 计数器的启停控制信号的逻辑可表示为：计数启停控制 $=(\overline{GATE}+INTi)\&(TRi), i=0,1$。其中 TR$i$ 是定时/计数器控制寄存器 TCON 中的对应位，INTi 为定时/计数器 Ti 的外部门控引脚，T0 的外部门控引脚为 P3.2/INT0，T1 的外部门控引脚为 P3.3/INT1。

当 GATE$=0$ 时，禁止定时/计数器 T0（或 T1）门控功能，计数启停控制 $=$ TRi，当 TR$i=1$ 时，计数启动；当 TR$i=0$ 时，计数停止。

当 GATE$=1$ 时，允许定时/计数器 T0（或 T1）门控功能，计数启停控制 $=(INTi)\&(TRi)$，当 TR$i=1$ 且 INT$i=1$ 时，计数启动；当 TR$i=0$ 或 INT$i=0$ 时，计数停止。

3. 辅助寄存器（AUXR）

AUXR 寄存器位结构组成如下：

地址	D7	D6	D5	D4	D3	D2	D1	D0	复位值
8EH	T0x12	T1x12	UART_M0x6	T2R	T2_C/$\overline{T}$	T2x12	EXTRAM	S1ST2	00000001

（1）T0x12（或 T1x12、T2x12）：定时器 T0（或 T1、T2）速度控制位。

T0x12（或 T1x12、T2x12）$=1$，定时器 T0（或 T1、T2）的速度是标准 51 的 12 倍，即系统时钟不分频直接用于脉冲计数。

T0x12（或 T1x12、T2x12）$=0$，定时器 T0（或 T1、T2）的速度与标准 51 相同，即系统时钟 12 分频后用于脉冲计数。

（2）T2R：定时/计数器 2 运行控制位。

T2R$=1$，启动定时/计数器 T2 计数。

T2R$=0$，停止定时/计数器 T2 计数。

（3）T2_C/$\overline{T}$：定时/计数器 T2 功能选择位。

T2_C/$\overline{T}$=1,定时/计数器 T2 选择为计数器模式。

T2_C/$\overline{T}$=0,定时/计数器 T2 选择为定时器模式。

（4）AUXR 寄存器中其他 3 位分别为：串口 S1 模式 0 通信速度设置位（UART_M0x6）、串口 S1 选择定时器 T2 作波特率发生器控制位（S1ST2）和内部扩展 RAM 使能控制位（EXTRAM），它们与定时计数器无关,详见本书第 7 章或宏晶科技有限公司提供的数据手册。

4. 外部中断允许和时钟输出寄存器（INT_CLKO 或 AUXR2）

INT_CLKO 或 AUXR2 寄存器位结构组成如下：

地址	D7	D6	D5	D4	D3	D2	D1	D0	复位值
8FH	—	EX4	EX3	EX2	MCKO_S2	T2CLKO	T1CLKO	T0CLKO	x0000000

（1）T0CLKO（或 T1CLKO、T2CLKO）：定时/计数器 T0（或 T1、T2）可编程时钟输出控制位。

T0CLKO（或 T1CLKO、T2CLKO）=0,禁止将 P3.5（或 P3.4、P3.0）引脚配置为定时/计数器 T0（或 T1、T2）的时钟输出端。

T0CLKO（或 T1CLKO、T2CLKO）=1,允许将 P3.5（或 P3.4、P3.0）引脚配置为定时/计数器 T0（或 T1、T2）的时钟输出端,输出的时钟频率=T0（或 T1、T2）溢出率/2。

（2）INT_CLKO 寄存器中 EX2、EX3、EX4 为外部中断 INT2、INT3、INT4 的中断允许位,MCKO_S2 用于选择主时钟输出的分频系数,它们与定时计数器无关,详见本书第 2 章或宏晶科技有限公司提供的数据手册。

5. 定时/计数器 T3T4 模式寄存器（T4T3M）

T4T3M 寄存器位组成结构如下：

地址	D7	D6	D5	D4	D3	D2	D1	D0	复位值
D1H	T4R	T4_C/$\overline{T}$	T4x12	T4CLKO	T3R	T3_C/$\overline{T}$	T3x12	T3CLKO	00000000

（1）T3R（或 T4R）：定时/计数器 T3（或 T4）运行控制位。

T3R（或 T4R）=1,启动定时/计数器 T3（或 T4）计数；T3R（或 T4R）=0,停止定时/计数器 T3（或 T4）计数。

（2）T3_C/$\overline{T}$（或 T4_C/$\overline{T}$）：定时/计数器 T3（或 T4）功能选择位。

T3_C/$\overline{T}$（或 T4_C/$\overline{T}$）=1,定时/计数器 T3（或 T4）选择为计数器模式,计数脉冲由外部引脚 P0.5（或 P0.7）输入。

T3_C/$\overline{T}$（或 T4_C/$\overline{T}$）=0,定时/计数器 T3（或 T4）选择为定时器模式,计数脉冲为系统时钟。

（3) T3x12(或 T4x12)：定时/计数器 T3(或 T4)速度控制位。

T3x12(或 T4x12)＝1,定时/计数器 T3(或 T4)的速度是标准 51 的 12 倍,即系统时钟不分频。

T3x12(或 T4x12)＝0,定时/计数器 T3(或 T4)的速度与标准 51 相同,即系统时钟 12 分频。

（4) T3CLKO(或 T4CLKO)：定时器/计数器 T3(或 T4)可编程时钟输出控制位。

T3CLKO(或 T4CLKO)＝0,禁止将 P0.4(或 P0.6)引脚配置为定时/计数器 T3(或 T4)的时钟输出端。

T3CLKO(或 T4CLKO)＝1,允许将 P0.4(或 P0.6)引脚配置为定时/计数器 T3(或 T4)的时钟输出端,输出的时钟频率＝T3(或 T4)溢出率/2。

6. 定时/计数器数据寄存器

定时/计数器数据寄存器用以保存对应定时/计数器的计数值。STC15W4K32S4 单片机内部每个定时/计数器都有两个 8 位的数据寄存器与之相对应,分别是高 8 位数据寄存器 THi(或 TiH)和低 8 位寄存器 TLi(或 TiL),相关数据寄存器如表 6.4 所示,如 T0 定时器的高 8 位数据寄存器 TH0 和低 8 位数据寄存器 TL0。每个 8 位的寄存器都还有一个隐藏的寄存器与之对应并记为 RL_XXX(XXX 代表显式寄存器的符号),该隐式寄存器用于保存显式寄存器的重装载初值(RL 即 reload),隐式寄存器 RL_XXX 与显式寄存器 XXX 共用同一个地址,如 16 位定时/计数器 T2 的高字节寄存器为 T2H,其相应的隐式重装载初值寄存器为 RL_TH2。当对定时/计数器的数据寄存器进行读操作时,读的是显式寄存器 XXX 的值,与隐式寄存器 RL_XXX 无关。当对定时/计数器数据寄存器进行写操作时,需要分两种情况讨论：

（1) 当 TRi(或 TiR)＝0 时,写显式寄存器 XXX 的值会同时写入 RL_XXX；

（2) 当 TRi(或 TiR)＝1 时,写显式寄存器 XXX 的值只写入 RL_XXX。

表 6.4　定时/计数器数据寄存器列表

寄　存　器	地址	复　位　值
TH0　(RL_TH0)	8CH	00000000
TL0　(RL_TL0)	8AH	00000000
TH1　(RL_TH1)	8DH	00000000
TL1　(RL_TL1)	8BH	00000000
T2H　(RL_TH2)	D6H	00000000
T2L　(RL_TL2)	D7H	00000000
T3H　(RL_TH3)	D4H	00000000
T3L　(RL_TL3)	D5H	00000000
T4H　(RL_TH4)	D2H	00000000
T4L　(RL_TL4)	D3H	00000000

通过隐式 RL_XXX 寄存器和上述写操作即可实现定时/计数器数据寄存器的重装载。

与定时/计数器中断有关的寄存器 IE、IE2 和 IP 在中断系统中已经做了详细介绍,此处不再赘述。

6.4.3　STC15 单片机的定时/计数器工作模式

STC15W4K32S4 单片机内部的 5 个定时/计数器 T0～T4 中,T0 有 0～3 共 4 种工作模式,T1 有 0～2 共 3 种工作模式,如表 6.3 所示;T2～T4 相关的控制寄存器中没有模式选择位,因此 T2～T4 只能工作在模式 0。下面详细说明定时/计数器各种工作模式的结构原理。

1. 定时/计数器 T0 工作模式

1）模式 0:16 位自动重装载定时/计数器

定时/计数器 T0 工作在模式 0 时,其内部结构如图 6.6 所示。

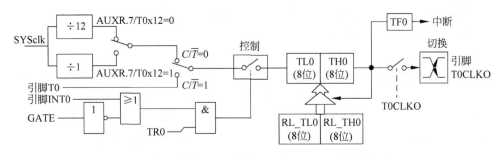

图 6.6　定时/计数器 T0 模式 0 内部结构(16 位自动重装)

用户通过设定辅助寄存器 AUXR 的 T0x12 位选择是否将系统时钟 SYSclk 进行 12 分频。通过设置 TMOD 中 T0 字段的 $C/\overline{T}$ 位选择定时/计数器功能。启停控制逻辑可表示为:启停控制 = $\overline{(\text{GATE} + \text{INT0})}$ & (TR0)。当门控位 GATE = 0 时,启停控制 = TR0,TR0 = 1 时,允许计数;反之,当 TR0 = 0 时,停止计数。当门控位 GATE = 1 时,启停控制 = (INT0) & (TR0),仅当 TR0 = 1 且门控引脚 INT0 = 1,允许计数;反之 TR0 和 INT0 二者有一个为 0,停止计数。控制开关接通后,计数脉冲由 TH0 和 TL0 组成的 16 位寄存器进行"加 1"计数,当计数器计满溢出时,一方面使 TF0 = 1 并向 CPU 申请溢出中断;另一方面产生一个有效的使能信号,使 RL_TH0 和 RL_TL0 寄存器的值重装载到 TH0 和 TL0 中。若用户将 INT_CLKO 寄存器中的 T0CLKO 置 1,则当计数器计满溢出时,在单片机的 T0 时钟输出引脚 P3.5/T0CLKO 将产生一次电平翻转,从而在 P3.5 端口输出占空比为 50% 的方波,其频率为 T0 溢出率/2。

2）模式 1:16 位不可重装载定时/计数器

定时/计数器 T0 工作在模式 1 时,其内部结构如图 6.7 所示。工作在模式 1,T0 计满溢出时不能自动将 RL_TH0 和 RL_TL0 寄存器的值重装载到 TH0 和 TL0 中,其他功能与模式 0 类似。

3）模式 2:8 位自动重装载定时器

定时/计数器 T0 工作在模式 2 时,其内部结构如图 6.8 所示。该模式数据寄存器低 8 位 TL0 作为计数器使用,数据寄存器高 8 位 TH0 作为重装载寄存器使用,只能实现 8 位自动重装载功能,其他功能与模式 0 类似。

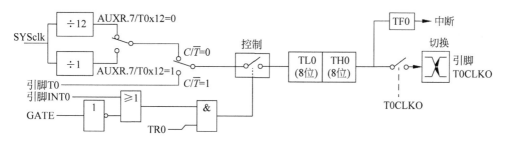

图 6.7　定时/计数器 T0 模式 1 内部结构(16 位不可自动重装)

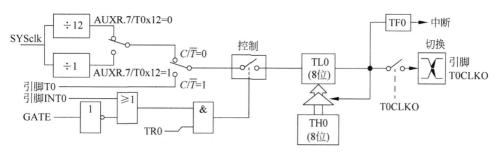

图 6.8　定时/计数器 T0 模式 2 内部结构(8 位自动重装)

4）模式 3：不可屏蔽中断的 16 位自动重装载定时器

定时/计数器 T0 工作在模式 3 时,其内部结构与模式 0 相同(见图 6.6)。当定时/计数器 T0 工作在模式 3 时,T0 的溢出中断将不受总中断允许位 EA 的控制,若 T0 溢出中断允许控制位 ET0＝1,则 T0 溢出中断是不可屏蔽的,其优先级是最高的,而且该中断打开后就既不受 EA 控制,也不受 ET0 控制,即使将 EA 和 ET0 清 0 都不能屏蔽此中断,故此模式称为不可屏蔽中断的 16 位自动重装载模式。该模式通常被用作实时操作系统中的节拍定时器。

2. 定时/计数器 T1 工作模式

定时/计数器 T1 有模式 0、模式 1 和模式 2 共 3 种工作模式,其内部结构与 T0 的对应工作模式相似,如图 6.9～图 6.11 所示。定时/计数器 T1 工作在模式 0～模式 2 时,除定时/计数器相关的脉冲输入引脚、门控引脚、控制位和寄存器不同之外,其工作原理和过程与定时/计数器 T0 的相应部分相同。值得注意的是,将定时/计数器 T1 设置在模式 3 是无效的,此时定时/计数器 T1 将停止计数,相当于将 TR1 清 0。

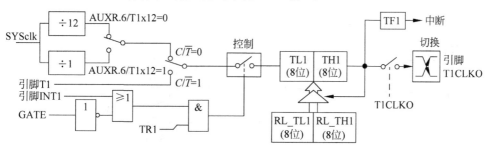

图 6.9　定时/计数器 T1 模式 0 内部结构(16 位自动重装)

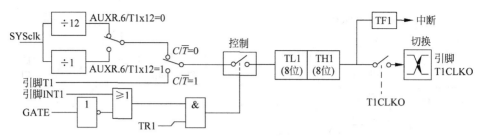

图 6.10   定时/计数器 T1 模式 1 内部结构(16 位不可重装)

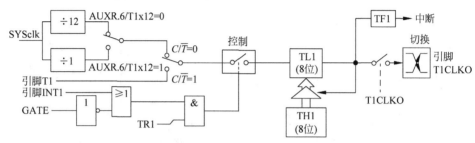

图 6.11   定时/计数器 T1 模式 2 内部结构(8 位自动重装)

3. 定时/计数器 T2、T3、T4 工作模式

与定时/计数器 T0、T1 相比,T2~T4 的不同之处有:其一,定时/计数器 T2~T4 没有相应的模式选择位 $M1:M0$,它们只有 16 位自动重装工作模式,T2~T4 的内部结构如图 6.12~图 6.14 所示,类似于 T0 的模式 0;其二,定时/计数器 T2~T4 只有运行控制位 T2R~T4R,而没有门控位 GATE 和门控引脚;其三,定时/计数器 T2~T4 没有显式的中断请求标志位。STC15W4K32S4 系列单片机各定时/计数器涉及的相关 I/O 引脚如表 6.5 所示。

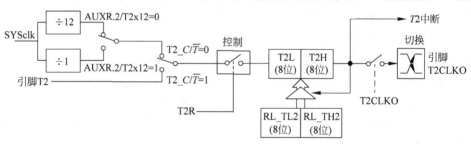

图 6.12   定时/计数器 T2 内部结构(16 位自动重装)

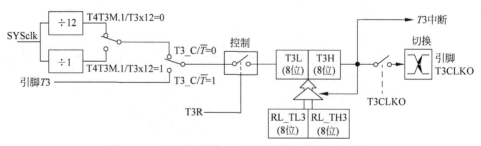

图 6.13   定时/计数器 T3 内部结构(16 位自动重装)

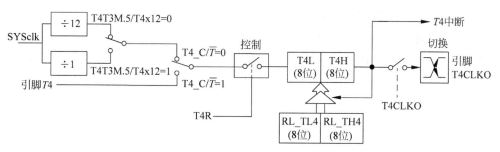

图 6.14　定时/计数器 T4 内部结构(16 位自动重装)

表 6.5　STC15W4K32S4 各定时/计数器的相关引脚

定时/计数器	T0	T1	T2	T3	T4
计数脉冲输入	P3.4	P3.5	P3.1	P0.5	P0.7
门控输入	P3.2	P3.3	无	无	无
时钟输出	P3.5	P3.4	P3.0	P0.4	P0.6

6.4.4　计数器初值与溢出时间

定时/计数器的核心是"加 1"计数器,计数器计满溢出时产生溢出标志,向 CPU 请求中断。计数器的初值决定了计数器从初值到计满溢出的计数值(简称溢出计数值),若 N 位二进制计数器从某一初值 N_{INIT} 开始计数,则该计数器的溢出计数值 N_{OVCNT} 为:

$$N_{\text{OVCNT}} = 2^N - N_{\text{INIT}} \tag{6-1}$$

若计数时钟的频率为 F_{CLK},则定时/计数器的溢出率(每秒发生计满溢出的次数)为:

$$R_{\text{OV}} = \frac{F_{\text{CLK}}}{N_{\text{OVCNT}}} = \frac{F_{\text{CLK}}}{2^N - N_{\text{INIT}}} \tag{6-2}$$

定时/计数器 T0(工作模式 0)、T1(工作模式 0)或 T2～T4 为 16 位初值自动重装,其计数器初值保存在 RL_THi 和 RL_TLi($i=0,1,2,3,4$)中,溢出率可表示为:

$$R_{\text{OV\_T}i} = \frac{F_{\text{CLK}}}{[65536 - (\text{RL\_TH}i, \text{RL\_TL}i)]}, \quad i = 0,1,2,3,4 \tag{6-3}$$

定时/计数器 T0(工作模式 2)或 T1(工作模式 2)为 8 位初值自动重装,其计数器初值保存在 THi($i=0,1$),溢出率可表示为:

$$R_{\text{OV\_T}i} = \frac{F_{\text{CLK}}}{[256 - \text{TH}i]}, \quad i = 0,1 \tag{6-4}$$

由图 6.6～图 6.14 可见,定时/计数器 Ti 有两种计数脉冲源,其一是系统时钟的 $12^{1-\text{T}i\text{x}12}$ 分频,其二是外部引脚输入的脉冲信号,因此有:

$$F_{\text{CLK}} = \begin{cases} f_{\text{SYS}}/12^{1-\text{T}i\text{x}12} & C/\overline{T} = 0 \\ f_{\text{T}i\_\text{Pulse}} & C/\overline{T} = 1 \end{cases}, \quad i = 0,1,2,3,4 \tag{6-5}$$

其中 $f_{\text{Ti\_Pulse}}$ 为 Ti 的外部引脚输入的计数脉冲的频率。

当定时/计数器 Ti 选择定时功能时($C/\overline{T}=0$),式(6-1)的计数值乘以计数时钟脉冲周期即为定时时长(或溢出时间)。因此选择定时功能时,定时/计数器初值和计数时钟周期就决定了定时器的定时时长。由图 6.6~图 6.14 可见,定时器 Ti 的计数时钟是系统时钟的 $12^{1-\text{Tix12}}$ 分频,因此定时/计数器 Ti 的计数时钟周期为:

$$T_{\text{CLK}} = [f_{\text{SYS}}/12^{1-\text{Tix12}}]^{-1} = \frac{12^{1-\text{Tix12}}}{f_{\text{SYS}}} \tag{6-6}$$

这样定时器 Ti 从初值 N_{INIT} 开始计数到计满溢出的定时时长(或溢出时间)为 T_{OV}:

$$T_{\text{OV}} = N_{\text{OVCNT}} T_{\text{CLK}} = \frac{12^{1-\text{Tix12}}[2^N - N_{\text{INIT}}]}{f_{\text{SYS}}} \tag{6-7}$$

或者计数初值 N_{INIT} 与定时时长(或溢出时间)之间的关系为:

$$N_{\text{INIT}} = 2^N - \frac{T_{\text{OV}}}{T_{\text{CLK}}}, \quad \text{或} \quad N_{\text{INIT}} = 2^N - \frac{T_{\text{OV}} \cdot f_{\text{SYS}}}{12^{1-\text{Tix12}}} \tag{6-8}$$

定时/计数器设置最重要的内容之一是其初值选取,式(6-8)是定时/计数器初值计算最基本的公式。

【例 6.3】 将 STC15W4K32S4 单片机的定时/计数器 T1 设为模式 0 定时器,进行单片机程序下载编程时,选择主时钟使用内部 IRC 时钟,且选定 IRC 频率为 12.000MHz,系统时钟不分频。若要求 T1 的定时时长为 5ms(即 T1 的溢出时间为 5ms,或溢出率为 200 次/秒),试求定时/计数器 T1 的初值,写出定时/计数器 T1 的初始化函数 Tmr1_Init()。

本题中,STC15W4K32S4 单片机的定时/计数器 T1 可设置为无门控、定时、模式 0,即 T0 和 T1 工作模式寄存器 TMOD 应设置为:0000xxxx。时钟分频寄存器 CLK_DIV 采用默认值(复位值 0000x000),则系统时钟频率 f_{SYS} 与主时钟频率 f_{OSC} 相同(详见 2.4 节),都为 12.000MHz。由于定时/计数器 T1 的计数时钟频率与辅助寄存器 AUXR 的第 6 位 T1x12 有关,因此可分为以下两种情况:

当 T1x12=0 时,计数时钟为 12T(即计数脉冲为系统时钟的 12 分频),计数时钟周期为 $T_{\text{CLK}}=1\mu\text{s}$,由式(6-8),定时时长 $T_{\text{OV}}=5000\mu\text{s}$,对应的计数器初值为:$N_{\text{INIT}}=65536-5000=0\text{xec78}$。

当 T1x12=1 时,计数时钟为 1T(即计数脉冲为系统时钟,不分频),计数时钟周期为 $T_{\text{CLK}}=(1/12)\mu\text{s}$,由式(6-8),定时时长 $T_{\text{OV}}=5000\mu\text{s}$,对应的计数器初值为:$N_{\text{INIT}}=65536-5000\times12=0\text{x15a0}$。

采用 T1x12=1 方案,定时/计数器 T1 初始化函数 Tmr1_Init()如下:

```
void Tmr1_Init();
{   TMOD&= 0x0f;                    //T1 无门控、定时、模式 0
    AUXR| = 1 << 6;                 //T1x12 置 1
    TL1 = (65536 - 60000) % 256;    //TL1 及 RL_TL1 赋初值
    TH1 = (65536 - 60000)/256;      //TH1 及 RL_TH1 赋初值
    TR1 = 1;                        //启动 T1
}
```

【例 6.4】 将 STC15W4K32S4 单片机的定时/计数器 T1 设为初值自重载定时器,单片机程序下载编程时,选择主时钟使用内部 IRC 时钟,且选定 IRC 频率为 12.000MHz,系统时钟不分频。若要求 T1 的定时时长为 $100\mu s$(即 T1 的溢出时间为 $100\mu s$,或溢出率为 10000 次/秒),试分析定时/计数器 T1 可有几种可能配置方案,并计算各种可能方案的计数器初值,写出其中一种方案的定时/计数器 T1 的初始化函数 Tmr1_Init()。

依题意,定时/计数器 T1 工作于模式 0 和模式 2 时为初值自重载定时器,每种工作模式计数时钟都有 $1T$(周期 $1/12\mu s$)和 $12T$(周期 $1\mu s$)两种计数速度,因此有 4 种配置方案:模式 0 时钟 $12T$、模式 0 时钟 $1T$、模式 2 时钟 $12T$、模式 2 时钟 $1T$。这 4 种配置方案的最大溢出时间分别为 $65536\mu s$、$5461.3\mu s$、$256\mu s$、$21.3\mu s$。由于题意要求 T1 的定时时长为 $100\mu s$,因此只有 3 种配置方案:模式 0 时钟 $12T$、模式 0 时钟 $1T$、模式 2 时钟 $12T$ 可行,这 3 种配置方案 T1 的相关控制参数如表 6.6 所示。其中方案 2 计数器的初值由式(6-7)计算如下:$N_{\text{INIT}}=65536-100\times12=0\text{xfb}50$,其他方案计算类似。

表 6.6　例 6.4 定时/计数器 T1 可行的配置方案

方案	工作模式与时钟速度	TMOD(高 4 位有效)	AUXR(第 6 位有效)	自重载寄存器
1	模式 0 时钟 $12T$	0000 xxxx	x0xx xxxx	$(\text{RL\_TH1},\text{RL\_TL1})=0\text{xff9c}$
2	模式 0 时钟 $1T$	0000 xxxx	x1xx xxxx	$(\text{RL\_TH1},\text{RL\_TL1})=0\text{xfb50}$
3	模式 2 时钟 $12T$	0010 xxxx	x0xx xxxx	$\text{TH1}=0\text{x9c}$

采用配置方案 3,定时/计数器 T1 初始化函数 Tmr1_Init()定义如下:

```
void Tmr1_Init();
{    TMOD& = 0x0f;TMOD| = 2 << 4;        //T1 无门控、定时、模式 2
     AUXR& = ～(1 << 6);                 //T1x12 清 0
     TL1 = 256 - 100;                   //计数器 TL1 赋初值
     TH1 = 256 - 100;                   //自重载寄存器 TH1 赋初值
     TR1 = 1;                           //启动 T1
}
```

6.4.5　标准 51 单片机的定时/计数器

与 STC15W4K32S4 系列单片机对比,标准 51 单片机的定时/计数器的差异主要有 4 点:

(1) 标准 51 单片机只有 2 个定时/计数器 T0 和 T1。

(2) 标准 51 单片机的定时/计数器 T0 和 T1 也有 4 种工作模式,其中模式 0 和模式 3 与 STC 单片机不同,如表 6.7 所示。

(3) 没有辅助寄存器 AUXR,定时时钟的分频系数只能是系统时钟的 12 分频。

(4) 没有可编程的时钟输出功能。

标准 51 单片机定时/计数器涉及的特殊功能寄存器仅有 4 个,如表 6.8 所示,黑体表示的位与定时/计数器有关。

表 6.7　标准 51 单片机定时/计数器 T0 和 T1 的工作模式 0 与模式 3

$M1{:}M0$	模式	说　　明
00	0	TLi 的低 5 位和 THi 的 8 位构成 13 位定时/计数器,不可重载
11	3	只有 T0 可工作在模式 3。T0 工作在模式 3 时,分为两个 8 位定时/计数器,其中 TL0 使用原 T0 的控制位 TF0、TR0、GATE、C/$\overline{\text{T}}$；TH0 只能作定时器,且使用原先 T1 的控制位 TF1 和 TR1；T1 可工作在模式 0～模式 2,为没有启停控制和溢出标志的定时/计数器,通常作为串口的波特率发生器

表 6.8　标准 51 单片机定时/计数器 T0 和 T1 涉及的特殊功能寄存器(黑体为相关位)

符号	地址	复位值	各位符号与含义							
TCON	88H	00000000	**TF1**	**TR1**	**TF0**	**TR0**	IE1	IT1	IE0	IT0
TMOD	89H	00000000	**GATE**	**C/$\overline{\text{T}}$**	**M1**	**M0**	GATE	C/$\overline{\text{T}}$	**M1**	**M0**
IE	A8H	0xx00000	EA	—	—	ES	**ET1**	EX1	**ET0**	EX0
IP	B8H	xxx00000	—	—	—	PS	**PT1**	PX1	**PT0**	PX0

6.5　定时/计数器应用举例

以下结合 STC15W4K32S4 学习实验板的资源和 Proteus 平台,介绍定时/计数器的应用方法。

【例 6.5】　利用 STC15 学习实验板的主芯片 IAP15W4K58S4 单片机定时/计数器 T1 工作模式 1,控制 LED10 闪烁,每秒闪烁 10 次,同时从 P3.4/T0/T1CLKO 引脚输出 T1 时钟。假设单片机主时钟(内部 IRC 或晶振)频率 $f_{\text{osc}}=12.000\text{MHz}$。实验板的 LED10 由 P4.6 驱动(低电平有效),如图 4.27 所示。

对于例 6.5,要实现 LED10 每秒闪烁 10 次,需每隔 50ms 将 LED10 驱动端口的逻辑状态取反。假设 STC 单片机的主时钟不分频(即时钟分频寄存器 CLK_DIV 取复位默认值,未减速运行),此时系统时钟频率 $f_{\text{SYS}}=f_{\text{osc}}=12.000\text{MHz}$。若选择系统时钟 12 分频后作为 T1 的计数脉冲(即 T1x12=0,计数时钟 12T),则计数时钟周期为 $1\mu s$,模式 1 是不可重装 16 位定时器,而 16 位定时器最长定时为 65.536ms,可以实现 50ms 定时。由式(6-8),定时器 T1 设置为模式 1 且计数时钟 12T,则其 50ms 定时初值 $N_{\text{INIT}}=65536-50000=0x3CB0$,即 TH1 = 0x3C,TL1 = 0xB0。对于有显式的溢出标志位的定时/计数器而言(如 T0、T1),软件既可采用查询法也可采用中断法实现定时控制。所谓查询法,是通过反复查询是否产生溢出标志位,从而实现定时控制；而中断法是通过定时中断,在中断服务程序中实现定时控制。对于没有显式的溢出标志位的定时/计数器而言(如 T2、T3、T4),只能采用中断法实现定时控制。本例采用查询法编程,程序流程图如图 6.15 所示。

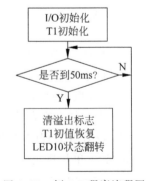

图 6.15　例 6.5 程序流程图

```
#include < stc15.h>
void T1_Init()                                    //T1 初始化函数
{    TMOD& = 0x0f;TMOD| = 1 << 4;                  //T1 方式 1
     AUXR& = ~(1 << 6);                            //T1x12 = 0
     INT_CLKO| = 1 << 1;                           //允许 T1 时钟输出
     TL1 = (65536 - 50000) % 256;                  //设置初值
     TH1 = (65536 - 50000)/256;                    //设置初值
}
void main()
{    P4M1& = ~(1 << 6);P4M0 = ~(1 << 6);           //P4.6 为准双向口
     T1_Init();                                    //T1 初始化
     TR1 = 1;                                      //启动 T1 计数
     while(1)
     {    while(!TF1);                             //等待定时时间到
          TL1 = (65536 - 50000) % 256;             //模式 1 软件恢复 T1 初值
          TH1 = (65536 - 50000)/256;

          TF1 = 0;                                 //查询法,需要软件清 TF1
          P4^ = 1 << 6;                            //P4.6 输出取反
     }
}
```

本例中由于定时/计数器工作模式 1 为不可重装的 16 位,因此应用软件恢复 T1 初值,从 T1 计满溢出产生 TF1 标志到重新对 TL1 和 TH1 赋值,执行这些代码需要几个指令周期,软件恢复 T1 初值的时间给定时带来了误差,这个误差对高精密定时可能是不能容忍的。

本例中,在 T1 时钟输出口 P3.4 有周期为 100ms 的方波输出,用数字万用表测量实验板上主芯片 P3.4 引脚对地电位,结果约 2.5VDC,用示波器观测更加直观。

【例 6.6】 利用 STC15 学习实验板的主芯片 IAP15W4K58S4 单片机定时/计数器 T0 工作模式 0,实现 LED9 灯秒闪。假设单片机的主时钟(内部 IRC 或晶振)频率 $f_{osc} = 12.000$MHz。实验板的 LED9 由 P4.7 驱动(低电平有效),如图 4.27 所示。

对例 6.6,要实现 LED9 灯秒闪,需每隔 0.5s 将 LED9 灯驱动端口的逻辑状态取反。如例 6.5 分析,假设 STC 单片机的主时钟不分频,16 位定时器最长定时为 65.536ms,要实现 500ms 定时,必须扩展计数。可将 T0 设置成 50ms(未超过最长定时)定时器,每 50ms 产生一次溢出标志,当连续产生 10 次溢出标志时其计时总时间即为 500ms,T0 的 50ms 定时初值计算仍如例 6.5。本例采用中断法编程,程序流程图如图 6.16 所示。

```
#include < stc15.h>
#define uchar unsigned char
```

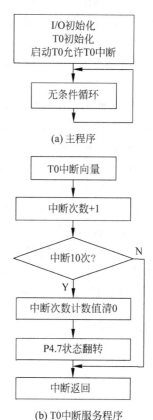

(a) 主程序

(b) T0中断服务程序

图 6.16 例 6.6 程序流程图

```
void T0_Init()                              //T0 初始化函数
{    TMOD& = 0xf0;                          //T0 无门控定时方式 0
     AUXR& = ~(1 << 7);                     //T0x12 = 0
     TL0 = (65536 − 50000)%256;             //初值写入 TL0 和 RL_TL0
     TH0 = (65536 − 50000)/256;             //初值写入 TH0 和 RL_TH0
}
void main()
{    P4M1& = ~(1 << 7);P4M0 = ~(1 << 7);    //IO 口初始化,P4.7 准双向口
     T0_Init();                             //T0 初始化
     TR0 = 1;                               //启动 T0 计数
     ET0 = 1;EA = 1;                        //允许 T0 中断
     while(1);
}
void T0_Isr() interrupt 1                   //T0 中断服务函数
{    static uchar cnt = 0;                  //中断次数变量定义和初始化
     cnt = (cnt + 1)%10;                    //中断次数 + 1,中断次数 = 10 时自动修改为 0
     if(cnt == 0)P4^ = 1 << 7;              //中断次数到?是,则 P4.7 翻转
}
```

与查询法不同,CPU 响应中断后,硬件自动清除溢出标志 TF0,因此在中断服务程序中不需要软件清除 TF0 的语句。

【例 6.7】 如图 4.30 和图 4.36 所示,使用实验板中的主芯片 IAP15W4K58S4、2 个独立式下拉按键 SW17 和 SW18、数码显示模块的最左边 3 位,共 3 部分构成一个秒表,要求实现以下功能:

(1)使用 8 位数码显示器的左边 3 码显示秒表的时间(右边 5 码不用),格式为 XX. X 秒,超过 99.9 后自动回零为 0.0 并继续走时,小数点固定在左 2 码。

(2)按键 SW17 作为秒表的启/停控制键,即当秒表处在停止状态,按该键一次,秒表在原计时基础上继续走时;当秒表处在走时状态,按该键一次,秒表停止,原有计时值保存。

(3)按键 SW18 作为秒表的复位键,当秒表处在停止状态时,按该键一次,秒表回零,停止状态不变;当秒表处在走时状态,按该键无效。

先进行功能需求分析。

(1)秒表需要精确的时间控制,必须采用定时器定时,数码显示只有 3 位,如果每位扫描时间为 5ms,动态扫描一个循环 15ms,不会有频闪现象,因此使用定时 T0 方式 0 设置 5ms 定时器,以此作为秒表的时基。

(2)按设计要求,秒表最大计时至 100s 自动回零,以 5ms 为时基计时,可定义 2 个 char 型计时变量 msec 和 sec,其中 msec 为小数秒部分,取值范围 0~199;sec 为整数秒部分,取值范围 0~99。

(3)秒表有 2 个状态:走时状态和停止状态,可定义 bit 型变量 TON 表示秒表的状态,规定 TON=1 为走时状态,TON=0 为停止状态。

(4)两下拉式按键接在外部中断口 P3.2/$\overline{\text{INT0}}$ 和 P3.3/$\overline{\text{INT1}}$ 上,可用外中断方式响应按键,采用例 6.2 方法消除按键抖动。

依据以上分析,秒表程序流程如图 6.17 所示,编写秒表程序,按模块化结构,分为 main.c 和 disp.c 两个程序模块文件。其中 main.c 程序模块清单如下:

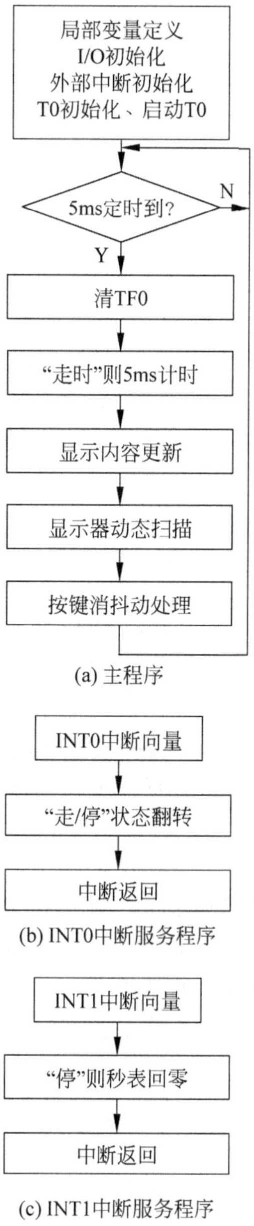

```
/* 秒表设计,T0 定时器 5ms,查询方式 */
#include < stc15.h >
#define uchar unsigned char
#define uint unsigned int
/* 函数声明 */
void gpio_init();          //I/O 口初始化函数
void INT01_Init();         //INT0、1 中断初始化函数
void T0_Init();            //定时器 T0 初始化函数
void time();               //秒表走时函数
/* 外部函数和变量声明 */
extern void disp_d();      //动态显示函数
extern uchar data disBuf[];  //显示缓冲区
extern uchar data disNum;  //当前扫描位
bit TON;                   //秒表走/停控制位变量
uchar data sec;            //秒计时单元
uchar data msec;           //5ms 计时单元
void main()
{   uchar tmr;             //键消抖计时变量
    gpio_init();           //I/O 初始化
    INT01_Init();          //中断初始化
    T0_Init();             //T0 初始化
    TR0 = 1;               //启动 T0
    while(1)
    {   while(!TF0);       //5ms 定时到?
        TF0 = 0;           //定时器溢出标志清零
        disp_d();          //显示器扫描
        if(TON)time();     //走时状态则秒表走时
        disBuf[0] = sec/10;  //显示内容更新
        disBuf[1] = sec % 10;
        disBuf[2] = msec/20;
        P3 | = 0xc;        //消抖动,读 P3.2 和 P3.3 之前先写 1
        if(!EA&&(P3&0xc) == 0xc)
            tmr++;         //EA = 0 且无按键则消抖计时
        else
            tmr = 0;       //有按键计时复 0
        if(tmr >= 4)       //连续 20ms 无键
        {   tmr = 0;
            IE0 = 0;IE1 = 0;  //清中断标志
            EA = 1;        //开中断
        }
    }
}
```

(a) 主程序

(b) INT0 中断服务程序

(c) INT1 中断服务程序

图 6.17　例 6.7 程序流程图

```
void gpio_init()                        //定义 I/O 口初始化函数
{   P3M1& = 0xf3;P3M0& = 0xf3;          //P3.2 和 P3.3 准双向
    P4M1& = 0xf6;P4M0& = 0xf6;          //P4.0 和 P4.3 准双向
    P5M1& = 0xef;P5M0 = 0xef;           //P5.4 准双向
}
void INT01_Init()                       //定义 INT0 和 INT1 中断初始化函数
{   IT0 = 1;IT1 = 1;                    //INT0 和 INT1 下降沿触发
    EX0 = 1;EX1 = 1;EA = 1;             //中断允许 INT0INT1
}
void T0_Init()
{   TMOD& = 0xf0;                       //T0 无门控定时模式 0
    AUXR& = ~(1 << 7);                  //T0x12 = 0,计数时钟 12T
    TL0 = (65536 - 5000) % 256;         //5ms 定时初值设置
    TH0 = (65536 - 5000)/256;
}
void time()                             //秒表计时
{   msec = (++msec) % 200;              //5ms 走时,200 回零
    if(msec == 0)sec = (++sec) % 100;   //1s 到,走秒
}
void INT0_Isr() interrupt 0             //INT0 中断服务函数
{   TON^ = 1;                           //SW17 键,"走/停"状态转换
    EA = 0;                             //关闭总中断
}
void INT1_Isr() interrupt 2             //INT1 中断服务函数
{   if(!TON){sec = 0;msec = 0;}         //SW18 键,"停"则回零
    EA = 0;                             //关闭总中断
}
```

其中 disp.c 文件包含动态显示相关数据表、函数 send_595(),disp_d(),由于显示器使用了左边的 3 只数码管,而且在第 2 只数码管中增加了小点数(固定位置),因此该文件在例 6.2 的基础上做了 3 处修改。

（1）增加了 1 个扫描码和 1 个显示缓冲器。

```
uchar code disScan[3] = {               //在 CODE 区定义扫描码
    ~(1 << 0),~(1 << 1),~(1 << 2)
};
uchar data disBuf[3];                   //在 DATA 区定义显示缓冲区
```

（2）动态显示函数中在第 2 位数码管添加了小数点。

```
void disp_d()                           //动态显示函数定义
{   uchar temp;                         //定义局部变量
    send_595(disScan[disNum]);         //发送当前扫描位的扫描码
    temp = segTab[disBuf[disNum]];     //temp = 扫描字符的段码
    if(disNum == 1)temp| = 1 << 7;     //如果是第 2 位则加小数点
    send_595(temp);                     //发送当前扫描位段码
    P_595_ST = 1;P_595_ST = 0;          //16 位数据移位后锁入输出寄存器中
```

```
    disNum = (disNum + 1) % 3;              //准备扫描下一位
}
```

（3）由于程序主循环没有采用软件延时，而改用查询定时/计数器 T0 的 5ms 定时溢出标志进行控制，因此删除了与软件延时函数 void delay2ms5() 相关的内容。

本章小结

本章主要介绍 STC15 单片机最重要的硬件资源：中断系统和定时/计数器。

1. 中断系统

STC15W4K32S4 系列单片机有 21 个中断源、两个中断优先级。中断相关控制寄存器有 3 类：寄存中断源的中断请求标志、中断允许控制寄存器、中断优先级控制寄存器。重点关注 5 个基本中断：外部中断 INT0 和 INT1、定时/计数器溢出中断 TF0 和 TF1、串口 S1 中断，相关寄存器有 TCON、IE、IP。

与中断有关的控制程序有中断初始化和中断服务程序，前者主要涉及中断触发方式、中断允许、中断优先级设定；后者主要是中断函数定义，它有别于普通函数定义，是不带形参的 void 型函数，必须用关键词 interrupt 说明中断编号。

2. 定时/计数器

STC15W4K32S4 系列单片机有 5 个定时/计数器 T0～T4。T0 和 T1 有 4 种工作模式：16 位自重载模式（方式 0）、16 位不可重载模式（方式 1）、8 位自重载模式（方式 2）、16 位不可屏蔽中断自重载模式（方式 3）；T2～T4 只有 1 种工作模式：16 位自重载模式；重点掌握 T0 和 T1 的方式 0（16 位自重载模式）。T0 和 T1 的相关控制寄存器有 TMOD、TCON、AUXR、INT_CLKO、TL0、TH0、TL1、TH1、RL_TL0、RL_TH0、RL_TL1、RL_TH1、IE、IP 等。

定时/计数器 T0 和 T1 的初始化程序涉及功能选择、方式设置、分频系数设置、初值计算与设置、启动及门控、中断设置。

习题

6.1　什么是中断源？STC15W4K32S4 单片机有几个中断源？列举标准 51 单片机的所有中断源。

6.2　IAP15W4K58S4 单片机外部中断 INT0 和 INT1 有哪两种触发方式？如何设定它们的触发方式？标准 51 单片机外部中断 INT0 和 INT1 的触发方式与 STC15W4K32S4 单片机有何不同？

6.3　CPU 响应中断有哪些条件？在什么情况下中断响应会受阻？

6.4　IAP15W4K58S4 单片机的 INT0、INT1 引脚分别输入压力超限、温度超限中断请求信号，定时/计数器 T0 作为其他定时检测的实时时钟，用户规定的中断优先级排队次序为：压力超限→温度超限→定时检测，试确定 IE、IP 的内容，以实现上述要求。

6.5 试编写一段对中断系统初始化的程序，允许外部中断 INT0、外部中断 INT1、定时/计数器 T0 溢出中断、串口中断，且使定时/计数器 T0 溢出中断为高优先级中断。

6.6 货物传送带侧面装有反射式光电探头，用于探测是否有货物通过，每通过一件货物，光电探头产生一个负脉冲（探头内部有脉冲成形电路，没有抖动问题），货物传送速率是均匀的，最快 1 件/秒，将探头的脉冲信号从 STC15 单片机的 P3.2 端口输入。试用 IAP15W4K58S4 实验板的 SW17 模拟光电探头信号，给该货物光电探测传输系统设计软件，要求实现以下功能：

（1）用实验板左边 4 个数码管构成显示器，显示已探测到的货物总数；

（2）每探测到一件货物指示灯 LED10 闪烁 2 次（亮 0.1s，灭 0.4s，再亮 0.1s，之后灭）。

6.7 STC15W4K32S4 系列单片机内有几个可编程的定时器/计数器？其中 T0 和 T1 有 4 种工作模式，如何选择和设定？

6.8 如果 STC15W4K32S4 单片机的系统时钟频率为 12MHz，把定时器/计数器 T0 设置成无门控定时器，试分别指出该定时器工作在模式 1 和模式 2 的最长定时时间。

6.9 如果 STC15W4K32S4 单片机的系统时钟频率为 12MHz，把定时器/计数器 T1 设置成无门控定时器，要求定时时长为 $250\mu s$，试分析定时器/计数器 T1 有几种可能的设置，并分别求出它们的计数初值。

6.10 设 STC15W4K32S4 单片机的系统时钟频率为 12MHz，利用定时/计数器 T0 编程，要求从 P3.5 引脚输出 1kHz 的方形波。

6.11 设 STC15W4K32S4 单片机的系统时钟频率为 12MHz，利用定时/计数器 T1 编程，要求从 P1.6 引脚输出频率为 1kHz、占空比为 1：3 的矩形波（矩形脉冲占空比即高电平时间与脉冲周期的比值）。

6.12 完成例 6.7 的秒表设计，要求：

（1）使用 AT89C51 单片机；

（2）用 Proteus 完成原理图设计；

（3）编写修改程序，完成仿真调试。

6.13 出租车车轮运转 1 圈产生 2 个负脉冲（有脉冲成形电路，没有抖动问题），轮胎周长为 1.7m，脉冲从 STC15W4K32S4 单片机的 INT0/P3.2 引脚输入。试测量并显示出租车的行驶里程，里程显示方式为 xxx.xx km，测量与显示范围 000.00～999.99km。硬件电路采用 STC15W4K32S4 实验板，系统时钟选择 12MHz。

第7章 STC15 单片机异步串行通信接口

计算机通信使不同地点的数据终端(或外部设备)之间实现软、硬件和信息资源的共享，异步串行通信是最经典的通信方式之一。RS-232 接口是早期 PC 标配的异步串行通信接口，至今仍广泛运用在很多计算机及外部设备中，其核心是通用异步收发器（Universal Asynchronous Receiver and Transmitter，UART）。通用异步收发器也是大多数高性能片上系统单片机内部集成的外围接口之一。本章着重介绍 STC15 单片机的异步串行通信接口。

7.1 串行通信基础

通信在不同的环境下有不同的解释。自从用电波传递信号后，通信被唯一解释为信息的传递，指由某一地点向另一地点传输与交换信息。基于通用异步收发器的异步串行通信是单片机与其他外围设备进行信息传输与交换最经典和最基本的通信方式。

7.1.1 并行通信和串行通信

计算机与外设进行数据传输交换，通信方式有并行通信和串行通信两种。并行通信是指数据的各位同时进行传输的通信方式，数据有多少位就需要多少条传输线，如图 7.1(a) 所示。并行通信的特点是：控制简单，传输速度快。但由于传输线较多，长距离传输时成本较高，仅适用于短距离传送，例如传统的 LPT 打印机接口通信。

图 7.1　并行通信和串行通信

串行通信是指数据按位顺序逐位进行传输的通信方式，如图 7.1(b)所示。串行通信的特点是：传输速度慢。但由于传输线少，长距离传送时成本低，因此适用于长距离传送，例如网卡的 RJ-45 接口通信。

7.1.2 异步通信和同步通信

按照串行通信数据的时钟控制方式,串行通信可以分为同步通信和异步通信两类。

1. 同步通信

在同步通信中,由通信双方的某一方产生同步时钟信号 CLK,在该时钟的控制下完成一个数据(即字符)块的发送与接收。同步通信是一种连续数据块传送方式,通信开始时,发送方先发送同步字符,同步字符由通信协议约定为 1 或 2 个字符,接收方收到同步字符后给出应答信号,发送方收到应答信号后按顺序连续传送数据,直到当前数据块及其检验和发送完成。同步传送时,数据与数据之间没有间隙,也没有任何分隔标志(如起始位、停止位等),仅在通信开始时用同步字符和应答信号实现双方握手,同步字符、应答信号、数据块及其校验和的传送均在同步时钟 CLK 控制下完成,其通信数据格式如图 7.2 所示。

| 同步字符1 | 应答 | 数据字符1 | … | 数据字符n | 校验和 |

(a) 单同步字符

| 同步字符1 | 同步字符2 | 应答 | 数据字符1 | … | 数据字符n | 校验和 |

(b) 双同步字符

图 7.2　同步通信数据格式

同步通信效率较高,但如有 1 个数据在传送中出错,那么整个数据块都会出错,可靠性较低,此外还需要有专门的同步时钟信号 CLK,通信距离短,适合于同一 PCB 板上各芯片之间的通信。

2. 异步通信

在异步通信中,通信双方按约定的传输速率,在各自的时钟信号控制下以 1 个数据帧(即字符)为单位进行传送,多数据传送时,数据间可以有间隔。在异步通信中,以 4～8 位数据(或字符)为单位组成一个数据帧进行传送,数据帧由起始位(固定为 0)、数据的各位(低位在前)、校验位及停止位(固定为 1)构成。在异步通信中,一个数据帧内各位的传输时间间隔是确定的,而两个数据帧之间的间歇时间是任意的。因此,在异步通信中有可能出现两个数据帧连续(无间歇)传输,如图 7.3 中第 $n-1$ 数据帧与第 n 数据帧;或一个数据帧之后空闲任意时间后继续传输下一个数据帧的情况,如图 7.3 中第 n 数据帧与第 $n+1$ 数据帧。

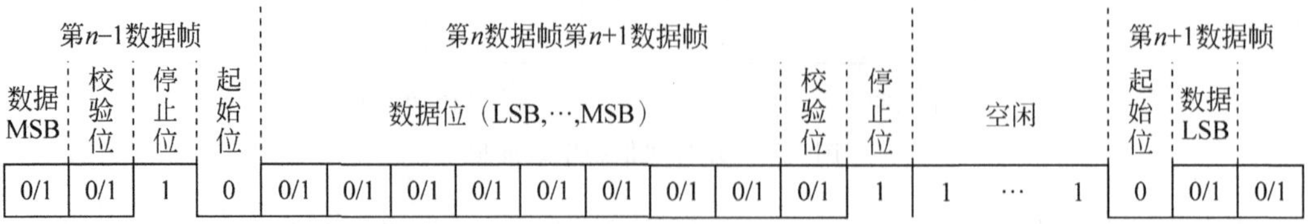

图 7.3　异步串行通信的字符格式(LSB 为最低有效位,MSB 为最高有效位)

异步串行通信的数据帧也称为字符帧,其格式说明如下:

(1) 起始位:表示一帧数据的开始,占一位,以低电平逻辑 0 表示。

(2) 数据位:异步串行通信传输的数据内容,可以是 4～8 个二进制位,按照低位在前、高位在后的位顺序进行传输。

(3) 校验位:是数据的校验值,可以是无校验(None)、奇校验(Odd)、偶检验(Even)、1 校验(Mark)、0 校验(Space)。

(4) 停止位:表示一个数据帧的结束,可以是 1 位、1.5 位或 2 位,以高电平逻辑 1 表示。

(5) 空闲位:两个数据帧之间的间隔,可以任意时长,以高电平逻辑 1 表示。

异步通信效率较低,但如有 1 个数据在传送中出错,不会影响其他数据传送,可靠性较高;数据传送在各自的时钟控制下完成,没有专门的同步时钟信号,时钟速率允许一定的误差;通信距离较远,适合于计算机与外设之间的通信。

7.1.3　串行通信的数据通路形式

在串行通信中,数据是在两个站之间进行传送的,按照数据传送方向及时间关系,串行通信可分为单工、半双工和全双工 3 种形式。

单工通信:通信中的一方固定为发送端,另一方固定为接收端,其数据传送只能单向地由发送端发往接收端,如图 7.4(a)所示。

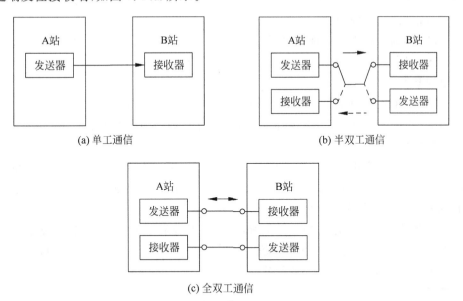

(a) 单工通信　　　(b) 半双工通信

(c) 全双工通信

图 7.4　串行通信的数据通路形式

半双工通信:通信中的双方都既可以是发送端,也可以是接收端,但不能同时既是发送方又是接收方。数据传送可以双向传输,但某一时刻只能单向传输,如图 7.4(b)所示。

全双工通信:通信中的双方都既可以是发送端,也可以同时是接收端。数据传送可以同时双向传输,如图 7.4(c)所示。

7.1.4 通信速度与波特率

在信息传输通道中,携带数据信息的信号单元叫码元,每秒通过信道传输的码元数称为码元传输速率,简称波特率(也称为码元速率),单位是波特(Baud),它是衡量数据传送速率的一个重要指标。

在异步通信中,由于发送端和接收端在各自的时钟信号控制下完成数据帧的发送和接收,时钟源彼此独立,互不同步,因此通信双方必须约定并以同一波特率进行通信,才能实现数据的正确传输。

在单片机的异步串行通信中,一个码元就是一个比特(即一个二进制位),只有 0 和 1 两个离散值。因此,波特率等同于比特率,其单位可表示为 b/s 或 bps。字符速率(即字符传输速率)与波特率、字符帧格式及传输间歇有关。如果字符帧格式为:1 个起始位、8 位数据、无校验、1 个停止位组成,即一字符帧共 10 位,则极限字符速率=波特率/10。

7.1.5 RS-232 标准简介

RS-232 是美国电子工业联盟 EIA(Electronic Industries Association)制定的串行数据通信接口标准,原始编号全称是 EIA-RS-232,其中 RS 是推荐标准(Recommended Standard)的缩写,232 为标识号,标识号 232 的后缀表示该标准修改的次数,如常见 RS-232C 是该标准的第三次修改版。

RS-232C 作为一种串行物理接口标准,在连接电缆和机械、电气特性、信号功能及传送过程等方面都做了相应的规定。

1. 电缆长度

RS-232C 标准规定,在通信速率低于 20kbps 时,若不使用 MODEM,在码元畸变小于 4% 的情况下,数据终端设备 DTE 与数据通信设备 DCE 之间最大传输距离为 15m(50 英尺)。

2. 机械特性

RS-232C 并未定义连接器的物理特性,因此出现了多种类型的连接器,其引脚的定义也各不相同。IBM 的 PC 将 RS-232C 连接器简化成了 DB-9,并逐渐成为 RS-232C 事实的标准,其机械特性及外观如图 7.5 所示。

DB-9 连接器引脚功能定义如表 7.1 所示,而工业控制领域广泛使用的 RS-232 口一般只使用 RXD(2)、TXD(3)和 GND(5)3 条信号连接线。单片机通过串口与这些设备进行通信时,通常只需要这 3 个引脚做相应的连接即可。

3. 电气特性

RS-232C 标准对逻辑电平的定义如下:

数据信号:逻辑 1 的电平为−3~−15V,逻辑 0 的电平为+3~+15V;

控制信号:接通状态的电平为+3~+15V,断开状态的电平为−3~−15V。

RS-232C 用正负电平(称为 EIA 电平)来表示逻辑状态,与 TTL 以高低电平表示逻辑状态的规定不同。因此,为了能够同计算机接口或终端的 TTL 器件连接,必须在 RS-232C

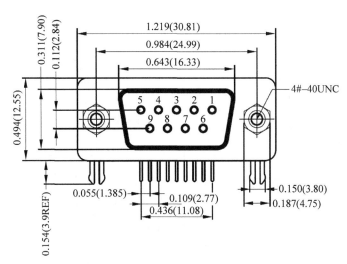

图 7.5 DB-9 连接器机械特性

与 TTL 电路之间进行电平和逻辑关系的变换。专用集成电路芯片 MAX232(或 SP232E)可实现 TTL 电平到 EIA 双向电平转换。

表 7.1 DB-9 连接器引脚功能定义

引脚号	引脚名称	引脚功能	引脚号	引脚名称	引脚功能
1	CD	数据载波检测	6	DSR	数据设备准备就绪
2	RXD	接收数据	7	RST	请求发送
3	TXD	发送数据	8	CTS	清除发送
4	DTR	数据终端准备就绪	9	RI	振铃指示
5	GND	信号地			

7.2 STC15 单片机串口 S1

STC15W4K32S4 单片机内部集成了 4 个基于通用异步收发器 UART 的高速全双工异步串行通信端口(串口 S1~S4),其中串口 S1 与传统 8051 单片机的串口兼容,可以工作在全双工异步方式或半双工同步方式,并支持多机通信。本节主要介绍串口 S1 的内部结构、相关控制寄存器、工作方式及其应用。

7.2.1 串口 S1 的结构和特点

串口 S1 由 2 个数据缓冲器、1 个接收移位寄存器、1 个串行控制寄存器和 1 个波特率发生器等组成,内部结构如图 7.6 所示。2 个数据缓冲器即数据接收缓冲器和数据发送缓冲器,它们彼此独立,可以同时发送和接收数据。

发送电路由数据发送缓冲器(即发送 SBUF)、零检测器和发送控制器等组成,发送电

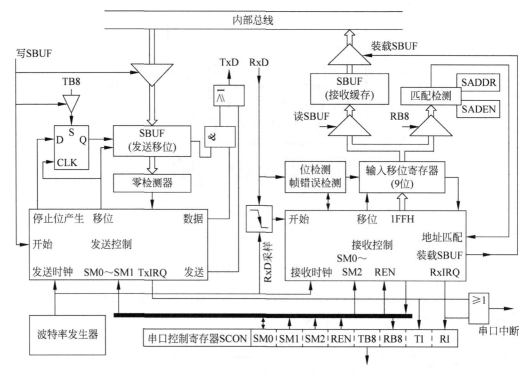

图 7.6　STC15W4K32S4 单片机串口 S1 内部结构

路没有专门的发送移位寄存器,由发送 SBUF 兼作发送移位寄存器。发送数据写入发送 SBUF 后,由发送控制器为其添加起始位、停止位等信息,并控制发送 SBUF 实现数据移位,从 TxD 引脚输出。一帧数据发送完,产生发送中断请求标志,通知 CPU 继续发送数据。

接收电路由数据接收缓冲器(即接收 SBUF)、接收移位寄存器、接收控制器、位检测/帧错误检测电路、地址匹配检测电路等组成。串行数据从 RxD 引脚输入后,经位检测后,进入接收移位寄存器,完成一帧数据接收后,数据再送入接收 SBUF,并产生接收中断请求标志,通知 CPU 读取接收数据。然后接收移位寄存器又可以继续接收新的数据,只要在新的数据帧被完整接收之前,接收 SBUF 内的数据已被用户读取,就不会出现数据拥塞现象。

串口 S1 具有 4 种工作方式,其中 1 种是波特率固定的半双工同步方式,另外 3 种是波特率可变或固定的全双工异步方式。串口 1 的外部引脚可以有 3 组配置方案,用户可设定。

7.2.2　串口 S1 控制寄存器

通过串口 S1 控制寄存器相关操作,用户可实现对 STC15W4K32S4 单片机串口 S1 工作方式的选择、串行数据的接收和发送、串行串口中断以及串口引脚切换等功能操作,串口 S1 相关控制寄存器如表 7.2 所示。

表 7.2　串口 S1 相关控制寄存器（未列出中断及波特率发生器等相关寄存器，加黑为相关位）

寄存器	地址	D7	D6	D5	D4	D3	D2	D1	D0	复位值
SBUF	99H	串行数据缓冲器								
SCON	98H	**SM0/FE**	**SM1**	**SM2**	**REN**	**TB8**	**RB8**	**TI**	**RI**	0000 0000
PCON	87H	**SMOD**	**SMOD0**	LVDF	POF	GF1	GF0	PD	IDL	0011 0000
AUXR	8EH	T0x12	T1x12	**UART_M0X6**	T2R	T2_C/$\overline{\text{T}}$	T2x12	EXTRAM	**S1ST2**	0000 0000
CLK_DIV	97H	MCKO_S1	MCKO_S0	ADRJ	**Tx_Rx**	MCLKO_2	CLKS2	CLKS1	CLKS0	0000 0000
P_SW1	A2H	**S1_S1**	**S1_S0**	CCP_S1	CCP_S0	SPI_S1	SPI_S0	0	DPS	0000 0000
SADDR	A9H	从机地址寄存器								
SADEN	B9H	从机地址掩模寄存器								

1. 数据缓冲寄存器（SBUF）

串口 S1 数据缓冲寄存器有数据发送和数据接收 2 个缓冲寄存器，其中数据发送缓冲寄存器为只写，数据接收缓冲寄存器为只读。由于 CPU 不可能同时对这 2 个缓冲寄存器进行读写，因此它们可以使用相同的寄存器名称 SBUF，并共用 1 个地址。读写 SBUF 时，操作对象各不相同，如：

```
x = SBUF;          //从 SBUF 读数据给变量 x,操作对象是数据接收缓冲寄存器,获取接收数据
SBUF = 0x4a;       //将字符型常数 0x4a 写入 SBUF,操作对象是发送缓冲寄存器,启动数据发送
```

2. 串口 S1 控制寄存器（SCON）

（1）SM0/FE、SM1：串口工作方式选择位，SM0/FE 还可复用为帧错误检测位。

当 SMOD0(PCON.6)＝1 时，SM0/FE 为帧错误校验位，当检测到 1 个无效的停止位时置 1，必须由用户软件进行清 0。当 SMOD0(PCON.6)＝0 时，该位为 SM0，与 SM1 共同确定串口 S1 工作方式，共有 4 种可行的工作方式，如表 7.3 所示。

表 7.3　串口 1 工作方式说明

SM0	SM1	工作方式	功　　能	波　特　率
0	0	工作方式 0	8 位同步移位寄存器	$f_{SYS}/12$ 或 $f_{SYS}/2$
0	1	工作方式 1	8 位 UART	波特率可变,取决于 T1 或 T2 的溢出率
1	0	工作方式 2	9 位 UART	$f_{SYS}/64$ 或 $f_{SYS}/32$
1	1	工作方式 3	9 位 UART	波特率可变,取决于 T1 或 T2 的溢出率

（2）SM2：方式 2 或方式 3 多机通信控制位。

方式 2 或方式 3 下允许接收时，若 SM2＝1，则只有接收到的第 9 位 RB8 为 1，接收才有效，否则接收无效；若 SM2＝0，则不论接收到的第 9 位 RB8 是否为 1，接收都为有效。接收有效时，数据存入 SBUF 并置位 RI；接收无效时，数据丢弃并清除 RI。

方式 0 为同步移位寄存器模式，SM2 与此无关，SM2 应清 0；方式 1 为非多机通信方式，SM2 通常也清 0。

（3）REN：串口 S1 允许接收控制位。

REN＝1，允许串口 S1 接收数据；REN＝0，禁止串口 S1 接收数据。

（4）TB8：方式 2 或方式 3 中发送的第 9 位数据。

在方式 2 或方式 3 下，多机通信时该位可作为地址帧/数据帧标志位，双机通信时该位可作为数据校验位，由软件进行设置。在方式 0 和方式 1 中，该位不使用。

（5）RB8：方式 2 或方式 3 中接收的第 9 位数据。

在方式 2 或方式 3 下，该位的功能根据用户对 TB8 的约定进行使用。在方式 0 或方式 1 中，该位不使用。

（6）TI：串口 S1 发送中断请求位。

在方式 0 下，发送完 8 位数据后由硬件置 1；在其他方式下，开始发送停止位时由硬件置 1，向 CPU 请求中断，应由软件清 0。

（7）RI：串口 S1 接收中断请求位。

在方式 0 下，接收完 8 位数据后由硬件置 1；在其他方式下，接收到停止位的中间时由硬件置 1，向 CPU 请求中断，应由软件清 0。

3．电源控制寄存器（PCON）

（1）SMOD：串口 S1 波特率选择位。

SMOD＝1，S1 工作方式 1～方式 3 波特率加倍；SMOD＝0，S1 工作方式 1～方式 3 波特率不加倍。

（2）SMOD0：帧错误检测有效控制位。

SMOD0＝1：SM0/FE（SCON.7）用于 FE（帧错误检测）功能；SMOD0＝0：SM0/FE（SCON.7）用于 SM0（串口工作方式位 0）功能。

4．辅助寄存器（AUXR）

（1）UART_M0x6：串口模式 0 的通信速度设置位。

UART_M0x6＝1 时，串口 S1 方式 0 的波特率是传统 8051 单片机同方式串口的 6 倍，即系统时钟 f_{SYS} 的 2 分频；UART_M0x6＝0，串口 S1 方式 0 的波特率与传统 8051 单片机同方式串口相同，即系统时钟 f_{SYS} 的 12 分频。

（2）S1ST2：串口 S1 选择定时器 T2 作波特率发生器的控制位。

S1ST2＝1，选择定时器 T2 作为串口 S1 的波特率发生器；S1ST2＝0，选择定时器 T1 作为串口 S1 的波特率发生器。

（3）当定时器 T1（或定时器 T2）作为串口 S1 波特率发生器时，该寄存器中的 T1x12（或 T2x12）控制位将影响定时器的溢出率，进而影响波特率的大小。

5．从机地址寄存器（SADDR）和从机地址掩模寄存器（SADEN）

为方便多机通信，STC15 单片机设置了从机地址控制寄存器 SADDR 和 SADEN。

（1）SADDR。

SADDR 用于存放多机通信系统中作为从机的本机（从机）地址。

(2) SADEN。

SADEN 为从机地址屏蔽位寄存器,用于设置地址信息中的忽略位。当 SADEN 中某个或某些位为 0 时,则表示忽略从机地址寄存器 SADDR 中对应位的具体值。例如,当 SADDR=10101010 时,若 SADEN=11110000,则表示忽略 SADDR 中的低 4 位的位值,即匹配地址为 1010∗∗∗∗(160~175)。只要主机发送的从机地址的高 4 位为 1010,就都与本从机地址相匹配。

6. 辅助寄存器 1(P_SW1)和时钟分频寄存器(CLK_DIV)

(1) S1_S1、S1_S0(P_SW1 寄存器中):串口 S1 引脚切换控制位。

利用串口 S1 引脚切换控制位 S1_S1 和 S1_S0,可实现单片机串口 S1 在 3 组引脚中切换,其对应关系如表 7.4 所示。

表 7.4　串口 S1 引脚切换

S1_S1	S1_S0	功　　能
0	0	串口 S1 引脚在 P3.0/RxD、P3.1/TxD
0	1	串口 S1 引脚在 P3.6/RxD_2、P3.7/TxD_2
1	0	串口 S1 引脚在 P1.6/RxD_3/XTAL2、P1.7/TxD_3/XTAL1(此方式需使用内部时钟)
1	1	无效

(2) Tx_Rx(时钟分频寄存器 CLK_DIV 中):串口 S1 中继广播方式设置位。

Tx_Rx=1,串口 S1 为中继广播方式;Tx_Rx=0,串口 S1 为正常工作方式。

串口 S1 的中继广播方式是指将从 RxD 端口输入的电平状态实时输出到 TxD 外部引脚上,TxD 外部引脚可以对 RxD 引脚的输入信号进行实时整形放大输出,TxD 引脚的对外输出实时反映 RxD 端口输入的电平状态。

用户也可在使用 STC-ISP 软件下载编程时,设置串口 S1 的中继广播方式,进一步的技术细节参见宏晶科技有限公司的相关资料。

7. 其他相关寄存器

与串口 S1 相关的特殊功能寄存器还有中断允许和中断优先级设置,以及作为波特率发生器的定时器 T1(或 T2)设置,相关内容请参阅第 6 章。

7.2.3　串口 S1 的工作方式

如前所述,STC15W4K32S4 单片机串口 S1 有 4 种工作方式,通过 SCON 寄存器的 SM0 和 SM1 两位设置选择工作方式。

1. 工作方式 0

在工作方式 0 下,串口 S1 工作在 8 位同步移位寄存器模式,半双工收发,SM2 应置 0,TB8 和 RB8 不起作用,通常也置 0。串行数据由 RxD 引脚输入或输出,同步移位脉冲由 TxD 引脚输出,8 位数据按低位在前、高位在后依序发送或接收。当 UART_M0x6=1 时,波特率为系统时钟 SYSclk 的 2 分频;当 UART_M0x6=0 时,波特率为系统时钟 SYSclk 的 12 分频。

在工作方式 0 下,串口 S1 串行数据发送时序如图 7.7 所示。当 CPU 执行写 SBUF 指令(如：MOV SBUF,A)时,8 位数据以设定的波特率从 RxD 引脚移位输出,同时在 TxD 引脚输出相应的移位脉冲。8 位数据发送完成后,硬件将发送中断请求位 TI 置 1,向 CPU 请求中断。用户确认数据发送完成后,应对 TI 进行软件清 0,才能发送下一个数据。

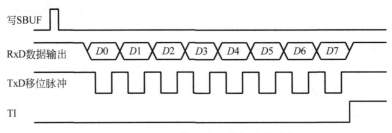

图 7.7 串口 S1 工作方式 0 数据发送时序图

在工作方式 0 下,串口 S1 串行数据接收时序如图 7.8 所示。在接收中断请求位 RI=0 的前提下,接收允许控制位 REN 置 1,即启动串口 S1 接收过程。启动后,8 位数据从 RxD 引脚移位输入,移位脉冲从 TxD 引脚输出。8 位数据移位输入完成后,将接收移位寄存器接收到的数据送入接收数据缓冲寄存器 SBUF,并将接收中断请求位 RI 置 1,向 CPU 请求中断。用户确认读取接收数据后(如：MOV A,SBUF),应对 RI 进行软件清 0,才能启动下一个数据接收。

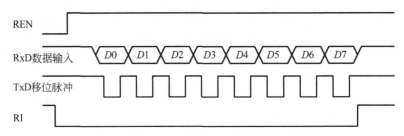

图 7.8 串口 S1 工作方式 0 数据接收时序图

2. 工作方式 1

在工作方式 1 下,串口 S1 工作在 8 位 UART 模式,全双工收发,可设置波特率。在该方式下,数据帧格式为：1 个起始位(0)、8 个数据位(低位在前)、1 个停止位(1),共 10 位。串行数据由 RxD 引脚接收,由 TxD 引脚发送;通信速度由定时器 T1(或 T2)的溢出率决定,用户通过设置定时器 T1(或 T2)选择波特率。发送时自动插入起始位和停止位,接收时停止位进入 SCON 的 RB8 位。

在工作方式 1 下,串口 S1 串行数据发送时序如图 7.9 所示,TXCLK 是内部控制器产生的发送时钟。在发送中断标志 TI=0 的条件下,CPU 执行一条写 SBUF 的指令时,即启动发送,从 TxD 移位输出 10 位的数据帧。当停止位开始发送时,硬件使发送中断标志 TI 置 1,发送下一个数据之前,应对 TI 进行软件清 0。

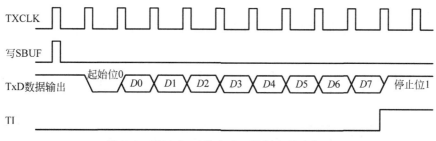

图 7.9　串口 S1 工作方式 1 数据发送时序图

在工作方式 1 下,串口 S1 串行数据接收时序如图 7.10 所示,RXCLK 是内部控制器产生的接收时钟。接收允许控制位 REN 置 1 即启动接收过程,从检测到有效起始位开始接收一帧数据,将接收到的数据逐位送入接收移位寄存器。当接收到停止位时,检查以下两个条件:

(1) RI=0;

(2) SM2=0 或接收到的停止位为 1。

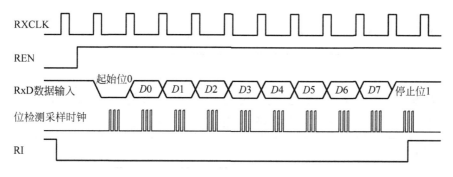

图 7.10　串口 S1 工作方式 1 数据接收时序图

若两个条件同时满足,则接收到的数据有效,8 位数据装载至 SBUF,停止位进入 RB8,RI 置 1,向 CPU 请求中断。若两个条件不能同时满足,则接收到的数据无效,丢弃。不论条件是否满足,接收器都重新检测 RxD 引脚上的有效起始位,继续下一帧数据接收。

对数据接收来说,为消除干扰,提高可靠性,串口内部的接收控制器将一个位的接收时间均分为 16 个时间片,并在第 7、8、9 个时间片中分别采样 RxD 引脚的逻辑电平,取至少 2 次相同的逻辑值作为当前的接收数据位。

3. 工作方式 2

在工作方式 2 下,串口 S1 工作在 9 位 UART 模式,全双工收发,波特率固定。该方式下,数据帧格式为:1 个起始位(0)、8 个数据位(低位在前)、第 9 位数据、1 个停止位(1),共 11 位。发送时,串行数据由 TxD 引脚输出,第 9 位即 SCON 中的 TB8 位;接收时,串行数据由 RxD 引脚输入,第 9 位数据装入 SCON 的 RB8 位。通信速度固定,当 SMOD(PCON.7)=1 时,波特率为系统时钟 SYSclk 的 32 分频;当 SMOD(PCON.7)=0 时,波特率为系统时钟 SYSclk 的 64 分频。

在工作方式2下,串口S1串行数据发送时序图如图7.11所示。启动发送之前,用户应根据通信需要将第9位数据装入TB8。除此之外,发送数据过程与工作方式1的数据发送过程基本相同。

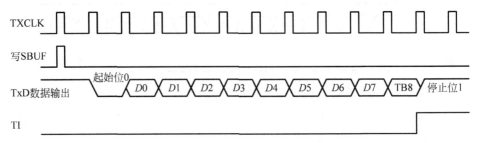

图7.11 串口S1工作方式2数据发送时序图

在工作方式2下,串口S1串行数据接收时序如图7.12所示。与方式1的接收过程类似,当接收到第9位数据时,检查以下两个条件:

(1) RI=0;

(2) SM2=0,或SM2=1且接收到的第9位数据D8=1。

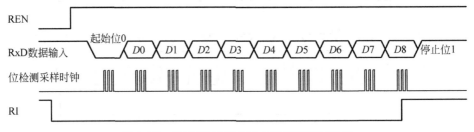

图7.12 串口S1工作方式2数据接收时序图

若两个条件同时满足,则接收到的数据有效,8位数据装载至SBUF,第9位D8进入RB8,RI置1,向CPU请求中断。若两个条件不能同时满足,则接收到的数据无效,丢弃。不论条件是否满足,接收器都重新检测RxD引脚上的有效起始位,继续下一帧数据接收。

4. 工作方式3

在工作方式3下,串口S1工作在9位UART模式,全双工收发,波特率可变。在该方式下,数据帧的结构以及发送、接收过程都与工作方式2相同,而其波特率发生则与工作方式1相同,故不再赘述。

视频

7.2.4 串口S1的波特率设置

串口S1有4种工作方式中,其中工作方式0和方式2的通信波特率固定;工作方式1和方式3的通信波特率由定时器T1(或T2)的溢出率决定。

1. 工作方式0和工作方式2

工作方式0中,串口S1的通信波特率与UART_M0x6(即AUXR.5)控制位的取值有

关,可表示为:

$$R_{\text{BAUD}} = \frac{6^{\text{UART\_M0x6}}}{12} f_{\text{SYS}} \tag{7-1}$$

当 UART_M0x6=0 时,波特率为 $f_{\text{SYS}}/12$;当 UART_M0x6=1 时,波特率为 $f_{\text{SYS}}/2$。

在工作方式 2 下,串口 S1 的通信波特率与 SMOD(即 PCON.7)控制位的取值有关,可表示为:

$$R_{\text{BAUD}} = \frac{2^{\text{SMOD}}}{64} f_{\text{SYS}} \tag{7-2}$$

当 SMOD=0 时,波特率为 $f_{\text{SYS}}/64$;当 SMOD=1 时,波特率为 $f_{\text{SYS}}/32$。

2. 工作方式 1 和工作方式 3

在工作方式 1 和工作方式 3 下,串口 S1 的通信波特率由定时器 T1 或定时器 T2 的溢出率决定,波特率发生器结构如图 7.13 所示。用户可通过设置 S1ST2(即 AUXR.0)控制位选择波特率发生器对应的定时器。当 S1ST2=0 时,选择定时器 T1 为波特率发生器,T1 必须工作在自动重载模式,即方式 0 的 16 位自动重载方式或方式 2 的 8 位自动重载方式;当 S1ST2=1 时,选择定时器 T2 为波特率发生器,T2 只有一种方式,即 16 位自动重载方式。

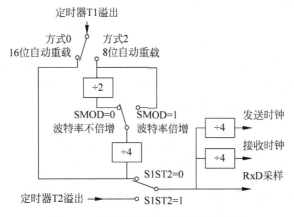

图 7.13 串口 S1 波特率发生器的结构

记定时器的溢出周期和溢出率为 T_{OV} 和 R_{OV},定时器时钟周期和频率为 T_{CLK} 和 F_{CLK},溢出计数值为 N_{OVCNT},它们之间有以下关系:$T_{\text{OV}} = N_{\text{OVCNT}} \cdot T_{\text{CLK}}$,$R_{\text{OV}} = T_{\text{OV}}^{-1}$,$F_{\text{CLK}} = T_{\text{CLK}}^{-1}$,由此可导出以下关系:

$$N_{\text{OVCNT}} = \frac{F_{\text{CLK}}}{R_{\text{OV}}}, \quad \text{或} \ R_{\text{OV}} = \frac{F_{\text{CLK}}}{N_{\text{OVCNT}}} \tag{7-3}$$

若使用 16 位定时器作为波特率发生器(即 T1 方式 0,或 T2),则由图 7.13 可见通信波特率为定时器溢出率 R_{OV} 的 1/4。若设置 16 位定时器的初值为 N_{INIT},则波特率为:

$$R_{\text{BAUD}} = \frac{F_{\text{CLK}}}{4 \times N_{\text{OVCNT}}} = \frac{F_{\text{CLK}}}{4 \times (2^{16} - N_{\text{INIT}})} \tag{7-4}$$

其中 F_{CLK} 与定时器的速率控制位有关。当 T1x12(或 T2x12)=0 时,定时时钟为 $12T$,$F_{CLK}=f_{SYS}/12$;当 T1x12(或 T2x12)=1 时,定时时钟为 $1T$,$F_{CLK}=f_{SYS}$。

若使用 8 位定时器作为波特率发生器(即 T1 方式 2),则由图 7.13 可见,通信波特率为定时器 T1 溢出率 R_{OV} 的 $2^{SMOD}/32$ 倍,其中 SMOD 是波特率选择位(也称为波特率倍增位)。即波特率为 R_{OV} 的 1/16(有倍增 SMOD=1),或 R_{OV} 的 1/32(无倍增 SMOD=0)。与式(7-3)类似,使用 8 位定时器作为波特率发生器时,波特率为:

$$R_{BAUD}=\frac{2^{SMOD}F_{CLK}}{32\times N_{OVCNT}}=\frac{2^{SMOD}F_{CLK}}{32\times(2^8-N_{INIT})} \tag{7-5}$$

式中 N_{INIT} 是 8 位定时器 T1(方式 2)的初值;定时器时钟频率 F_{CLK} 同样受 T1x12 控制。当 T1x12=0 时,F_{CLK} 为 $12T$;当 T1x12=1 时,F_{CLK} 为 $1T$。

传统 8051 单片机串口的波特率发生器为定时器 T1,工作在方式 2。

【例 7.1】 设 IAP15W4K58S4 单片机主时钟采用片内 RC 振荡,频率 11.0592MHz,系统时钟不分频;串口 S1 工作在方式 1,波特率为 9600bps,使用定时器 T1 为波特率发生器。试讨论波特率发生器可以有几种可能配置方案;计算每种配置方案定时器 T1 的初值,以及对应的定时器速度控制位 T1x12 和波特率倍增位 SMOD 的值。

在本例中,若定时器 T1 工作在方式 0(即 16 位自动重载方式),则定时器时钟有 $1T$ 和 $12T$ 两种选择,波特率为 T1 溢出率的 1/4,对应的波特率发生器有 2 种配置方案;若定时器 T1 工作在方式 2(即 8 位自动重载方式),定时器时钟同样有 $1T$ 和 $12T$ 两种选择,另外波特率还有是否倍增两种选择,对应的波特率发生器有 4 种配置方案。因此本例的波特率发生器共在 6 种可能的配置方案,如表 7.5 所示。

表 7.5　例 7.1 波特率发生器可能的配置方案列表

方案	T1 工作方式 方式 0:16 位自动重载 方式 2:8 位自动重载	定时器速度 T1x12=1,1T T1x12=0,12T	波特率倍增 SMOD=0,N SMOD=1,Y	波特率与 T1 溢出率比例	定时器初值
1	方式 0	$1T$	无关	1/4	0xfee0
2	方式 0	$12T$	无关	1/4	0xffe8
3	方式 2	$1T$	N	1/32	0xdc
4	方式 2	$1T$	Y	1/16	0xb8
5	方式 2	$12T$	N	1/32	0xfd
6	方式 2	$12T$	Y	1/16	0xfa

波特率发生器配置方案 1 定时器初值可用式(7-3)分步计算如下:

(1) 确定定时器 T1 时钟频率和溢出率。在波特率配置方案 1 中,定时器时钟选择 $1T$,$F_{CLK}=11059200Hz$,$R_{OV}=4\times R_{BAUD}=38400Hz$。

(2) 计算定时器溢出计数值和初值。$N_{OVCNT}=11059200/38400=288$,$N_{INIT}=2^{16}-288=0xfee0$。

同样方法可求得另外5种波特率发生器配置方案的定时器初值。在本例波特率发生器的6种配置方案中,仅方案5和方案6与传统8051单片机兼容。

STC单片机在线编程工具STC-ISP提供了一个辅助工具——波特率计算器,如图7.14所示。利用该工具,选择主频率、波特率、波特率发生器、定时器时钟、波特率倍速等参数后,波特率计算器就会自动计算出定时器的初值,并自动生成串口的初始化函数 void UartInit(void),函数内含波特率发生器的初始化。图7.14所示为例7.1波特率发生器配置方案1的辅助计算结果。

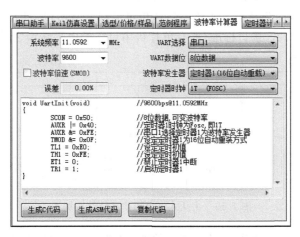

图 7.14　STC-ISP 提供的辅助工具——波特率计算器

如果单片机的系统时钟不正好是 11.0592MHz、18.4320MHz 等几个特殊频率,那么求波特率发生器所用定时器的初值时,会出现所求的初值为非整数情况,取最接近该值的整数为定时器初值,这将导致波特率出现误差。那么波特率允许有多大误差呢?

在异步通信过程中,通信双方在各自的时钟信号控制下完成数据传输,由于器件的离散性,时钟元件的参数存在误差且有温漂等,要做到通信双方的波特率完全相同是不可能的。由于 UART 中,每个数据帧只传一个字符,每帧都是独立的,都有起始位和停止位,因此时间的误差只会在一帧中积累,当传输至每帧的最后1位时间误差积累最大,最不利的情况是双方的波特率一方为正偏差,另一方为负偏差,以11位数据帧的方式传输,传输到最后1位时,只要累积的时间误差不超过0.5位的时间,接收方就能正确接收数据,因此每位传输时间允许最大相对误差为 $0.5/(2 \times 11) = 2.27\%$。综上,在异步通信中,波特率允许最大误差为 $\pm 2.2\%$。

例如,在例7.1中,若系统时钟改用12.0000MHz,研究以下两种波特率发生器配置方案:

(1)采用配置方案1,定时器的溢出计数值计算结果为 $N_{OVCNT} = 12000000/38400 = 312.5 \approx 312$,取 T1 的初值为 0xfec8,波特率误差为 $+0.16\%$,在允许误差之内。

(2)采用配置方案5,定时器的计数值计算结果为 $N_{OVCNT} = (12000000/12)/(9600 \times 32) = 3.25 \approx 3$,取 T1 的初值为 0xfd,波特率误差为 $+7.7\%$,在允许误差之外。

使用 STC15 单片机串口 S1 并且串口工作在方式 1 和方式 3 时，波特率发生器可以有多种配置方案，如例 7.1 所示。一般情况下，定时时钟选择 1T，波特率有倍增的配置方案较佳，其波特率的相对误差会较小。

7.2.5 多机通信原理及其规则

STC15 单片机串口 S1 的方式 2 和方式 3(9 位 UART)具有多机通信功能，图 7.15 是在单片机多机系统中常用的总线型主从式多机系统。所谓主从式，即在多机系统中，只有一个单片机是主机，其余的为从机。主机与各从机可全双工通信，从机之间只能通过主机交换信息。如果采用 RS-232C 接口标准，所有单片机串口需经电平转换之后再连接。

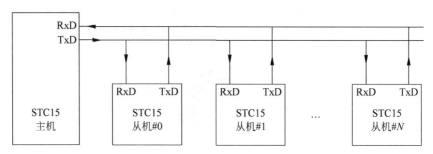

图 7.15　主从式多机通信系统结构框图

在主从式多机系统中，各从机都有唯一的地址(或编号)，主机发送的信息可以被各从机接收，而从机发送的信息只能被主机接收。主机拥有通信控制权，由其决定与哪个从机进行通信，通信过程包含联络与信息(数据或命令)传输。首先，主机以从机地址呼叫从机，从机要能识别主机的呼叫。其次，被叫的从机向主机回送本机地址作为应答，主机将收到的应答地址与发出的地址比较，确认被叫从机后再继续信息发送，否则重新呼叫从机。

51 单片机串口 S1 控制寄存器 SCON 中的多机通信控制位 SM2 正是为满足这个要求而设置的。串口 S1 的工作方式 2 或方式 3 为 9 位 UART，接收时数据有效需满足以下两个条件：

条件一，RI=0；

条件二，SM2=0，或 SM2=1 且接收到的第 9 位数据为 1；

由于 RI 必须由软件清 0，条件一提供了"上次接收的数据已处理，可以接收新数据"的信息；当 SM2=1 时，条件二提供了第 9 位数据参与接收控制的机会。借此主从式多机系统可以规定如下通信规则：

(1) 约定主机呼叫从机时，发送"8 位从机地址且 TB8=1"，称为地址帧；应答确认后，主机发送信息时，发送"8 位信息且 TB8=0"，称为信息帧。

(2) 通信前，所有从机的 SM2=1，使之处在只能接收地址帧状态。当主机发送地址帧寻址(即呼叫)从机时，所有从机都能有效接收。

(3) 从机收到地址帧后，与本机地址比较，若相同则 SM2=0，并回送本机地址作为应答；若不相同，则 SM2=1 保持不变。

（4）应答确认后，主机继续发送信息帧，此时只有被寻址的从机可以接收有效，接收的9位数据送入 SBUF 和 RB8，RI＝1，向 CPU 请求中断；其他从机接收无效，数据被自动丢弃。

（5）若主机需要与其他从机通信，可直接发送新地址帧寻址新从机时，原先被寻址的从机（SM2＝0）也能有效接收新地址帧，与本机地址比较，不相同恢复 SM2＝1，重新进入只能接收地址帧状态。

STC15 单片机的串口 S1 是增强型串口，增加了两个特殊功能寄存器：从机地址寄存器 SADDR 和从机地址掩模寄存器，因此具有从机地址自动识别功能。在多机通信系统中，各从机置 SM2＝1 时，将本机地址存入从机地址寄存器 SADDR 中，并设置好掩模寄存器 SADEN，当主机发送地址帧寻址从机时，只有满足地址匹配条件的部分从机能够有效接收，帧数据送入 SBUF 和 RB8，置位 RI，请求中断。

7.2.6　标准 51 单片机的串口

标准 51 单片机只有一个串口，在 STC15 单片机中，选择定时器 T1 方式 2 为波特率发生器时，串口 S1 与标准 51 单片机的串口兼容。标准 51 单片机串口与 STC15 单片机串口 S1 的差别主要有：

（1）标准 51 单片机的电源控制寄存器 PCON 没有 SMOD0 位，没有帧错误检测，因此没有帧错误检测标志 FE。

（2）标准 51 单片机没有辅助寄存器 AUXR，波特率发生器只能使用定时器 T1，且 T1 只能工作在方式 2 的 8 位自重载模式，时钟 12T。

（3）标准 51 单片机没有辅助寄存器 P_SW1（或 AUXR1），因此串口的外部引脚固定为 P3.0/RxD 和 P3.1/TxD，即 STC15 单片机串口 S1 的第一组引脚，不能切换。

（4）标准 51 单片机没有从机地址寄存器 SADDR 和从机地址控制寄存器 SADEN，没有从机地址自动识别功能，只有通过软件识别从机地址。

因此标准 51 单片机串口的主要控制寄存器如表 7.6 所示，串口工作方式如表 7.7 所示。

表 7.6　标准 51 单片机串口控制寄存器（未列出中断及波特率发生器等相关寄存器，加黑为相关位）

	地址	$D7$	$D6$	$D5$	$D4$	$D3$	$D2$	$D1$	$D0$	复位值
SBUF	99H	串行数据缓冲器								0000 0000
SCON	98H	**SM0**	**SM1**	**SM2**	**REN**	**TB8**	**RB8**	**TI**	**RI**	0000 0000
PCON	87H	**SMOD**	—	—	POF	GF1	GF0	PD	IDL	0xx1 0000

表 7.7　标准 51 单片机串口工作方式说明

SM0	SM1	工作方式	功　　能	波　特　率
0	0	工作方式 0	8 位同步移位寄存器	$f_{SYS}/12$
0	1	工作方式 1	8 位 UART	波特率可变，$(2^{SMOD}/32)$（T1 溢出率）
1	0	工作方式 2	9 位 UART	$f_{SYS}/64$ 或 $f_{SYS}/32$
1	1	工作方式 3	9 位 UART	波特率可变，$(2^{SMOD}/32)$（T1 溢出率）

7.3 STC15 单片机串口 S1 应用举例

STC15 单片机串口 S1 有 4 种工作方式，其中方式 0 为同步移位寄存器模式(SSR)，半双工；方式 1、方式 2 和方式 3 为通用异步收发器模式(UART)，全双工。串口的应用非常广泛，本节在同步串口和异步串口方面各举一例说明应用方法。

7.3.1 同步移位寄存模式应用

在 5.1.4 节中介绍了用两片带锁存功能的 8 位移位寄存器 74HC595 扩展 LED 显示接口的方法，如图 4.36 所示，IAP15W4K58S4 实验板上的 8 位共阴极数码显示模块即采用此扩展方法。这种扩展方法是单片机同步串口的典型应用，但实验板中为不占用 STC15 单片机的串口资源，并没有使用串口 S1 的同步移位寄存器模式，而是使用普通 I/O 端口 P4.0 和 P4.3 分别作为串行数据和同步移位脉冲的输出口，用软件的方法模拟同步串口，实现单片机与显示接口电路之间的串行数据通信。

使用 AT89C51 单片机串口扩展 16 位串入并出的数码显示接口电路如图 7.16 所示，串口工作在同步移位寄存器模式，P3.0/RxD 为串行数据输出端，接 74HC595 的串行数据输入端 DS；P3.1/TxD 为移位脉冲输出端，接 74HC595 的移位脉冲输入端 SH_CP。单片机将 16 位数据发送给数码显示电路后，还必须再发送一个数据锁存脉冲，才能将 16 位数据存入 74HC595 的内部锁存器并输出，用 P3.6 口输出该锁存脉冲 ST_CP。在图 7.16 中，单片机只发送，显示电路只接收，通信为单工式，图中两个按键与同步串口无关，用途见例 7.2。

对比图 4.36 和图 7.16，除使用单片机 I/O 端口不同外，两图在硬件上完全相同，但它们在数据传输格式上完全相反。图 4.36 所示的数码显示电路，同步串行数据输出由软件实现，软件可选择串行数据的格式为高位在前，如图 5.6 所示，以适应硬件电路的接法，如 U6 的 Q0 输出端驱动笔段 a……而图 7.16 所示的数码显示电路，单片机将发送数据写入发送缓冲寄存器 SBUF 即启动发送，同步串行数据输出是由串口的硬件实现的，其串行数据的格式为低位在前，同步发送 2 字节数据 B2.7～B2.0 和 B1.7～B1.0 的接口信号如图 7.17 所示，B2.0 是最早串行输出的数据位，经过 16 次移位(16 个 TxD 脉冲作用)传输，最终从 U7 的 Q7 端口输出。因此对图 7.16，数码动态显示函数相关的定义在 CODE 区的七段码译码表和扫描码表的内容必须修改，高低位序反向排列。如字符"2"原先的七段码为 segTab[2]=0x5b=0101 1011，现应修改为 segTab[2]=1101 1010=0xda；左 2 码的扫描码原先为 disScan[1]=～(1<<1)=1111 1101，现应修改为 disScan[0]=1011 1111=～(1<<6)。

【例 7.2】 基于图 7.16 的单片机系统，其中 AT89C51 使用 12MHz 晶振，试重新设计一个"秒表"，要求实现与例 6.7 相同的功能。

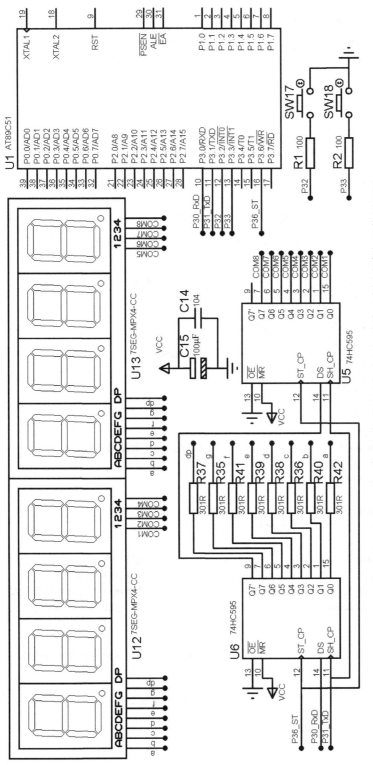

图 7.16　用 AT89C51 串口与数码显示电路之间的单工式同步串行通信原理图

（图注：所有电阻属性中 Model Type 项必须选选 DIGITAL，否则运行时能显示可能不正常）

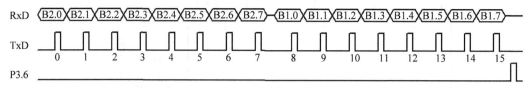

图 7.17　同步串口模式输出 2 字节数据的接口信号

先作功能需求分析。与例 6.7 比较,本例有以下两个不同点:

(1) 数码动态显示电路的接口不同,本例 16 位串入并出数码显示接口使用串口 S1 的同步移位寄存器方式,数码管的段码表、动态显示位选码表、显示数据发送函数需要做相应修改。

(2) AT89C51 定时器 T0 方式 0 为 13 位初值不可重载定时/计数器,与 STC15 单片机不兼容,因此改用定时器 T0 的方式 1 为 5ms 定时,定时器 T0 初始化函数、软件恢复初值等有所不同,也需相应修改。

考虑这两点后,将例 6.7 软件移植过来,可得清单如下:

(1) disp.c 程序模块,修改 3 部分。

① 数码管的段码表、动态显示位选码表;

② 显示数据发送函数;

③ 数码动态显示函数。

如加粗表示的程序行所示。

```c
# include < reg51.h >
# define uchar unsigned char
uchar code segTab[ ] = {                    //在 CODE 区定义七段码译码表
    0xfc,0x60,0xda,0xf2,0x66,0xb6,0xbe,0xe0,
    0xfe,0xf6,0xee,0x3e,0x9c,0x7a,0x9e,0x8e
};
uchar code disScan[3] = {                   //在 CODE 区定义扫描码
    ～(1 << 7),～(1 << 6),～(1 << 5)
};
uchar data disBuf[3];                       //在 DATA 区定义显示缓冲区
uchar data disNum;                          //在 DATA 区定义位扫描控制变量
sbit P36_ST = P3^6;                         //定义 74HC595 的输出寄存器锁存信号接口
void TX_uart_M0(uchar);                     //声明从串口移位输出 1 字节数据函数
void disp_d();                              //声明动态显示函数

void TX_uart_M0(uchar x)                    //从 STC 单片机串口移位输出 1 字节数据
{   SBUF = x;                               //发送数据
    while(!TI);                             //等待发送结束
    TI = 0;                                 //清除 TI,准备下一次发送
}

void disp_d()                               //动态显示函数定义
```

```
{   uchar temp;                           //定义局部变量
    TX_uart_M0(disScan[disNum]);          //发送当前扫描位扫描码
    temp = segTab[disBuf[disNum]];        //temp = 扫描字符的段码
    if(disNum == 1)temp| = 1;             //如果是左 2 位则加小数点
    TX_uart_M0(temp);                     //发送当前扫描位段码
    P36_ST = 1;P36_ST = 0;                //16 位数据移位后输出锁存信号
    disNum = (disNum + 1) % 3;            //准备扫描下一位
}
```

(2) main.c 程序模块,修改两部分:

① 标准 51 单片机 I/O 口全部是准双向口,不必再用 gpio_init()函数初始化为准双向口,因此删去 gpio_init()函数,增加串口初始化;

② 定时/计数器 T0 初始化函数和主函数中 T0 初值的软件恢复。

```
/*秒表设计,T0 定时器 5ms,查询方式*/
#include< reg51.h >
#define uchar unsigned char
#define uint unsigned int
void INT01_Init();                    //声明外部中断 INT0 和 INT1 初始化函数
void T0_Init();                       //声明定时器 T0 初始化函数
void time();                          //声明秒表走时函数
extern void disp_d();                 //声明外部数码动态显示函数
extern uchar data disBuf[];           //声明外部数变量 DATA 区显示缓冲区
extern uchar data disNum;             //声明外部数变量 DATA 区位扫描控制变量
bit TON;                              //秒表走/停状态位变量
uchar data sec;                       //秒计时单元
uchar data msec;                      //5ms 计时单元

void main()
{   uchar data tmr;                   //键消抖计时变量
    SCON = 0x0;                       //串口初始化:方式 0,SM2 = 0,禁止接收
    INT01_Init();                     //中部断初始化
    T0_Init();                        //T0 初始化
    TR0 = 1;                          //启动 T0
    while(1)
    {   while(!TF0);                  //5ms 定时到?
        TF0 = 0;                      //定时器溢出标志清 0
        TL0 = (65536 - 5000) % 256;   //5ms 定时初值重载
        TH0 = (65536 - 5000)/256;
        disp_d();                     //显示器扫描
        if(TON)time();                //TON = 1 表示为走时状态,能以调用 time()实现走时
        disBuf[0] = sec/10;           //显示内容更新
        disBuf[1] = sec % 10;disBuf[2] = msec/20;
        P3| = 0xc;                    //消抖动,读 P3.2 和 P3.3 之前先写 1
        if(!EA& (P3&0xc) == 0xc)
            tmr++;                    //EA = 0 且无按键则消抖计时
        else
            tmr = 0;                  //有按键计时复 0
        if(tmr >= 4)                  //连续 20ms 无键
```

```
        {   tmr = 0;
            IE0 = 0;IE1 = 0;                      //则清中断标志
            EA = 1;                               //开中断
        }
    }
}

void INT01_Init()                                 //定义 INT0 和 INT1 初中断始化函数
{   IT0 = 1;IT1 = 1;                              //INT0 和 INT1 下降沿触发
    EX0 = 1;EX1 = 1;EA = 1;                       //允许 INT0 和 INT1 中断,开放总中断
}
void T0_Init()
{   TMOD& = 0xf0;TMOD| = 1;                       //T0 无门控定时模式 1
    TL0 = (65536 - 5000) % 256;                   //5ms 定时初值设置
    TH0 = (65536 - 5000)/256;
}

void time()                                       //秒表计时
{   msec = (++msec) % 200;                        //5ms 走时,200 回零
    if(msec == 0)sec = (++sec) % 100;             //1 秒到,走秒
}

void INT0_Isr() interrupt 0                       //INT0 中断服务函数
{   TON^ = 1;                                     //SW17 键,"走/停"状态转换
    EA = 0;                                       //关闭总中断
}

void INT1_Isr() interrupt 2                       //INT1 中断服务函数
{   if(!TON){sec = 0;msec = 0;}                   //SW18 键,"停"则回零
    EA = 0;                                       //关闭总中断
}
```

在例 7.2 中,由于 AT89C51 的定时器 T0 的方式 0 和方式 1 都是非自动重载,受此限制本设计方案使用软件重载 T0 初值,如程序清单中加粗表示的代码行所示,这会造成 T0 初值恢复时,时间已过了几微秒,导致本设计方案存在约 $6\mu s$(即 0.12%)的系统误差,对此问题请读者思考解决办法。

7.3.2　通用异步收发器模式应用

STC15 单片机串口 S1 的 8 位 UART 模式(方式 1),适合普通双机通信;当 SM2=0 时,9 位 UART 模式(方式 2 和方式 3)适合 8 位带校验的双机通信;当 SM2=1 时,9 位 UART 模式(方式 2 和方式 3)适合主从式多机通信系统。下面举例说明方式 3 全双工双机通信的应用。

【例 7.3】　图 7.18 所示为双屏显示的键控计数器系统,A、B 机的晶振频率均为 12.000MHz。A 机为键控计数器的主机,要求实现以下功能:

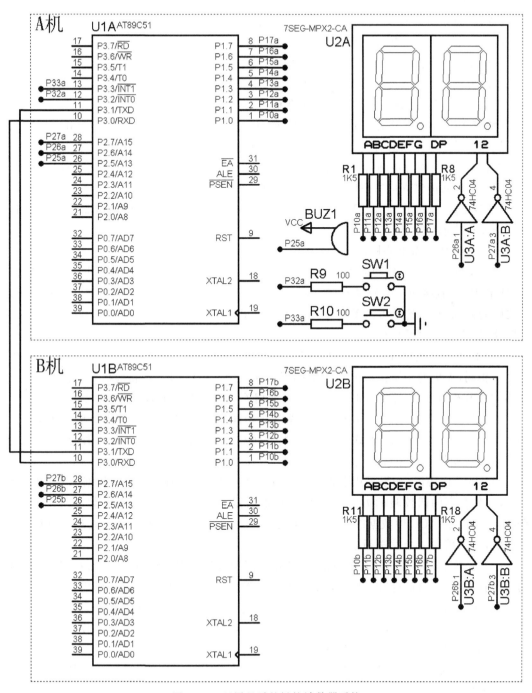

图 7.18　双屏显示的键控计数器系统

【功能1】 启动时系统显示"50";

【功能2】 按键有提示音,SW1键作为"加1"键,SW2作为"减1"键,按SW1或SW2键一次,显示数值加1或减1,最小计数值01,最大计数值99;

【功能3】 计数值实时传输给B机显示。

B机为键控计数器的异地显示屏(例如,A机为室内主机,B机为室外屏)其功能单一,仅为接收A机实时计数值并显示。约定双机通信系统的通信协议如下:

【协议1】 串口工作在9位UART模式,方式3且SM2=0,波特率4800bps;

【协议2】 当计数值有变化时,A机马上将其值及校验位发送给B机,B机接收并核对数据及校验位,如核对正确,向A机回馈正确应答码00H及校验位,并用接收数据更新计数显示;否则回馈错误应答FFH及校验位,放弃数据;

【协议3】 A机收到应答数据后,先核对数据及校验位,如校验出错或非正确码00H,则重新发送当前计数值。

下面进行功能需求分析。

(1)A机的键控计数功能类似于例5.3与例5.4,所不同的是单片机改用AT89C51,并用P1和P2口直接驱动数码动态显示,这两个例子讨论了数码动态显示与键信号消抖动处理之间的协同问题,这些方法都可直接应用到A机程序设计中。将定时器T0设置成5ms定时器,用于主程序循环控制。

(2)B机没有按键计数功能,只是接收A机发送计数值并送显示,A机与B机的显示接口完全相同,A机的按键接口B机全部闲置未用,因此A机的显示和键信号处理程序可全部移植到B机,B机程序编译时会提示键处理相关的函数未调用的警告,可忽略。

(3)A机与B机串口工作方式、波特率都相同,AT89C51单片机波特率设置方案与例7.1的方案6类似:T1方式2、12T、波特率加倍,12MHz晶振下,T1初值为0xf3,A机和B机串口初始化程序可共用。

(4)按通信协议,如果采用偶校验,9位UART发送数据时第9位为数据(8位)的偶校验,求8位数据的偶校验的方法是将其送入累加器ACC,程序状态字PSW的P标志(即PSW.0)为当前ACC中数据的偶校验,A机发送计数值及其校验位,B机发送应答码及其校验位,可共用同一个发送函数。

(5)数据接收发生时间是随机的,一般用中断服务程序来处理,A机和B机对数据接收的处理有不同。A机收到的是应答信息,校验核对出错或非00H应答码,则需再次发送,可定义bit型变量Fsend,当Fsend=1时表示要发送当前计数值。B机收到的是计数值,校验通过,则应答00H码并用接收数据更新计数值,否则应答FFH码并丢弃接收数据,可定义char型局部变量ack,保存待发送的应答码。

(6)A机和B机的主程序有所不同。除了循环调用数码动态显示函数之外,A机多了键控计数功能。

综合以上分析,将A机和B机可以共用的函数放在一个C程序文件DisKeyUasTmr.c中,该文件包含数码动态显示函数、读键保存状态函数、键信号处理函数、按键提示音函数、定时器 T0 初始化函数、串口初始化函数、数据发送函数。A 机和 B 机各自的主程序独立，分别为 maina.c 和 mainb.c，接收中断服务函数在主程序中定义。

（1）程序 DisKeyUasTmr.c 清单如下：

```
#include<reg51.h>
#define uchar unsigned char
#define uint unsigned int
uchar code segTab[] = {                        //在 CODE 区定义七段码译码表
    0xc0,0xf9,0xa4,0xb0,0x99,0x92,0x82,0xf8,
    0x80,0x90,0x88,0x83,0xc6,0xa1,0x86,0x8e
};
uchar code disScan[2] = {~(1<<6),~(1<<7)};    //在 CODE 区定义扫描码
uchar data disBuf[2];                          //定义变量,DATA 区显示缓冲区
uchar data disNum;                             //定义变量,DATA 区码位扫描控制
extern uchar bdata key;                        //声明外部变量,键状态
extern uchar bdata edgk;                       //声明外部变量,键变化前沿
uchar data ktmr;                               //定义变量,消抖计时器
uchar data kcode;                              //定义变量,键号
uchar data beeftmr;                            //定义变量,蜂鸣计时器
sbit BEEF = P2^5;                              //定义位变量,蜂鸣器控制 I/O

void disp_d()                                  //动态显示函数定义
{   P2|=3<<6;                                  //关闭显示器
    P1 = segTab[disBuf[disNum]];               //输出扫描位的段码
    P2&= disScan[disNum];                      //输出扫描位的扫描码
    disNum = (disNum + 1)%2;                   //准备扫描下一位
}

void readkey()                                 //扫描键盘存键状态
{   P3|=3<<2;                                  //P3.3、P3.2 准双向,读之前先写 1
    edgk = (~P3>>2)&0x03;                      //读键状态,求反转正逻辑
}

void keytrim()                                 //键状态消抖动,键前沿提取,求键号
{   uchar temp;                                //本行以下为: 消抖动
    if(edgk == 0)ktmr = 0;                     //无键,消抖计时器清零
    else
    {   if(ktmr<255)ktmr++;                    //有键,消抖计时器 +1(防溢出)
        if(ktmr<4)edgk = 0;                    //延时未到弃不稳定键
    }
    temp = edgk;                               //本行以下为: 键前沿提取.键状态暂存
    edgk = (key^edgk)&edgk;                    //此时 key 还保存着上次循环键状态
    key = temp;                                //暂存的本次循环键状态移至 key
    if(edgk!= 0)                               //本行以下为: 求键编号,无键为 0x10
    {   temp = edgk;
        for(kcode = 0;temp&1 == 0;kcode++)temp>>=1;
```

```
        }
        else kcode = 0x10;
    }


    void keysound()                             //按键发出"嘀"声响
    {   if(edgk!= 0)beeftmr = 40;               //有变化沿,蜂鸣 100ms 初值
        if(beeftmr == 0)BEEF = 1;               //蜂鸣时间已到,蜂鸣关
        else {beeftmr -- ;BEEF = 0;}            //蜂鸣时间未到,走时、蜂鸣开
    }


    void Tmr0Init()
    {   TMOD& = 0xf0;TMOD| = 1;                  //T0 方式 1,不重载 16 位/无门控/定时
        TL0 = (65536 - 5000) % 256;             //5ms 定时初值
        TH0 = (65536 - 5000)/256;

        ET0 = 0;TR0 = 1;                        //禁止 T0 中断,启动 T0
    }


    void UartInit(void)                         //UART 初始化
    {   SCON = 0xd0;                            //串口 S1:方式 3,SM2 = 0,REN = 1,TI = 0,RI = 0
        PCON| = 0x80;                           //波特率加倍
        TMOD& = 0x0f;TMOD| = 0x20;              //T1 方式 2,自重载 8 位
        TL1 = 0xf3;                             //设定 T1 初值,4800bps@12.000MHz
        TH1 = 0xf3;                             //设定 T1 初值
        ET1 = 0;                                //禁止 T1 中断
        TR1 = 1;                                //启动 T1
        ES = 1;                                 //允许串口中断
    }


    void send(char x)                           //定义 UART9 位串行发送函数
    {   ACC = x;                                //求当前 ACC 的偶校验,即 PSW 中 P 标志
        TB8 = P;                                //TB8 <- 待发送 char 数据的偶校验
        SBUF = x;                               //待发送数据写入发送 SBUF,启动发送
        while(!TI);                             //等待发送结束
        TI = 0;                                 //发送结束,预备下次发送
    }
```

（2）A 机软件项目结构如图 7.19 所示,其中主程序文件
maina.c 清单如下：

图 7.19　A 机软件项目结构

```
    # include < reg51. h >
    # define uchar unsigned char
    # define uint unsigned int
    extern uchar data disBuf[ ];                //声明外部变量,DATA 区显示缓冲区
    uchar bdata key;                            //定义变量,键状态
    uchar bdata edgk;                           //定义变量,键变化前沿
    uchar data cnt;                             //定义变量,计数器
    sbit EK1 = edgk^0;                          //定义位变量,SW1 键(触发型)
```

```
sbit EK2 = edgk^1;                          //定义位变量,SW2 键(触发型)
bit Fsend;                                   //定义位变量,发送标志
extern void disp_d();                        //声明外部函数,数码动态显示
extern void readkey();                       //声明外部函数,读键盘保存键状态
extern void keytrim();                       //声明外部函数,键状态消抖动沿提取处理
extern void keysound();                      //声明外部函数,按键发出"嘀"提示声
extern void Tmr0Init();                      //声明定时器 T0 初始化函数 5ms 定时
extern void UartInit(void);                  //声明 UART 初始化函数
extern void send(char x);                    //声明 UART9 位串行发送函数

void isrUart() interrupt 4 using 1           //串口中断服务函数
{   if(RI)                                   //接收中断请求则
    {   RI = 0;                              //清 RI,表明接收已处理
        ACC = SBUF;                          //求当前 ACC 的偶校验,即 PSW 中 P 标志
        if(P!= RB8||SBUF!= 0)Fsend = 1;      //校验出错或非正确应答置发送标志
    }
}



void main()
{   cnt = 50;                                //计数器初值 50
    Tmr0Init();                              //T0 初始化
    UartInit();                              //串口初始化
    EA = 1;                                  //允许总中断
    while(1)
    {   while(!TF0);                         //5ms 定时到?
        TF0 = 0;                             //清 T0 溢出标志
        TL0 = (65536 - 5000) % 256;          //5ms 定时初值重载
        TH0 = (65536 - 5000)/256;

        disp_d();                            //调用动态显示扫描函数
        readkey();                           //调用扫描键盘存键状态函数
        keytrim();                           //调用键状态消抖等处理函数
        keysound();                          //调用有键发出"嘀"声响函数
        disBuf[0] = cnt/10;disBuf[1] = cnt % 10;  //显示缓冲器更新
        if(EK1)                              //有 SW17 键则
            if(cnt < 99){cnt++;Fsend = 1;}   //计数未达上限执行 +1,置发送标志
        if(EK2)                              //有 SW18 键则
            if(cnt > 1){cnt -- ;Fsend = 1;}  //计数未达下限执行 -1,置发送标志
        if(Fsend){Fsend = 0;send(cnt);}      //有发送标志则清标志并发送 cnt
    }
}
```

(3) B 机软件项目结构如图 7.20 所示,其中主程序文件
mainb.c 清单如下:

```
#include < reg51.h >
#define uchar unsigned char
```

图 7.20　B 机软件项目结构

```
#define uint unsigned int
extern uchar data disBuf[];                          //声明外部变量,DATA 区显示缓冲区
uchar bdata key;                                     //定义变量,键状态
uchar bdata edgk;                                    //定义变量,键变化前沿
uchar data cnt;                                      //定义计数变量 cnt
extern void disp_d();                                //声明动态显示函数
extern void Tmr0Init();                              //声明定时器 T0 初始化函数 5ms 定时
extern void UartInit(void);                          //声明 UART 初始化函数
extern void send(char x);                            //声明 UART9 位串行发送函数

void isrUart() interrupt 4 using 1                   //串口中断服务函数
{   char ack;                                        //定义应答变量
    if(RI)                                           //接收中断请求则
    {   RI = 0;                                       //清 RI,表明接收已处理
        ACC = SBUF;                                  //求当前 ACC 的偶校验,即 PSW 中 P 标志
        if(P == RB8){cnt = SBUF;ack = 0;}            //校验正确则 cnt < - SBUF,ack = 0
        else ack = 0xff;                             //校验出错,ack = 0xff
        send(ack);                                   //发送应答
    }
}

void main()
{   cnt = 50;                                        //计数器初值 50
    Tmr0Init();                                      //T0 初始化
    UartInit();                                      //串口初始化
    EA = 1;                                          //允许中断
    while(1)
    {   while(!TF0);                                 //5ms 定时到?
        TF0 = 0;
        TL0 = (65536 - 5000) % 256;                  //5ms 定时初值重载
        TH0 = (65536 - 5000)/256;
        disp_d();                                    //调用动态显示扫描函数
        disBuf[0] = cnt/10;disBuf[1] = cnt % 10;     //显示缓冲器更新
    }
}
```

视频

7.4　STC15 单片机与 PC 的通信

　　串口是单片机应用系统中实现单片机与外部设备相互通信的重要功能模块。以 PC 为上位机的单片机应用系统中,用户需要利用单片机的串口,并根据 PC 提供的串行通信接口设计相应的接口电路,从而实现单片机与 PC 之间的通信。

7.4.1　STC15 单片机与 PC 的串行通信接口电路

　　单片机与 PC 的串行通信接口有 RS-232C 接口和 USB 接口两种。

1. RS-232C 串行通信接口

　　早期 PC 通常提供 RS-232C 串行通信接口与外设如调制解调器进行串行通信。单片机

应用系统同样可以利用 RS-232C 接口实现与上位机 PC 之间的通信。但是,RS-232C 标准所采用的正负逻辑电平(即 EIA 电平)与单片机的 TTL 电平不一致,因此不能直接相连。用户需利用电平转换电路芯片,如 SP232E 或 MAX232A 等芯片,将单片机串口的 TTL 电平转换成 EIA 电平。

SP232E(或 MAX232A,二者兼容)是采用 5V 供电的双通道 RS-232 通信驱动器和接收器芯片,可以实现 TTL/CMOS 电平与 RS-232 电平之间的相互转换。SP232E 芯片引脚分布图和典型工作电路图如图 7.21 所示。用户只需要使用+5V 电源给芯片供电,并根据芯片数据手册在芯片外围相应的引脚连接合适的电容即可实现将 TTL/CMOS 输入电平转换为 RS-232 输出电平和将 RS-232 输入电平转换为 TTL/CMOS 输出电平。

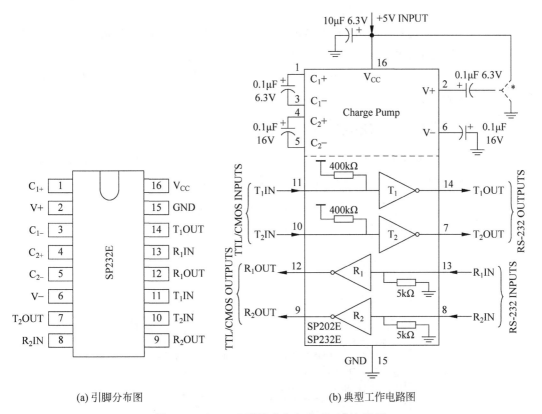

(a) 引脚分布图　　　　　　　　(b) 典型工作电路图

图 7.21　SP232E 引脚分布与典型工作电路图

单片机应用系统与 PC RS-232 串行通信通常采用最简单的三线制,即将 PC RS-232 接口的第 2 脚 RxD、第 3 脚 TxD 和第 5 脚 GND 分别连接至 SP232E 芯片的第 14 脚 T_1OUT (或第 7 脚 T_2OUT)、第 13 脚 R_1IN(或第 8 脚 R_2IN)和第 15 脚 GND,并分别将单片机的 TxD 引脚和 RxD 引脚分别连接至 SP232E 芯片的第 11 脚 T_1IN(或第 10 脚 T_2IN)和第 12 脚 R_1OUT(或第 9 脚 R_2OUT)。在 STC 学习板(即实验板)中,IAP15W4K58S4 单片机串口与 PC RS-232 串口的通信连接正是采用这种接法,如图 4.38 所示。

2. USB 串行通信接口

随着 PC 技术的发展,通用串行总线(USB)成为 PC 的主流串行接口。目前几乎所有的 PC 都不再提供 RS-232 接口了。此时,单片机通过串口与 PC 进行通信需要借助相应的 USB 转 UART 电路实现。USB 转 UART 电路通常可以利用 CH340/CH341、CP2102 或 PL2303 等芯片实现。利用这些芯片,用户只需要连接少数的外围器件并安装相应的驱动程序,即可实现单片机串口与 PC 之间通过 USB 接口的通信。在 STC 学习板(或实验板)中,使用 CH340G 芯片实现 IAP15W4K58S4 单片机与 PC USB 接口的通信连接,具体电路及原理如图 4.41 所示,该电路还包含通过 USB 口为学习板提供电源的电路。利用 STC 单片机在线编程工具 STC-ISP,通过 USB 转 UART 接口电路,用户可将在 PC 开发的单片机目标程序代码烧写到单片机的程序存储器。

在 STC15W4K32S4 系列中,IAP15W4K58S4 单片机在芯片内部集成了 USB 到串口 S1 的转换电路,应用中可以直接将串口 S1 与 USB 接口相连,目前直接连接 USB 的驱动程序只支持 Windows XP 及 Windows 7/Windows 8。进一步的技术细节参见宏晶科技有限公司的相关资料。

7.4.2 STC-ISP 在线编程工具中的串口助手软件

STC-ISP 在线编程工具中提供串口助手软件,可以帮助用户方便地进行单片机串口 S1 通信程序的调试和测试,串口助手软件的工作界面如图 7.22 所示。

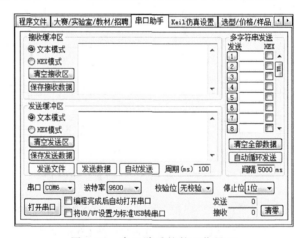

图 7.22 串口助手软件工作界面

1. 串口参数设置

(1) USB 转 UART 电路驱动程序安装完成后,用 USB 接口线将 STC 学习板与 PC 连接,操作系统自动给该串口分配编号,在"串口"下拉列表框中选择相应的串口编号。

(2) 根据 STC 学习板中 IAP15W4K58S4 单片机串口程序设定的波特率,在"波特率"下拉列表框中选择相应的通信波特率。

（3）根据 STC 学习板中 IAP15W4K58S4 单片机设定的串口工作方式，在"校验位"下拉列表框和"停止位"下拉列表框中选择相应的控制信息。IAP15W4K58S4 单片机串口只有在工作方式 2 和工作方式 3 时才包含校验位，除工作方式 0 之外，其他工作方式的停止位都只有 1 位。

串口参数设置完成后，用户需要通过单击"打开串口"按钮才能进行串口数据的发送和接收操作。

2．数据模式选择

"文本模式"表示数据内容为 ASCII 码字符串；"HEX 模式"表示数据内容为十六进制数值。如用户在发送区域输入 1234，当采用"文本模式"时，将发送字符串"1234"；当采用"HEX 模式"时，将发送 12H 和 34H。

3．数据发送

用户可通过"发送缓冲区"和"多字符串发送"两个区域进行数据发送。

（1）数据的单次发送。用户可通过在"发送缓冲区"输入欲发送的数据内容，单击"发送数据"按钮将一个或多个数据由 PC 发送到单片机串口。用户也可事先利用文本编辑软件如记事本将要发送的数据内容事先编辑成文本文件（.txt），再单击"发送文件"按钮，选择相应的文本文件进行数据发送操作。

（2）数据的重复发送。用户可通过编辑"发送缓冲区"下方的"周期"文本框或"多字符串发送"下方的"间隔"文本框，设定数据重复发送的周期，然后分别利用"自动发送"和"自动循环发送"按钮实现数据的重复发送。

4．数据接收

"接收缓冲区"用于显示 PC 接收来自于单片机串口的数据内容。用户可通过单击"保存接收数据"按钮将接收数据以文本文件格式进行保存。

7.4.3　STC15 单片机与 PC 串行通信程序设计举例

【例 7.4】　设计 STC 学习板与 PC 的串口之间的通信程序，要求实现以下功能：

（1）PC 通过串口助手软件向单片机发送单个十进制数码字符 0～9，并接收单片机回馈的应答。

（2）单片机接收 PC 发送的十进制数码数据字符，接收后给 PC 发送应答，应答的内容为字符串"Receiving Data：接收数码"，同时将接收数码送数码管显示，从 8 位数码管的右边滚入。

（3）双方约定通信速度和帧格式为：波特率 9600bps，8 数据位，1 停止位，无奇偶校验。

先进行功能需求分析。

（1）学习板 IAP15W4K5832S4 单片机主时钟可选择 11.0592MHz，串口 S1 设置为 8 位 UART（即方式 1），使用定时器 T1 为波特率发生器，T1 工作在方式 0 定时，时钟 1T，波特率 9600bps。

（2）8 位数码管动态显示，定时器 T0 设置成 2.5ms 定时器，用于主程序循环定时控制。

软件由两个程序模块 main.c 和 disp.c 构成,其中 disp.c 参见 5.1.4 节相关内容, main.c 清单如下:

```c
#include <stc15.h>                          //包含 IAP15W4K58S4 头文件
#define uchar unsigned char
extern uchar data disBuf[];                 //声明外部变量,显示缓冲寄存器
extern void disp_d();                       //声明外部函数,动态显示扫描函数
uchar code ack[] = "Receiving Data:";       //定义应答字符串
uchar data rsd = 0x30;          //定义接收数据变量,初值 0x30 为 '0' 的 ASCII 码值
/* ---------- 串行口初始化函数 ---------- */
void UartInit(void)                         //9600bps@11.0592MHz
{   SCON = 0x50;                            //8 位数据,可变波特率
    AUXR |= 0x40;                           //定时器 1 时钟为 1T
    AUXR &= 0xFE;                           //串口 1 选择 T1 为波特率发生器
    TMOD &= 0x0F;                           //设定 T1 为 16 位自动重装方式
    TL1 = 0xE0;TH1 = 0xFE;                  //设定定时初值
    ET1 = 0;TR1 = 1;                        //禁止定时器 1 中断,启动定时器 1
}
/* -------- 定时器 T0 初始化函数 -------- */
void Tmr0Init()
{   TMOD &= 0xf0;AUXR &= 0x7f;              //T0 方式 0,1T,自重载 16 位/无门控/定时
    TL0 = (65536 - (int)(2500×11.0592)/12) % 256;   //2.5ms 定时初值
    TH0 = (65536 - (int)(2500×11.0592)/12)/256;
    ET0 = 0;TR0 = 1;                        //禁止 T0 中断,启动 T0
}
/* ------------- 发送函数 ------------- */
void send(char x)
{   SBUF = x;                               //数据写入 SBUF,启动发送
    while(!TI);                             //等待发送结束
    TI = 0;                                 //发送结束,清 TI 下次发送
}
/* ---------- 串口中断服务函数 ---------- */
void serial_serve(void) interrupt 4
{   EA = 0;rsd = SBUF;                      //读串行接收数据
}
/* ------------- 主函数 ------------- */
void main(void)
{   uchar i;                                //定义局部变量
    UartInit();                             //串口及波特率发生器初始化
    Tmr0Init();                             //定时器 T0 初始化
    ES = 1;EA = 1;                          //允许串口中断
    while(1)
    {   while(!TF0);                        //等待 2.5ms 定时到
        TF0 = 0;                            //清溢出标志
        disp_d();                           //调用动态显示扫描函数
        if(RI)                              //检测串行接收标志
        {   RI = 0;                         //对 RI 清 0
```

```
        for(i = 0;ack[i]!= 0;i++)send(ack[i]);      //发送应答
        send(rsd);
        for(i = 0;i < 7;i++)disBuf[i] = disBuf[i + 1];   //接收码从显示器右侧滚入
        disBuf[7] = rsd - 0x30;
        EA = 1;                                          //开中断,准备下次接收
      }
    }
  }
```

7.5　STC15 单片机的其他串口

　　除串口 S1 外,STC15W4K32S4 单片机内部还提供串口 S2、S3、S4。与这 3 个串口相关的特殊功能寄存器 SFR 如表 7.8 所示,通过这些特殊功能寄存器,可以实现对串口 S2、S3、S4 的控制。

表 7.8　串口 S2、S3、S4 相关控制寄存器(加粗表示的为相关位)

寄存器	地址	D7	D6	D5	D4	D3	D2	D1	D0	复位值
S2BUF	9BH	S2 串行数据缓冲器								xxxx xxxx
S2CON	9AH	**S2SM0**	—	**S2SM2**	**S2REN**	**S2TB8**	**S2RB8**	**S2TI**	**S2RI**	0100 0000
S3BUF	ADH	S3 串行数据缓冲器								xxxx xxxx
S3CON	ACH	**S3SM0**	**S3ST3**	**S3SM2**	**S3REN**	**S3TB8**	**S3RB8**	**S3TI**	**S3RI**	0000 0000
S4BUF	85H	S4 串行数据缓冲器								xxxx xxxx
S4CON	84H	**S4SM0**	**S4ST4**	**S4SM2**	**S4REN**	**S4TB8**	**S4RB8**	**S4TI**	**S4RI**	0000 0000
AUXR	8EH	T0x12	T1x12	UART_M0X6	**T2R**	**T2_C/$\overline{T}$**	**T2x12**	EXTRAM	S1ST2	0000 0001
T2H	D6H	定时器 2 高位								0000 0000
T2L	D7H	定时器 2 低位								0000 0000
T4T3M	D1H	**T4R**	**T4_C/$\overline{T}$**	**T4x12**	T4CLKO	**T3R**	**T3_C/$\overline{T}$**	**T3x12**	T3CLKO	x000 0000
T3H	D4H	定时器 3 高位								0000 0000
T3L	D5H	定时器 3 低位								0000 0000
T4H	D2H	定时器 4 高位								0000 0000
T4L	D3H	定时器 4 低位								0000 0000
IE2	AFH	—	ET4	ET3	**ES4**	**ES3**	ET2	ESPI	**ES2**	x000 0000
IP2	B5H	—	—	—	PX4	PPWMFD	PPWM	PSPI	**PS2**	xxx0 0000
P_SW2	BAH	EAXSFR	DBLPWR	P31PU	P30PU	—	**S4_S**	**S3_S**	**S2_S**	0000 x000

1. 串口 S2、S3 和 S4 数据缓冲器

　　与串口 S1 类似,串口 Sn(n=2,3,4)数据缓冲寄存器 SnBUF 实际上也是两个缓冲寄存器:数据发送缓冲寄存器(只写)和数据接收缓冲寄存器(只读),这两个寄存器共用一个地址,使用相同的寄存器名。写 SnBUF 时使用数据发送缓冲寄存器,完成待发送数据的加

载,同时启动发送;读 $SnBUF$ 时使用数据接收缓冲寄存器,读取已接收到的数据。

2. 串口 S2、S3 和 S4 控制寄存器 $SnCON(n=2,3,4)$

(1) 串口 S2、S3 和 S4 工作方式控制位 $SnSM0(n=2,3,4)$。

串口 S2、S3 和 S4 中,每个串口都有两种工作方式,由控制位 $SnSM0(n=2,3,4)$ 选择工作方式,如表 7.9 所示。

表 7.9 串口 S2、S3 和 S4 工作方式说明

$SnSM0$	工作方式	功能	波 特 率
0	工作方式 0	8 位 UART	T2 溢出率/4; 或 S3ST3=1 时,串口 S3 选择 T3 溢出率/4;
1	工作方式 1	9 位 UART	或 S4ST4=1 时串口 S4 选择 T4 溢出率/4

(2) 串口 S2、S3 和 S4 的波特率发生器选择位 S3ST3 和 S4ST4。

串口 S2 只能用定时器 T2 为波特率发生器,波特率为(T2 溢出率/4),没有其他选择。

串口 S3 可用定时器 T2 或 T3 为波特率发生器,当 S3ST3=0 时,选择定时器 T2 作为波特率发生器,波特率为(T2 溢出率/4);当 S3ST3=1 时,选择定时器 T3 作为波特率发生器,波特率为(T3 溢出率/4)。

串口 S4 可用定时器 T2 或 T4 为波特率发生器,当 S4ST4=0 时,选择定时器 T2 作为波特率发生器,波特率为(T2 溢出率/4);当 S4ST4=1 时,选择定时器 T4 作为波特率发生器,波特率为(T4 溢出率/4)。

(3) 串口 S2、S3 和 S4 方式 1 多机通信控制位 $SnSM2(n=2,3,4)$。

与串口 S1 的多机通信相类似。当接收中断标志 $SnRI$ 为 0 且 $SnSM2=1$ 时,串口处于地址帧筛选状态,仅当接收到的第 9 位数据为 1 时,接收才有效,数据锁存到 $SnBUF$ 和 $SnRB8$,并置 $SnRI=1$,向 CPU 请求中断;否则接收无效,丢弃已接收数据,保持 $SnRI$ 为 0。当接收中断标志 $SnRI$ 为 0 且 $SnSM2=0$ 时,串口处于禁止筛选地址帧(或数据帧接收)状态,不论接收到的第 9 位数据是 0 还是 1,接收都有效,数据锁存到 $SnBUF$ 和 $SnRB8$,并置 $SnRI=1$,向 CPU 请求中断。

串口 S2、S3 和 S4 方式 0 为非多机通信方式,一般需设置 $SnSM2=0$。

(4) 串口 S2、S3 和 S4 接收允许控制位 $SnREN(n=2,3,4)$。

$SnREN=1$,允许串口 Sn 接收状态;$SnREN=0$,禁止串口 Sn 接收状态。

(5) 串口 S2、S3 和 S4 方式 1 中串行发送的第 9 位数据 $SnTB8(n=2,3,4)$。

用户可根据需要定义该位的功能并利用软件进行置 1 或清 0,如将该位定义为数据校验位或多机通信中的地址帧/数据帧的标志位。在工作方式 0 中,不使用该位。

(6) 串口 S2、S3 和 S4 方式 1 中串行接收的第 9 位数据 $SnRB8(n=2,3,4)$。

在工作方式 1 中,该位的功能根据用户对第 9 位数据的约定使用。在工作方式 0 中,不使用该位。

(7) 串口 S2、S3 和 S4 发送中断请求位 $SnTI(n=2,3,4)$。

当停止位开始发送时,由硬件将该位自动置 1,向 CPU 发出中断请求,必须由软件将该位清 0。

（8）串口 S2、S3 和 S4 发送中断请求位 $SnRI(n=2,3,4)$。

当数据接收有效时由硬件将该位自动置 1，向 CPU 发出中断请求，必须由软件清 0；否则丢弃已接收数据，保持该位不变。以下几种情况为接收有效：

（1）在 $SnRI=0$ 情况下，方式 0 或方式 1 且 $SnSM2=0$ 时，接收到有效停止位；

（2）在 $SnRI=0$ 情况下，方式 1 且 $SnSM2=1$ 时，接收到的第 9 位数据为 1。

3. 串口 S2、S3 和 S4 的波特率发生器

使用定时器 T2、或 T3、或 T4 为波特率发生器，这些定时器的工作模式控制寄存器参见 6.4 节。

4. 串口 S2、S3 和 S4 的中断允许与中断优先级

第 2 个中断允许控制寄存器 IE2 中的 ES2、ES3、ES4 位分别为串口 S2、S3 和 S4 的中断允许控制位，当 $ESn(n=2,3,4)=0$ 时，中断禁止；当 $ESn(n=2,3,4)=1$ 时，中断允许，此时还受总中断允许控制。

串口 S2 中断有两个优先级，第 2 个中断优先级寄存器 IP2 中的 PS2 用于 S2 的中断优先级选择，当 PS2=0 时，串口 S2 中断为低优先级；当 PS2=1 时，串口 S2 中断为高优先级。串口 S3 和 S4 中断优先级不可设置，没有相应的中断优先级选择位，只能是低优先级。

5. 外设端口切换寄存器 P_SW2

串口 S2、S3 和 S4 中，每个串口都有两种可能的输出引脚配置，外设端口切换寄存器 P_SW2 中的 S2_S、S3_S 和 S4_S 用于串口 S2、S3 和 S4 的输出引脚切换，如表 7.10 所示。

表 7.10　串口 S2、S3 和 S4 的输出引脚切换控制

串口	控制位	功　　　能
S2	S2_S=0	串口 S2 引脚位置在 P1.0/RxD2 和 P1.1/TxD2
	S2_S=1	串口 S2 引脚位置在 P4.6/RxD2_2 和 P4.7/TxD2_2
S3	S3_S=0	串口 S3 引脚位置在 P0.0/RxD3 和 P0.1/TxD3
	S3_S=1	串口 S3 引脚位置在 P5.0/RxD3_2 和 P5.1/TxD3_2
S4	S4_S=0	串口 S4 引脚位置在 P0.2/RxD4 和 P0.3/TxD4
	S4_S=1	串口 S4 引脚位置在 P5.2/RxD4_2 和 P5.3/TxD4_2

本章小结

串口是单片机与外设交换控制信息的通道，是单片机的重要硬件资源，STC15W4K32S4 单片机有 4 个串口 S1～S4。

控制串口 S1 的相关寄存器有 SBUF、SCON、PCON、AUXR、CLK_DIV/P_SW1。串口 S1 有 4 种工作模式，其特点如表 7.3 所示，发送和接收信号波型如图 7.7～图 7.12 所示。

串口 S1 方式 1 和方式 3 波特率可变，由定时器 T1 或 T2 的溢出率决定，选择 T1 为波特率发生器时有 6 种可能的配置方案，选择 T2 为波特率发生器时有 2 种可能的配置方案。

最常用的基本配置方案是选择 T1 为波特率发生器,T1 方式 0,时钟 1T,波特率加倍的方案,掌握其初值计算方法和编程设置方法。了解标准 51 单片机在波特率发生器上与 STC15 单片机的差异。

串口 S1 控制程序通常根据通信协议编程,主要涉及 4 个方面。其一,初始化设置,包括工作方式、波特率、中断设置等;其二,发送过程常用查询法编程;其三,接收过程常用中断法编程;其四,校验位的获取与校验方法。

习题

7.1 STC15 单片机串口 S1 的数据缓冲寄存器 SBUF 和控制寄存器 SCON 的作用是什么? SCON 的各位有什么意义?

7.2 IAP15W4K58S4 单片机串口 S1 有几种工作方式? 如何选择? 简述各自的特点。

7.3 何谓波特率? 采用异步串行通信时,若字符的帧格式为:1 个起始位(0)、9 个数据位、1 个停止位(1),串口每秒传送 250 个字符,试问串口的最小波特率是多少?

7.4 IAP15W4K58S4 单片机串口 S1 方式 1 和方式 3 可以选择哪几个定时器作为波特率发生器? 通过什么选择?

7.5 标准 51 单片机串口方式 1 和方式 3 的波特率发生器可有几种选择?

7.6 RS-232C 接口的逻辑电平是什么? 用什么专用芯片可以实现从 TTL/COMS 电平到 RS232 电平的转换。

7.7 STC15 单片机串口 S1 方式 2 和方式 3 数据接收有效的前提条件是什么? 标准 51 单片机与此相同吗?

7.8 IAP15W4K58S4 单片机主时钟选用内部 IRC,频率 18.4320MHz,系统时钟不分频。若串口 S1 工作于方式 3,波特率设定为 4800bps,选择定时器 T1 为波特率发生器。试分析该波特率发生器有几种配置方案,计算各方案 T1 的初值,并列表表示各方案参数。

7.9 IAP15W4K58S4 单片机主时钟选用内部 IRC,频率 12.000MHz,系统时钟不分频。若串口 S1 工作于方式 1,全双工,波特率设定为 2400bps,选择定时器 T1 为波特率发生器,T1 工作于方式 0,时钟为 1T。试写出该串口初始化函数。

7.10 51 单片机串口工作在方式 2,TB8 为发送数据的偶校验位,试用查询法编写一个发送函数,将一个 char 型数据从串口发送出去。

7.11 51 单片机串口工作在方式 3 接收,SM2=0,约定第 9 位数据为 8 位数据的偶校验。试用中断法编写一个串口中断函数,该中断函数中先核对接收数据的校验位,如果校验正确则发送应答码 00H,8 位接收数据存入 char 型全局变量 rsd 中;否则发送错误应答码 FFH,接收数据丢弃。

7.12 试将例题 7.3 的基于双机通信的双屏显示键按计数系统移植到 IAP15W4K58S4 学习板(即实验板)中,其中蜂鸣器用学习板中的运行指示灯 LED4 替代(用 P2.7 驱动,低电平有效)。

第8章

C51 语言与汇编语言混合编程

指令系统是 CPU 所能处理的全部指令的集合,是一套控制 CPU 如何运行的编码,决定了 CPU 内核的结构。性能优越的 CPU 定有灵活高效的指令系统,不同系列的 CPU 有不同的指令系统。标准 51 单片机属于复杂指令集系统,共有 111 条指令,STC 单片机的指令系统完全兼容标准 51 单片机,但在执行指令的时间效率上,STC 单片机比标准 51 单片机快很多。

单片机的指令系统涉及 CPU 的寻址方式和指令集,掌握 51 单片机内核结构、寻址方式和指令系统后,才能编写出运行性能优越的软件程序。

8.1 51 单片机汇编语言基础

在单片机指令系统中,一条指令可以用两种语言形式表示:机器语言指令和汇编语言指令。机器语言指令用二进制码(即机器码)表示,可直接被 CPU 识别和执行,但不易被人识别、阅读和编程。汇编语言指令用助记符表示,便于人的识别、阅读和编程,但不能直接被 CPU 识别和执行,必须翻译成机器语言,才能被 CPU 执行,这个过程称为编译。

8.1.1 汇编语言指令格式

51 单片机共有 111 条指令,其汇编语言指令格式如下:

[标号:]操作码 目的操作数[,源操作数]   ;注释

标号以";"结束,且要顶格书写,可缺省。标号是本条指令的符号地址,代表该指令在程序中的位置,可在其他指令中引用。标号的命名同 C51 语言的"标志符"命名规则完全相同。

操作码与操作数是指令的核心部分,二者之间用空格分隔。操作码的作用是命令 CPU执行某种操作;操作数是该操作命令的作用对象,分为目的操作数的源操作数,操作数之间以","分隔。有些指令无操作数,如空操作 NOP;有些指令只有一个操作数。

注释与 C 语言的行注释类似,是对该指令功能的解释,行注释以";"开始。

8.1.2 汇编语言助记符

1. 操作码助记符

在51单片机汇编语言中,引入助记符来表示操作码,助记符如表8.1所示。

表8.1 51单片机汇编语言操作码助记符列表

助记符	操作	助记符	操作	助记符	操作
ADD	加	CLR	清零	AJMP	绝对转移
ADDC	带进位加	CPL	求反	LJMP	长转移
SUBB	带借位减	SWAP	半字节翻转	SJMP	短转移
DA	BCD码调整	SETB	置位	JMP	间接长转移
MUL	乘	MOV	片内传送	CJNE	比较不相等转移
DIV	除	MOVX	片外传送	DJNZ	减1非零转移
INC	加1	MOVC	程序区数据传送	JZ	A为零转移
DEC	减1	PUSH	数据进栈	JNZ	A非零转移
ANL	逻辑与	POP	数据出栈	JC	C为1转移
ORL	逻辑或	XCH	数据交换	JNC	C非1转移
XRL	逻辑异或	XCHD	半字节交换	JB	位为1转移
RR	循环右移	ACALL	绝对调用	JNB	位为非1转移
RRC	带进位循环右移	LCALL	长调用	JBC	位为1转移并清零
RL	循环左移	RET	返回	NOP	空操作
RLC	带进位循环左移	RETI	中断返回		

2. 表示操作数的常用符号

在51单片机中,指令的操作数可以存储在单片机的特殊功能寄存器、片内RAM、片内或片外扩展RAM、片内程序FLASH中,也可以是程序中的常数。指令系统必须有确定的规则,以便CPU能够从这些存储区域中寻找到访问操作数的地址,CPU寻找操作数的存储地址的方式称为寻址方式。

51单片机的操作数寻址方式有立即寻址、直接寻址、寄存器寻址、寄存器间接寻址、相对寻址、变址寻址、位寻址,各寻址方式将在8.2节具体介绍。51单片机汇编指令中表示操作数及其寻址方式的一些常用符号,如表8.2所示。

表8.2 51单片机汇编语言指令操作数的常用符号列表及其说明

符号	符号表示的意义
A	累加器ACC
AB	累加器ACC和寄存器B
C	进位位CY
Rn和Ri	当前工作寄存器,n表示0~7,即R0~R7;i表示0或1,即R0或R1
DPTR	16位数据指针

续表

符　号	符号表示的意义
PC	当前程序计数器指针(16 位),指向下一条待执行指令的首地址
direct	直接地址(0~FFH),片内 RAM 低 128 字节(0~7FH),SFR(80~FFH)
@	间接地址,如@Ri、@DPTR 表示寄存器间接寻址,@A+DPTR、@A+PC 变址寻址
bit	可寻址位的直接位地址(0~FFH)
/bit	将位操作数取反,但不影响该位的原值
#data	指令中的 8 位立即常数,范围 0~FFH
#data16	指令中的 16 位立即常数,范围 0~FFFFH
addr11	11 位绝对地址,范围 0~7FFH,用于 ACALL 和 AJMP 指令中 11 位目标地址
addr16	16 位绝对地址,范围 0~FFFFH,用于 LCALL 和 LJMP 指令中 16 位目标地址
rel	8 位相对地址,以补码形式表示地址的偏移量,范围为-128~+127
SP	堆栈指针
(x)	存储器 x 的内容,如(0x30)表示直接地址 0x30 单元的内容
((x))	存储器 x 的内容所指向的单元的内容,如((R1))表示 R1 间接寻址单元的内容
←	数据传送

51 单片机汇编语言指令举例说明如下:

```
            ORG 0x0000              ;伪指令,规定其后指令的目标代码存储地址为 0000H
            LJMP 0x0030            ;长转移到地址 0030H 处, 0030H 即为 16 位绝对地址
            ORG 0x0030             ;伪指令,规定其后指令的目标代码存储地址为 0030H
            MOV 0x30,#0x0          ;将 8 位立即数 0x0 传送给片内 RAM 直接地址 0x30 单元
            MOV R0,#0x31           ;将 8 位立即数 0x31 传送给工作寄存器 R0
            MOV @R0,#0x0           ;将 8 位立即数 0x0 传送给片内 RAM 由 R0 所指间接地址单元
            MOV A,0x31             ;将片内 RAM 直接地址 0x31 单元传送给累加器 ACC
            ADD A,#0x10            ;将 8 位立即数 0x10 与 ACC 相加,结果保存在累加器 ACC 中
            MOV 0x31,A             ;将累加器 ACC 传送给片内 RAM 直接地址 0x31 单元
            JNC LOOP               ;CY = 0 时转移到 LOOP 处(8 位相对地址);CY = 1 时程序顺序执行
            INC @R0                ;片内 RAM 由 R0 所指间接地址单元自加 1
LOOP:       NOP                    ;空操作(即空耗 1 个系统周期),LOOP 为标号
            END                    ;伪指令,说明汇编程序结束
```

将上述指令编译,生成目标代码,其反汇编程序列表文件列出每条汇编指令对应的机器码及在程序存储器地址,该文件清单如下:

```
0000:            ORG 0x0000         ;伪指令,规定其后指令的目标代码存储地址为 0000H
0000:02 00 30    LJMP 0x0030        ;长转移到地址 0030H 处, 0030H 即为 16 位绝对地址
0003:            ORG 0x0030         ;伪指令,规定其后指令的目标代码存储地址为 0030H
0030:75 30 00    MOV 0x30,#0x0      ;将 8 位立即数 0x0 传送给片内 RAM 直接地址 0x30 单元
0033:78 31       MOV R0,#0x31       ;将 8 位立即数 0x31 传送给工作寄存器 R0
0035:76 00       MOV @R0,#0x0       ;将 8 位立即数 0x0 传送给片内 RAM 由 R0 所指间址单元
0037:E5 31       MOV A,0x31         ;将片内 RAM 直接地址 0x31 单元传送给累加器 ACC
0039:24 10       ADD A,#0x10        ;将 8 位立即数 0x10 与 ACC 相加,结果保存在累加器 ACC
003B:F5 31       MOV 0x31,A         ;将累加器 ACC 传送给片内 RAM 直接地址 0x31 单元
```

```
003D:50 01        JNC LOOP          ;CY = 0 转移到 LOOP 处;CY = 1 程序顺序执行
003F:06           INC @R0           ;片内 RAM 由 R0 所指间接地址单元自加 1
0040:00  LOOP:    NOP               ;空操作(即空耗 1 个系统周期),LOOP 为标号
                  END               ;伪指令(编译时不产生代码),说明汇编程序结束
```

从以上汇编语言程序的编译结果可见,根据指令代码的字节数,51 单片机的指令可分为:单字节指令、双字节指令和三字节指令。单字节指令,如 NOP、INC @R0;双字节指令,如 MOV R0,♯0x31、ADD A,♯0x10;三字节指令,如 LJMP 0x0030、MOV 0x30,♯0x0。

8.2　51 单片机的寻址方式

寻址方式就是 CPU 获取操作数所在的存储单元地址的方式,51 单片机有 7 种寻址方式:立即寻址、直接寻址、寄存器寻址、寄存器间接寻址、变址寻址、相对寻址、位寻址。

8.2.1　寻址方式

1. 立即寻址

若指令的源操作数是一个给定的数值,这种操作数称为立即数,在助词符指令中用"♯"作为其前缀。含有立即数的指令,其目标代码的最后一个字节(或两个字节)就是立即数,读取指令的同时立即得到其源操作数,这种寻址方式称为立即寻址。例如指令:

```
机器码        助词符                 注释
74 A4         MOV A,♯0xa4            ;(A)←0xa4
```

2. 直接寻址

指令中直接给出操作数所在的存储单元地址,这样寻址方式称为直接寻址。在 51 单片机中,直接寻址只能寻址片内 RAM 的低 128 字节(地址范围 0～7FH)和特殊功能寄存器 SFR(地址范围 80～FFH)。目的操作数和源操作数都可以直接寻址,直接地址为 1 字节,在助记符指令中不带任何前缀。例如指令:

```
机器码        助词符                 注释
E5 50         MOV A,0x50            ;(A)←(0x50)
53 D0 18      ANL PSW,♯0x18        ;(PSW)←(PSW) & 0x18,PSW 地址为 0xd0
```

3. 寄存器寻址

指令从一个特定的寄存器中存取操作数,这种寻址方式称为寄存器寻址。51 单片机中只有:当前工作寄存器 R0～R7、累加器 A、寄存器 B、数据指针 DPTR、进位标志位 CY 可参与寄存器寻址。例如指令:

```
机器码        助词符                 注释
AA 50         MOV R2,0x50           ;(R2)←(0x50),首码 10101010 的低 3 位为 Rn 编号
A4            MUL AB                ;(A)←A 和 B 乘积高 8 位,(B)←A 和 B 乘积低 8 位
90 10 00      MOV DPTR,♯0x1000     ;(DPH)←0x10,(DPL)←0x00
```

4. 寄存器间接寻址

指令指定一个寄存器,以该寄存器的内容为地址存取操作数,这种寻址方式称为寄存器间接寻址。51 单片机中只有：当前工作寄存器 R0 和 R1(8 位地址)、数据指针 DPTR(16 位地址)可参与寄存器间接寻址。片内 RAM 低 128 字节既可采用直接寻址,也可采用寄存器 R0 或 R1 间接寻址；片内 RAM 高 128 字节只能采用寄存器 R0 或 R1 间接寻址；而特殊功能寄存器 SFR 只能采用直接寻址；片外 RAM 可寻址全地址范围。例如指令：

机器码	助词符	注释
E6	MOV A,@R0	;(A)←((R0)),片内 RAM 间接寻址
77 11	MOV @R1,♯0x11	;((R1))←0x11,片内 RAM 间接寻址
E0	MOVX A,@DPTR	;(A)←((DPTR)),片外扩展 RAM 间接寻址
F2	MOVX @R0,A	;((R0))←(A),片外扩展 RAM 间接寻址

5. 变址寻址

变址寻址把基址寄存器(DPTR 或 PC)和变址寄存器 A 的内容作为无符号数相加形成 16 位地址,读取程序存储器中该地址单元的数据作为操作数,变址寻址可寻址程序 FLASH 全地址范围。例如指令：

机器码	助词符	注释
93	MOVC A,@A+DPTR	;(A)←((A)+(DPTR)),程序 FLASH 变址寻址
83	MOVC A,@A+PC	;(A)←((A)+(PC)),程序 FLASH 变址寻址

6. 相对寻址

对程序转移指令,操作数即程序转移的目标地址。相对转移时,以当前指令位置(当前的 PC 值)为基准点,以指令最后一个字节的数值为相对偏移量(rel),二者相加形成 16 位的转移目标地址,这样的寻址方式称为相对寻址。相对转移时,所谓当前指令位置,即转移指令取指后的 PC 值,或转移指令的下一条指令的 PC 值；偏移量 rel 是有符号数 -128～+127,用补码表示,实际应用中常用标号代替。例如指令：

机器码	助词符	注释
40 F6	JC 0xf6	;(PC)←(PC)+2,若 CY=1 则(PC)←(PC)-10,否则(PC)不变
80 07	SJMP $+0x09	;(PC)←(PC)+2,(PC)←(PC)+7
B4 80 07	CJNE A,♯0x80,0x07	;(PC)←(PC)+3,若(A)≠0x80,则(PC)←(PC)+7 且(A)<0x80 ;时 CY=1 或(A)>0x80 时 CY=0; 否则(PC)不变

7. 位寻址

绝大多数单片机(或微控制器)都有位操作的功能。在布尔指令中,直接给出待寻址位的位地址,这样的寻址方式称为位寻址。在 51 单片机中,片内 RAM 的 20H～2FH 单元和地址可被 8 整除的特殊功能寄存器是可位寻址的,可通过布尔指令进行操作。例如指令：

机器码	助词符	注释
C2 8D	CLR TF0	;TF0=0,T0 的溢出标志位 TF0 可位寻址,其位地址为 8D
D2 8E	SETB TR1	;TR1=1,T1 运行控制位 TR1 可位寻址,其位地址为 8E
A2 34	MOV C,0x34	;CY←(0x26).4,片内 RAM 的(0x26).4 的位地址为 0x34

8.2.2　寻址方式所访问的存储空间

对 51 单片机,一方面,存储空间分为片内 RAM、片外 RAM、程序 FLASH,其中片内 RAM 又细分为低 128 字节、高 128 字节、特殊功能寄存器、工作寄存器、可位寻址区;另一方面,指令寻找操作数存储地址的方式有 7 种。各寻址方式与其所访问的存储空间如表 8.3 所示。

表 8.3　7 种寻址方式及其所访问的存储空间

寻址方式	所访问的存储空间
立即寻址	程序 FLASH
直接寻址	片内 RAM 低 128 字节(地址 00H~7FH)、特殊功能寄存器 SFR(地址 80H~FFH)
寄存器寻址	工作寄存器 R0~R7、累加器 A、寄存器 B、数据指针 DPTR、进位标志 CY
寄存器间接寻址	片内 RAM 全部 256 字节、片外 RAM
变址寻址	程序 FLASH
相对寻址	程序 FLASH
位寻址	片内 RAM 的可位寻址区(20H~2FH)、地址可被 8 整除的特殊功能寄存器 SFR

8.3　STC15 单片机的指令集

标准 51 单片机属于复杂指令集系统,共有 111 条指令。STC 单片机的指令系统完全兼容标准 51 单片机,但执行指令的时间效率更高。STC15 单片机系列号中的"15"表示该系列单片机采用超高速内核 STC-Y5,机器周期仅为 1 个系统时钟周期 SYSclk,运行速度比传统 51 单片机快 7~8 倍,将全部 111 条指令执行一遍,传统 51 单片机耗时 1944 时钟周期,而 STC15 单片机耗时仅 280 时钟周期。

按照所实现的功能,STC15 单片机的指令集可分为 5 类:算术指令、逻辑指令、数据传送指令、布尔指令、程序分支指令。

8.3.1　算术指令

STC15 单片机的算术操作有加、带进位加、带借位减、乘、除、加 1、减 1、十进制调整,8 种运算,共有 24 条指令,如表 8.4 所示。表格含有如下重要信息:

(1) 表格第 1 列是指令的"操作码 目的操作数",对单操作数的指令只有操作码。

(2) 第 2 列是可能的源操作数类型。该列各行的小格中,如小格有内容则表示相应指令存在,其内容依次为该指令的机器码/字节数/周期数,括号中的数是标准 51 单片机相应指令的机器周期数,标准 51 单片机 1 个机器周期含 12 个 SYSclk;如小格无内容,则表示相应的指令不存在。例如,表 8.4 中有 24 个小格有内容,表明有 24 条算术指令。

(3) 第 3 列列出执行指令对程序状态寄存器 PSW 中相关标志位的影响情况。

(4) 51 单片机有单字节、双字节、三字节共 3 种类型的指令。对这 3 类指令,当 CPU 读取一条指令后,程序计数器 PC 值将依次增加 1、2 和 3,指向下一条待读取指令。若所读取指令为非程序转移类的指令,则执行该条指令功能时,PC 值不会再次变更。

表 8.4　算术操作类指令

指令	源操作数							影响标志			
	A	Rn	@Ri	direct	#data	AB	DPTR	CY	AC	OV	P
ADD A,		28~2F 1/1(1)	26~27 1/2(1)	25 2/2(1)	24 2/2(1)			√	√	√	√
ADDC A,		38~3F 1/1(1)	36~37 1/2(1)	35 2/2(1)	34 2/2(1)			√	√	√	√
SUBB A,		98~9F 1/1(1)	96~97 1/2(1)	95 2/2(1)	94 2/2(1)			√	√	√	√
DA	D4 1/3(1)							√			√
MUL						A4 1/2(4)		0		√	√
DIV						84 1/6(4)		0		√	√
INC	04 1/1(1)①	08~0F 1/2(1)	06~07 1/3(1)	05 2/3(1)			A3 1/1(2)				①
DEC	14 1/1(1)①	18~1F 1/2(1)	16~17 1/3(1)	15 2/3(1)							①

注①: 以 A 为目的操作数的指令影响标志 P,以 PSW 为目的操作数的指令不影响标志 P。

在表 8.4 中,"ADD A,"行和"Rn"列对应小格的内容为"28~2F/1/1(1)",这表明存在"ADD A,Rn"指令,该指令为单字节单周期指令,其目的操作数和源操作数均采用寄存器寻址,机器码(十六进制,下同)为 28H~2FH(即 00101rrr,其中 rrr 为 Rn 的编号 000~111)。例如,指令"ADD A,R2",机器码:2A,是单字节指令,实现以下操作:

① 取指后(PC)←(PC)+1;

② (A)←(A)+(R2),影响 CY、AC、OV、P 标志(第 7 位有进位 CY=1;第 3 位有进位 AC=1;第 7 位和第 6 位只有 1 位有进位 OV=1)。

该指令执行时间,对 STC15 单片机为 1 个 SYSclk,而对标准 51 单片机则为 12 个 SYSclk(即 1 个机器周期),执行该指令 STC15 单片机比标准 51 单片机快了 12 倍。

在表 8.4 中,"SUBB A,"行和"#data"列对应小格的内容为"94/2/2(1)",这表明存在"SUBB A,#data"指令,该指令为双字节指令,其目的操作数采用寄存器寻址,第 2 个操作数(源操作数)采用立即寻址,首个机器码为操作码 94,第 2 个机器码是立即数 data。例如,指令"SUBB A,#0xC2",机器码为"94 C2",双字节指令,实现以下操作:

① 取指后(PC)←(PC)+2(下文,取指后 PC 的改变将省略,直接从②述起);

② (A)←(A)-0xC2-CY,影响 CY、AC、OV、P 标志(第 7 位有借位 CY=1;第 3 位

有借位 AC＝1；第 7 和 6 只有 1 位有借位 OV＝1）。

该指令执行时间，对 STC15 单片机为 2 个 SYSclk，而对标准 51 单片机则为 12 个 SYSclk（即 1 个机器周期），执行该指令 STC15 单片机比标准 51 单片机快了 6 倍。

在表 8.4 中，"INC"行和"A"列对应小格的内容为"04/1/1(1)"，这表明存在"INC A"指令，该指令为单字节、单周期指令，执行该指令 STC15 单片机比标准 51 单片机快了 12 倍，其目的和源操作数都是累加器 A，采用寄存器寻址，机器码为 04，实现以下操作：②(A)←(A)+1，影响 P 标志（以 A 为目的操作数的指令影响 P 标志）。

在表 8.4 中，DA（十进制调整）、MUL（乘）、DIV（除）3 条是单字节指令，执行后除 PC 值加 1 外，其实现的算术操作还需特别说明如下：

(1)"DA A"的操作。若(A3～0)＞9 或 AC＝1，则(A3～0)←(A3～0)+6；若(A7～4)＞9 或 CY＝1，则(A7～4)←(A7～4)+6。执行该指令 STC15 单片机比标准 51 单片机快了 4 倍。

(2)"MUL AB"的操作。(A)←(A 和 B 乘积)高 8 位，(B)←(A 和 B 乘积)低 8 位。执行该指令 STC15 单片机比标准 51 单片机快了 24 倍。

(3)"DIV AB"的操作。(A)←(A 除 B)的商，(B)←(A 除 B)的余。执行该指令 STC15 单片机比标准 51 单片机快了 8 倍。

8.3.2　逻辑指令

STC15 单片机的逻辑操作有与、或、异或、右环移、左环移、清零、求反共 7 种运算，共有 25 条指令，如表 8.5 所示，表格各栏含义同表 8.4。

表 8.5　逻辑操作类指令

指　　令	源操作数					累加器移位等指令		影响标志	
	A	Rn	@Ri	direct	#data	助记符	机器码等	CY	P
ANL A,		58～5F 1/1(1)	56～57 1/2(1)	55 2/2(1)	54 2/2(1)	CLR A	E4 1/1(1)		√
ANL direct,	52 2/2(1)				53 3/3(2)	CPL A	F4 1/1(1)		
ORL A,		48～4F 1/1(1)	46～47 1/2(1)	45 2/2(1)	44 2/2(1)	RL A	23 1/1(1)		
ORL direct,	42 2/2(1)				43 3/3(2)	RLC A	33 1/1(1)	√	√
XRL A,		68～6F 1/1(1)	66～67 1/2(1)	65 2/2(1)	64 2/2(1)	RR A	03 1/1(1)		
XRL direct,	62 2/2(1)				63 3/3(2)	RRC A	13 1/1(1)	√	√
						SWAP A	C4 1/1(1)		

注：以 A 为目的操作数的指令影响标志 P，以 PSW 为目的操作数的指令不影响标志 P。

从表8.5可见,存在"ANL direct,♯data"指令,该指令机器码53,是三字节、三周期指令,其目的操作数为直接寻址,源操作数采用立即寻址。例如,指令"ANL 0x34,♯0x46",机器码为"53 34 46",三字节指令,实现以下操作:②(0x34)←(0x34)&0x46,不影响标志。

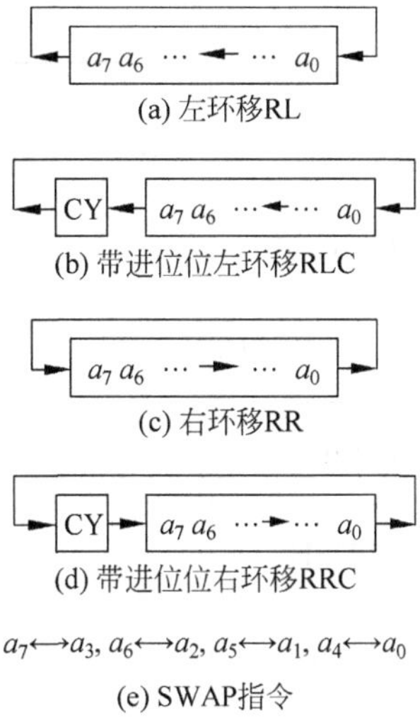

在表8.5中,CLR(A清零)、CPL(A求反)指令的算术操作显见,而RL(左环移)、RLC(带CY左环移)、RR(右环移)、RRC(带CY右环移)、SWAP(半字节翻转)5条指令的算术操作应掌握。假设指令执行前累加器中的二进制数值为$(A)=a_7a_6a_5a_4a_3a_2a_1a_0$,进位位标志$CY=c$,则这5条指令的功能如图8.1所示,其操作结果分别为:

(a) 左环移RL

(b) 带进位位左环移RLC

(c) 右环移RR

(d) 带进位位右环移RRC

$a_7\leftrightarrow a_3, a_6\leftrightarrow a_2, a_5\leftrightarrow a_1, a_4\leftrightarrow a_0$

(e) SWAP指令

图8.1　移位操作

(1) RL指令,$(A)=a_6a_5a_4a_3a_2a_1a_0a_7$,CY不变;

(2) RLC指令,$(A)=a_6a_5a_4a_3a_2a_1a_0c$,$CY=a_7$,影响P;

(3) RR指令,$(A)=a_0a_7a_6a_5a_4a_3a_2a_1$,CY不变;

(4) RRC指令,$(A)=ca_7a_6a_5a_4a_3a_2a_1$,$CY=a_0$,影响P;

(5) SWAP指令,$(A)=a_3a_2a_1a_0a_7a_6a_5a_4$,CY不变,即A的高、低半字节数据互换。

8.3.3　数据传送指令

STC15单片机的数据传送操作包括数据传送指令、堆栈操作指令、数据交换指令,共有28条指令,如表8.6所示,表格各栏含义同表8.4。

表8.6　数据传送类指令

指　　令	源　操　作　数								
	A	Rn	@Ri	direct	♯data	♯data16	@DPTR	@A+DPTR	@A+PC
MOV A,		E8～EF 1/1(1)	E6～E7 1/2(1)	E5 2/2(1)	74 2/2(1)				
MOV Rn,	F8～FF 1/1(1)			A8～AF 2/3(2)	78～7F 2/2(1)				
MOV @Ri,	F6～F7 1/2(1)			A6～A7 2/3(2)	76～77 2/2(1)				
MOV direct,	F5 2/2(1)	88～8F 2/2(2)	86～87 2/3(2)	85 3/3(2)	75 3/3(2)				
MOV DPTR,						90 3/3(2)			
MOVX A,			E2～E3 1/3(2)				E0 1/3(2)		

指　　令	源　操　作　数								
	A	Rn	@Ri	direct	♯data	♯data16	@DPTR	@A+DPTR	@A+PC
MOVX @Ri,	F2～F3 1/3(2)								
MOVX @DPTR,	F0 1/3(2)								
MOVC A,								93 1/5(2)	83 1/4(2)
PUSH				C0 2/3(2)					
POP				D0 2/2(2)					
XCH A,		C8～CF 1/2(1)	C6～C7 1/3(1)	C5 2/3(1)					
XCHD A,			D6～D7 1/3(1)						

注：以 A 为目的操作数的指令影响标志 P，以 PSW 为目的操作数的指令不影响标志 P。

在 51 单片机中，数据传送可细分为：

(1) 片内 RAM 数据传送，助记符 MOV；

(2) 片外 RAM 数据传送，助记符 MOVX；

(3) 程序 FLASH 数据传送，助记符 MOVC。

片内 RAM 数据传送。例如，指令"MOV SP，♯0x5F"，目的操作数为堆栈指针 SP（SFR 地址 81H，直接寻址），源操作数为立即数，机器码为"75 81 5F"，实现以下操作：②(0x81)←0x5F，不影响标志。又例，指令"MOV A，@R1"，目的操作数为累加器 A（寄存器寻址），源操作数为 R1 指向的片内 RAM 单元（寄存器间接寻址），机器码为"E7"，实现以下操作：②(A)←((R1))，影响 P 标志。

片外 RAM 数据传送。对 STC15 单片机，片外 RAM 既可是逻辑上片外、物理上片内的扩展 RAM，也可以是物理上片外扩展 RAM，但二者 MOVX 指令的执行周期数不同，表 8.6 所列的执行周期数为前者，后者的执行周期数详见宏晶科技有限公司相关技术文件 STC15.pdf。例如，指令"MOVX @R0，A"，机器码为"F2"，实现以下操作：②(X:(P2)(R0))←(A)，不影响标志。又例，指令"MOVX A，@DPTR"，机器码为"E0"，片内扩展 RAM 的 16 位地址保存在寄存器 DPTR 中，实现以下操作：②(A)←(X:(DPTR))，不影响标志。

STC15 单片机的堆栈属于满递增类型，进栈操作是栈指针先加 1 再进栈，出栈操作是先出栈再栈指针减 1。例如，指令"PUSH PSW"，程序状态字 PSW 进栈保护（源操作数直接寻址），机器码为"C0 D0"，实现以下操作：②(SP)←(SP)+1，((SP))←(PSW)，不影响标志。又例，指令"POP ACC"，出栈恢复累加器 ACC，机器码为"D0 E0"，实现以下操作：

②(ACC)←((SP)),(SP)←(SP)−1,影响 P 标志。

STC15 单片机的数据交换指令 XCH、XCHD 分别完成以下操作:

(1) XCH 指令,(A)↔(源操作数);

(2) XCHD 指令,$(A_{3\sim0})$↔$((Ri)_{3\sim0})$。

8.3.4　布尔指令

STC15 单片机的布尔指令(或位操作指令)包括位传送、与、或、清零、置位、位条件转移指令,共有 17 条指令,如表 8.7 所示,表格各栏含义同表 8.4。

表 8.7　位操作类指令

指　　令	源　操　作　数			位条件转移指令		
	C	bit	/bit	助记符	机器码/字节/周期	转移条件
MOV C,		A2 2/2(1)		JC rel	40 2/3(2)	CY=1 转移
MOV bit,	92 2/3(1)			JNC rel	50 2/3(2)	CY=0 转移
ANL C,		82 2/2(2)	B0 2/2(2)	JB bit,rel	20 3/5(2)	(bit)=1 转移
ORL C,		72 2/2(2)	A0 2/2(2)	JNB bit,rel	30 3/5(2)	(bit)=0 转移
CLR	C3 1/1(1)	C2 2/3(1)		JBC bit,rel	10 3/5(2)	(bit)=1 转移,且 (bit)←0
SETB	D3 1/1(1)	D2 2/3(1)				
CPL	B3 1/1(1)	B2 2/3(1)				

注:以 P 为目的操作数的指令不影响标志 P。

位逻辑与、或指令。例如,指令"ANL C,/0x0c",机器码为"B0 0C",操作数采用位寻址,实现以下操作:②(CY)←(CY) & $\overline{0x21.4}$,0x21.4 内容不变,影响 CY 标志。

位条件转移指令是相对转移指令。例如,指令"JB 0x14,0xef",机器码为"20 14 EF","0x14"为直接位地址,即 0x22.4 位,"0xEF"为相对转移的偏移量(补码),即−0x11,实现以下操作:②若(0x22.4)=1,则(PC)←(PC)−0x11,即以本指令的下一条指令为基点,若 0x22.4 位为 1,则跳转到基点前 17 字节地址处,去执行那里的指令。

8.3.5　程序分支指令

STC15 单片机的程序分支指令包括调用、返回、无条件转移、有条件转移指令,共有 17 条指令,如表 8.8 所示,表格各栏含义同表 8.4。

表 8.8　转移指令及空操作 NOP

无条件转移指令		条件转移指令		
助记符	机器码/字节/周期	助记符	转移条件	机器码/字节/周期
ACALL addr11	$a_{10}a_9a_8 10001/11 \sim F1$ 2/4(2)	CJNE A，♯data，rel	比较不相等转移且操作数 1＜操作数 2 时，CY＝1；操作数 1＞操作数 2 时，CY＝0	B4 3/4(2)
LCALL addr16	12 3/4(2)	CJNE A，direct，rel		B5 3/5(2)
RET	22 1/4(2)	CJNE Rn，♯data，rel		B8～BF 3/4(2)
RETI	32 1/4(2)	CJNE @Ri，♯data，rel		B6～B7 3/5(2)
AJMP addr11	$a_{10}a_9a_8 00001/01 \sim E1$ 2/3(2)	DJNZ Rn，rel	减 1 非零转移	D8～DF 2/4(2)
LJMP addr16	02 3/4(2)	DJNZ direct，rel		D5 3/5(2)
SJMP rel	80 2/3(2)	JZ rel	(A)＝0 转移	60 2/4(2)
JMP @A+DPTR	73 1/5(2)	JNZ rel	(A)≠0 转移	70 2/4(2)
NOP	00 1/1(1)			

　　所谓调用即子程序调用,分绝对调用 ACALL 和长调用 LCALL,由表 8.8 可见,绝对调用指令的操作数是 11 位立即地址 addr11(范围 0～0x7FF),被调用子程序的入口(首地址)与 ACALL 指令的下一条指令必须处在程序 FLASH 同一个 2KB 的地址页面内;而长调用指令的操作数是 16 位立即地址 addr16,被调用的子程序可处在全部 64KB 程序 FLASH 空间的任意位置。子程序调用时,CPU 会将返回地址(调用指令的下一条指令)压入堆栈,入栈顺序:低 8 位地址先入栈、高 8 位地址后入栈。例如,指令"ACALL 0x423",机器码为"91 23",实现以下操作:

　　① 双字节指令,取指后(PC)←(PC)+2;

　　② (SP)←(SP)+1,((SP))←(PC$_{7\sim0}$),(SP)←(SP)+1,((SP))←(PC$_{15\sim8}$);

　　③ (PC)←(PC)＆0xF800+0x423。

　　对程序转移类指令,取指后的 PC 值会再次改变,实现转移,关于这个问题下文不再赘述,还直接从步骤②述起。又例,指令"LCALL 0x423",机器码为"12 04 23",实现以下操作:②(SP)←(SP)+1,((SP))←(PC$_{7\sim0}$),(SP)←(SP)+1,((SP))←(PC$_{15\sim8}$);③(PC)←0x423。

　　所谓返回即从子程序返回,RET 指令用于从所调用的子程序返回,RETI 指令用于从中断服务子程序返回。执行返回指令,CPU 将从堆栈中弹出返回地址,出栈顺序与入栈顺序相反。例如,指令"RET",机器码为"22",寄存器寻址,实现以下操作:② (PC$_{15\sim8}$)←

$((SP))$，$(SP) \leftarrow (SP) - 1$，$(PC_{7\sim0}) \leftarrow ((SP))$，$(SP) \leftarrow (SP) - 1$。又例，指令"RETI"，机器码为"32"，寄存器寻址，实现以下操作：②$((PC_{15\sim8}) \leftarrow ((SP))$，$(SP) \leftarrow (SP) - 1$，$(PC_{7\sim0}) \leftarrow ((SP))$，$(SP) \leftarrow (SP) - 1$；③同优先级中断状态触发器清零。

无条件转移有绝对转移 AJMP、长转移 LJMP、短转移 SJMP、间接长转移 JMP 共 4 条指令。由表 8.8 可见，绝对转移指令的操作数是 11 位立即地址 addr11(范围 0~0x7FF)，转向处与 AJMP 指令的下一条指令必须处在程序 FLASH 同一个 2KB 的地址页面内；而长转移指令的操作数是 16 位立即地址 addr16，可转向全部 64KB 程序 FLASH 空间的任意位置；短转移指令的操作数是相对偏移量(补码)，转向处在 SJMP 指令之下一条指令的前 128B 至后 127B 之间；间接长转移的操作数是变址寻址的 16 位地址，也可转向全部 64KB 程序 FLASH 空间的任意位置。例如，指令"AJMP 0x423"，机器码为"81 23"，实现以下操作：②$(PC) \leftarrow (PC)$ & 0xF800 + 0x423。又例，指令"LJMP 0x423"，机器码为"02 04 23"，实现以下操作：②$(PC) \leftarrow$ 0x423。又例，指令"SJMP 0xa6"，机器码为"80 A6"，实现以下操作：②$(PC) \leftarrow (PC) - 0x5A$。又例，指令"JMP @A+DPTR"，机器码为"73"，实现以下操作：②$(PC) \leftarrow (A) + (DPTR)$。

条件转移有比较不相等转移 CJNE、减 1 非零转移 DJNZ、A 为零转移 JZ、A 非零转移 JNZ 指令，最后一个操作数是相对偏移量(补码)，转向处在转移指令之下一条指令的前 128B 至后 127B 之间。例如，指令"CJNE A，♯0x20，0x46"，机器码为"B4 20 46"，实现以下操作：②若$(A) \neq 0x20$，则$(PC) \leftarrow (PC) + 0x46$，且$(A) < 0x20$ 时 CY=1 或$(A) > 0x20$ 时 CY=0；否则(PC)不变。又例，指令"DJNZ R1，0xFE"，机器码为"D9 FE"，实现以下操作：②若$(R1) \leftarrow (R1) - 1 \neq 0$，则$(PC) \leftarrow (PC) - 2$。又例，指令"JNZ 0xF8"，机器码为"70 F8"，实现以下操作：②若$(A) \neq 0$，则$(PC) \leftarrow (PC) - 8$。

8.4　51 单片机汇编语言程序设计基础

所谓的汇编语言程序，就是按照一定的规则组合在一起的汇编语言助词符指令和汇编器伪指令序列，这些指令序列能够通过开发工具处理，转换成可在目标 CPU 上运行、能实现特定功能的机器代码序列。

8.4.1　汇编语言程序结构

汇编语言程序示例如下：

```
NAME main                        ;声明一程序模块,命其名为 main
my_code  SEGMENT CODE            ;声明一代码段(存放在 FLASH 的常数段),命名 my_code
         RSEG    my_code         ;切换到再定位代码段 my_code
TABLE:   DB 3,2,1,0xFF           ;声明 4 个常数

myprog   SEGMENT CODE            ;声明一代码段,命其名为 myprog
         RSEG myprog             ;切换到再定位代码段 myprog
         LJMP main               ;转移到 main
         ORG 0x100               ;定位到代码区 C:0100 位置
```

```
main:     MOV DPTR,＃TABLE          ;将标号 TABLE 的地址传送给 DPTR
          MOV A,＃0x03              ;立即数 3 传送给累加器 A
          MOVC A,@A+DPTR           ;将(A)+(DPTR)所指向的程序 FLASH 内容传送累加器 A
          MOV P1,A                 ;将累加器 A 的内容传送给 P1 口
END                                ;本程序模块结束
```

在汇编语言程序中,既有汇编语言助记符指令(如加黑的程序行),也有汇编器伪指令,前者是控制 CPU 完成特定逻辑功能的指令序列;后者告诉汇编器如何在存储器中组织代码和数据,其本身并不产生代码。

8.4.2 代码段与数据段

代码和数据以"段"的方式存放在存储器中,段是代码或数据对象的存储单位,程序代码被放入代码段,数据对象被放入数据段。段又分为绝对段和再定位段,绝对段中的代码或数据在存储器中的地址是确定的绝对地址,绝对段只能在汇编语言程序中指定;再定位段中的代码或数据的存储器地址是浮动的,C51 源程序经编译产生的段(在目标文件中)是再定位段,再定位段也可在汇编语言程序中指定。用连接定位器 BL51(汇编工具)连接程序模块时,已经在绝对段中分配的地址将不发生任何改变,再定位段中的代码和数据的实际存储地址则由连接定位器重新分配,以避免多程序模块连接时发生地址重叠现象。每个再定位段均应命名,并说明其存储器类型,绝对段则没有段名。

8.4.3 AX51 汇编器伪指令

AX51 汇编器是将汇编语言程序转换为机器语言程序的工具软件,用于将汇编语言源程序转换成机器语言的目标文件。AX51 汇编器有一些伪指令,用于定义用户符号、预留和初始化存储器、控制代码的位置等。

1. 地址控制伪指令

地址控制伪指令如表 8.9 所示。在 AX51 汇编器中,为每个段都设置了一个位置计数器,位置计数器的初值默认为 0。符号"$"表示定位计数器的当前值,地址控制伪指令 ORG、EVEN 可以修改位置计数器的值。例如:

```
ORG       0x100               ;将定位计数器设为 100H
USING     1                   ;选择第 1 组工作寄存器
DJNZ      30H,$               ;(30H)减 1 非零则跳转到当前位置
```

表 8.9　地址控制伪指令列表

伪　指　令	格　　式	说　　　明
ORG	ORG 表达式	将定位计数器设置为指定的地址或偏移量
EVEN	EVEN	强制位置计数器指向下一个偶地址,确保字对齐
USING	USING 表达式	选择使用哪个工作寄存器组

2. 条件汇编伪指令

如表 8.10 所示,条件汇编用于根据条件选择参与汇编的代码模块。例如:

```
IF      VALUE > 1
代码模块 1                              ;若 VALUE > 1,则汇编代码模块 1
ELSE
代码模块 2                              ;否则汇编代码模块 2
ENDIF
```

表 8.10　条件汇编伪指令列表

伪　指　令	格　　式	说　　明
IF	IF 表达式	1. 表达式为选择代码模块参与汇编的条件
ELSEIF	ELSEIF 表达式	2. 单条件汇编 IF-ELSE-ENDIF
ELSE	ELSE	3. 多条件汇编 IF-ELSEIF-ELSEIF-ELSE-ENDIF
ENDIF	ENDIF	

该结构为单条件汇编 IF-ELSE-ENDIF 结构,条件"VALUE > 1"为真时选择代码模块 1 参与汇编,否则选择代码模块 2 参与汇编。

3. 存储器初始化伪指令

存储器初始化用于为变量分配空间并进行初始化设置,相关伪指令如表 8.11 所示,DB、DW、DD 是可以产生实际代码的仅有的 3 条伪指令。例如:

```
segTab:    DB 3FH,06H,5BH,4FH,66H,6DH,7DH,07H,7FH,6FH;共阴数码管 0~9 字形
```

表 8.11　存储器初始化伪指令列表

伪　指　令	格　　式	说　　明
DB	[标号:] DB 表达式[,表达式,…]	定义一列字节型数值
DW	[标号:] DW 表达式[,表达式,…]	定义一列字型(双字节)数值
DD	[标号:] DD 表达式[,表达式,…]	定义一列双字型(四字节)数值

4. 存储器空间预留伪指令

存储器空间预留用于定义变量,并为其预留存储空间,相关伪指令如表 8.12 所示。例如:

```
A_Flag:    DBIT    1        ;定义位型变量 A_Flag,预留 1 位
disBuf:    DSB     4        ;定义字节型变量 disBuf,预留 4 字节
```

表 8.12　存储器初始化伪指令列表

伪　指　令	格　　式	说　　明
DBIT	[标号:] DBIT 表达式	在位单元中预留空间
DS	[标号:] DS 表达式	在字节空间预留空间(DS 和 DSB 无差别)
DSB	[标号:] DSB 表达式	
DSW	[标号:] DSW 表达式	在字(双字节)空间预留空间
DSD	[标号:] DSD 表达式	在双字(四字节)空间预留空间

5. 过程声明伪指令

过程声明伪指令如表8.13所示。

表 8.13　过程声明伪指令列表

伪 指 令	格 式	说 明
PROC	名称 PROC [类型] USING 表达式	声明标准过程函数开始,类型:NEAR(默认)、FAR
	名称 PROC TASK [任务名等]	声明任务组之任务开始,任务由软硬件陷阱激活
	名称 PROC INTERRUPT 中断名=中断号 USING 表达式	声明中断服务函数开始
ENDP	名称 ENDP	与 PROC 配合,结束过程声明
LABEL	符号[:] LABEL [类型]	为段中某地址位置定义一个符号,类型有NEAR、FAR、BYTE、WORD、BIT

(1) PROC 和 ENDP 伪指令用于声明函数的开始和结束;

(2) LABEL 伪指令用于为段内某地址位置定义符号名称,分号":"可省略,符号名继承了当前段的属性,因此不能在段之外使用。

6. 程序链接伪指令

程序链接主要用于控制模块之间参数的传递,相关伪指令如表8.14所示。

表 8.14　程序链接伪指令列表

伪 指 令	格 式	说 明
EXTRN 或 EXTERN	EXTRN 存储器类型 [:数据类型] (符号 [,…,])	声明在当前模块中引用的、在其他模块中定义的符号
NAME	NAME 模块名称	为当前模块命名
PUBLIC	PUBLIC 符号 [数据类型]	声明可用于其他模块的公共符号

(1) EXTRN 伪指令用于声明一个外部的符号,存储器类型有 CODE、DATA、IDATA、XDATA、BIT 等,数据类型有 BYTE、WORD、DWORD 等。

(2) NAME 伪指令用于指定当前模块命名。

(3) PUBLIC 用于定义可被其他模块使用的符号。

例如:

```
NAME DELAY              ;定义模块,命其名为 DELAY
PUBLIC    _delay        ;定义可被其他模块使用的公共符号_delay
EXTRN     CODE(main)    ;声明指向 CODE 区的外部标号 main
EXTRN     DATA:BYTE(counter)  ;声明指向 DATA 区的外部字节型变量 counter
```

7. 段控制伪指令

段控制伪指令如表8.15所示,其中 SEGMENT 用于声明一个再定位段和一个可选的

再定位类型,再定位类型有:

(1) UNIT,定义一个可开始于任何单元的段。对 BIT 类型的段,一个单元是一位,其他类型的段,一个单元是一字节。

(2) PAGE,定义一个起始地址是 256 的整数倍的段,只用于 XDATA 和 CODE 类型段。

(3) INPAGE,定义一个必须包含在 256B 的中的段,只用于 XDATA 和 CODE 段。

(4) INBLOCK,定义一个必须包含在 2KB 块中的段,只用于 CODE 段。

(5) BITADDRESSABLE,定义一个位于可位寻址区的段,段长不能超过 16 字节。

(6) OVERLAYABLE,定义一个可与其他段交叠的覆盖段,其段名按 C51 规则命名。

表 8.15 段控制伪指令列表

伪 指 令	格 式	说 明
SEGMENT	段名 SEGMENT 段类型 [再定位类型]	定义一个再定位的段,段类型说明段所处的地址空间,有 CODE、DATA、IDATA、BIT、XDATA 5 种类型
RSEG	RSEG 段名	选择一个再定位的段
BSEG	BSEG [AT 绝对地址]	在位地址空间定义一个绝对地址段
CSEG	CSEG [AT 绝对地址]	在代码地址空间定义一个绝对地址段
DSEG	DSEG [AT 绝对地址]	在直接寻址内部数据空间定义一个绝对地址段
ISEG	ISEG [AT 绝对地址]	在间接寻址内部数据空间定义一个绝对地址段
XSEG	CSEG [AT 绝对地址]	在外部数据地址空间定义一个绝对地址段

段控制伪指令用于定义再定位段、选择一个再定位段或为段分配绝对地址,例如:

```
my_code         SEGMENT CODE                          ;定义程序代码段
?DT?_fun1?FUN    SEGMENT DATA OVERLAYABLE              ;定义可覆盖局部数据段
                RSEG my_code                          ;选择代码段 my_code
```

8. 符号定义伪指令

在汇编语言中,程序中的参数、寄存器名、标号(程序或数据空间的位置)、变量的位置等可以用符号表示,定义符号的伪指令如表 8.16 所示。例如:

```
PI          EQU    314           ;定义常数 PI = 314
TURE_FLAG   SET    1             ;定义逻辑常数 TURE_FLAG = 1
P1M0        DATA   092H          ;定义 SFR 符号 P1M0,位置在 DATA 区地址 92H
EA          BIT    0A8H.7        ;定义位符号 EA(总中断允许位),位地址 0A8H.7
INFO        LIT    'Name'        ;用符号 INFO 表示字符串"Name"
```

表 8.16 用于符号定义的伪指令列表

伪 指 令	格 式	说 明
EQU	符号 EQU 表达式	设置永久性符号值
SET	符号 SET 表达式	设置或重置临时性符号值
BIT	符号 BIT bit 地址	给指定的位数据空间地址定义一个符号名

续表

伪 指 令	格 式	说 明
CODE	符号 CODE code 地址	给指定的代码空间地址定义一个符号名
DATA	符号 DATA data 地址	给指定的直接寻址片内数据地址定义一个符号名
IDATA	符号 IDATA idata 地址	给指定的间接寻址片内数据地址定义一个符号名
XDATA	符号 XDATA xdata 地址	给指定的片外数据地址定义一个符号名
SFR	sfr 符号＝地址；	定义一个特殊功能寄存器 SFR 符号
SFR16	sfr16 符号＝地址；	
SBIT	sbit 符号＝地址；	定义一个特殊功能寄存器 SFR 位符号
LIT	符号 LIT '字符串'	为字符串定义一个符号名

9. 其他伪指令

其他伪指令如表 8.17 所示。

表 8.17 过程声明伪指令列表

伪 指 令	格 式	说 明
END	END	指示程序的结束
__ERROR__	__ERROR__ 文本	产生一条标准的出错信息(注：前后均为双下画线)

(1) END 伪指令用于指示程序的结束,所有的汇编程序模块均需用 END 指令结束。

(2) __ERROR__伪指令用于产生出错信息。例如:

```
IF VARLEN > 10                    ;条件汇编
    __ERROR__ "Variable Length is Too Long"
                                  ;若满足条件,则产生提示信息 Variable Length is Too Long
ENDIF                             ;条件汇编结束
```

8.4.4 汇编语言程序设计举例

【例 8.1】 设两个双字节无符号十进制数采用压缩的 BCD 码表示,分别存放在 31H、32H 和 33H、34H 单元(双字节十进制数的高位字节存储在低地址),试设计一个实现这两个双字节无符号十进制数相加的程序,结果仍为压缩的 BCD 码,存放在 30H、31H、32H 单元,其中 30H 为两数之和的进位标志位(简称进位位)。

```
NAME    D_ADDITION              ;定义模块,命其名为 D_ADDITION
d_add_code    SEGMENT CODE      ;声明可重定位代码段,命其名为 d_add_code
FIRST   DATA    31H             ;定义 FIRST 指向 DATA 区 31H 地址
        RSEG    d_add_code      ;切换到再定位代码段 d_add_code
        AJMP    MAIN            ;绝对转移到 MAIN 处
        ORG     0100H           ;定位到 CODE 区 C:0100 位置
MAIN:   MOV     FIRST, #89H     ;准备加数和被加数(压缩 BCD 码)
        MOV     FIRST + 1, #12H
```

```
        MOV   FIRST + 2, ♯ 34H
        MOV   FIRST + 3, ♯ 78H
        MOV   A, FIRST + 1            ;(A)←加数低字节
        ADD   A, FIRST + 3            ;(A)←(A) + 被加数低字节
        DA   A                       ;十进制调整
        MOV   FIRST + 1, A           ;低位求和结果保存
        MOV   A, FIRST               ;(A)←加数高字节
        ADDC   A, FIRST + 2          ;(A)←(A) + 被加数高字节 + CY
        DA   A                       ;十进制调整
        MOV   FIRST, A               ;高位求和结果保存
        CLR   A                      ;(A)←0
        ADDC   A, ♯ 00H              ;(A)←(A) + 0 + CY
        MOV   FIRST - 1, A           ;高位求和之进位保存
        END
```

用 Keil C 进行汇编语言程序设计与仿真、调试。启动 μVision4 集成开发环境,完成以下工作:

(1) 新建文件夹 .\eg8_1,在工作文件夹中创建新工程 .\eg8_1\eg8_1. uvproj,选择目标 CPU 为 STC15W4K32S4,新工程中不添加 STARTUP. A51。

(2) 单击 按钮设置工程,在 Target 中设置晶振 12.0MHz,在 Output 中选中 Create HEX File,在 Debug 中选中 Use Simulator,其他均取默认值。

(3) 新建文件,打开程序文本编辑窗口,以 MAIN. A51 文件名保存文件,将 MAIN. A51 添加到工程中。

(4) 输入所有程序行,保存程序文件,直到工程编译通过。

(5) 单击 按钮,启动并进入调试模式,打开存储器窗口 Memory1,输入地址"d: 0x30",单击单步执行按钮 ,逐步观察寄存器窗口中的 a、psw 和存储器窗口中的 d:0x30～0x34 这 5 个单元的内容变化,分析每条指令所完成的操作。

【例 8.2】　延时子程序设计。试用汇编语言设计一方波生成程序,要求 P1.0 端口输出频率为 500Hz 的方波。使用 IAP15W4K58S4 单片机,片内 IRC 选择 12.000MHz。

```
NAME      PULSE              ;模块命名为 PULSE
delay     SEGMENT CODE       ;声明 delay 代码段
pulse     SEGMENT CODE       ;声明 pulse 代码段
sfr P1M0 = 0x92              ;端口 1 模式寄存器 0
sfr P1M1 = 0x91              ;端口 1 模式寄存器 1
        RSEG     delay
DELAY999US5:;@12.000MHz,LCALL DELAY999US5 指令 4 个 SYSclk,共 11994 个 SYSclk
    PUSH 30H                 ;(30H)进栈保护,执行时间为 3 个 SYSclk
    PUSH 31H                 ;(31H)进栈保护,执行时间为 3 个 SYSclk
    MOV 30H, ♯ 10            ;(30H)←10,执行时间为 3 个 SYSclk
    MOV 31H, ♯ 80            ;(31H)←80,执行时间为 3 个 SYSclk
NEXT:
    DJNZ 31H, NEXT           ;内循环,执行时间共(80 * 5 + 256 * 5 * 9)个 SYSclk
```

```
            DJNZ 30H,NEXT            ;外循环,执行时间共 10 * 5 个 SYSclk
            POP 31H                  ;出栈恢复(31H),执行时间为 2 个 SYSclk
            POP 30H                  ;出栈恢复(30H),执行时间为 2 个 SYSclk
            RET                      ;返回,执行时间为 4 个 SYSclk
                RSEG     pulse
                ORG 0000H
                AJMP MAIN
                ORG 0100H
    MAIN:       ANL P1M1,♯0xFE
                ANL P1M0,♯0xFE
    LOOP:                            ;LOOP 循环体,循环时间为 12000SYSclk(1000μs)
                CPL P1.0             ;P1.0 翻转,执行时间为 3 个 SYSclk
                LCALL DELAY999US5    ;调用延时子程序,执行时间共 11994 个 SYSclk
                SJMP LOOP            ;无条件转移,执行时间为 3 个 SYSclk
                END
```

用 Keil C 进行汇编语言程序设计与仿真、调试。启动 μVision4 集成开发环境,完成以下工作:

步骤(1)~(4)类似于例 8.1,完成项目文件夹和工程创建、工程设置、程序文件创建并添加到工程、汇编源程序编辑与工程项目编译。

步骤(5)单击 🔍 按钮,启动并进入调试模式,单击单步执行程序(延时程序可用单步跳过),逐步观察相关寄存器、存储器、端口状态的变化,分析每条指令所完成的操作,尤其关注加粗表示的 3 个程序行的循环执行时间,是否正好是每 1000μs 循环一次。

读者可自行分析计算,本例如果改用 AT89C51 单片机,晶振仍选择 12.000MHz,则 LOOP 循环的执行时间为每次 4807μs。

8.5 C51 与汇编语言混合编程

视频

采用混合编程,程序的主体部分用 C51 语言编写,实时性要求很高的硬件操控部分则用汇编语言编写,这样可将 C51 语言和汇编语言各自的优点结合起来。常用的混合编程方法有两种,其一是嵌入式汇编,即在 C51 语言程序中嵌入一段汇编语言程序;其二汇编语言程序为独立的源文件,C51 程序调用汇编程序模块。

8.5.1 嵌入式汇编

通过预编译指令"♯pragma asm"和"♯pragma endasm"在 C51 源程序中插入汇编语言模块,具体结构如下:

```
♯pragma asm
        汇编语句
♯pragma endasm
```

在 μVision4 中嵌入汇编语句,完成混合编程后,在项目/Project 窗口中,右击包含汇编代码的 C51 文件,选择快捷菜单中的"Options for '****.c'…"命令,在打开的对话框中选中 Generate Assembler SRC File 和 Assemble SRC File 两个选项,如图 8.2 所示。根据所选择的编译模式,按照表 8.18,将 Keil\C51\LIB\目录中相应的库文件添加到 Source Group 1 中,添加的库文件必须作为工程的最后文件。之后完成程序编译和调试。

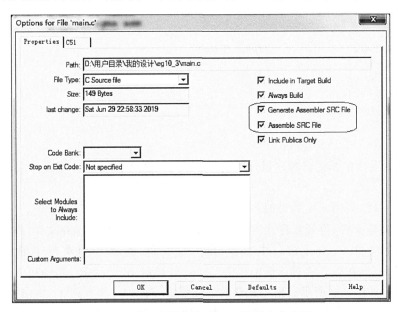

图 8.2　嵌入汇编语句的 C51 源程序的配置

表 8.18　嵌入式汇编不同编译模式需添加的库文件

编 译 模 式	程序不带浮点运算	程序带浮点运算
Small	C51S. LIB	C51FPS
Compact	C51C. LIB	C51FPC
Large	C51L. LIB	C51FPL. LIB

【例 8.3】　将例 8.2 的方波生成程序(从 P1.0 端口输出频率为 500Hz 的方波)改用嵌入式汇编程序,要求程序的主框架采用 C51 编程,延时函数内部采用嵌入式汇编,C51 程序文件取名 main. c。

采用嵌入式汇编 main. c 程序清单如下:

```
# include < stc15.h>
void delay999us5()                //999.5μs 延时函数定义
{
    # pragma asm
            PUSH 30H
            PUSH 31H
            MOV 30H, # 10
            MOV 31H, # 80
```

```
NEXT:      DJNZ 31H, NEXT
           DJNZ 30H, NEXT
           POP 31H
           POP 30H
      #pragma endasm
}

void main()
{    P1M1& = 0xfe;                    //P1.0 准双向
     P1M0& = 0xfe;
     while(1)
     {    P10 = !P10;
          delay999us5();
     }
}
```

用 Keil C 进行汇编语言程序设计与仿真、调试。启动 μVision4 集成开发环境,完成以下工作:

步骤(1)～(2)与例 8.1 的类似,完成项目文件夹和工程创建、工程设置。

步骤(3)新建文件,打开程序文本编辑窗口,以 main.c 文件名保存文件,将 main.c 添加到工程中。在项目/Project 窗口中右击 main.c 文件,选择快捷菜单中的"Options for 'main.c'…"命令,在打开的对话框中选中 Generate Assembler SRC File 和 Assemble SRC File 两个选项,如图 8.2 所示。采用默认的编译模式(Small),将 Keil\C51\LIB\目录中的库文件 C51S.LIB 添加到在 Source Group 1 中。注:读者如果从课程资源网站下载例 8.3 的项目文件,仍需将库文件 C51S.LIB 移除,再重新添加。

步骤(4)键盘输入所有程序行,保存程序文件,直到工程编译通过。编译产生了汇编语言源程序 main.SRC,该文件包含:

① 程序模块命名;

② 特殊功能寄存器及其可位寻址位的定义;

③ 再定位代码段和数据段说明;

④ 链接符号说明;

⑤ 汇编语言语句;

⑥ 注释说明 C51 语句所对应的汇编程序。

略去 SRC 文件之②与本程序无关的 SFR 及位定义、之⑥的注释等冗余行后,SRC 文件可简单列表如下:

```
NAME      MAIN
P1M0      DATA      092H
P1M1      DATA      091H
P10 BIT 090H.0
…
?PR?delay999us5?MAIN SEGMENT CODE
?PR?main?MAIN              SEGMENT CODE
```

```
        EXTRN     CODE (?C_STARTUP)
        PUBLIC    main
        PUBLIC    delay999us5
…
        RSEG   ?PR?delay999us5?MAIN
delay999us5:
    USING     0
…
        PUSH 30H
        PUSH 31H
        MOV 30H,#10
        MOV 31H,#80
        NEXT:          DJNZ 31H,NEXT
        DJNZ 30H,NEXT
        POP 31H
        POP 30H
    RET
        RSEG   ?PR?main?MAIN
main:
    USING     0
    ANL       P1M1,#0FEH
    ANL       P1M0,#0FEH
?C0002:
    CPL       P10
    LCALL     delay999us5
    SJMP      ?C0002
    END
```

由上述 SRC 程序列表可见：

① 编译系统将 C51 程序文件名中的小写字母转换成大写字母，用所得符号"MAIN"命名汇编语言程序模块；

② C51 函数 void delay999us5()、void main()各自生成 1 个再定位代码段，分别命名为?PR? delay999us5? MAIN 和?PR? main? MAIN；

③ 声明其他模块定义的外部符号?C_STARTUP 和本模块定义的外部符号 main 和 delay999us5；

④ ?PR? delay999us5? MAIN 和?PR? main? MAIN 两个再定位代码段的具体内容，对比例 8.2，main. SRC 与例 8.2 的汇编语言程序是一致的。

8.5.2 调用汇编语言程序模块

C51 程序与汇编语言程序相互调用的前提条件是汇编语言程序编写应符合 C51 编译器的编译规则。事实上，相互调用就是函数调用，一方面，经过编译 C51 函数被转换成代码段和数据段的规则；另一方面，参数的传递与函数值的返回规则。

1. C51 编译器对目标代码的段管理

编译器对 C51 源程序进行编译，生成目标文件时，将程序中每个代码和数据对象都转换成相应符号，保存到相应的段中。

1) 全局变量

对全局变量,编译器按表 8.19 的命名规则为每个模块分存储器类型生成各自的数据段,段名由两个"?"中间夹一个存储器类型符号紧接模块名(modul_name)组成,模块名是不带路径和扩展名且字母转换为大写的源文件名。模块中具有相同存储器类型的全局变量被组合到同一数据段中,常数和字符串被放入一个独立的数据段中。

表 8.19　C51 编译器的全局变量数据段命名规则

段　　　名	存储器类型	说　　　明
? CO? modul_name	code	code 中的常数段
? DT? modul_name	data	data 型数据段(Small 编译模式,默认的存储器类型)
? ID? modul_name	idata	idata 型数据段
? BA? modul_name	bdata	bdata 型数据段
? BI? modul_name	bit	bit 型数据段
? PD? modul_name	pdata	pdata 型数据段(Compact 编译模式,默认的存储器类型)
? XD? modul_name	xdata	xdata 型数据段(Large 编译模式,默认的存储器类型)

注:扩展 51 单片机还有一些存储器类型未列出。

2) 函数名

源程序中的函数名按照表 8.20 中的规则转换成公共符号名,该符号即为函数相应的代码段的首地址,链接时使用这些符号进行定位。

3) 函数和局部变量

C51 编译器为各程序模块的每个函数生成一个以? PR? function_name? modul_name 为名的代码段,其中 function_name 按表 8.20 中的规则产生。如在例 8.3 中,程序模块 main.c 中包含一个名为 delay999us5 的无参函数,在目标文件中编译系统将该函数的代码段命名为? PR? delay999us5? MAIN,如该例的 SRC 文件中带底纹的部分汇编程序行所示。

表 8.20　C51 编译器的函数名转换规则

函数声明	转换成目标文件中的函数名	说　　　明
void func(void)…	func	无参数传递或不经寄存器传参的函数,函数名原样保留
void func(形参)…	_func	经寄存器传参的函数,函数名加前缀"_",表示该函数有通过寄存器传递的参数
void func(void) reentrant…	_? func	可再入函数,函数名加前缀"_?",表示函数有通过数据栈传递的参数

如果函数中包含有非寄存器传递的参数(即需通过固定存储区传递的参数)或局部变量,C51 编译器将按存储器类型生成字节型的局部数据段和一个位类型的局部位段。局部数据段用于存放这些非寄存器传递的、非位类型的参数和局部变量,局部位段用于存放所有位类型的参数和局部变量。

局部数据段以表 8.21 所示规则命名,局部位段则以? BI? function_name? modul_name 为段名。C51 编译器为局部数据段和局部位段建立一个可覆盖标志 OVERLAYABLE,链接定位器 BL51 对目标文件进行链接定位时作覆盖分析。编译模式默认的局部数据段起始于公共标号? function_name? BYTE,局部位段起始于公共标号? function_name? BIT。

表 8.21 C51 编译器的局部数据段命名规则

局部数据段段名	存储器类型	说 明
? DT? function_name? modul_name	data	Small 编译模式默认的局部数据段,或明确声明 data 型的局部数据段
? BA? modul_name	bdata	在 Small 编译模式下,明确声明 bdata 型的局部数据被整合到 bdata 型全局数据段中
? BA? function_name? modul_name	bdata	在非 Small 编译模式下,明确声明 bdata 型的局部数据段
? ID? function_name? modul_name	idata	明确声明 idata 型的局部数据段
? PD? function_name? modul_name	pdata	Compact 编译模式默认的局部数据段,或明确声明 pdata 型的局部数据段
? XD? function_name? modul_name	xdata	Large 编译模式默认的局部数据段,或明确声明 xdata 型的局部数据段
编译出错	code	code 区不能传递参数或定义局部变量

段名或起始公共标号表示段的起始地址,局部数据段从? function_name? BYTE、局部位段从? function_name? BIT 处向上为非寄存器传递的参数或局部变量分配存储空间,段名或标号是全局共享的,可被其他模块访问,从而为 C51 程序和汇编程序的相互调用提供了可能。

【例 8.4】 如图 8.3 所示,新建 μVision 项目,其存储器编译模式选择 Small,将 function.c 添加到 Source Group 1 中,该文件的清单如下:

```
# pragma src(FUNC.A51)
# include < reg51.h >
unsigned char bdata flag;
unsigned int x;
void func(unsigned char y)
{   unsigned char a;
    unsigned char bdata temp;
    bit c;
    a = y;
    x = (int)y;
    temp = 1 << 3;
    c = CY;
}
```

图 8.3 例 8.4 项目
C51 源程序及其文件结构

C51程序 function.c 的首行使用了预编译控制命令"♯pragma src(FUNC.A51)",通知 C51 编译器将当前 C51 程序编译生成 SRC 格式的汇编语言程序,并命其名为 FUNC.A51。单击图 8.3 左上角的"编译当前文件…"按钮📚,对 function.c 文件进行编译,生成 FUNC.A51 文件,试分析解读 FUNC.A51 文件,为其添加注释。

编译通过后,打开项目文件夹中生成 SRC 格式文件 FUNC.A51,该文件清单如下(中文注释为作者添加的内容):

```
;FUNC.A51 generated from: function.c
;COMPILER INVOKED BY:
;C:\Keil\C51\BIN\C51.EXE function.c BROWSE DEBUG OBJECTEXTEND

$ NOMOD51                          ;Ax51 宏汇编器控制命令: 不使用预定义的 8051 的 SFR 名称

NAME     FUNCTION                  ;声明模块名(原文件去除路径和扩展名之后字母转换成大写)

...                                ;此处是标准 51 特殊功能寄存器及可位寻址位定义,省略
;声明函数代码段,"_"表示函数经寄存器传递参数
?PR?_func?FUNCTION SEGMENT CODE
;声明 bdata 型全局数据段,可位寻址
?BA?FUNCTION SEGMENT DATA BITADDRESSABLE
;声明 data 型(默认)局部数据段,可覆盖
?DT?_func?FUNCTION SEGMENT DATA OVERLAYABLE
?BI?_func?FUNCTION SEGMENT BIT OVERLAYABLE        ;声明 bit 型局部位段,可覆盖
?DT?FUNCTION SEGMENT DATA        ;声明 data 型全局数据段
    PUBLIC    x                   ;声明全局变量名"x"为公共标号
    PUBLIC    flag                ;声明全局变量名"flag"为公共标号
    PUBLIC    _func               ;声明汇编函数标号"_func"为公共标号

    ;data 型(默认)局部数据段(先非寄存器传参再局部变量)
    RSEG ?DT?_func?FUNCTION
?_func?BYTE:                      ;(默认)局部数据段起始标号
        a?041: DS 1              ;无非寄存器传递参数,直接分配 data 型(默认)局部变量

    RSEG ?BI?_func?FUNCTION       ;bit 型局部位段(先位参数再局部位变量)
?_func?BIT:                       ;局部位段起始标号
        c?043: DBIT 1            ;局部位变量"c"

    RSEG ?BA?FUNCTION             ;bdata 型全局数据段
        temp?042: DS 1          ;Small 模式下,bdata 型的局部变量被整合到全局段中
        flag: DS 1              ;bdata 型全局变量 flag

    RSEG ?DT?FUNCTION             ;data 型全局数据段
        x: DS 2                  ;全局变量 x(2 字节)
; ♯pragma src(FUNC.A51)
; ...                            ;源程序中有关文件包含、全局声明、引用声明等,省略
; void func(unsigned char y)

    RSEG ?PR?_func?FUNCTION       ;函数代码段
```

```
_func:                              ;汇编函数起始标号(即函数入口地址)
                ; SOURCE LINE ♯ 5 ;源程序第 5 行
; -- Variable 'y?040' assigned to Register 'R7' --    ;形参'y?040'分配到 R7
; {  unsigned char a;
                ; SOURCE LINE ♯ 6 ;源程序第 6 行 声明局部变量,不产生代码
;    unsigned char bdata temp;  ;源程序第 7 行 声明局部变量,不产生代码
;    bit c;                     ;源程序第 8 行 声明局部变量,不产生代码
;    a = y;
                ; SOURCE LINE ♯ 9 ;以下是源程序第 9 行 "a = y;"的汇编语句
    MOV     a?041,R7             ;(a?041)←(R7)
;    x = (int)y;
                ; SOURCE LINE ♯ 10;以下是源程序第 10 行 "x = (int)y;"的汇编语句
    MOV     x,♯00H               ;((x)(x + 1))←(00(R7))
    MOV     x + 01H,R7
;    temp = 1 << 3;
                ; SOURCE LINE ♯ 11;以下是源程序第 11 行 "temp = 1 << 3;"的汇编语句
    MOV     temp?042,♯08H        ;(temp?042)←08H
;    c = CY;
                ; SOURCE LINE ♯ 12;以下是源程序第 12 行 "c = CY;"的汇编语句
    MOV     c?043,C              ;(c?043)←(CY)
; }                              ; SOURCE LINE ♯ 13 ;以下是源程序第 13 行 "}"的汇编语句
    RET                          ;返回调用处
; END OF _func

    END
```

2. 参数传递与函数值返回

C51 编译器允许通过 51 单片机工作寄存器传递最多 3 个参数,如表 8.22 所示。如果函数调用时无寄存器可用于传递参数,或使用预处理编译控制命令"♯pragma NOREGPARMS"禁止寄存器参数传递,那么参数将通过固定的存储器区进行传递,该存储器区域即局部数据段和局部位段,待传递的参数处于编译模式默认的局部数据段的前部。例如:

```
func1(int a);               //a 用 R6~R7 传递
func2(int b,int c,int * d); //b 用 R6~R7 传递,c 用 R4~R5 传递,d 用 R1~R3 传递
func3(long e,long f);       //e 用 R4~R7 传递,f 通过局部数据段传递
func4(float g,char h);      //g 用 R4~R7 传递,h 通过局部数据段传递
```

表 8.22　工作寄存器参数传递规则

参　　数	char 或 单字节指针	int 或 双字节指针	long 或 float	一　般　指　针
第一个参数	R7	R6(高字节),R7(低字节)	R4~R7	R3(存储类型) R2(高字节),R1(低字节)
第二个参数	R5	R4(高字节),R5(低字节)	无	R3(存储类型) R2(高字节),R1(低字节)
第三个参数	R3	R2(高字节),R3(低字节)	无	R3(存储类型) R2(高字节),R1(低字节)

如果函数有返回值,则由 51 单片机的工作寄存器带回,返回值占用工作寄存器情况如表 8.23 所示。

表 8.23　函数返回值占用工作寄存器情况

返回值类型	寄存器	说　明
bit	CY	返回值在进位标志 CY 中
(unsigned) char	R7	返回值在寄存器 R7 中
(unsigned) int	R6～R7	返回值高位在 R6 中,低位在 R7 中
(unsigned) long	R4～R7	返回值高位在 R4 中,低位在 R7 中
float	R4～R7	32 位 IEEE 格式,指数和符号位在 R7 中
一般指针	R1～R3	R3 存储器类型,高位在 R2 中,低位在 R1 中

一般情况下,在 C51 函数中或汇编语言函数中,由于 CPU 进行了参数传递,完成规定运算,并返回了函数值等操作,因此 CPU 当前的工作寄存器组 R0～R7 以及特殊功能寄存器 ACC、B、DPTR、PWS 的值都可能被改变,因此 C51 函数和汇编语言函数相互调用时,必须无条件地假定这些寄存器的内容已被破坏。

当 C51 函数和汇编语言函数需要相互调用且通过参数传递段传递参数时,如果传递的参数为 char、或 int、或 long、或 float 类型,则参数传递段以公共标号? function_name? BYTE 为首址,按先参数后局部变量的顺序依次分配字节空间;如果传递的参数为 bit 型,则参数传递段以公共标号? function_name?BIT 为首址,按先位参数后局部位变量的顺序依次分配位空间。

3. 汇编函数编写规则

要实现 C51 函数和汇编语言函数的相互调用,汇编语言函数的编写必须遵循如下规则:

(1) C51 编译器对函数的代码段与数据段的管理规则;

(2) 参数传递和函数值返回规则,充分利用寄存器进行参数传递,以减少 data 内存空间开支,在 Small 编译模式下 data 内存空间资源很有限。

【例 8.5】 C51 函数调用汇编语言函数的参数传递过程说明。新建 μVision 项目,其存储器编译模式选择 Small,向项目 Source Group 1 添加 C51 文件 C_CALL. C,程序清单如下:

```
//声明被调用外部函数
extern int afunc(long data * px,char cx,int ix,bit bx,float fx);
void main()                                              //主调函数
{   long data * px;char cx; int ix;bit bx;float fx;       //声明局部变量
    int value_ret;
    value_ret = afunc(px,cx,ix,bx,fx);                    //函数调用
}
```

文件中定义了主调函数 void main(),声明被调用外部函数 int afunc(long data * px,char cx, int ix,bit bx,float fx),规定了 5 个形式参数和返回值的数据类型,被调用函数在另一个模块文件中用汇编语言编写。假设被调用函数内声明了 6 个局部变量:long data ＊ pa、char ca、int ia、bit ba、float fa 和 int v_ret,其中前 5 个局部变量分别对应 5 个形参并接收所传递的参数,最后 1 个局部变量对应返回值,被调用函数所要实现的算法功能暂时留空,试按要求用汇编语言编写被调用函数程序模块 AFUNC.A51。

该汇编语言编程需分析以下几个问题:其一,参数传递与局部变量,函数的 5 个形式参数和返回值的数据类型与传递方式;其二,模块、段及标号的命名,以及数据段的空间分配;其三,代码段具体代码。分析过程如下:

(1) 参数传递与局部变量。

形参 px,指向 data 区的 long 型指针,单字节(局部数据段),由 R7 传递;

形参 cx,char 型,单字节(局部数据段),由 R5 传递;

形参 ix,int 型,双字节(局部数据段),由 R2(高)和 R3(低)传递;

形参 bx,bit 型,1 位(局部位段),使用局部位段传递;

形参 fx,float 型,4 字节(局部数据段),使用局部数据段传递;

局部变量 pa,指向 data 区的 long 型指针,单字节(局部数据段),接收 px;

局部变量 ca,char 型,单字节(局部数据段),接收 cx;

局部变量 ia,int 型,双字节(局部数据段),接收 ix;

局部变量 ba,bit 型,1 位(局部位段),接收 bx;

局部变量 fa,float 型,4 字节(局部数据段),接收 fx;

局部变量 v_ret,返回值 int 型,双字节(局部数据段),由 R6(高)和 R7(低)传递。

(2) 模块、段及标号的命名。

模块名:AFUNC;

函数名:_afunc,全局共享;

代码段名:? PR? _afunc? AFUNC;

局部数据段名:? DT? _afunc? AFUNC(可覆盖),段起始标号:? _afunc? BYTE,全局共享;

局部位段名:? BI? _afunc? AFUNC(可覆盖),段起始标号:? _afunc? BIT,全局共享;

局部数据段和局部位段存储空间分配:上述形参和局部变量加后缀"? 0xX",按序依次分配空间,其中后缀是局部变量的顺序号,从 040 开始编号。

(3) 代码段具体代码。

函数的具体代码包括两部分:其一参数与返回值的传递;其二实现特定算法功能。传递方式前述已分析过,用汇编语言语句实现;特定算法功能暂时留空。

综合上面的分析,可编写出本例的被调用汇编语言函数程序模块 eg8_5.A51,清单如下:

```
NAME    AFUNC

?PR?_afunc?AFUNC       SEGMENT CODE
```

```
?DT?_afunc?AFUNC      SEGMENT DATA OVERLAYABLE
?BI?_afunc?AFUNC      SEGMENT BIT OVERLAYABLE
     PUBLIC    ?_afunc?BIT
     PUBLIC    ?_afunc?BYTE
     PUBLIC    _afunc

     RSEG  ?DT?_afunc?AFUNC
?_afunc?BYTE:
          px?040:   DS   1
          cx?041:   DS   1
          ix?042:   DS   2
          fx?044:   DS   4
          pa?045:   DS   1
          ca?046:   DS   1
          ia?047:   DS   2
          fa?049:   DS   4
       v_ret?050:   DS   2

     RSEG  ?BI?_afunc?AFUNC
?_afunc?BIT:
          bx?043:   DBIT   1
          ba?048:   DBIT   1

     RSEG  ?PR?_afunc?AFUNC
_afunc:
     USING    0
     MOV      pa?045,R7
     MOV      ca?046,R5
     MOV      ia?047,R2
     MOV      ia?047 + 01H,R3
     MOV      C,bx?043
     MOV      ba?048,C
     MOV      fa?049 + 03H,fx?044 + 03H
     MOV      fa?049 + 02H,fx?044 + 02H
     MOV      fa?049 + 01H,fx?044 + 01H
     MOV      fa?049,fx?044
; …;实现函数算法功能的代码
     MOV      R6,v_ret?050
     MOV      R7,v_ret?050 + 01H
     RET

     END
```

在 μVision 项目中,新建文件 eg8_5. A51,并完成程序录入,将该文件添加到 Source Group 1 中,如图 8.4 所示。单击"重新编译所有目标文件"按钮![icon],编译通过,没有错误。完成混合程序编译,即实现了 C51 程序调用汇编语言函数。

图 8.4 例 8.5 项目
C51 源程序调用汇编函数

如前所述,汇编语言函数代码由两部分组成: 其一,参数与返回值的传递；其二，实现特定算法功能。前者涉及 C51 函数名的转换、段的命名、参数传递等规则，重要而烦琐，关系到不同语言的程序模块在编译时能否链接成功，涉及面很广；后者是汇编语言函数的核心任务，是无可替代的代码，但其涉及面较窄，仅涉及函数内部的算法逻辑。C51 编译器提供的预编译控制命令"♯pragma src()"可以将 C51 函数文件转换成汇编语言函数，如例 8.4 所示。利用该编译命令自动生成汇编语言函数代码的第一部分，在此基础上再用汇编语言补充完善代码，实现特定算法功能，这样可以避免烦琐的命名和传递规则，提高开发效率。下面仍以例 8.5 为例介绍该方法。

（1）在例 8.5 项目中移除汇编语言文件 eg8_5.A51，并关闭其编辑窗口。

（2）在编写汇编语言函数之前，新建独立的 C 文件，取名 afunc.c（汇编语言函数模块名转换为小写），并将其添加到项目的源程序组 Source Group 1 中，在该文件中定义 C51 函数，该函数内容仅涉及形式参数与函数返回值的数据类型、局部变量声明、接收参数传递和返回函数值，不涉及函数要实现的算法功能。afunc.c 清单如下：

```
//预编译命令(必须放在首行)，生成 SRC 格式的汇编程序文件 AFUNC.A51
♯pragma src(AFUNC.A51)
//定义 C51 函数，声明参数与返回值
int afunc(long data * px,char cx,int ix,bit bx,float fx)
{    long data * pa;char ca;int ia;bit ba;float fa;    //定义接收参数传递的局部变量
     int v_ret;                                         //定义传递返回值的局部变量
     pa = px;ca = cx;ia = ix;ba = bx;fa = fx;           //接收参数传递
     /* 函数要实现的算法功能，省略，生成汇编文件 AFUNC.A51 后，在汇编文件中补充完善 */
     return v_ret;                                      //返回函数值
}
```

（3）单击"编译当前文件…"按钮🐝，单独对 afunc.c 文件进行编译。程序如无语法错误，则编译成功，自动生成汇编程序文件 AFUNC.A51。将 C51 函数的 C 文件 afunc.c 从源程序组 Source Group 1 中移除，并关闭其编辑窗口；再将汇编程序文件 AFUNC.A51 添加到源程序组 Source Group 1 中，单击"重新编译所有目标文件"按钮🏁，编译通过，若没有错误，则表明自动生成的汇编程序文件 AFUNC.A51 确实能够实现 C51 函数调用汇编语言函数。打开自动生成的汇编源文件 AFUNC.A51，其代码（注释除外）与手工编写的 eg8_5.A51 是一致的。

（4）打开 AFUNC.A51 编辑窗口，在"参数传递"与"返回函数值"之间插入程序功能所需指令语句，补充完善代码，经过反复编译与调试，最终实现函数特定的算法功能。

本章小结

汇编语言学习需要时间进行磨练，初学者往往难以掌握，本章为读者提供汇编指令的快速查询方法和 C51 语言与汇编语言混合式编程方法，以备深入研究高级开发技术时查阅。主要内容包括：

介绍 51 单片机汇编语言指令格式、指令操作码助记符、表示操作数的常用符号，以及 51 单片机获取指令操作数存储地址的 7 种寻址方式：立即寻址、直接寻址、寄存器寻址、寄存器间接寻址、变址寻址、相对寻址、位寻址。

介绍 STC15 单片机的指令集，着重讲述汇编指令的功能及指令的操作码、操作数、字节数、执行周期、影响标志位等。STC15 单片机的指令集与 51 单片机兼容，差别仅体现在指令的执行周期数。

介绍 51 单片机汇编语言程序设计基础，探讨汇编语言程序结构、代码与数据的组织方式，以及 AX51 汇编器伪指令，汇编伪指令用于定义用户符号、预留和初始化存储器、控制代码的位置等。

系统讲述 C51 语言与汇编语言的混合编程，包括嵌入式汇编和 C51 函数与汇编语言函数之间的相互调用，较详细阐述 C51 编译器的数据调用协议与参数传递规则，并举例分析。

习题

8.1 试说明以下汇编语言指令各个操作数的寻址方式。

（1）MOV @R0,♯0x45   （2）ADD A,R2

（3）ANL 0x30,A   （4）ORL C,0x35

（5）DJNZ R7,0xF8   （6）MOVX A,@DPTR

（7）AJMP 0x69A   （8）MOVC A,@A+DPTR

8.2 查指令表，试写出下列汇编语言指令的机器码、指令的字节数、STC15 单片机执行指令周期数。

（1）ADDC A,0x50   （2）PUSH DPH

（3）POP DPL   （4）XCHD A,@R0

（5）SWAP A   （6）MOVX @R1,A

（7）MOV DPTR,♯0x1000   （8）JNB TF0,0xE8

8.3 试说明下列汇编语言指令执行的操作（含取指后 PC 值的变化）。

（1）RLC A   （2）ACALL 0x789

（3）RET   （4）CJNE R2,♯0x80,0x10

（5）DJNZ 0x4E,0xFD   （6）SJMP 0x0C

（7）INC DPTR   （8）XCHD A,@R1

8.4 试用汇编语言设计一个延时子程序 DELAY，要求长调用该延时子程序产生 2.5ms 延时，即从执行"LCALL DELAY"指令开始至从子程序返回共延时 2.5ms。分以下两种情况讨论：

（1）使用 IAP15W4K58S4 单片机，主时钟片内 IRC 振荡器，频率 12.0MHz，系统时钟不分频；

（2）使用 AT89C51 单片机，时钟频率 12.0MHz。

8.5 如题图8.5所示的4×4矩阵键盘(由于P0口内部有弱上拉,因此省略了矩阵键盘行线的上拉),其中P07～P04作为列扫描线,P03～P00作为行线。试用嵌入汇编的混合编程方式改写例5.5的键盘扫描函数序void readkey(),读取并保存16个按键的键状态。

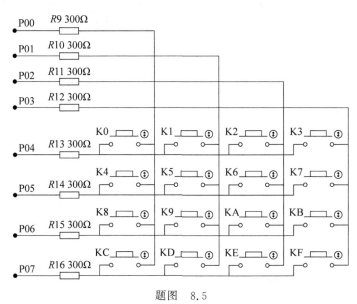

题图 8.5

8.6 设有被调用的外部函数声明如下:

```
extern int afunc(char xdata * px,int ix,bit bx,long lx);
```

该声明规定了被调用函数的4个形式参数和返回值的数据类型,被调用函数在另一个模块文件中用汇编语言编写。假设被调用函数内声明了5个局部变量:char xdata * pa、int ia、bit ba、long la 和 int v_ret,其中前4个局部变量分别对应4个形式参数,并接收其所传递的参数,最后1个局部变量对应返回值,暂不考虑被调用函数所要实现的算法功能,试按要求用汇编语言编写被调用函数程序模块 AFUNC.A51。

第 9 章　STC15 单片机 A/D 转换器与比较器

视频

A/D 转换模块是 SoC 单片机的重要 I/O 接口模块。STC15W4K32S4 系列单片机内部集成的 8 通道 10 位高速 A/D 转换器,其转换速度可高达 30 万次/秒。该模块有 5 个主要控制寄存器,通过这些特殊功能寄存器,用户可方便地将由外部引脚输入的模拟电压信号转换成数字电压信号,经适当的信息处理后实现相应控制。使用 STC15W4K32S4 系列单片机,可方便地构成单芯片应用系统,有效地减小应用系统的硬件规模,既节约了硬件成本,也提高了系统的可靠性。

9.1　A/D 与 D/A 转换

在计算机测控系统中常遇到模拟量与数字量的相互转换问题。模拟量和数字量都是时变的物理量,前者信号的幅值和时间都是连续的(即增量可任意小),后者信号的幅值和时间都是离散的(即增量有最小值)。自然界中的物理量通常是模拟量,而计算机能够处理的物理量是数字量,要实现物理系统的计算机控制,需先将系统的控制变量和反馈信号(模拟量)转换成数字量,经计算机适当的算法处理,生成数字控制信号,再将该数字信号转换成模拟信号,实现对测控对象的控制。

9.1.1　数模转换器

1. DAC 的外特性

将数字量转换成模拟量的过程称为数模转换或 D/A 转换(Digital-to-analog conversion),能够实现 D/A 转换的电路称为 D/A 转换器(Digital Analog Converter,DAC)。

DAC 利用一定的电路形式将输入的数字量转换成与参考电压 V_{ref} 具有一定数量关系的电压输出,从而实现了 D/A 转换过程。目前常见的 DAC 有权电阻网络 DAC、倒 T 形电阻网络 DAC、权电流型 DAC、权电容网络 DAC 以及开关树形 DAC 等几种类型。不论 DAC 的内部结构如何,从运用角度看,其功能如图 9.1 所示,理想的外部特性可表示为:

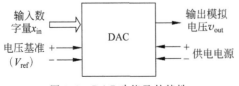

图 9.1　DAC 功能及外特性

$$v_{out} = V_{ref} \frac{(x_{n-1}2^{n-1} + x_{n-2}2^{n-2} + \cdots + x_0)}{2^n} = V_{ref} \frac{x_{in}}{2^n} \qquad (9-1)$$

其中，n 为 DAC 输入数字量的位宽；V_{ref} 为 DAC 的基准电压；x_{in} 为 DAC 的输入数字量；v_{out} 为 DAC 的输出模拟电压。

2. DAC 的主要性能指标

衡量 DAC 性能的主要参数有分辨率、转换误差、线性度和转换速度等。

1）分辨率

分辨率 Δ 指 DAC 能分辨的模拟输出电压最小增量，取决于输入数字量的二进制位数和基准电压值，它表示 DAC 理论上可以达到的精度。按定义，DAC 两个相邻的模拟输出电压差值即为分辨率，由式(9-1)可得：n 位 DAC 的分辨率 $\Delta = V_{ref}/2^n$。

通常将 DAC 输入数字量的最低有效位（Least Significant Bit，LSB）变化引起输出模拟电压的变化量称为最低有效位，记为 LSB。由式(9-1)，$1LSB = V_{ref}/2^n$，即 D/A 转换器的分辨率 $\Delta = 1LSB$。

2）转换误差

转换误差是指 DAC 的实际模拟输出值和理论值的最大偏差，DAC 的转换误差与 DAC 的内部电路结构、基准电源与元件的精度、电子开关的误差有关。一般以最低有效位（LSB）的倍数表示。通常，DAC 的转换误差不能超过分辨率的一半，即转换误差 $\leqslant 0.5LSB$。

3）线性度

线性度是指 DAC 的实际转换特性（曲线）和理想转换特性（直线）之间的最大偏差，用 LSB 的倍数表示。通常，优质的 DAC 线性度应不大于 0.5LSB。

4）转换速度

转换速度通常用建立时间来定量描述。所谓建立时间，是指从输入数字量发生变化开始，直到输出模拟电压达到对应稳态值（或终值）的 $\pm 0.5LSB$ 范围所需的时间。

9.1.2　模数转换器

1. ADC 的外特性

将模拟量转换成数字量的过程称为模数转换或 A/D 转换（Analog-to-digital conversion），能够实现 A/D 转换的电路称为 A/D 转换器（Analog Digital Converter，ADC）。

由于输入的模拟信号在时间上是连续的，而经过 ADC 之后输出的数字信号在时间上是离散的，因此 ADC 在进行 A/D 转换时只能在一系列选定的瞬间对输入的模拟信号进行取样，然后进入保持阶段，在保持阶段内将取样值转换成数字量，最后按一定的编码形式输出转换结果。此过程可以简单描述为"采样-保持-量化-编码"。

ADC 可分为直接 ADC 和间接 ADC。直接 ADC 将输入的模拟信号直接转换成相应的数字信号输出，间接 ADC 首先将输入的模拟信号转换成某种中间变量，然后再将中间变量转换为数字信号输出。ADC 种类繁多，目前常用的类型主要有逐次逼近型（直接 ADC）、双积分型（间接 ADC，电压-时间变换型）、VF 转换（间接 ADC，电压-频率变换型）。

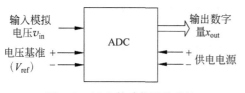

图 9.2　ADC 的功能及外特性

不论 ADC 的内部结构如何,从应用角度看,直接型 ADC 的功能如图 9.2 所示,理想外部特性可表示为:

$$x_{\text{out}} = x_{n-1} 2^{n-1} + x_{n-2} 2^{n-2} + \cdots + x_0$$
$$= \text{INT}(2^n v_{\text{in}}/V_{\text{ref}}) \tag{9-2}$$

其中 INT(·)为取整函数,n 为 ADC 输出数字量的位宽、V_{ref} 为 ADC 的基准电压、v_{in} 为 ADC 的输入模拟电压量、x_{out} 为 ADC 的输出数字量。

2. ADC 的主要性能指标

衡量 ADC 性能的主要参数有分辨率、转换精度、量程、线性度和转换速度等。

1）分辨率

分辨率表示 ADC 对输入模拟信号的分辨能力,即输出数字量变化一个相邻值所对应的输入模拟量的变化。分辨率与输出数字量的位宽有关,常以输出二进制数(或十进制数)的位宽表示。理论上,输出为 n 位二进制数的直接型 ADC 能够分辨的最小输入模拟电压增量为 $V_{\text{ref}}/2^n$(或 1LSB,最低有效位对应的模拟输入量大小),其中 V_{ref} 是 ADC 的极限输入模拟电压,即满量程输入电压。所以分辨率也就是 ADC 在理论上能达到的精度。

2）转换精度

转换精度是指实际输出数字量与理想数字量之间的误差。精度有两种表示方法:其一,绝对精度,用二进制最低有效位(LSB)的倍数来表示,如±0.5LSB 或±2LSB;其二,相对精度,用绝对精度除以满量程值得到的百分数来表示。

3）量程(或满度值)

量程(或满度值)是输入模拟电压的变化范围。如式(9-2)所示,理论上输出为 n 位二进制数的 ADC 的量程为 V_{ref}。应当指出量程(或满度值)只是一个名义值,理论上当输入模拟电压达到 $V_{\text{ref}}(1-2^{-n})$ 时,ADC 的输出即达到最大输出,输出 n 位二进制数字量全为 1。

4）线性度

线性度是指 ADC 的实际转换特性(曲线)和理想转换特性(直线)之间的最大偏差,用 LSB 的倍数表示。

5）转换速度

转换速度可用转换时间反映,转换时间是指 ADC 完成一次转换所需的时间,转换时间与 ADC 工作原理和数字量位数有关。不同类型的 ADC 对应的转换速度不同,直接 ADC 转换速度高于间接 ADC,并联比较型 ADC 高于反馈比较型 ADC。

STC15W4K32S4 系列单片机内部集成 8 路 10 位高速 ADC 模块,详见 9.2 和 9.3 两节。但该系列单片机没有集成专门的 DAC 模块,当精度、分辨率、转换速率要求不高时,用户利用该系列单片机内部集成的 PCA 模块输出 PWM 波,再经外部低通滤波网络滤波,实现 D/A 转换,详见第 10 章有关例题介绍。

9.2　STC15 单片机的 ADC 模块

STC15 系列单片机中 STC15W4K32S4、STC15F2K60S2、STC15W401AS、STC15F408AD 这 4 个子系列的单片机内部集成了 8 路 10 位逐次逼近型高速 ADC。

9.2.1　ADC 模块的结构

STC15 系列单片机的 ADC 模块的内部结构如图 9.3 所示。

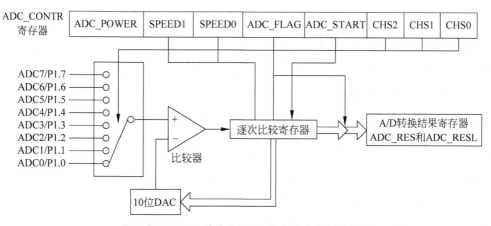

图 9.3　STC15 单片机的 ADC 模块内部结构图

STC15 单片机 ADC 模块由 8 路选择开关、比较器、逐次比较寄存器、10 位 DAC、转换结果寄存器 ADC_RES 和 ADC_RESL 以及 ADC 模块控制寄存器 ADC_CONTR 组成。

STC15 系列单片机的 ADC 是逐次逼近型 ADC,通过 8 选 1 的多路模拟开关,选择 8 个输入模拟量 ADC0～ADC7 中的 1 个送给比较器,与 10 位 DAC 转换得到的模拟量比较,并将比较结果保存到逐次比较寄存器。通过逐次比较逻辑,从最高位开始,经过 10 次"比较—反馈—调整",使 D/A 转换所得模拟量逐次逼近输入模拟量,完成 A/D 转换,并通过逐次比较输出转换结果。

9.2.2　ADC 模块寄存器

与 ADC 模块相关的控制寄存器如表 9.1 所示,共涉及 7 个特殊功能寄存器:P1 口模拟功能控制寄存器 P1ASF、ADC 控制寄存器 ADC_CONTR、A/D 转换结果寄存器 ADC_RES 和 ADC_RESL、时钟分频寄存器 CLK_DIV、中断允许寄存器 IE、中断优先级控制寄存器 IP。

表 9.1　STC15 单片机 ADC 模块相关控制寄存器列表（加黑为相关位）

符号	地址	D7	D6	D5	D4	D3	D2	D1	D0	复位值
P1ASF	9DH	**P17ASF**	**P16ASF**	**P15ASF**	**P14ASF**	**P13ASF**	**P12ASF**	**P11ASF**	**P10ASF**	0000 0000
ADC_CONTR	BCH	**ADC_POWER**	SPEED1	SPEED0	**ADC_FLAG**	**ADC_START**	**CHS2**	**CHS1**	**CHS0**	0000 0000
CLK_DIV	97H	MCKO_S1	MCKO_S0	**ADRJ**	Tx_Rx	MCLKO_2	CLKS2	CLKS1	CLKS0	0000 0000
ADC_RES	BDH	**A/D 转换结果的高 8 位（或高 2 位）**								0000 0000
ADC_RESL	BEH	**A/D 转换结果的低 2 位（或低 8 位）**								0000 0000
IE	A8H	**EA**	ELVD	**EADC**	ES	ET1	EX1	ET0	EX0	0000 0000
IP	B8H	PPCA	PLVD	**PADC**	PS	PT1	PX1	PT0	PX0	0000 0000

1. P1 口模拟功能控制寄存器 P1ASF

STC15 系列单片机内部集成有 8 路 10 位逐次逼近 ADC，P1 口既可作为普通 I/O 口使用，也可通过软件将其设置为 ADC 模块的模拟量输入口，P1.0～P1.7 对应 8 个模拟量输入通道 ADC0～ADC7。P1 口模拟功能控制寄存器 P1ASF 用于控制 P1 口各位的功能选择，P1ASF 寄存器的每个位控制一个模拟量输入通道，如表 9.1 所示。P1ASF 寄存器的第 n 位 P1nASF(n=0,1,…,7)控制 P1 口第 n 位 P1.n 的功能，当 P1nASF=0 时，将 P1.n 设置为普通 I/O 端口；当 P1nASF=1 时，将 P1.n 设置为模拟量输入口。

P1ASF 寄存器是只写寄存器，对该寄存器的读操作是无效操作。用户通过设置 P1ASF 将 P1 某些端口设置为模拟功能后，其余端口可继续作为普通 I/O 口使用，但建议只作为输入口使用。P1 口在上电复位后为准双向（弱上拉）型 I/O 口，用户将其作为模拟功能口时还需要通过设置 P1M1 和 P1M0 将对应 I/O 接口设置成仅为输入模式。

2. ADC 控制寄存器（ADC_CONTR）

STC15 系列单片机对片内 ADC 模块的大部分设置和操控是通过 ADC 控制寄存器 ADC_CONTR 完成的，对该寄存器进行操作时应直接使用赋值语句（或汇编指令 MOV，详见第 8 章），避免使用与、或和异或复合赋值语句（或汇编指令 ANL、ORL、XRL，详见第 8 章），即避免使用以下语句，否则可能导致错误结果：

```
ADC_CONTR & = 0x * * ;
ADC_CONTR | = 0x * * ;
ADC_CONTR ^ = 0x * * ;
```

ADC_CONTR 寄存器中各个控制位的含义如下：

（1）ADC_POWER——ADC 模块电源控制位。

当 ADC_POWER=1 时，打开 ADC 模块电源；当 ADC_POWER=0 时，关闭 ADC 模块电源。

用户在启动 A/D 转换前要确保 ADC 模块电源已被打开,A/D 转换结束后若关闭 ADC 模块电源可降低芯片功耗。初次打开 ADC 模块电源启动 A/D 转换前可适当延时以获得较高精度的 A/D 转换结果。

(2) SPEED1 和 SPEED0——ADC 模块转换速度控制位。

SPEED1 和 SPEED0 用于设置 ADC 模块转换速度,具体含义如表 9.2 所示。

表 9.2 ADC 模块转换速度设置

SPEED1	SPEED0	A/D 转换所需时间
0	0	540 个系统时钟周期转换一次
0	1	360 个系统时钟周期转换一次
1	0	180 个系统时钟周期转换一次
1	1	90 个系统时钟周期转换一次

注: 速度设置需同时满足转换率不超过 300kHz。

STC15 系列单片机 ADC 模块最高转换速度为 $f_{SYS}/90$。当 $f_{SYS} = f_{OSC} = 27\text{MHz}$ 时,ADC 模块的转换速度为 300kHz。用户对 ADC 模块的转换速度的选择应根据采样定理、外部被采样模拟信号的频谱上限频率和单片机系统时钟频率 f_{SYS} 3 个因素共同确定。

(3) ADC_FLAG——ADC 模块转换结束标志位。

当 ADC_FLAG=1 时,A/D 转换完成;当 ADC_FLAG=0 时,A/D 转换未完成。

用户可通过对 ADC_FLAG 位值的查询,判断 A/D 转换过程是否完成,用转换结果实现相应的控制操作;也可用该位申请产生中断,在中断服务程序中利用转换结果实现相应控制操作。但不管采用何种方式处理 A/D 转换结果,用户都必须用软件对 ADC_FLAG 进行清 0。

(4) ADC_START——ADC 模块转换启动位。

当 ADC_START=1 时,启动 A/D 转换;A/D 转换过程结束后,硬件自动将 ADC_START 清 0。对于需要进行多次 A/D 转换的应用中,每次转换都需置 ADC_START=1,启动转换过程。

(5) CHS2、CHS1、CHS0——模拟输入通道选择位。

CHS2、CHS1、CHS0 实现模拟输入通道的选择,具体含义如表 9.3 所示。

表 9.3 模拟输入通道选择

CHS2	CHS1	CHS0	模拟输入通道选择
0	0	0	选择 P1.0 作为 ADC 模块模拟输入
0	0	1	选择 P1.1 作为 ADC 模块模拟输入
0	1	0	选择 P1.2 作为 ADC 模块模拟输入
0	1	1	选择 P1.3 作为 ADC 模块模拟输入
1	0	0	选择 P1.4 作为 ADC 模块模拟输入
1	0	1	选择 P1.5 作为 ADC 模块模拟输入

CHS2	CHS1	CHS0	模拟输入通道选择
1	1	0	选择 P1.6 作为 ADC 模块模拟输入
1	1	1	选择 P1.7 作为 ADC 模块模拟输入

IAP15W4K58S4 单片机 8 路 A/D 模拟信号输入由内部多路开关分时选择,共用同一个 A/D 转换内核。用户在进行多路 A/D 转换应用时,一方面需要人为修改 CHS2、CHS1 和 CHS0 的组合值,另一方面需要分别保存每一路 A/D 转换的结果。

3. A/D 转换结果及其存储格式

时钟分频寄存器 CLK_DIV 的第 5 位 ADRJ 与 ADC 模块有关,用于选择 A/D 转换结果的存储格式。STC15 单片机片内 ADC 模块的位宽为 10 位,转换结果保存在两个 8 位的寄存器 ADC_RES 和 ADC_RESL 中。当 ADRJ=0 时,10 位 A/D 转换结果的高 8 位保存在 ADC_RES 中,低 2 位保存在 ADC_RESL 的低 2 位;当 ADRJ=1 时,10 位 A/D 转换结果的高 2 位保存在 ADC_RES 的低 2 位,低 8 位保存在 ADC_RESL 中,如表 9.4 所示。

表 9.4　A/D 转换结果保存格式

格式选择	结果寄存器	B7	B6	B5	B4	B3	B2	B1	B0
ADRJ=0	ADC_RES	ADC_B9	ADC_B8	ADC_B7	ADC_B6	ADC_B5	ADC_B4	ADC_B3	ADC_B2
	ADC_RESL	—	—	—	—	—	—	ADC_B1	ADC_B0
ADRJ=1	ADC_RES	—	—	—	—	—	—	ADC_B9	ADC_B8
	ADC_RESL	ADC_B7	ADC_B6	ADC_B5	ADC_B4	ADC_B3	ADC_B2	ADC_B1	ADC_B0

STC15 系列单片机 ADC 模块没有专门的基准电压输入引脚,ADC 模块采用芯片的工作电压 V_{CC} 为基准电压。由式(9-2),A/D 转换结果为

$$(\text{ADC\_RES}, \text{ADC\_RESL}) = x_{out} = \text{INT}\left(1024\,\frac{v_{in}}{V_{CC}}\right) \tag{9-3}$$

其中模拟输入电压 $v_{in} \leqslant V_{CC}$。由 A/D 转换结果可反推模拟输入电压大小,其取值区间宽度即 ADC 模块的分辨率(1LSB),取值区间下限为

$$v_{in} = \frac{(\text{ADC\_RES}, \text{ADC\_RESL})}{1024}V_{CC} = \frac{x_{out}}{1024}V_{CC} \tag{9-4}$$

其中 10 位 A/D 转换结果(ADC_RES,DC_RESL)根据 ADRJ 位的值确定数据格式,式(9-4)即为模拟输入电压的近似值。

4. 相关的中断控制寄存器

STC15 系列单片机内部 ADC 模块转换结果标志 ADC_FLAG 是该系列单片机的中断源之一,中断编号为 5。A/D 转换结束可以通过 ADC_FLAG 向 CPU 请求中断,其中断允许和优先级分别由中断允许寄存器 IE 和中断优先级控制寄存器 IP 的第 5 位控制,详见第 6 章。

9.2.3　ADC模块参考电压源

STC15系列单片机片内ADC模块的参考电压源是芯片工作电压V_{CC}，通常是5V或3.3V。电源电压的误差或波动都将影响ADC模块转换结果的精度，为了获得较高的转换精度，可通过两个办法获得基准电压。

1. 外部基准参考电压源

可以使用专用的基准电压芯片为ADC模块提供基准电压源，并且使用一个单独模拟量输入通道对基准电压进行采样，通过A/D转换结果的对比获得被采样信号较高精度的A/D转换结果。TL431是常用的基准参考电压专用芯片，配合两只精密电阻即可产生2.5～37V的基准参考电压，图4.26所示为TL431的基本应用电路，该电路产生标称值为2.500V的基准电压V_{ref}，IAP15W4K58S4学习实验板使用ADC2/P1.2作为2.500V基准电压的模拟输入通道。

设有一模拟输入电压v_{in}由ADC2/P1.2引脚之外的其他模拟量引脚输入，通过软件控制，分两次接连对v_{in}和V_{ref}进行A/D转换，若转换结果分别为x_{out}和X_{ref}，则：

$$v_{in} = \frac{x_{out}}{1024}V_{CC} \text{ 和 } V_{ref} = \frac{X_{ref}}{1024}V_{CC} \tag{9-5}$$

虽然二次A/D转换是分时进行的，但时间间隔很小，若忽略这小段时间内芯片工作电压的漂移，则由式(9-5)可得较高精度的转换结果：

$$v_{in} = \frac{x_{out}}{X_{ref}}V_{ref} \tag{9-6}$$

外部基准参考电压V_{ref}取值应超过STC15系列单片机内部ADC模块满量程电压V_{CC}的0.5倍，否则达不到提高精度的效果，图4.30所示的基准参考电压满足该要求。通过接连的两次A/D转换，由式(9-6)得出模拟输入电压的大小，由于每次A/D转换都有误差，两次转换的误差是积累的，因此忽略计算误差时，该式得到的转换结果误差至少为±2LSB。

2. 用内部带隙电压作为基准参考电压源

在STC15系列单片机内部还有一个带隙(BandGap)参考电压源，该参考电压V_{bg}很稳定，不会随芯片工作电压的改变而变化，其电压值的标称值为1.27V。STC15W4K32S4单片机内部带隙参考电压V_{bg}的实际值存储在内部RAM区0EFH和0F0H单元中，高位在低地址单元，单位为毫伏(mV)。如果使用STC-ISP在线编程器下载目标代码时，"硬件选项"选择了"在程序区的结束处添加重要测试参数(包括BandGap电压，……)"，如图9.4所示，则程序下载时将带隙电压的实测值烧写到芯片程序空间最后第9和第8两字节，如IAP15W4K58S4芯片的0E7F7H和0E7F8H单元，高位在低地址单元，单位为毫伏(mV)。

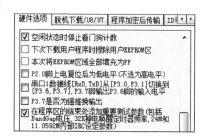

图9.4　在程序区结束处添加重要测试参数

为了将内部带隙电压作为 A/D 转换的参考电压,STC15 系列单片机内部 ADC 模块还新增了第 9 模拟通道,该通道专用于带隙参考电压测量。ADC 模块第 9 通道的设置方法如下:将 P1 口模拟功能控制寄存器 P1ASF 置全 0,关闭所有 P1 口的(即外部的)模拟功能,然后启动第 0 通道的 A/D 转换,转换结果 X_{bg} 是第 9 通道的带隙参考电压 V_{bg} 对应的数字量,即:

$$V_{bg} = \frac{X_{bg}}{1024} V_{CC} \tag{9-7}$$

同样,通过软件控制,分两次接连对模拟输入电压 v_{in} 和带隙电压 V_{bg} 进行 A/D 转换,经过计算可得模拟输入电压 v_{in} 为

$$v_{in} = \frac{x_{out}}{X_{bg}} V_{bg} \tag{9-8}$$

若芯片采用 5.0V 工作电压,由于带隙电压仅为 V_{CC} 的约四分之一,X_{bg} 只有 8 位有效值,因此在 5.0V 工作电压时,利用带隙电压为基准参考电压测量外部模拟电压,ADC 的实际的有效分辨率只有 8 位。

9.3 ADC 模块应用举例

以下结合 STC15W4K32S4 学习实验板的资源,介绍 ADC 模块的应用方法。

【例 9.1】 STC15W4K32S4 学习实验板有热敏电阻温度传感器,电路如图 4.31 所示,其中 NTC1 是负温度系数的热敏电阻,其电阻值随环境温度增加而减小,当环境温度为 25℃时,NTC1 的标称电阻值为 10.0kΩ,R_6 为阻值 10.0kΩ 的普通电阻,工作电压 V_{CC} 经 R_6 和 NTC1 串联分压后,连接到 IAP15W4K58S4 单片机的 P1.3/ADC3,连接线的网络标号命名为 ADC3_NTC。该连接线模拟电压为

$$v_{ntc} = \frac{R_t}{R_6 + R_t} V_{CC} \tag{9-9}$$

由式(9-3),该模拟电压由 P1.3/ADC3 引脚输入,经内部 ADC 转换,得到数字信号 x_{ntc} 为:

$$x_{ntc} = INT\left(1024 \cdot \frac{R_t}{R_6 + R_t}\right) = \begin{cases} < 512, & T > 25℃ \\ = 512, & T = 25℃ \\ > 512, & T < 25℃ \end{cases} \tag{9-10}$$

试利用 STC15W4K32S4 学习实验板上的以下硬件资源构成温度传感器数字信号 x_{ntc} 显示系统:

(1) 主芯片 IAP15W4K58S4,使用片内 IRC 振荡为时钟信号,频率为 11.0592MHz;

(2) 热敏电阻温度传感器;

(3) 8 位数码显示器的左边 4 位。

要求实现以下功能:由于室温是缓变物理量,系统每隔 0.5s 对模拟通道 ADC3/P1.3 输入的热敏电阻传感器电压信号做一次 A/D 转换,获得温度传感器数字信号 x_{ntc},并更新显示。

先做需求分析。

(1) 数码动态显示需要定时扫描显示器,可将定时/计数器 T0 设置为 0 方式、无门控定时器,T0 溢出时间 2.5ms,以此为节拍控制主程序循环,实现显示器动态扫描。

(2) 以 2.5ms 节拍为时基,作扩展计数,可实现 0.5s 定时,用于定时对温度传感器电压信号进行 A/D 转换,获取温度传感器数字信号 x_{ntc}。

(3) 若 IRC 时钟信号不分频,则系统时钟为 11.0592 MHz,当选择 ADC 转换速度为 $540T$ 时,完成一次 A/D 转换仅需时间约 $48.8\mu s$,一个 2.5ms 的节拍时间就足够完成显示器动态扫描、温度传感器电压信号 A/D 转换以及显示更新等任务,A/D 转换过程可采用软件查询方式,等待过程结束。

综合以上分析,将系统软件分为 3 个模块:数码动态显示模块 disp. c、ADC 模块控制模块 adc. c 和主程序循环 main. c。软件结构如图 9.5 所示。

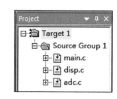

图 9.5　例 9.1 软件结构

(1) 数码动态显示模块 disp. c。该模块含共阴数码管段选码表定义、共阴数码管位选码表定义、字符型数据串行输出函数定义、数码动态扫描函数定义等,程序清单如下:

```c
#include<stc15.h>
#define uchar unsigned char
uchar code segTab[] = {//在 CODE 区定义七段码译码表
    0x3f,0x06,0x5b,0x4f,0x66,0x6d,0x7d,0x07,
    0x7f,0x6f,0x77,0x7c,0x39,0x5e,0x79,0x71
};
uchar code disScan[4] = {                    //在 CODE 区定义位选码
    ~(1<<0),~(1<<1),~(1<<2),~(1<<3)
};
uchar data disBuf[4];                        //在 DATA 区定义显示缓冲区
uchar data disNum;                           //在 DATA 区定义位扫描控制变量
sbit P_595_DS = P4^0;                        //定义 74HC595 的串行数据接口
sbit P_595_SH = P4^3;                        //定义 74HC595 的移位脉冲接口
sbit P_595_ST = P5^4;                        //定义 74HC595 的输出寄存器锁存信号接口
void send_595(uchar);                        //声明移位输出 1 字节数据函数
void disp_d();                               //声明动态显示函数

void send_595(uchar x)                       //从 STC 单片机移位输出 1 字节数据
{   uchar i;
    for(i = 0;i<8;i++)                       //循环移位,共 8 位
    {   x <<= 1;                             //左移 1 位,最高位移出到 CY
        P_595_DS = CY;                       //CY 从串行数据口输出
        P_595_SH = 1;P_595_SH = 0;           //输出移位脉冲
    }
}

void disp_d()                                //动态显示函数定义
```

```
{   send_595(disScan[disNum]);                //将当前扫描位扫描码发送
    send_595(segTab[disBuf[disNum]]);         //将当前扫描位段码发送
    P_595_ST = 1;P_595_ST = 0;                //16 位数据移位后锁入输出寄存器中
    disNum = (disNum + 1) % 4;                 //准备扫描下一位
}
```

（2）ADC 模块控制模块 adc.c。该模块含 ADC 控制寄存器 ADC_CONTR 各控制域定义、ADC 初始化函数、ADC 转换过程控制函数等，程序清单如下：

```
# include < stc15.h >
# define uchar unsigned char
# define uint unsigned int
# include "adc.h"                             //包含 ADC 模块控制字域定义头文件

void ADC_Init(uchar speed,uchar ch)          //ADC 初始化函数,speed 为速度,ch 为通道
{   uchar i;
    P1ASF = 1 << ch;                          //设置通道为模拟量输入口
    CLK_DIV | = ADC_ADRJ;                     //结果格式: 高 2 位 ADC_RES[1:0]低 8 位 ADC_RESL
    ADC_CONTR = ADC_POWER|speed|(ch&7);       //ADC 上电,设置速度和通道
    for(i = 0;i < 185;i++);                    //上电后延时 100μs@11.0592MHz
}

uint ADC(uchar speed,uchar ch)               //ADC 转换函数,speed 速度、ch 通道
{   uchar i;uint adctmp = 0;                  //连续 8 次转换,结果平均,i 控制次数,adctmp 累加
    for(i = 0;i < 8;i++)
    {   ADC_CONTR = ADC_POWER|ADC_START|speed|(ch&7);   //启动 ADC
        while(!(ADC_CONTR&ADC_FLAG));         //等待转换结束
        ADC_CONTR = ADC_POWER|speed|(ch&7);  //清 ADC_FLAG,避用复合赋值语句
        adctmp += (uint)((ADC_RES&3) << 8);   //读取结果高 2 位
        adctmp += ADC_RESL;                   //再读取低 8 位,组成 10 位结果
    }
    adctmp = (adctmp + 4)/8;                   //除 8(求平均)前加 4 为四舍五入
    return adctmp;                             //结果返回
}
```

其中 ADC 模块控制字域定义头文件 adc.h 清单如下：

```
# define ADC_POWER    1 << 7                  //电源控制位
# define ADC_FLAG     1 << 4                  //转换结束标志位
# define ADC_START    1 << 3                  //启动控制位
# define ADC_SPDLL    0 << 5                  //转换速率选择,540T
# define ADC_SPDL     1 << 5                  //转换速率选择,360T
# define ADC_SPDH     2 << 5                  //转换速率选择,180T
# define ADC_SPDHH    3 << 5                  //转换速率选择,90T
# define ADC_CH0 0                            //AD 模块 0 通道
# define ADC_CH1 1                            //AD 模块 1 通道
# define ADC_CH2 2                            //AD 模块 2 通道
```

```
# define ADC_CH3 3                          //AD 模块 3 通道
# define ADC_CH4 4                          //AD 模块 4 通道
# define ADC_CH5 5                          //AD 模块 5 通道
# define ADC_CH6 6                          //AD 模块 6 通道
# define ADC_CH7 7                          //AD 模块 7 通道
# define ADC_BGV 8                          //AD 模块 BandGap 通道
# define ADC_ADRJ       1 << 5              //转换结果调整控制位
```

(3) 主程序循环 main.c。该模块包含 I/O 端口初始化函数、定时/计数器 T0 初始化函数、主函数等,程序清单如下:

```
# include < stc15.h>                    //引用 STC15 单片机头文件
# define uchar unsigned char
# define uint unsigned int
extern void ADC_Init(uchar,uchar);     //声明外部函数,ADC 初始化
extern uint ADC(uchar,uchar);          //声明外部函数,ADC 过程
extern void disp_d();                  //声明外部函数,动态数码显示扫描
extern uchar disBuf[4];                //声明外部变量,显示缓存
# include "adc.h"                       //包含 ADC 转换模块控制字域定义头文件

void gpio_init()                       //定义 I/O 口初始化函数
{   P3M1& = 0xf3;P3M0& = 0xf3;          //P3.2 和 P3.3 准双向,SW17 和 SW18 接口
    P4M1& = 0xf6;P4M0& = 0xf6;          //P4.3 和 P4.0 准双向,P_595_DS 和 P_595_SH 引脚
    P5M1& = 0xef;P5M0& = 0xef;          //P5.4 准双向,P_595_ST 引脚
    P1M1 = 0x3f;P1M0 = 0x0;             //P1.7～P1.6 准双向,P1.5～P1.0 仅为输入
}

void Timer0Int()                       //T0 初始化,2.5ms 定时@11.0592MHz
{   AUXR| = 0x80;                       //定时器时钟 1T 模式
    TMOD& = 0xf0;                       //T0 方式 0,初值重载 16 位定时
    TL0 = 0x00;                         //T0 定时器初值设置,65536 - 2500 * 11.0592
    TH0 = 0x94;
    TF0 = 0;                            //清定时器溢出标志
}

void main()
{   uchar cnt = 0;                      //定义局部变量,cnt 扩展计数
    uint adc;                           //定义局部变量,adc 转换结果
    gpio_init();                        //IO 初始化
    ADC_Init(ADC_SPDLL,ADC_CH3);        //ADC 初始化
    Timer0Int();TR0 = 1;                //T0 初始化
    while(1)
    {   while(!TF0);                     //2.5ms 定时到?
        TF0 = 0;                         //T0 溢出标志清零
        disp_d();                        //数码显示动态扫描
        cnt++;                           //扩展计数
        if(cnt == 200)                   //0.5 秒执行一次 A/D 转换,更新显示
```

```
    {   cnt = 0;                              //计数复位
        adc = ADC(ADC_SPDLL, ADC_CH3);  //AD 转换过程
        disBuf[3] = adc % 10;                 //AD 结果显示
        disBuf[2] = adc/10 % 10;
        disBuf[1] = adc/100 % 10;
        disBuf[0] = adc/1000;
    }
  }
}
```

【**例 9.2**】　STC15W4K32S4 学习实验板有分压检测按键电路如图 4.31 所示,用学习实验板上的主芯片 IAP15W4K58S4、8 位数码显示器的左边 4 位、16 键分压检测按键模块构成按键显示系统。试为该按键显示系统设计软件,实现与例 5.5 类似的功能,即实现以下功能:

(1) 启动时显示 0123;

(2) 分压检测式 16 键对应十六进制数码 0～9、A～F,当按动按键时,与该键对应的数码从数码显示器的右边滚入;

(3) 按键处理程序须能与动态显示程序模块协同工作、有键消抖功能、有按键声光提示(以学习板上的 LED4 闪烁 0.1 秒)、按键仅在前沿起作用。

与例 5.5 不同的是,本例的按键识别由 A/D 转换结果判断,由图 4.35 可见,按键分压检测信号接在模拟通道 4,16 个按键 SW1～SW16 对应十六进制数码 0～9、A～F。无键时,按键分压信号 ADC4/P1.4 的电压值为 0,第 n 个按键 SWn 按下时,按键分压信号 ADC4/P1.4 的电压值为:$(n/16)V_{CC}$,该电压经 A/D 转换后得按键数字信号为:

$$x_{SWn} = \text{INT}\left(1024 \cdot \frac{nV_{CC}}{16} \cdot \frac{1}{V_{CC}}\right) = \begin{cases} 64n, & (n=1,2,\cdots,15) \\ 1023, & (n=16) \end{cases} \tag{9-11}$$

即 16 键的按键数字信号分别为 64,128,192,256,…,960,1023,考虑到 ADC 转换误差和分压电阻的误差,给每个按键数字信号 ±16 的误差范围,即每个按键的数字信号均有一个取值区间,如 SW1 键数字信号区间为[47,79]。为减少按键数字信号识别算法的复杂度,本例可设置 ADRJ=0,即 A/D 转换结果保存格式为 ADC_RES 保存高 8 位、ADC_RESL[1:0] 保存低 2 位,并丢弃 A/D 转换结果的低 2 位,仅用高 8 位结果判断按键数字信号的分区情况,则 16 键的按键数字信号分别为 16±4,32±4,48±4,64±4,…,240±4,最后一个区间为[252,255]。

与例 5.5 类似,本例的软件由 main.c、adckey.c、disp.c 共 3 个模块构成,其中 dips.c 与例 9.1 完全相同,下面分别介绍 main.c 和 adckey.c 模块。

(1) main.c 模块主要有变量定义、I/O 端口初始化函数、定时计数器 T0 初始化函数、主函数,清单如下:

```
# include < stc15.h >              //引用 STC15 单片机头文件
# include "adc.h"                   //包含 ADC 转换模块控制字域定义头文件
# define uchar unsigned char
```

```c
#define uint unsigned int
extern void disp_d();                        //声明函数,显示扫描函数
extern void readkey();                       //声明函数,扫描键盘存键状态
extern void keytrim();                       //声明函数,键状态消抖等处理
extern void keysound();                      //声明函数,有键发出"嘀"声响
extern void ADC8b_Init(uchar,uchar);         //声明函数,ADC初始化,当8位用
extern uchar disBuf[];                       //定义变量,显示缓冲器
extern uchar disNum;                         //定义变量,当前扫描位
extern uchar kcode;                          //定义变量,键编号
uint bdata key;                              //定义变量,键状态
uint bdata edgk;                             //定义变量,键状态变化前沿

void gpio_init()                             //定义 I/O 口初始化函数
{   P3M1& = 0xf3;P3M0& = 0xf3;               //P3.2 和 P3.3 准双向,SW17 和 SW18 接口
    P4M1& = 0xf6;P4M0& = 0xf6;               //P4.3 和 P4.0 准双向,P_595_DS 和 P_595_SH 引脚
    P5M1& = 0xef;P5M0& = 0xef;               //P5.4 准双向,P_595_ST 引脚
    P1M1 = 0x3f;P1M0 = 0x0;                  //P1.7～P1.6 准双向,P1.5～P1.0 仅为输入
    P2M1& = 0x7f;P2M0& = 0x7f;               //p2.7 准双向
}

void Timer0Int()                             //T0 初始化,2.5ms 定时@11.0592MHz
{   AUXR| = 0x80;                            //定时器时钟 1T 模式
    TMOD& = 0xf0;                            //T0 方式 0,初值重载 16 位定时
    TL0 = 0x00;                              //T0 定时器初值设置,65536 - 2500 * 11.0592
    TH0 = 0x94;
    TF0 = 0;                                 //清定时器溢出标志
}

void main()
{   gpio_init();                             //IO 初始化
    ADC8b_Init(ADC_SPDLL,ADC_CH4);           //ADC 初始化,当 8 位用
    Timer0Int();TR0 = 1;                     //T0 初始化
    disBuf[0] = 0;disBuf[1] = 1;             //默认显示"0123"
    disBuf[2] = 2;disBuf[3] = 3;
    while(1)
    {   while(!TF0);                         //2.5ms 定时到?
        TF0 = 0;                             //T0 溢出标志清 0
        disp_d();                            //调用显示扫描函数
        readkey();                           //调用分压按键检测求键状态函数
        keytrim();                           //调用键状态消抖等处理函数
        keysound();                          //调用有键发出"嘀"声响函数
        if(kcode < 16)                       //有键则键号右边滚入
        {   disBuf[0] = disBuf[1];disBuf[1] = disBuf[2];
            disBuf[2] = disBuf[3];disBuf[3] = kcode;
        }
    }
}
```

（2）adckey.c 模块主要有 ADC 模块初始化函数、ADC 转换函数、按键分压信号检测与键识别、键状态消抖动前沿提取键号等处理、按键发出声光提示等。

```c
#include < stc15.h >
#include "adc.h"                          //包含 ADC 转换模块控制字域定义头文件
#define uchar unsigned char
#define uint unsigned int
extern uint bdata key;                    //声明外部变量,键状态
extern uint bdata edgk;                   //声明外部变量,键变化前沿
uchar data kd;                            //定义变量,按键分压信号转换结果
uchar data kcode;                         //定义变量,键编号
uchar data ktmr;                          //定义变量,消抖计时器
uchar data beeftmr;                       //定义变量,蜂鸣计时器
sbit BEEF = P2^7;                         //定义变量,蜂鸣器控制 I/O

//ADC 初始化,当 8 位用,speed 速度,ch 通道
void ADC8b_Init(uchar speed, uchar ch)
{   uchar i;
    P1ASF = 1 << ch;                      //设置通道为模拟量输入口
    CLK_DIV& = ～ADC_ADRJ;                //结果格式: 高 8 位 ADC_RES 低 2 位 ADC_RESL[1:0]
    ADC_CONTR = ADC_POWER|speed|(ch&7);   //ADC 上电,设置速度和通道
    for(i = 0; i < 185; i++);             //上电后延时 100μs@11.0592MHz
}

uchar ADC8b(uchar speed, uchar ch)        //ADC 转换,当 8 位用,speed 速度、ch 通道
{   uchar i; uint adctmp = 0;             //连续 8 次转换,结果平均,i 控制次数,adctmp 累加
    for(i = 0; i < 8; i++)
    {   ADC_CONTR = ADC_POWER|ADC_START|speed|(ch&7);        //启动
        while(!(ADC_CONTR&ADC_FLAG));     //等待转换结束
        ADC_CONTR = ADC_POWER|speed|(ch&7);  //清 ADC_FLAG,避用复合赋值语句
        adctmp += ADC_RES;                //读取结果高 8 位
    }
    adctmp = (adctmp + 4)/8;              //除 8(求平均)前加 4 为四舍五入
    return (uchar)adctmp;                 //结果返回
}

void readkey()                            //按键分压信号检测与键识别
{   uchar i, x1, x2;
    x1 = ADC8b(ADC_SPDLL, ADC_CH4);       //读按键分压信号,暂存到 x1
    if(x1 < 12)kd = 0;                    //小于 12,无键,kd = 0
    else if(x1 > kd)kd = x1;              //不小于 12,有键,防抖 kd 只增不减
    edgk = 0;                             //默认无键
    x1 = 0x10 - 4; x2 = 0x10 + 4;         //按键分压信号区间[x1,x2]初值
    for(i = 0; i < 15; i++)               //按键分压信号前 15 个区间检测
    {   if(kd > x1&&kd < x2)              //查第 i 个区间,
        {   edgk = 0x0001 << i; break;    //条件满足,有键,提前结束
        }
```

```
          x1 += 0x10;x2 += 0x10;           //准备检查下个区间
      }
      if(kd > 252)edgk = 0x8000;           //检查第 16 个区间,该区间只有下限
  }
  void keytrim()                           //键状态消抖动,键前沿提取,求键号
  {   uint temp;                           //本行以下为:消抖动
      if(edgk == 0){ktmr = 0;}             //无键,消抖计时器清 0
      else
      {   if(ktmr < 255)ktmr++;            //有键,消抖计时器 + 1(防溢出)
          if(ktmr < 8)edgk = 0;            //延时未到弃不稳定键
      }
      temp = edgk;                         //本行以下为:键前沿提取.键状态暂存
      edgk = (key^edgk)&edgk;              //此时 key 还保存着上次循环键状态
      key = temp;                          //暂存的本次循环健状态移至 key
      if(edgk!= 0)                         //本行以下为:求键号
      {   temp = edgk >> 1;                //kcode 初值,temp = 待查 16 个键位
          for(kcode = 0;temp!= 0;kcode++)temp >> = 1;      //逐位查键,未查出 kcode + 1
      }
      else kcode = 0x10;                   //无键,kcode = 0x10
  }

  void keysound()                          //按键发出"嘀"声响
  {   if(edgk!= 0)beeftmr = 40;            //有变化沿,蜂鸣 100ms 初值
      if(beeftmr == 0)BEEF = 1;            //蜂鸣时间已到,蜂鸣关
      else {beeftmr -- ;BEEF = 0;}         //蜂鸣时间未到,走时、蜂鸣开
  }
```

【例 9.3】　STC15W4K32S4 学习实验板有基准参考电压芯片 TL431,产生标称值 2.500V 的基准电压,基准电压电路如图 4.26 所示。试利用学习实验板上的主芯片 IAP15W4K58S4、基准参考电压(2.500V)、8 位数码显示器 3 个硬件模块构成主芯片带隙电压测量显示系统。要求实现以下功能:

（1）8 位数码显示器的左边 4 位显示用 IAP15W4K58S4 单片机的 A/D 转换器实测的带隙电压(以 mV 为单位);

（2）8 位数码显示器的右边 4 位用于显示保存在 IAP15W4K58S4 单片机内部 RAM 区的带隙电压(以 mV 为单位)。

先做系统需求分析。

首先,如果用 ADC 模块分二次接连测量第 2 通道的基准电压 V_{ref} 和 v_{bg} 带隙电压,其 A/D 转换结果分别为 X_{ref} 和 x_{bg},由式(9-6)可得:

$$v_{bg} = \frac{x_{bg}}{X_{ref}}V_{ref} \qquad (9\text{-}12)$$

按式(9-12)可计算出带隙电压的 v_{bg} 值,并用显示器的左 4 位显示(单位 mV)。由于 x_{bg} 只有 8 位有效位(二进制),因此 v_{bg} 的计算结果也只有 8 位有效位,测量误差不小于 0.4%。

其次,测量 V_{ref} 和 v_{bg} 时,每个电压都连续测量 8 次,求平均以减少偶然误差。最后,每隔 0.5 秒测量、显示刷新一次,如果显示刷新过快,将导致第 4 位(最低的有效位)显示内容无法识别。

综上所述,本例的软件由 main.c、adc.c、disp.c 共 3 个模块构成,其中 adc.c 与例 9.1 完全相同。

(1) dips.c 与例 9.1 仅有数码显示器位数不同,小修改涉及:

```
…
uchar code disScan[ ] = {                        //在 CODE 区定义位选码
    ~(1 ≪ 0), ~(1 ≪ 1), ~(1 ≪ 2), ~(1 ≪ 3),
    ~(1 ≪ 4), ~(1 ≪ 5), ~(1 ≪ 6), ~(1 ≪ 7)
};
…
void disp_d()                                     //动态显示函数定义
{   … ;
    disNum = (disNum + 1) % 8;                    //准备扫描下一位
}
```

(2) main.c 模块清单如下:

```
# include < stc15.h >
# include "adc.h"                                 //包含 ADC 转换模块控制字域定义头文件
# define uchar unsigned char
# define uint unsigned int
# define ulong unsigned long
extern void ADC_Init(uchar, uchar);              //声明外部函数,ADC 初始化
extern uint ADC(uchar, uchar);                   //声明外部函数,ADC 过程
extern void disp_d();                            //声明外部函数,动态数码显示扫描
extern uchar disBuf[8];                          //声明外部变量,显示缓存

void gpio_init()                                 //定义 I/O 口初始化函数
{   P3M1& = 0xf3; P3M0& = 0xf3;                   //P3.3 和 P3.2 准双向,SW17 和 SW18 接口
    P4M1& = 0xf6; P4M0& = 0xf6;                   //P4.3 和 P4.0 准双向,P_595_DS 和 P_595_SH 引脚
    P5M1& = 0xef; P5M0& = 0xef;                   //P5.4 准双向,P_595_ST 引脚
    P1M1 = 0x3f; P1M0 = 0x0;                      //P1.7~P6 准双向,P1.5~P0 仅为输入
}

void Timer0Int()                                 //T0 初始化,2.5ms 定时@11.0592MHz
{   AUXR| = 0x80;                                 //定时器时钟 1T 模式
    TMOD& = 0xf0;                                 //T0 方式 0,初值重载 16 位定时
    TL0 = 0x00;                                   //T0 定时器初值设置,65536 - 2500 * 11.0592
    TH0 = 0x94;
    TF0 = 0;                                      //清定时器溢出标志
}

void main()
```

```
{   uchar cnt = 0;uint vref,vbg;
    vbg = ( * (uint volatile data * )0xef);   //读保存在 RAM 区中的带隙电压
    disBuf[4] = vbg/1000;                     //带隙电压显示在右 4 位
    disBuf[5] = vbg/100 % 10;
    disBuf[6] = vbg/10 % 10;
    disBuf[7] = vbg % 10;
    gpio_init();                              //IO 初始化
    ADC_Init(ADC_SPDLL,ADC_CH2);              //ADC 初始化
    Timer0Int();TR0 = 1;                      //T0 初始化
    while(1)
    {   while(!TF0);                          //2.5ms 定时到?
        TF0 = 0;                              //T0 溢出标志清 0
        disp_d();                             //数码显示动态扫描
        cnt++;                                //扩展计数
        if(cnt == 200)                        //0.5 秒一次 A/D 转换,更新显示
        {   cnt = 0;                          //计数复位
            ADC_Init(ADC_SPDLL,ADC_CH2); //ADC 初始化,通道 2
            vref = ADC(ADC_SPDLL,ADC_CH2);//通道 2 测 8 次,返回平均值
            ADC_Init(ADC_SPDLL,ADC_BGV); //ADC 初始化,带隙通道
            vbg = ADC(ADC_SPDLL,ADC_BGV); //带隙测 8 次,返回平均值
            vbg = (uint)(((ulong)vbg * (ulong)2500)/(ulong)vref);
            disBuf[0] = vbg/1000;             //带隙电压测量结果显示在左 4 位
            disBuf[1] = vbg/100 % 10;
            disBuf[2] = vbg/10 % 10;
            disBuf[3] = vbg % 10;
        }
    }
}
```

在 μVision 平台中进行设计软件,完成编译、调试,下载到学习实验板试运行,实现本节每个应用示例的功能。

9.4　STC15W 系列单片机的比较器

STC15W4K32S4 系列单片机内部集成有模拟比较器模块,在单片机应用系统中,模拟比较器常用于超限检测与保护。

9.4.1　模拟比较器的结构

STC15W 单片机模拟比较器结构如图 9.6 所示。比较器同相输入端"CMP＋"可选择当前选定的模拟输入端 ADCIN 或外部端口 P5.5 输入信号,比较器反相端"CMP－"可以选择外部端口 P5.4 或内部带隙电压信号。比较器输出信号可选择经过"0.1μs 滤波器",滤除不稳定的窄脉冲,输出稳定信号。电平变化控制器用于设置跃变发生后电平在多长时间内保持不变。电平保持一定时间,方可确认为发生了有效的跃变,从而消除跃变发生之初的抖动问题。

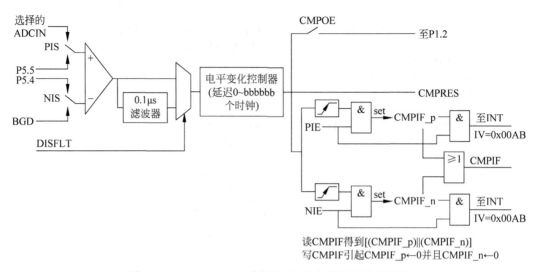

图 9.6　STC15W4KS4 系列单片机内部模拟比较器结构

9.4.2　模拟比较器的控制寄存器

STC15W 单片机模拟比较器相关控制寄存器如表 9.5 所示,各寄存器作用说明如下。

表 9.5　STC15W 单片机模拟比较器相关控制寄存器列表

符号	地址	$D7$	$D6$	$D5$	$D4$	$D3$	$D2$	$D1$	$D0$	复位值
CMPCR1	E6H	CMPEN	CMPIF	PIE	NIE	PIS	NIS	CMPOE	CMPRES	0000 0000
CMPCR2	E7H	INVCMPO	DISFLT	LCDTY[5:0]						0000 1001

注：同样与表 9.1 中 P1ASF 和 ADC_CONTR 有关。

1. 比较器控制寄存器 CMPCR1

CMPCR1 用于使能、中断和输入/输出配置,各位定义与作用如下:

(1) CMPEN:比较器模块使能位。当 CMPEN=1 时,模拟比较器模块上电使能;当 CMPEN=0 时,模拟比较器模块掉电禁止。

(2) CMPIF:比较器中断请求标志位。如图 9.6 所示,若比较器上升沿中断使能位 PIE= 1,当比较器输出发生正跃变时,内置的比较器正跃变中断标志 CMPIF_p 和 CMPIF 被置 1,向 CPU 请求中断;若比较器下降沿中断使能位 NIE=1,当比较器输出发生负跃变时,内置的比较器负跃变中断标志 CMPIF_n 和 CMPIF 被置 1,向 CPU 请求中断。读 CMPIF,其结果是 CMPIF_p 与 CMPIF_n 的逻辑或;向 CMPIF 写 0,其结果是 CMPIF_p 与 CMPIF_n 都被清 0。

模拟比较器中断编号 21,中断向量为 0x00ab,中断优先级固定为低级。如允许比较器中断,中断响应后不自动清除 CMPIF 标志,应由软件写 0 清除。

(3) PIE、NIE:比较器输出正、负跃变中断使能位。PIE(或 NIE)=1,允许比较器输出正(或负)跃变中断;PIE(或 NIE)=0,禁止比较器输出正(或负)跃变中断。

（4）PIS：比较器同相端信号选择位。当 PIS＝1 时,选择 ADC_CONTR[2:0]所选择的 ADCIN 为比较器同相端输入信号;当 PIS＝0 时,选择外部端口 P5.5 为比较器同相端输入信号,此时 P5.5 应设置为高阻输入模式。

注意：STC15 单片机中有些系列的 8 路 ADC 口不可用作模拟比较器的同相输入端 CMP＋,如 STC15W4K32S4 系列,即不论 PIS＝1 或 0,比较器同相输入端都是 P5.5。

（5）NIS：比较器反相端信号选择位。当 NIS＝1 时,选择外部端口 P5.4 为比较器反相端输入信号,此时 P5.4 应设置为高阻输入模式;当 NIS＝0 时,选择内部带隙电压 VBG 为比较器反相端输入信号。

（6）CMPOE：比较结果输出使能位。当 CMPOE＝1 时,使能比较器的比较结果输出到外部端口 P1.2;当 CMPOE＝0 时,禁止比较器的比较结果输出。

（7）CMPRES：比较器比较结果标志位。当比较器同相端"CMP＋"电平高于反相端 "CMP－"电平,则比较结果标志位 CMPRES＝1;反之 CMPRES＝0。

2．比较器控制寄存器 CMPCR2

CMPCR2 用于控制比较器的输出,各位定义与作用如下:

（1）INVCMPO——比较器输出取反控制位。当 INVCMPO＝1 时,比较结果取反后再输出到端口 P1.2;当 INVCMPO＝0 时,比较结果正常输出到端口 P1.2。

（2）DISFLT——比较器输出 $0.1\mu s$ 滤波器使能位。当 DISFLT＝1 时,禁止 $0.1\mu s$ 滤波器,比较器输出不经过滤波器;当 DISFLT＝0 时,使能 $0.1\mu s$ 滤波器,比较器输出经过滤波器。

（3）LCDTY[5:0]——比较器输出结果消抖动时间长度选择。当比较器输出电平由低变高(或由高变低)时,比较器输出在随后的 LCDTY[5:0]个系统时钟内必须保持高电平(或低电平),才认为比较器的比较结果发生了正跃变(或负跃变);如果比较器的输出在随后的 LCDTY[5:0]个系统时钟内出现电平抖动,则认为什么都没发生,比较结果一直维持低电平(或高电平)。

9.4.3　模拟比较器应用举例

模拟比较器常用于各种物理量超限保护,如过热保护、过载保护、气压超压保护、低电压保护等,也可用于构成电荷平衡式 A/D 转换器,下面分别举例介绍。

1．超限保护应用举例

【例 9.4】　IAP15W4K58S4 学习实验板上有简单的电压检测电路,如图 9.7 所示,试用该检测电路实现低电压报警系统,要求实现以下功能:

（1）若 P5.5 引脚电压高于内部带隙电压 VBG,则指示灯 LED7 常亮;

（2）若 P5.5 引脚电压低于内部带隙电压 VBG,则指示灯 LED7 每秒闪烁 2 次。

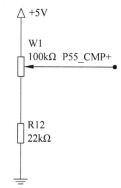

图 9.7　低电压检测电路

先做需求分析。

(1) 设置模拟比较器为：禁止比较器中断、同相端输入信号选择 P5.5、反相端输入信号选择内部带隙电压、禁止比较结果输出、使能 0.1 微秒滤波器、比较结果去抖动时间取 48T，最后使能比较模块。

(2) LED7 由 P1.7 驱动,设置 P1.7 为准双向口、P5.5 为高阻输入口。

(3) 低电压时,同相端电压低于反相端电压,即比较结果 CMPRES＝0 时报警,P1.7 输出状态每 250ms 改变一次,T0 定时器用于闪烁时间控制。

根据以上分析,报警系统程序 main.c 清单如下:

```
/* 模拟比较器应用,低电压报警程序 */
#include< stc15.h>
#include "cmp.h"                //包含比较器控制字定义头文件
#define MAIN_FOSC 12.0000       //主时钟频率(MHz)
#define uchar unsigned char
#define uint unsigned int
sbit LED7 = P1^7;               //定义控制 LED7 灯的 IO 引脚

void CMP_Init()
{   CMPCR1 = 0;                 //禁用比较器,禁止比较中断,同相:P5.5,反相:VBG,禁止结果输出
    CMPCR2 = 0x30;              //结果正常输出,0.1μs 滤波器使能,48T 去抖时间(最大 63T)
    CMPCR1| = CMPEN;            //使能比较器
}

void gpio_init()               //定义 I/O 口初始化函数
{   P1M1& = 0x3f;P1M0& = 0x3f;  //P1.7～P1.6 准双向
    P5M1| = 0x20;P5M0& = 0xdf;  //P5.5 仅为输入
}

void Timer0Int()               //T0 初始化,2.5ms 定时@12.0000MHz
{   AUXR| = 0x80;              //定时器时钟 1T 模式
    TMOD& = 0xf0;              //T0 方式 0,初值重载 16 位定时
    TH0 = (uint)( - 2500 * MAIN_FOSC)/256;      //T0 定时器初值设置,2500μs
    TL0 = (uint)( - 2500 * MAIN_FOSC);
    TF0 = 0;                   //清定时器溢出标志
}

void main()
{   uchar cnt;
    gpio_init();               //IO 初始化
    Timer0Int();TR0 = 1;       //T0 初始化
    CMP_Init();                //比较器初始化
    while(1)
    {   if(TF0){TF0 = 0;cnt++;}   //2.5ms 溢出计数,250ms 回零
        if(CMPCR1&CMPRES)LED7 = 0;//低电压则闪烁: V_P5.5 < V_BG,CMPRES = 0
        else
```

```
    {    if(cnt == 100){LED7 = !LED7;cnt = 0;}
    }
  }
}
```

在 μVision 平台中进行设计软件,完成编译、调试,下载到学习实验板试运行,验证本例设计。如果实验板上电位器 W1 的阻值为 10kΩ(部分实验板 W1 不是 100kΩ)导致 P5.5/CMP+引脚电位不能调到 1.2V 以下,进行设计验证时可将 R12 短路。

2. 电荷平衡式 A/D 转换器应用举例

使用模拟比较器和定时器可构成电荷平衡式 A/D 转换器,其工作原理如图 9.8 所示。V_{in} 为输入模拟电压(变化缓慢),V_{ref} 为参考电压,用模拟比较器的比较结果控制电容 C 的充放电,当 V_{in} 高于电容电压 V_C 时,比较结果 CMPRES=1,参考电压对电容 C 充电,V_C 上升;当 V_{in} 低于电容电压 V_C 时,比较结果 CMPRES=0,电容 C 放电,V_C 下降。假设一个 A/D 转换周期为 T_{adc},电容充电(即比较结果 CMPRES=1 的状态)的时间为 T_p,如果 V_{in} 没有超量程,且积分时间 $RC \ll T_{adc}$,由于充放电控制,平衡时可控制电容电压 V_C 在 V_{in} 左右的非常小的范围(几个毫伏)内波动,可以认为:电容的电压 $V_C \approx V_{in}$,且一个转换周期内电容的电荷平衡,充电量与放电量相等,因此有:

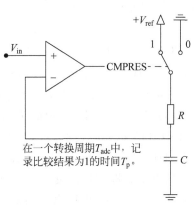

在一个转换周期 T_{adc} 中,记录比较结果为 1 的时间 T_p。

图 9.8　电荷平衡式 A/D 转换器原理

$$\frac{V_{ref} - v_{in}}{R} T_p = \frac{v_{in}}{R}(T_{adc} - T_p) \tag{9-13}$$

即

$$v_{in} = \frac{T_p}{T_{adc}} V_{ref} = D V_{ref} \tag{9-14}$$

上式即输入模拟量的转换结果。该转换结果是输入模拟电压 V_{in} 在一个转换周期内的平均值,若取转换周期 T_{adc} 为工频周期的整数倍,可消除工频干扰信号的影响。

【例 9.5】　本例需修改实验板电路,必须慎重细心,避免造成电路不可恢复性损坏,建议无电路修改经验者不作实证。IAP15W4K58S4 学习实验板上模拟比较器反相端外部引脚 P5.4/CMP-被用于扩展 8 位数码显示接口,作为移位寄存器 74HC595 数据锁存控制 ST_CP,如图 4.36 所示。修改实验板,用 P4.5/ALE 引脚取代 P5.4/CMP-作为 74HC595 的锁存控制 ST_CP,用空出来的 P5.4/CMP-引脚构成电荷平衡式 A/D 转换器,如图 9.9 所示,其中 R0 和 C0 在实验板的右上角"自定义实验万能板"区焊装,C0 一般采用金属化薄膜电容;P2.7 引脚以推挽式输出,作图 9.8

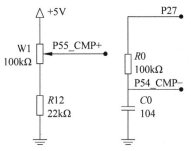

图 9.9　用 IAP15W4K58S4 比较器构成电荷平衡式 A/D 转换器

所示电容 C 的充放电控制开关,参考电压 V_{ref} 即为芯片的工作电压 $V_{CC} \approx 5.0V$。用所构成的电荷平衡式 A/D 转换器实现以下功能:对电位器 W1 的中间抽头的电压进行实时 A/D 转换,并用数码显示器左 4 位显示所测得的电压值,显示格式为: x.xxx(小数点固定在左边第 1 位),单位为伏。

先做需求分析。

(1) 电荷平衡式 A/D 转换器的核心是电容 C 的充放电控制及充电计时,将定时/计数器 T1 设置成溢出时间为 $10\mu s$ 的定时器,以 T_1 的溢出时间为充放电计时基准 T_C,若取 A/D 转换周期由 10000 个 T_1 溢出时间组成,即 $T_{adc} = 100ms$,是工频周期的 5 倍,且远大于 $R0$ 和 $C0$ 的积分时间(10ms)。

(2) 按图 9.9 参数,$C0$ 的最大充(或放)电电流为 $I_{max} = V_{CC}/R0 = 50\mu A$,在 T1 的 1 个溢出时间 T_C 内最大充(或放)电电量为 $\Delta Q_{max} = I_{max} \times T_C = 5 \times 10^{-10}C$,造成电容 $C0$ 电压最大上升(或下降)为 $\Delta V_{max} = \Delta Q_{max}/C0 = 5 \times 10^{-10}C/10^{-7}F = 5mV$,可满足:平衡时可控制电容电压 V_C 在 V_{in} 左右几个毫伏内波动的要求。

(3) 设置定时器 T1 中断为高优先级中断,在 T1 的中断服务程序中根据比较结果 CMPRES 的逻辑值控制电容 $C0$ 的充放电和充电计时,判断 A/D 转换过程是否结束,转换结束则计算转换结果、设置结束标志、重启新的转换。

按以上分析,例 9.5 的电位器 W1 抽头电压测量显示系统软件由 main.c、cmpadc.c 和 disp.c 共 3 个模块组成,各模块清单如下:

(1) 电荷平衡式 A/D 转换控制模块 cmpadc.c。

```
/* 用 IAP15W4K58S4 比较器模块构成电荷平衡式 AD 转换器
(1) 模拟量输入引脚 P5.5/CMP+、电容充放电控制 P2.7;
(2) 充放电时钟:定时器 T1 溢出脉冲,溢出时间 10μs;
(3) AD 转换周期由 10000 个 T1 溢出时间组成 Tadc = 100ms
*/
#include < stc15.h >
#include "CMP.H"                    //包含 ADC 模块控制字域定义头文件
#define MAIN_FOSC 24.0000           //主时钟频率(MHz)
#define ADC_SCALE 10000             //AD 转换周期 Tadc(10μs 时基),即 AD 转换量程
#define VREF 5000                   //AD 转换参考电压(mV)
#define uchar unsigned char
#define uint unsigned int
uint data adc_tp;                   //定义变量,电容充电计时
uint data adc_tmr;                  //定义变量,转换过程计时(倒计时)
uint data adc_vin;                  //定义变量,AD 转换结果
bit adc_ok;                         //定义位变量,转换结束标志
sbit P_ADC = P2^7;                  //定义可寻址位,充放电控制 I/O 口

void CMPADC_Init()                  //电荷平衡式 ADC 初始化函数
{   CMPCR1 = NIS;                   //禁比较器、禁比较中断、同相:P5.5、反相:P5.4、禁结果输出
    CMPCR2 = 0;                     //结果正常输出、使能 0.1μs 滤波、消抖时间 = 0
```

```
    CMPCR1| = CMPEN;                    //使能比较器
    TMOD& = 0x0f;                       //T1:无门控、定时、方式 0
    AUXR| = 0x40;                       //定时器 T1 时钟 1T 模式
    TH1 = (uint)(65536 - 10 * MAIN_FOSC)/256;    //T1 溢出时间:10μs
    TL1 = (uint)(65536 - 10 * MAIN_FOSC);
    adc_tmr = ADC_SCALE;                //转换过程计时初始(倒计时)
    adc_tp = 0;                         //充电计时初始
    P_ADC = 0;                          //充放电控制初态:放电态
    ET1 = 1;PT1 = 1;                    //允许定时器 T1 中断、高优先级
    TR1 = 1;                            //启动定时器 T1
    EA = 1;                             //开放总中断
}

void timer1_int() interrupt 3          //定时器 T1 中断服务函数
{   if(CMPCR1&CMPRES)                   //如果 CMPRES = 1 则
    {   P_ADC = 1;                      //电容充电
        adc_tp++;                       //充电计时
    }
    else P_ADC = 0;                     //如果 CMPRES = 1,则电容放电
    if( -- adc_tmr == 0)                //转换过程倒计时,至 0 则
    {   adc_vin = adc_tp/(ADC_SCALE/VREF);    //Vin = Tp * Vref/Tadc
        adc_ok = 1;                     //置转换结束标志
        adc_tmr = ADC_SCALE;            //重启转换,过程计时初始(倒计时)
        adc_tp = 0;                     //重启转换,充电计时初始
    }
}
```

（2）主程序模块 main.c。

```
/* 用 IAP15W4K58S4 比较器模块构成电荷平衡式 A/D 转换器,P5.5 引脚电压测量显示 */
#include< stc15.h>
#include "cmp.h"                        //包含 ADC 转换模块控制字域定义头文件
#define MAIN_FOSC 24.0000               //主时钟频率(MHz)
#define uchar unsigned char
#define uint unsigned int
extern void disp_d();                   //声明外部函数,动态数码显示扫描
extern uchar disBuf[4];                 //声明外部变量,显示缓存
extern uint adc_vin;                    //声明外部变量,A/D 转换结果
extern bit adc_ok;                      //声明外部变量,A/D 转换结束标志
sbit P_ADC = P2^7;                      //定义充放电控制 I/O 口
extern CMPADC_Init();                   //声明外部函数,电荷平衡式 ADC 初始化

void gpio_init()                        //定义 I/O 口初始化函数
{   P3M1& = 0xf3;P3M0& = 0xf3;          //P3.3、P3.2 准双向
    //P4.0_.3_.5 准双向,P_595_DS、P_595_SH、P_595_ST
    P4M1& = 0xd6;P4M0& = 0xd6;
    P5M1| = 0x30;P5M0& = 0xcf;          //P5.5 和 P5.4 仅输入
```

```
    P1M1 = 0x3f;P1M0 = 0x0;                        //P1.7~P1.6 准双向,P1.5~P1.0 仅为输入
    P2M1& = 0x7f;P2M0| = 0x80;                     //P2.7 推挽
}

void Timer0Int()                                  //T0 初始化,2.5ms 定时@24.000MHz
{   AUXR| = 0x80;                                  //定时器时钟 1T 模式
    TMOD& = 0xf0;                                  //T0 方式 0,初值重载 16 位定时
    TH0 = (uint)(65536 - 2500 * MAIN_FOSC)/256;    //T0 定时器初值设置,2.5ms
    TL0 = (uint)(65536 - 2500 * MAIN_FOSC);
    TF0 = 0;                                       //清定时器溢出标志
}

void main()
{   gpio_init();                                   //I/O 初始化
    P_ADC = 0;                                     //电容 C0 放电
    Timer0Int();TR0 = 1;                           //定时器 T0 初始化
    CMPADC_Init();                                 //电荷平衡式 ADC 初始化
    while(1)
    {   while(!TF0);                               //2.5ms 定时到?
        TF0 = 0;                                   //T0 溢出标志清 0
        disp_d();                                  //数码显示动态扫描
        if(adc_ok)                                 //转换结束则更新显示
        {   adc_ok = 0;                            //清除转换结束标志
            disBuf[0] = adc_vin/1000;              //电压测量结果送显示器缓存
            disBuf[1] = adc_vin/100 % 10;
            disBuf[2] = adc_vin/10 % 10;
            disBuf[3] = adc_vin % 10;
        }
    }
}
```

(3) 动态扫描数码显示模块 disp.c。

```
#include<stc15.h>
#define uchar unsigned char
uchar code segTab[] = {                           //在 CODE 区定义七段码译码表
    0x3f,0x06,0x5b,0x4f,0x66,0x6d,0x7d,0x07,
    0x7f,0x6f,0x77,0x7c,0x39,0x5e,0x79,0x71
};
uchar code disScan[] = {                          //在 CODE 区定义位选码
    ~(1<<0),~(1<<1),~(1<<2),~(1<<3)
};
uchar data disBuf[4];                             //在 DATA 区定义显示缓冲区
uchar data disNum;                               //在 DATA 区定义位扫描控制变量
sbit P_595_DS = P4^0;                            //定义 74HC595 的串行数据接口
sbit P_595_SH = P4^3;                            //定义 74HC595 的移位脉冲接口
sbit P_595_ST = P4^5;                            //定义 74HC595 的输出寄存器锁存信号接口,随硬件修改
void send_595(uchar);                            //声明移位输出 1 字节数据函数
```

```
void disp_d();                              //声明动态显示函数

void send_595(uchar x)                      //从 STC 单片机移位输出 1 字节数据
{   uchar i;
    for(i = 0; i < 8; i++)                  //循环移位,共 8 位
    {   x << = 1;                           //左移 1 位,最高位移出到 CY
        P_595_DS = CY;                      //CY 从串行数据口输出
        P_595_SH = 1; P_595_SH = 0;         //输出移位脉冲
    }
}

void disp_d()                               //动态显示函数定义
{   uchar temp;
    send_595(disScan[disNum]);              //将当前扫描位扫描码发送
    temp = segTab[disBuf[disNum]];
    if(disNum == 0)temp | = 0x80;           //如果扫描左边第 1 位则加小数点
    send_595(temp);                         //将当前扫描位段码发送
    P_595_ST = 1; P_595_ST = 0;             //16 位数据移位后锁入输出寄存器中
    disNum = (disNum + 1) % 4;              //准备扫描下一位
}
```

在 μVision 平台中进行设计软件,完成编译、调试,下载到学习实验板试运行,验证本例设计。

本章小结

STC15W4K32S4 系列单片机内部集成了 8 通道的 10 位逐位比较式 A/D 转换器和模拟比较器模块。

1. ADC 模块

A/D 转换器的外特性主要表现为输入/输出之间的关系,主要性能指标有分辨率、转换精度、线性度、转换速度等。STC15 单片机的 ADC 模块的内部结构与工作原理如图 9.3 所示,相关控制寄存器如表 9.1 所示。

介绍 STC15W4K32S4 单片机学习实验板上的 NTC 负温热敏电阻、16 键按键分压电路、外部基准参考电压 TL431 和内部带隙电压的基本应用和编程方法。

2. 模拟比较器模块

介绍 STC15W 单片机模拟比较器模块的内部结构和控制寄存器。以 STC15W4K32S4 单片机学习实验板为基础,举例说明模拟比较器作超限保护应用,详细介绍用比较器构成电荷平衡式 A/D 转换器的工作原理及其实现方法。

习题

9.1　STC15 单片机内部集成了 8 通道 A/D 转换器,其模拟量输入通过哪些端口接入? 这些端口要怎么设置?

9.2　STC15单片机内部的A/D转换器是二进制几位的? 其分辨率是多少? 输入模拟量 v_{in} 与输出数字量 x_{out} 之间是什么关系?

9.3　试简要介绍STC15单片机内部ADC模块控制寄存器ADC_CONTR各控制位的功能。

9.4　STC15单片机内部ADC模块的转换结果有两种保存格式,试说明保存格式及其选择方法。

9.5　STC15单片机内部ADC模块的第9通道是带隙电压测量通道,该通道如何设置?

9.6　试编写STC15单片机内部ADC模块的初始化函数 void ADC_Init(unsigned char speed, unsigned char ch)。

9.7　采用查询法,编写STC15单片机内部ADC模块转换过程的控制函数 unsigned int ADC(unsigned char speed, unsigned char ch)。

9.8　试分析STC15W4K32S4单片机学习实验板上16键按键分压电路的工作原理以及软件识别按键的方法。

9.9　试简要介绍STC15单片机内部模块比较器控制寄存器CMPCR1和CMPCR2各控制位的功能。

9.10　STC15W4K32S4单片机模拟比较器同相端、反相端信号各可以有几种选择? 若选择外部引脚P5.5/CMP+和P5.4/CMP-为同相和反相端信号引脚,则该两引脚工作模式如何设置?

## 第 10 章

STC15 单片机 PCA 与增强型 PWM 模块

视频

STC15 系列部分单片机内部集成 3 路可编程计数器阵列（Programmable Counter Array，PCA）模块，具有软件定时器、高速脉冲输出、外部脉冲捕获以及脉冲宽度调制输出等工作模式，可用于扩展单片机定时器模式、测量外部信号的周期（或频率）、外部器件时钟信号和脉冲宽度调制信号输出等，在单片机应用系统中具有广泛的用途。STC15 系列中的 STC15W4K32S4 子系列内部只集成了 2 路 PCA 模块，并新增了一组增强型 PWM（Pulse Width Modulation）波形发生器，具有独立 6 通道、带死区时间控制、可设置初始电平等特点，将其中任意两路配合起来使用可实现带死区控制的互补对称 PWM 输出，在变流器控制领域有广泛的应用。本章以 STC15W4K32S4 子系列为例介绍 PCA 模块和增强型 PWM 模块的结构和工作原理，以及 PCA 模块的应用。

10.1 STC15 单片机 PCA 模块

STC15W4K32S4 单片机内部集成了 2 路 PCA 模块，PCA 模块由 1 个特殊的 16 位定时器/计数器、2 个捕获/比较模块（模块 0 和模块 1）和若干个相关的特殊功能寄存器 SFR 构成。用户通过设置这些特殊功能寄存器，可以实现 PCA 的工作模式选择、时间参数设置、I/O 引脚切换等功能。

10.1.1 PCA 模块逻辑结构

STC15W4K32S4 单片机 PCA 模块逻辑结构如图 10.1 所示。16 位 PCA 定时/计数器是 CCP（Comparator Capture PWM）模块 0 和 CCP 模块 1 的公共时间基准，每一个 CCP 模块都具有软件定时器、高速脉冲输出、外部脉冲捕获以及脉宽调制（PWM）输出 4 种模式，其输入/输出信号引脚与通用 I/O 端口 GPIO 复用，并且可以通过相关寄存器的设置实现引脚的切换。

16 位 PCA 定时/计数器结构如图 10.2 所示。PCA 模块的时钟信号可来自系统时钟及其分频信号、定时器 T0 溢出时钟或外部脉冲输入，通过设置 CMOD 寄存器中的 CPS2、CPS1 和 CPS0 位选择 16 位 PCA 定时/计数器的计数脉冲源。通过设置 CCON 寄存器的

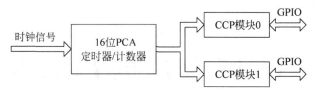

图 10.1　STC15W4K32S4 单片机 PCA 模块逻辑结构图

CR 位启动 PCA 模块的计数过程,并可通过设置 CMOD 寄存器中的 CIDL 位选择 16 位 PCA 定时/计数器在 IDLE(空闲)模式下是否计数。16 位计数器的计数值作为 CCP 模块 0 和 CCP 模块 1 的公共时间基准,当计数值计满溢出时将 CCON 寄存器的溢出标志位 CF 置 1,向 CPU 请求 PCA 中断,若 CMOD 寄存器中的 ECF 位被置 1,则允许 PCA 中断。

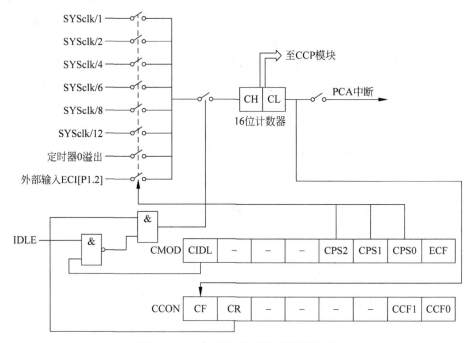

图 10.2　16 位 PCA 定时器/计数器结构

10.1.2　PCA 模块的控制寄存器

STC15W4K32S4 单片机可编程计数器阵列 PCA 模块相关的控制寄存器如表 10.1 所示。

表 10.1　STC15 单片机 PCA 模块相关控制寄存器列表(加黑为相关位)

符号	地址	D7	D6	D5	D4	D3	D2	D1	D0	复位值
CCON	D8H	**CF**	**CR**	—	—	—	—	**CCF1**	**CCF0**	00xx xx00
CMOD	D9H	**CIDL**	—	—	—	**CPS2**	**CPS1**	**CPS0**	**ECF**	0000 0000
CL	E9H	**16 位 PCA 计数器低 8 位**								0000 0000

续表

符号	地址	D7	D6	D5	D4	D3	D2	D1	D0	复位值
CH	F9H	16 位 PCA 计数器高 8 位								0000 0000
CCAPM0	DAH	—	ECOM0	CAPP0	CAPN0	MAT0	TOG0	PWM0	ECCF0	x000 0000
CCAPM1	DBH	—	ECOM1	CAPP1	CAPN1	MAT1	TOG1	PWM1	ECCF1	x000 0000
CCAP0L	EAH	CCP 模块 0 捕获/比较寄存器低 8 位								0000 0000
CCAP0H	FAH	CCP 模块 0 捕获/比较寄存器高 8 位								0000 0000
CCAP1L	EBH	CCP 模块 1 捕获/比较寄存器低 8 位								0000 0000
CCAP1H	FBH	CCP 模块 1 捕获/比较寄存器高 8 位								0000 0000
PCA_PWM0	F2H	EBS0_1	EBS0_0	PWM0_B9H	PWM0_B8H	PWM0_B9L	PWM0_B8L	EPC0H	EPC0L	0000 0000
PCA_PWM1	F3H	EBS1_1	EBS1_0	PWM1_B9H	PWM1_B8H	PWM1_B9L	PWM1_B8L	EPC1H	EPC1L	0000 0000
P_SW1	A2H	S1_S1	S1_S0	CCP_S1	CCP_S0	SPI_S1	SPI_S0	—	DPS	0000 0000

1. PCA 工作模式寄存器 CMOD

PCA 工作模式寄存器 CMOD 用于设置 CPU 空闲模式下的计数方式、选择计数脉冲时钟源和计数器溢出中断管理。其中:

(1) CIDL——空闲模式下是否停止 PCA 计数控制位。

当 CIDL=1 时,空闲模式下 PCA 停止计数; 当 CIDL=0 时,空闲模式下 PCA 继续计数。

(2) CPS2、CPS1、CPS0——PCA 计数脉冲时钟源选择控制位。

PCA 计数脉冲有 8 种时钟源,由 CPS2、CPS1、CPS0 组合选择控制,如表 10.2 所示。

表 10.2 PCA 计数脉冲时钟源选择

CPS2	CPS1	CPS0	PCA 计数脉冲时钟源
0	0	0	选择系统时钟 12 分频(SYSclk/12)
0	0	1	选择系统时钟 2 分频(SYSclk/2)
0	1	0	选择定时器 T0 的溢出脉冲
0	1	1	选择 ECI 引脚输入外部脉冲(最高频率 SYSclk/2)
1	0	0	选择系统时钟 SYSclk
1	0	1	选择系统时钟 4 分频(SYSclk/4)
1	1	0	选择系统时钟 6 分频(SYSclk/6)
1	1	1	选择系统时钟 8 分频(SYSclk/8)

(3) ECF——PCA 计数器溢出中断使能位。

PCA 计数器计满溢出时,将产生溢出位 CF(即 PCA 控制寄存器 CCON 第 7 位),向 CPU 请求中断。当 ECF=1 时,允许 PCA 计数器溢出标志 CF 中断;当 ECF=0 时,禁止 PCA 计数器溢出标志 CF 中断。

2. PCA 控制寄存器 CCON

(1) CF：PCA 计数器计满溢出标志位。

当 PCA 计数器计满溢出，由硬件置位 CF，向 CPU 请求中断，若 ECF 为 1，则 CPU 将响应该中断请求。不论是否允许溢出标志 CF 的中断请求，CF 位只能通过软件清 0。

(2) CR：PCA 计数器运行控制位。

当 CR=1 时，启动 PCA 计数器计数；当 CR=0 时，停止 PCA 计数器计数。

(3) CCF1 和 CCF0：分别为 PCA 模块 1 和模块 0 的中断标志位。

当 PCA 模块 1(或模块 0)发生匹配或捕获时，由硬件将 CCF1(或 CCF0)置 1，产生中断请求，该位必须通过软件清 0。

3. 16 位 PCA 计数器 CL 和 CH

STC15 单片机可编程计数器阵列 PCA 为 16 位计数器，由两个 8 位寄存器组合而成，CL 为其低 8 位寄存器，CH 为其高 8 位寄存器。

4. PCA 模块模式寄存器 CCAPM0 和 CCAPM1

(1) ECOMn(n=0,1)：PCA 模块 n 比较功能使能控制位，该位置 1 时允许比较功能。

(2) CAPPn(n=0,1)：PCA 模块 n 正捕获使能控制位，该位置 1 时允许上升沿捕获功能。

(3) CAPNn(n=0,1)：PCA 模块 n 负捕获使能控制位，该位置 1 时允许下降沿捕获功能。

(4) MATn(n=0,1)：PCA 模块 n 匹配功能使能控制位，该位置 1 时允许匹配功能。所谓匹配即当 PCA 计数值(CH,CL)与 PCA 模块 n 的比较值/捕获值寄存器(CCAPnH,CCAPnL)相等时，由硬件置位 CCFn 标志，向 CPU 请求中断。

(5) TOGn(n=0,1)：PCA 模块 n 输出翻转控制位，该位置 1 时允许输出翻转功能。输出翻转功能总是与匹配功能相伴的，输出翻转发生在匹配时刻。

(6) PWMn(n=0,1)：PCA 模块 n 脉宽调制功能使能控制位，该位置 1 时允许脉宽调制功能，PCA 模块 n 引脚用作脉冲宽度调制信号输出。

(7) ECCFn(n=0,1)：PCA 模块 n 中断允许控制位，该位为 1 时允许 CCON 寄存器中的 CCFn(n=0,1)中断标志的中断请求；反之则禁止。

每一个 PCA 模块都具有软件定时器、高速脉冲输出、外部脉冲捕获以及脉宽调制(PWM)输出 4 种模式，各工作模式 PCA 模块模式寄存器 CCAPMn(n=0,1)设置如表 10.3 所示。

表 10.3　PCA 模块比较/捕获模式寄存器 CCAPMn(n=0,1)的工作模式

ECOMn	CAPPn	CAPNn	MATn	TOGn	PWMn	ECCFn	设定值	CCP 模块功能
0	0	0	0	0	0	0	00H	无操作
1	0	0	0	0	1	0	42H	PWM 方式，无中断
1	1	0	0	0	1	1	63H	PWM 方式，上升沿触发中断
1	0	1	0	0	1	1	53H	PWM 方式，下降沿触发中断
1	1	1	0	0	1	1	73H	PWM 方式，跳变沿触发中断
0	1	0	0	0	0	x	20H/21H	16 位捕获方式，上升沿触发

ECOMn	CAPPn	CAPNn	MATn	TOGn	PWMn	ECCFn	设定值	CCP模块功能
0	0	1	0	0	0	x	10H/11H	16位捕获方式,下降沿触发
0	1	1	0	0	0	x	30H/31H	16位捕获方式,跳变沿触发
1	0	0	1	0	0	x	48H/49H	16位软件定时器
1	0	0	1	1	0	x	4CH/4DH	16位高速脉冲输出

5. PCA模块比较值/捕获值寄存器CCAPnL和CCAPnH

当PCA模块工作于比较或捕获模式时,比较值或捕获值为16位宽度,CCAPnL和CCAPnH分别为其低8位和高8位寄存器,用于保存PCA模块的16位比较值或捕获值。

当PCA模块工作于PWM模式时,CCAPnL和CCAPnH用于控制输出的PWM脉冲波形占空比。

6. PCA模块PWM模式控制寄存器PCA_PWM0和PCA_PWM1

(1) $EBSn\_1$和$EBSn\_0$:CCP模块$n(n=0,1)$工作于PWM模式时的功能选择位。用于选择PCA模块的PWM工作模式,如表10.4所示。

表 10.4　STC15W4K32S4单片机CCP模块工作在PWM模式时的功能选择$(n=0,1)$

$EBSn\_1$	$EBSn\_0$	PWM位数	重　载　值	比　较　值
0	0	8位PWM	$\{EPCnH,CCAPnH[7:0]\}$	$\{EPCnL,CCAPnL[7:0]\}$
0	1	7位PWM	$\{EPCnH,CCAPnH[6:0]\}$	$\{EPCnL,CCAPnL[6:0]\}$
1	0	6位PWM	$\{EPCnH,CCAPnH[5:0]\}$	$\{EPCnL,CCAPnL[5:0]\}$
1	1	10位PWM	$\{EPCnH,PWMn\_B[9:8]H,$ $CCAPnH[7:0]\}$	$\{EPCnL,PWMn\_B[9:8]L,$ $CCAPnL[7:0]\}$

(2) $PWMn\_B[9:8]H(n=0,1)$:PCA模块n工作于10位PWM模式时,第10位和第9位重载值。仅STC15W4K32S4系列单片机有效。

在10位PWM模式下,修改PCA_PWMn寄存器中的$PWMn\_B[9:8]H$值时,应直接使用赋值语句(或汇编指令MOV,详见第8章),避免使用与、或和异或复合赋值语句(或汇编指令ANL、ORL、XRL,详见第8章),即避免使用以下语句,否则可能导致错误结果:

```
PCA_PWM0 &= 0x**;    或    PCA_PWM1 &= 0x**;
PCA_PWM0 |= 0x**;    或    PCA_PWM1 |= 0x**;
PCA_PWM0 ^= 0x**;    或    PCA_PWM1 ^= 0x**;
```

(3) $PWMn\_B[9:8]L(n=0,1)$:PCA模块n工作于10位PWM模式时,第10位和第9位比较值。仅STC15W4K32S4系列单片机有效。

(4) $EPCnH(n=0,1)$:PCA模块n工作于PWM模式时,重载值的最高位,即8/7/6/10位PWM模式的第9/8/7/11位重载值。

(5) $EPCnL(n=0,1)$:PCA模块n工作于PWM模式时,比较值的最高位,即8/7/6/10位PWM模式的第9/8/7/11位比较值。

注意：在更新 10 位 PWM 的重载值时，必须先写高两位 PWMn_[B9:B8]H，再写低 8 位 CCAPnH[7:0]。

7. 辅助寄存器 P_SW1(或 AUXR1)

辅助寄存器 P_SW1(或 AUXR1)的第 5 位 CCP_S1、第 4 位 CCP_S0 与 PCA 模块有关，用于控制 PCA 模块 CCP 相关引脚切换，具体控制功能如表 10.5 所示。

表 10.5 PCA 模块 CCP 相关引脚映射

CCP_S1	CCP_S0	PCA 模块 CCP 引脚映射
0	0	CCP 在[P1.2/ECI, P1.1/CCP0, P1.0/CCP1]
0	1	CCP 在[P3.4/ECI_2, P3.5/CCP0_2, P3.6/CCP1_2]
1	0	CCP 在[P2.4/ECI_3, P2.5/CCP0_3, P2.6/CCP1_3]
1	1	无效

10.2 STC15 单片机 PCA 模块的工作模式

STC15W4K32S4 单片机 PCA 模块可通过模块 0 和模块 1 模式寄存器(CCAPM0 和 CCAPM1)将相应的 PCA 模块分别设置为软件定时器、外部脉冲捕获、高速脉冲输出以及脉宽调制(PWM)输出 4 种模式。

10.2.1 软件定时器模式

STC15W4K32S4 单片机 PCA 模块工作于 16 位软件定时器模式时结构如图 10.3 所示。将 PCA 模块模式寄存器 CCAPMn(n=0 或 1)中的 ECOMn 位和 MATn 位置 1 即可将相应模块设置成 16 位软件定时器工作模式。在该模式下，PCA 模块时基寄存器(CH, CL)在选定的时钟源驱动下做加 1 计数，并与(CCAPnH, CCAPnL)寄存器的值进行比较，当(CH, CL)的计数值与(CCAPnH, CCAPnL)寄存器的值相等(即所谓的匹配)时，中断标

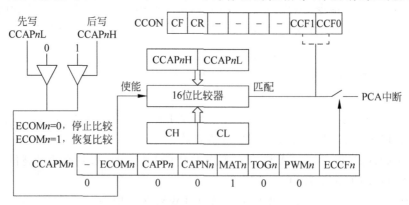

图 10.3 16 位软件定时器模式结构图

志位 CCFn 被置 1,向 CPU 请求中断,此时若 ECCFn＝1 且 EA＝1 时,即可响应该中断。PCA/CCP 模块的 3 个中断源 CF 和 CCF0、CCF1 共享一个中断向量,中断服务程序需判断是哪一个中断源申请了中断,并在中断返回之前清除相应的中断标志位。

通过选择 PCA 计数器的时钟源并设置(CCAPnH,CCAPnL)寄存器的值,用户可以设定定时时间。一般情况下,PCA 计数器(CH,CL)的初值为 0,软件定时时间为:

$$定时时间 = 匹配时(CH,CL)\ 的值\{即(CCAP nH,CCAP nL)\ 的值\} * 时钟周期 \quad (10\text{-}1)$$

赋值时,应先给 CCAPnL 赋值,再给 CCAPnH 赋值。

10.2.2 高速脉冲输出模式

STC15W4K32S4 单片机 PCA 模块工作于高速脉冲输出模式时结构图如图 10.4 所示。将 PCA 模块模式寄存器 CCAPMn(n＝0 或 1)中的 ECOMn 位、MATn 位和 TOGn 位置 1 即可将模块 n 设置为高速脉冲输出工作模式。与 16 位软件定时器模式相比,该模式增加了当(CH,CL)计数值与(CCAPnH,CCAPnL)值相等时(即匹配时),对 CCPn 输出引脚电平进行自动翻转的功能,从而实现在对应 CCPn 引脚输出高速脉冲的功能。输出高速脉冲的频率为 PCA 模块输入时钟源频率除以两倍的(CCAPnH,CAPnL)值,即

$$输出高速脉冲频率 = \frac{PCA\ 模块输入时钟源频率}{2 \times (CCAP nH,CCAP nL)} \quad (10\text{-}2)$$

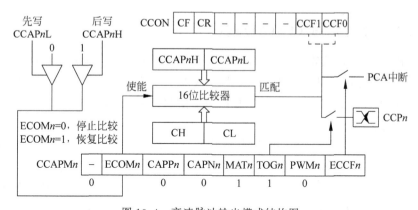

图 10.4 高速脉冲输出模式结构图

用户可根据式(10-2)对(CCAPnH,CCAPnL)值进行初始化和更新,从而实现在 CCPn 对应引脚输出指定频率的高速脉冲信号。

10.2.3 外部脉冲捕获模式

STC15W4K32S4 单片机 PCA 模块工作于外部脉冲捕获模式时的结构图如图 10.5 所示。当 PCA 模块模式寄存器 CCAPMn(n＝0 或 1)中的 ECOMn、MATn、TOGn 和 PWMn 等控制位被清 0,而 CAPPn 或(和)CCAPNn 被置 1 时,PCA 模块工作在外部脉冲捕获模式。当 CAPPn 被置 1 时可以捕获信号上升沿,当 CAPNn 被置 1 时可以捕获信号下

降沿,当 CAPPn 和 CAPNn 都被置 1 时既可以捕获信号上升沿,也可以捕获信号下降沿。时基寄存器(CH,CL)在选定的计数时钟源驱动下加 1 计数,并对外部 CCPn 引脚的跳变信号进行采样,当采样到有效跳变沿时,PCA 模块硬件将(CH,CL)寄存器的当前值加载到(CCAPnH,CCAPnL)寄存器中,获取信号边沿的发生时刻,实现外部脉冲信号捕获功能。同时将中断标志位 CCFn 置 1,向 CPU 请求中断。

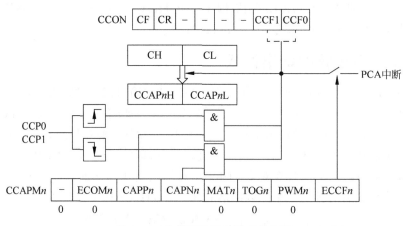

图 10.5 外部脉冲捕获模式结构图

10.2.4 脉宽调制(PWM)输出模式

通过将 PCA 模块模式寄存器 CCAPMn(n=0 或 1)中的 ECOMn 位和 PWMn 位置 1即可将模块 n 设置为脉宽调制输出工作模式。PWM 的位数由各模块的 PWM 寄存器 PCA_PWMn 中的 EBSn_1 和 EBSn_0(n=0 或 1)两个控制位决定,如表 10.4 所示。

1. 8 位脉宽调制模式

当 EBSn_1:EBSn_0=00 时,PCA 模块工作于 8 位脉宽调制模式,其结构如图 10.6 所示。PCA 低位时基寄存器 CL 在选定计数时钟源驱动下执行加 1 计数,并与{EPCnL,CCAPnL}的值进行比较,若{0,CL[7:0]}<{EPCnL,CCAPnL[7:0]},则相应的 PWMn 引脚输出低电平;若{0,CL[7:0]}>={EPCnL,CCAPnL[7:0]},则相应的 PWMn 引脚输出高电平。当 CL 寄存器计数值由 0xFF 变为 0x00 产生溢出时,{EPCnH,CCAPnH[7:0]}的值将重新装载到{EPCnL,CCAPnL[7:0]}中。在 8 位 PWM 模式下,输出的 PWM 信号频率为 PCA 模块计数时钟源频率除以 256,即

$$\text{PWM 信号频率} = \frac{\text{PCA 模块计数时钟源频率}}{256} \tag{10-3}$$

当 EPCnL=0 时,输出 PWM 波形的占空比通常由 CCAPnL[7:0]决定,即

$$\text{PWM 占空比} = \frac{256 - \text{CCAP}n\text{L}[7:0]}{256} \times 100\% \tag{10-4}$$

特别地,当 EPCnL=1 时,PWM 占空比为 0;当 EPCnL=0、CCAPnL=0x00 时,PWM 占

空比为100%。用户可通过修改$\{\text{EPC}n\text{H},\text{CCAP}n\text{H}[7:0]\}$的值改变PWM波形的占空比。

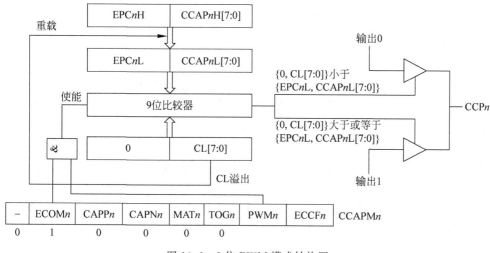

图10.6　8位PWM模式结构图

2. 7位脉宽调制模式

当$\text{EBS}n\_1:\text{EBS}n\_0=01$时,PCA模块工作于7位脉宽调制模式,其结构如图10.7所示。与8位PWM模式不同的是,7位PWM模式使用时基寄存器$\text{CL}[6:0]$、$\text{CCAP}n\text{L}[6:0]$和8位比较器,其工作原理与过程与8位PWM模式类似。当$\text{CL}[6:0]$值由0x7F变为0x00产生溢出时,$\{\text{EPC}n\text{H},\text{CCAP}n\text{H}[6:0]\}$的值将重新装载到$\{\text{EPC}n\text{L},\text{CCAP}n\text{L}[6:0]\}$中。在7位脉宽调制模式下,输出的PWM信号频率为PCA模块计数时钟源频率除以128,即

$$\text{PWM 信号频率}=\frac{\text{PCA 模块计数时钟源频率}}{128} \tag{10-5}$$

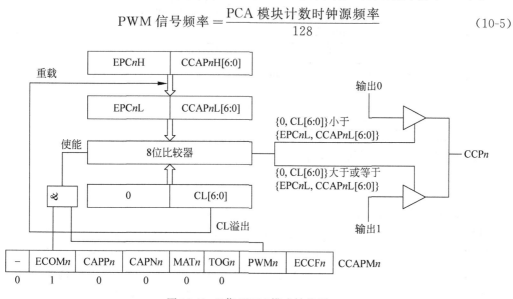

图10.7　7位PWM模式结构图

当 $EPCnL=0$ 时,输出 PWM 波形的占空比通常由 $CCAPnL[6:0]$ 决定,即

$$PWM\ 占空比 = \frac{128 - CCAPnL[6:0]}{128} \times 100\% \qquad (10\text{-}6)$$

当 $EPCnL=1$ 时,PWM 占空比为 0。

3. 6 位脉宽调制模式

当 $EBSn\_1{:}EBSn\_0=10$ 时,PCA 模块工作于 6 位脉宽调制模式,其结构如图 10.8 所示。与 8 位 PWM 模式不同的是,6 位 PWM 模式使用时基寄存器 $CL[5:0]$、$CCAPnL[5:0]$ 和 7 位比较器,其工作原理与过程与 8 位 PWM 模式类似。当 $CL[5:0]$ 值由 0x3F 变为 0x00 产生溢出时,$\{EPCnH,CCAPnH[5:0]\}$ 的值将重新装载到 $\{EPCnL,CCAPnL[5:0]\}$ 中。在 6 位脉宽调制模式下,输出的 PWM 信号频率为 PCA 模块计数时钟源频率除以 64,即

$$PWM\ 信号频率 = \frac{PCA\ 模块计数时钟源频率}{64} \qquad (10\text{-}7)$$

当 $EPCnL=0$ 时,输出 PWM 波形的占空比通常由 $CCAPnL[5:0]$ 决定,即

$$PWM\ 占空比 = \frac{64 - CCAPnL[5:0]}{64} \times 100\% \qquad (10\text{-}8)$$

当 $EPCnL=1$ 时,PWM 占空比为 0。

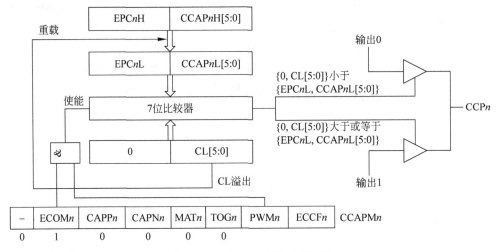

图 10.8 6 位 PWM 模式结构图

4. 10 位脉宽调制模式

相对其他 STC15 系列单片机(如 STC15F2K60S2 系列)而言,10 位 PWM 模式是 STC15W4K32S4 系列单片机(含 IAP15W4K58S4)新增的一个增强型 PWM 模式。

当 $EBSn\_1{:}EBSn\_0=11$ 时,PCA 模块工作于 10 位脉宽调制模式,其结构如图 10.9 所示。PCA 时基寄存器在选定的时钟源驱动下加 1 计数,$\{0,CH[1:0],CL[7:0]\}$ 与 $\{EPCnL,PWMn\_B[9:8]L,CCAPnL[7:0]\}$ 的值进行比较,若前者小于后者,则相应的

PWMn 引脚输出低电平；若前者大于或等于后者，则相应的 PWMn 引脚输出高电平。当 $\{CH[1:0],CL[7:0]\}$ 寄存器计数值由 0x3FF 变为 0x000 产生溢出时，$\{EPC_nH,PWM_n\_B[9:8]H,CCAP_nH[7:0]\}$ 的值将重新装载到 $\{EPC_nL,PWM_n\_B[9:8]L,CCAP_nL[7:0]\}$ 中。在 10 位脉宽调制模式下，输出的 PWM 信号频率为 PCA 模块计数时钟源频率除以 1024，即

$$PWM\ 信号频率 = \frac{PCA\ 模块计数时钟源频率}{1024} \tag{10-9}$$

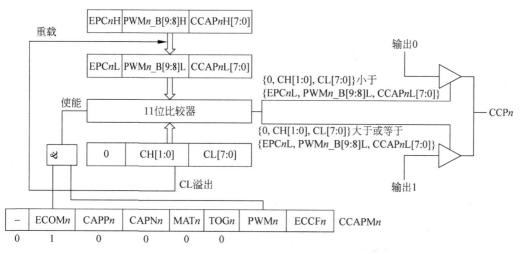

图 10.9 STC15W4K32S4 单片机 10 位 PWM 模式结构图

当 EPCnL＝0 时，输出 PWM 波形的占空比通常由 $\{PWM_n\_B[9:8]L,CCAP_nL[7:0]\}$ 决定，即

$$PWM\ 占空比 = \frac{1024 - \{PWM_n\_B[9:8]L,CCAP_nL[7:0]\}}{1024} \times 100\% \tag{10-10}$$

特别地，当 EPCnL＝1 时，PWM 占空比为 0；当 EPCnL＝0、PWMn_B[9:8]L＝00、CCAPnL＝0x00 时，PWM 占空比为 100%。用户可通过修改 $\{EPC_nH,PWM_n\_B[9:8]H,CCAP_nH[7:0]\}$ 的值改变 PWM 波形的占空比，修改 PWMn_B[9:8]H 值应直接使用赋值语句，从而避免出现不可预见的错误。

10.3 STC15 单片机 PCA 模块应用

STC15W4K32S4 系列单片机的 PCA 模块有广泛应用，如可用于高速脉冲生成、外部脉冲信号参数测量等。与定时器使用方法类似，PCA 模块应用主要涉及两方面：一是 PCA 模块初始化函数编写；二是 PCA 模块中断服务函数编写。其中 PCA 模块初始化函数一般包含以下内容：

（1）设置 PCA 模块的工作方式，设置 CMOD、CCON 和 CCAPMn 寄存器；

（2）设置捕获寄存器 CCAPnL 和 CCAPnH 的初值；

（3）根据需要设置 PCA 中断；

（4）启动 PCA 定时器计数。

10.3.1　PCA 的软件定时器模式应用举例

【例 10.1】　利用 IAP15W4K58S4 学习实验板的主芯片、数码显示器左 4 位、P1.7 及其控制的指示灯 LED7 等硬件资源构成一个测量控制系统，要求实现以下功能：

（1）使用 IAP15W4K58S4 单片机 PCA 模块的软件定时功能，在 P1.7 引脚输出周期为 2 秒的方波；

（2）每隔 0.5 秒测量模拟量输入第 5 通道的电压一次，将测量结果显示在数码显示器上。

设 IAP15W4K58S4 单片机主时钟采用 IRC 振荡，频率为 11.0592MHz。

先做需求分析。

（1）产生周期 2 秒的方波，需设置 1 秒的定时，溢出时翻转 P1.7 状态；

（2）系统时钟最快为 11.0592MHz，在该时钟下，16 位定时器 T0（或其他定时器）的最长溢出时间为 71.1ms，不能用定时器 T0 直接产生 1 秒定时；

（3）PCA 可以用定时器 T0 的溢出脉冲为时钟源，将 PCA 设置成软件定时器，可以产生最长数千秒的定时。本例有 4 位的数码显示，可以将定时器 T0 设置成溢出时间为 2.5ms 的定时器，并用该溢出脉冲作为 PCA 的时钟源，并将 CCP0 模块设置成软件定时模式，实现 1 秒定时。

综上所述，系统软件由 3 个模块 main.c、disp.c 和 adc.c 构成，其中 disp.c 和 adc.c 与例 9.1 相应程序模块相同，主函数模块 main.c 清单如下：

```
# include < stc15.h>
# define uchar unsigned char
# define uint unsigned int
extern void ADC_Init(uchar,uchar);        //声明外部函数,ADC 初始化
extern uint ADC(uchar,uchar);             //声明外部函数,ADC 过程
extern void disp_d();                     //声明外部函数,动态数码显示扫描
extern uchar disBuf[4];                   //声明外部变量,显示缓存
# include "adc.h"                         //包含 ADC 转换模块控制字域定义头文件
# include "pca.h"                         //包含 PCA 模块控制字域定义头文件
sbit LED7 = P1^7;                         //定义 LED7 驱动引脚

void gpio_init()        //IO 口初始化函数,增强型 PWM 相关 12 个 IO 口默认高阻输入
{    P0M1& = 0x3f;P0M0& = 0x3f;           //P0.6/PWM7_2、P0.7/PWM6_2 准双向
     P1M1& = 0x3f;P1M0& = 0x3f;           //P1.6/PWM6、P1.7/PWM7 准双向
     //P2.7/PWM2_2、P2.3/PWM5、P2.2/PWM4、P2.1/PWM3 准双向
     P2M1& = 0x71;P2M0& = 0x71;
     P3M1& = 0x7f;P3M0& = 0x7f;           //P3.7/PWM2 准双向
```

```
//P4.5/PWM3_2、P4.4/PWM4_2、P4.2/PWM5_2 准双向
    P4M1& = 0xcb;P4M0& = 0xcb;
}

void Timer0Init()                        //T0 初始化,2.5ms 定时@11.0592MHz
{   AUXR| = 0x80;                        //定时器 T0 时钟 1T 模式
    TMOD& = 0xf0;                        //T0 方式 0 定时,16 位初值自重载
    TL0 = 0x00;                          //T0 定时器初值,65536 - 2500 * 11.0592 = 0x9400
    TH0 = 0x94;
    TF0 = 0;                             //清定时器溢出标志
}

void PCA_Init()                          //PCA 初始化函数
{   CMOD = CIDL_DIS|PCA_T0|ECF_DIS;      //PCA 空闲时停止,T0 溢出脉冲,禁溢出中断
    CCON = 0;                            //PCA 停止,清除中断标志 CF、CCF0、CCF1
    CCAPM0 = PCA_CMP_I;                  //PCA 模块 CCP0 为 16 位软件定时器,开放 CCF0 中断
    CL = 0;CH = 0;                       //PCA 计数器清零
    CCAP0L = 400 % 256;                  //PCA_CCP0 比较捕获寄存器 CCAP0L、CCAP0H 置初值
    CCAP0H = 400/256;
}

void PCA_ISR() interrupt 7               //PCA_CCPF0 中断服务函数
{   CCAP0L += 400 % 256;                 //比较捕获寄存器 CCAP0L、CCAP0H 指向下个时点
    CCAP0H += (uchar)CY + 400/256;
    CCF0 = 0;                            //清除模块 0 的中断标志 CCF0
    LED7 = !LED7;                        //LED7 灯状态反转
}

void main()
{   uchar data cnt = 0;                  //定义 0.5 秒扩展计时变量
    uint adc;                            //定义 AD 转换结果变量
    gpio_init();                         //IO 初始化
    LED7 = 1;                            //LED7 初态"暗"
    ADC_Init(ADC_SPDLL, ADC_CH5);        //ADC 初始化
    Timer0Init();TR0 = 1;                //T0 初始化并启动
    PCA_Init();EA = 1;CR = 1;            //PCA 初始化,允许 CCF0 中断、启动
    while(1)
    {   while(!TF0);                     //2.5ms 定时到?
        TF0 = 0;                         //定时器溢出标志清零
        disp_d();                        //动态显示更新
        cnt++;                           //0.5 秒扩展计数
        if(cnt == 200)                   //0.5 秒到?
        {   cnt = 0;
            adc = ADC(ADC_SPDLL, ADC_CH5); //AD 转换过程,CH5
            disBuf[3] = adc % 10;        //AD 结果送显示缓冲器
            disBuf[2] = adc/10 % 10;
            disBuf[1] = adc/100 % 10;
```

```
        disBuf[0] = adc/1000;
    }
  }
}
```

其中 pca.h 是包含 PCA 模块控制字域定义的头文件,其清单如下:

```
# define CIDL_DIS      1 << 7      //CMOD[7],空闲时停止计数
# define CIDL_EN       0 << 7      //CMOD[7],空闲时允许计数
# define ECF_DIS       0 << 0      //CMOD[0],禁止 PCA 溢出中断
# define ECF_EN        1 << 0      //CMOD[0],允许 PCA 溢出中断
# define PCA_12T       0 << 1      //CMOD[3:1],PCA 时钟 SYSclk/12
# define PCA_2T        1 << 1      //CMOD[3:1],PCA 时钟 SYSclk/2
# define PCA_T0        2 << 1      //CMOD[3:1],PCA 时钟 T0 溢出脉冲
# define PCA_ECI       3 << 1      //CMOD[3:1],PCA 时钟 ECI 引脚输入外部脉冲
# define PCA_1T        4 << 1      //CMOD[3:1],PCA 时钟 SYSclk
# define PCA_4T        5 << 1      //CMOD[3:1],PCA 时钟 SYSclk/4
# define PCA_6T        6 << 1      //CMOD[3:1],PCA 时钟 SYSclk/6
# define PCA_8T        7 << 1      //CMOD[3:1],PCA 时钟 SYSclk/8
# define PCA_PWM_0     0x42        //CCAPMn,PWM 模式无中断
# define PCA_PWM_N     0x53        //CCAPMn,PWM 模式下降沿触发中断
# define PCA_PWM_P     0x63        //CCAPMn,PWM 模式上升沿触发中断
# define PCA_PWM_D     0x73        //CCAPMn,PWM 模式跳变沿触发中断
# define PCA_CAPN_0    0x10        //CCAPMn,16 位 CAP 模式下降沿触发,无中断
# define PCA_CAPN_I    0x11        //CCAPMn,16 位 CAP 模式下降沿触发,有中断
# define PCA_CAPP_0    0x20        //CCAPMn,16 位 CAP 模式上升沿触发,无中断
# define PCA_CAPP_I    0x21        //CCAPMn,16 位 CAP 模式上升沿触发,有中断
# define PCA_CAPD_0    0x30        //CCAPMn,16 位 CAP 模式跳变沿触发,无中断
# define PCA_CAPD_I    0x31        //CCAPMn,16 位 CAP 模式跳变沿触发,有中断
# define PCA_CMP_0     0x48        //CCAPMn,16 位软件定时器模式,无中断
# define PCA_CMP_I     0x49        //CCAPMn,16 位软件定时器模式,有中断
# define PCA_CMPO_0    0x4C        //CCAPMn,16 位高速脉冲输出模式,无中断
# define PCA_CMPO_I    0x4D        //CCAPMn,16 位高速脉冲输出模式,有中断
# define CCP_PWM8      0 << 6      //PCA_PWMn[7:6],CCPn 为 8 位 PWM
# define CCP_PWM7      1 << 6      //PCA_PWMn[7:6],CCPn 为 7 位 PWM
# define CCP_PWM6      2 << 6      //PCA_PWMn[7:6],CCPn 为 6 位 PWM
# define CCP_PWM10     3 << 6      //PCA_PWMn[7:6],CCPn 为 10 位 PWM
# define CCP_S_0       0 << 4      //P_SW1[5:4],CCP 引脚选择 1 组
# define CCP_S_1       1 << 4      //P_SW1[5:4],CCP 引脚选择 2 组
# define CCP_S_2       2 << 4      //P_SW1[5:4],CCP 引脚选择 3 组
# define CCP_S_M       3 << 4      //P_SW1[5:4],CCP 引脚选择域屏蔽
```

在 μVision 平台中进行例 10.1 设计软件,完成编译、调试,下载到学习实验板试运行,可观察到 LED7 灯的闪烁,亮灭状态各 1 秒,同时显示器显示 1023。由图 4.28 可见,P3.5 引脚输出的信号经二阶的低通滤波后所得的直流电压信号接到了模拟量第 5 输入通道,由于程序中仅将 P3.5 初始化为准双向口,没有从 P3.5 输出信号,其内部弱上拉自动将 P3.5 拉高到 V_{CC} 电平,因此模拟量第 5 通道测量 A/D 转换结果为 1023。

10.3.2 PCA 的 PWM 输出模式应用举例

图 4.32 所示电路为两个相同的一阶低通滤波电路级联,若将 P3.5/CCP0_2 引脚设置为推挽输出模式,则其输出阻抗较小可忽略,此时单级一阶低通滤波电路的截止频率为 $f_c = 1/2\pi R_2 C_4 \approx 480\text{Hz}$。若用 P3.5/CCP0_2 引脚输出频率远高于 480Hz、占空比为 D、幅度为 V_{CC} 的 PWM 波,如图 10.10 所示,则该信号经低通滤波后输出直流电压信号,其电压值为:

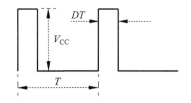

图 10.10 由 CCP0_2 输出 PWM 波
(频率远高于 480Hz)

$$V_{PWM} = DV_{CC} \qquad (10\text{-}11)$$

如图 4.32 所示,该直流电压信号从 IAP15W4K58S4 芯片的模拟量第 5 通道输入到单片机的 ADC 模块,可经 A/D 转换检测。由式(10-11),改变 CCP0_2 输出 PWM 波的占空比 D,可改变滤波电路的输出电压,其结果相当于低速 D/A 转换的效果。

【例 10.2】 利用 IAP15W4K58S4 学习实验板的主芯片、数码显示器左 4 位以及图 4.32 所示的低通滤波电路构成一个模拟量输出与检测系统,要求实现以下功能。

(1) 利用 PCA 模块的 PWM 功能,在 CCP0_2/P3.5 引脚输出频率为 10.8kHz 的 PWM 波,占空比从 0.00% 起步,每隔 1 秒递增 1.56%(即 1/64)。

(2) PWM 输出经低通滤波后由模拟量第 5 通道采集,并在数码显示器中显示。设 IAP15W4K58S4 单片机主时钟采用 IRC 振荡,频率为 11.0592MHz。

先做需求分析。

(1) 主时钟不分频,则系统时钟为 11.0592MHz,若 PCA 时钟选择系统时钟的 4 分频,采用 8 位 PWM 模式,由式(10-3),则 CCP0_2 输出的 PWM 波频率为 11.0592MHz/4/256=10800Hz,PWM 波频率满足"远高于一阶低通滤波电路截止频率 480Hz"的要求。

(2) 由图 10.6 和式(10-4),当 EPC0L=1 时,占空比为 0.00%;当 EPC0L=0 时,占空比由 CCAP0L 的值确定,其值每递减 4,则占空比递增 4/256×100%=1.56%,CCAP0L=0 对应占空比 100.00%。

(3) 若设置 PCA 计数器高 8 位寄存器 CH 的初值为 0xff,则每输出一个 PWM 波产生一个 PCA 计数溢出标志 CF,向 CPU 请求中断,在 CF 的中断服务程序中对 PWM 波的个数进行计数,输出 10 800 个 PWM 波,即为 1 秒。

如上分析,本例系统软件由 3 个模块 main.c、disp.c 和 adc.c 构成,其中 disp.c 和 adc.c 与例 9.1(或例 10.1)相应程序模块相同,主函数模块 main.c 清单如下:

```
/* PCA 模块 PWM 输出功能,IAP15W4K58S4@11.0592MHz
(1) CCP0_2/P3.5 输出 10800Hz 的 PWM 波;占空比从 0% 起,每秒递增 1.56%,至 100% 回
    0% 重复;
(2) PWM 波的频率为 10800Hz,输出 10800 个波即 1 秒,(1)中的秒计时即用此法;
(3) 每种占空比的 PWM 波中点(即 0.5 秒处)检测 ADC_CH5 的模拟量值,并显示;
```

```
*/
#include <stc15.h>
#define uchar unsigned char
#define uint unsigned int
extern void ADC_Init(uchar,uchar);      //声明外部函数,ADC 初始化
extern uint ADC(uchar,uchar);           //声明外部函数,ADC 过程
extern void disp_d();                    //声明外部函数,动态数码显示扫描
extern uchar disBuf[4];                 //声明外部变量,显示缓存
#include "adc.h"                          //包含 ADC 转换模块控制字域定义头文件
#include "pca.h"                          //包含 PCA 模块控制字域定义头文件
uint data cnt;                            //定义 PWM 波数变量
uint data adc;                            //定义 AD 转换结果变量

void gpio_init()          //IO 口初始化函数,增强型 PWM 相关 12 个 IO 口默认高阻输入
{   P0M1&=0x3f;P0M0&=0x3f;              //P0.6/PWM7_2、P0.7/PWM6_2 准双向
    P1M1&=0x3f;P1M0&=0x3f;              //P1.6/PWM6、P1.7/PWM7 准双向
    P2M1&=0x71;P2M0&=0x71;

                                         //P2.7/PWM2_2、P2.3/PWM5、P2.2/PWM4、P2.1/PWM3 准双向
    P3M1&=0x7f;P3M0&=0x7f;              //P3.7/PWM2 准双向
    P4M1&=0xcb;P4M0&=0xcb;

                                         //P4.5/PWM3_2、P4.4/PWM4_2、P4.2/PWM5_2 准双向
    P3M1&=0xdf;P3M0|=0x20;              //P3.5/CCP0_2 推挽输出
}

void Timer0Init()                        //T0 初始化,2.5ms 定时@11.0592MHz
{   AUXR|=0x80;                          //定时器 T0 时钟 1T 模式
    TMOD&=0xf0;                          //T0 方式 0,初值重载 16 位定时
    TL0=0x00;                            //T0 定时器初值设置,65536−2500*11.0592
    TH0=0x94;
    TF0=0;                               //清定时器溢出标志
}

void PCA_Init()                          //PCA 初始化函数
{   P_SW1&=~CCP_S_M;                     //CCP 引脚选择 2 组,CCP0 引脚在 P3.5
    P_SW1|=CCP_S_1;
    CMOD=CIDL_DIS|PCA_4T|ECF_EN;        //PCA 空闲时停止,SYSclk/4,允许溢出中断
    CCON=0;                             //PCA 停止,清除中断标志 CF、CCF0、CCF1
    CCAPM0=PCA_PWM_0;                    //PCA_CCP0 为 PWM 模式,禁 CCF0 中断
    PCA_PWM0=CCP_PWM8;                   //PCA_CCP0 为 8 位 PWM
    CL=0;CH=255;                         //PCA 计数器初值(注意 7/6 位 PWM 模式初值涉及 CL)
    PCA_PWM0|=3;                         //[EPC0H,CCAP0H]、[EPC0L,CCAP0L]置初值 0x100,D=0.00%
    CCAP0L=0;
    CCAP0H=0;
}

void PCA_ISR() interrupt 7               //PCA_CF 中断服务函数
{   CF=0;                                //清 PCA 计数器溢出标志
```

```
        CH = 255;                       //恢复 PCA 计数器初值
        cnt++;                          //PWM 波计数
        if(cnt == 10800)                //已输出 10800 个 PWM 波
        {   cnt = 0;
            if(PCA_PWM0&2)              //如果 EPC0H = 1,则[EPC0H,CCAP0H] = 0xfc,D = 1.56 %
            {   PCA_PWM0& = 0xfd;CCAP0H = 0xfc;
            }
            else if(CCAP0H!= 0)CCAP0H -= 4;//如果 EPC0H = 0 且 CCAP0H!= 0,则 D 递增 1.56 %
            else PCA_PWM0 | = 2;        //[EPC0H,CCAP0H] = 0,则[EPC0H,CCAP0H] = 0x100,D = 0;
        }
        if(cnt == 5400)adc = ADC(ADC_SPDHH,ADC_CH5);      //采集模拟量通道 5,速度 90T
}


void main()
{   gpio_init();                        //IO 初始化
    ADC_Init(ADC_SPDHH,ADC_CH5);        //模拟通道 5 初始化,速度 90T
    Timer0Init();TR0 = 1;               //T0 初始化并启动
    PCA_Init();EA = 1;CR = 1;           //PCA 初始化启动
    while(1)
    {   while(!TF0);                    //2.5ms 定时到?
        TF0 = 0;                        //定时器溢出标志清零
        disp_d();                       //动态显示更新
        disBuf[3] = adc % 10;           //AD 结果送显示缓冲器
        disBuf[2] = adc/10 % 10;
        disBuf[1] = adc/100 % 10;
        disBuf[0] = adc/1000;
    }
}
```

在 μVision 平台中进行例 10.2 的软件设计,完成编译、调试,下载到学习实验板试运行,可观察到模拟量第 5 通道电压的变化,其 A/D 转换结果在显示器显示,数值从 0000 开始变化至 1023,回零后重复。

在例 10.2 中,若将 PCA 计数时钟为 SYSclk(即 1T 时钟),则 PWM 波频率将达到 43200Hz,固定取 EPC0H=0,控制 CCAP0H 的取值从 254 起步,依次递减 4(递减至 2 后再减 4 又回到 254),循环反复,输出占空比依次为 0.078%,2.34%,3.91%,…,99.2%,0.078%,2.34%,…的 PWM 波(循环中共有 64 种占空比)。若每种占空比的 PWM 波只输出 25 个脉冲,则可以在低通滤波器输出端得到一个 64 点的线性锯齿波,其频率为 43 200Hz/25/64=27Hz。

修改例 10.2 程序清单中加粗表示的程序行可实现上述的线性锯齿波。产生线性锯齿波时,P1.5/ADC_CH5 引脚电平是变化的,对其进行 A/D 转换和数码显示没有意义,删除与此相关的代码。修改后试运行,并使用示波器观测低通滤波器输出端的波形,以验证设计。

10.4 STC15 单片机增强型 PWM 模块

STC15W4K32S4 系列单片机还集成了一组增强型 PWM 波形发生器,可生成独立的 6 路 PWM 信号,每路 PWM 信号的初始电压可预设,将其中的任意 2 路配合起来使用,可实现带死区时间控制的互补对称 PWM 信号,在变流器控制领域有重要应用。

10.4.1 增强型 PWM 模块内部结构

STC15W4K32S4 单片机增强型 PWM 波形发生器模块的内部结构如图 10.11 所示,其内部有一个 15 位的 PWM 计数器供 6 路 PWM 使用,因此可产生 6 路同步的 PWM 波形。每一路 PWM 波形发生器的初始电平可设置,且每一路 PWM 波形发生器内部都包含两个用于控制波形翻转时间点的 15 位寄存器[T1H,T1L]和[T2H,T2L],可以非常灵活地设置 6 路同步 PWM 波形的相位差和每路 PWM 波形的脉冲宽度。

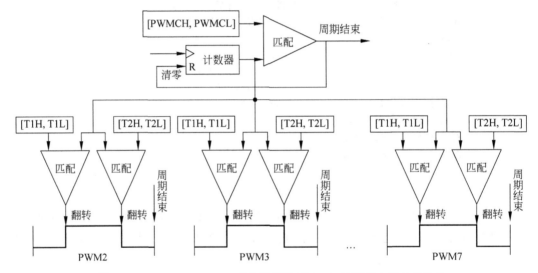

图 10.11 STC15W4K32S4 单片机增强型 PWM 波形发生器内部结构

10.4.2 增强型 PWM 模块相关的控制寄存器

STC15 单片机增强型波形发生器相关的特殊功能寄存器如表 10.6 所示,它们的功能介绍如下。

1. 端口配置寄存器 P_SW2

STC15 单片机有部分特殊功能寄存器地址位于扩展 RAM 区,称这部分特殊功能寄存器为扩展 SFR,如增强型 PWM 波形发生器的 PWM 周期寄存器高 7 位 PWMCH,其地址为 FFF0H。端口配置寄存器 P_SW2 中的第 7 位 EAXRAM 为扩展 SFR 访问允许位。

当 EAXRAM=0 时,"MOVX A,@DPTR/MOVX @DPTR,A"指令(详见第 8 章)的

操作对象为扩展 RAM(即 XRAM)。

当 EAXRAM=1 时,"MOVX A,@DPTR/MOVX @DPTR,A"指令的操作对象为扩展 SFR(即 XSFR)。

表 10.6　STC15 单片机增加型 PWM 波形发生器相关 SFR($n=2,3,\cdots,7$,对应 $X=0,1,\cdots,5$)

符号	地址	D7	D6	D5	D4	D3	D2	D1	D0	复位值
P_SW2	BAH	EAXSFR	—	—	—	—	S4_S	S3_S	S2_S	0xxx x000
PWMCFG	F1H	—	CBTADC	C7INI	C6INI	C5INI	C4INI	C3INI	C2INI	x000 0000
PWMCR	F5H	ENPWM	ECBI	ENC7O	ENC6O	ENC5O	ENC4O	ENC3O	ENC2O	0000 0000
PWMIF	F6H	—	CBIF	C7IF	C6IF	C5IF	C4IF	C3IF	C2IF	x000 0000
PWMFDCR	F7H	—	—	ENFD	FLTFIO	EFDI	FDCMP	FDIO	FDIF	xx00 0000
PWMCH	FFF0H	—	PWM 周期寄存器高 7 位 PWMC[14:8]							x000 0000
PWMCL	FFF1H	PWM 周期寄存器低 8 位 PWMC[7:0]								0000 0000
PWMCKS	FFF2H	—	—	—	SELT2	PS[3:0]				xxx0 0000
PWMnT1H	FFX0H	—	PWMn 翻转点 T1 寄存器高 7 位 PWMnT1[14:8]							x000 0000
PWMnT1L	FFX1H	PWMn 翻转点 T1 寄存器低 8 位 PWMnT1[7:0]								0000 0000
PWMnT2H	FFX2H	—	PWMn 翻转点 T2 寄存器高 7 位 PWMnT2[14:8]							x000 0000
PWMnT2L	FFX3H	PWMn 翻转点 T2 寄存器低 8 位 PWMnT2[7:0]								0000 0000
PWMnCR	FFX4H	—	—	—	—	PWMn_PS	EPWMnI	ECnT2SI	ECnT1SI	xxxx 0000

2. PWM 配置寄存器 PWMCFG

(1) CBTADC:PWM 计数器回零触发 A/D 转换控制位。当 CBTADC=1 时,在增强型 PWM 模块和 ADC 模块已使能,即已设置 ENPWM=1 且 ADCON=1 前提下,PWM 计数器回零时(即 CBIF=1 时)将自动触发 A/D 转换过程。当 CBTADC=0 时,PWM 计数器回零时不自动触发 A/D 转换过程。

(2) CnINI($n=7,6,\cdots,2$):PWMn 输出端口的初始电平控制位。CnINI=1 时,PWMn 输出端口初始电平为高电平;CnINI=0 时,PWMn 输出端口初始电平为低电平。

3. PWM 控制寄存器 PWMCR

(1) ENPWM:增强型 PWM 波形发生器使能位。当 ENPWM=1 时,使能增强型 PWM 波形发生器,PWM 计数器开始计数;ENPWM=0 时,关闭增强型 PWM 波形发生器。

(2) ECBI:PWM 计数器回零中断允许位。当 ECBI=1 时,允许 PWM 计数器回零中断;ECBI=0 时,禁止 PWM 计数器回零中断。

(3) ENCnO($n=7,6,\cdots,2$):PWMn 输出允许位。ENCnO=1 时,PWMn 的端口为 PWM 波形输出口,受 PWM 波形发生器控制;ENCnO=0 时,PWMn 的端口为普通 I/O 口(即 GPIO)。

4. PWM 中断标志寄存器 PWMIF

(1) CBIF:PWM 计数器回零中断标志位。当 PWM 计数器回零时,硬件自动置 CBIF=1,向 CPU 请求中断,该位需软件清 0。

(2) CnIF($n=7,6,\cdots,2$):第 n 通道的 PWM 中断标志位。可设置在翻转点 T1 或翻

转点 T2 触发 CnIF,当第 n 通道的 PWM 发生翻转时,硬件自动置 CnIF=1,向 CPU 请求中断,该位需软件清 0。

5. PWM 外部异常控制寄存器 PWMFDCR

(1) ENFD:PWM 外部异常检测功能使能位。当 ENFD=1 时,PWM 外部异常检测功能允许;当 ENFD=0 时,PWM 外部异常检测功能关闭。

(2) FLTFLIO:发生 PWM 外部异常时对 PWM 输出端口的控制位。当 FLTFLIO=1,且发生 PWM 外部异常时,PWM 输出端口立即被设置成高阻输入模式;当 FLTFLIO=0,且发生 PWM 外部异常时,PWM 输出端口不作任何改变。

(3) EFDI:PWM 异常检测中断使能位。当 EFDI=1 时,允许 PWM 外部异常检测中断;当 EFDI=0 时,禁止 PWM 外部异常检测中断,但当 PWM 异常发生时,其中断标志位 FDIF 仍会被硬件置位。

(4) FDCMP:设置 PWM 异常检测源为比较器的输出。当 FDCMP=1 时,片内模拟比较器的输出由低变高时,即片内模拟比较器同相端 P5.5/CMP+ 的电平比反相端 P5.4/CMP- 的电平或带隙参考电压电平高时,触发 PWM 异常;当 FDCMP=0 时,片内模拟比较器与 PWM 异常无关。

(5) FDIO:设置 PWM 异常检测源为端口 P2.4 的状态。当 FDIO=1 时,端口 P2.4 的逻辑电平状态为高时,触发 PWM 异常;当 FDIO=0 时,端口 P2.4 的状态与 PWM 异常无关。

(6) FDIF:PWM 异常检测中断标志位。当发生 PWM 异常(片内模拟比较器输出为高电平或端口 P2.4 状态为高电平)时,硬件自动置 FDIF=1,向 CPU 请求中断,该位需软件清 0。

6. PWM 周期寄存器 PWMCH 和 PWMCL

PWM 周期寄存器是一个 15 位的寄存器,PWMCH 和 PWMCL 分别为其高 7 位和低 8 位,可设定为 1~32 767 的任意值作为 PWM 波形的周期,PWMCH 和 PWMCL 属于扩展特殊功能寄存器 XSFR。PWM 波形发生器内部的计数器从 0 开始计数,每个 PWM 时钟周期加 1,当计数值达到[PWMCH,PWMCL]所设定的 PWM 周期时,PWM 波形发生器内部的计数器将自动回零,并从 0 重新开始计数,硬件自动置 PWM 计数器回零中断标志 CBIF=1,向 CPU 请求中断。

7. PWM 时钟选择寄存器 PWMCKS

(1) SELT2:PWM 时钟源选择位。当 SELT2=1 时,PWM 时钟源为定时器 T2 的溢出脉冲;当 SELT2=0 时,PWM 时钟源为系统时钟的 1~16 分频。

(2) PS[3:0]:系统时钟预分频系数。当 SELT2=0 时,PWM 时钟为系统时钟的 (PS[3:0]+1)分频。

8. PWM 波形翻转点 T1/T2 寄存器 PWMnT1、PWMnT2(n=2~7)

每个通道的 PWM 波形发生器都设计了两个用于控制波形翻转的 15 位寄存器 T1/T2,可设定为 0~32 767 的任意值。当 PWM 波形发生器内部计数器的计数值与 T1/T2 的值相匹配时,PWM 的输出波形发生翻转。PWMnT1H 和 PWMnT1L(n=2~7)分别为第一个翻转点 T1 的高 7 位和低 8 位寄存器,PWMnT2H 和 PWMnT2L($n=2\sim7$)分别为第二个翻转点 T2 的高 7 位和低 8 位寄存器。

9. 第 n 通道 PWM 控制寄存器 PWMnCR($n=2\sim7$)

(1) PWMn_PS:第 n 通道 PWM 输出引脚选择位。当 PWMn_PS=0 时,选择第 1 组输出引脚 PWMn;当 PWMn_PS=1 时,选择第 2 组输出引脚 PWMn_2。各通道引脚分组如表 10.7 所示。

表 10.7 PWM 输出引脚选择

选 择 位	PWMn 输出引脚	PWM2	PWM3	PWM4	PWM5	PWM6	PWM7
PWMn_PS=0	第 1 组引脚 PWMn	P3.7	P2.1	P2.2	P2.3	P1.6	P1.7
PWMn_PS=1	第 2 组引脚 PWMn_2	P2.7	P4.5	P4.4	P4.2	P0.7	P0.6

(2) EPWMnI:第 n 通道 PWM 中断允许位。当 EPWMnI=1 时,允许 PWMn 中断,如果 PWMn 发生翻转,其中断标志 CnIF 被硬件置 1 时,CPU 将响应该中断;当 EPWMnI=0 时,禁止 PWMn 中断。

(3) ECnT2SI:PWMn 的 T2 匹配发生波形翻转时的中断控制位。ECnT2SI=1 时,允许 T2 翻转时中断,当 PWMn 波形发生器内部计数值与 T2 寄存器的值相匹配时,PWMn 波形发生翻转,硬件将 PWMn 中断标志 CnIF 置 1,向 CPU 请求中断;ECnT2SI=0 时,禁止 T2 翻转时中断。

(4) ECnT1SI:PWMn 的 T1 匹配发生波形翻转时的中断控制位。ECnT1SI=1 时,允许 T1 翻转时中断,当 PWMn 波形发生器内部计数值与 T1 寄存器的值相匹配时,PWMn 波形发生翻转,硬件将 PWMn 中断标志 CnIF 置 1,向 CPU 请求中断;ECnT1SI=0 时,禁止 T1 翻转时中断。

10.5 单相桥式逆变器及其双极性 SPWM 控制

逆变电路的作用是将直流电能转换成交流电能,为交流负载供电,STC15W4K32S4 单片机的增强型 PWM 模块在逆变器控制领域有广泛应用。

10.5.1 单相桥式逆变器及其控制

1. 单相桥式逆变电路

如图 10.12 所示为单相桥式逆变器主电路(或称单相 H 桥电路),其中 T1~T4 为功率 MOS 开关管,D1~D4 为续流二极管,$L1$ 和 $C1$ 为 LC 平滑滤波电路,RL 为负载。逆变器将直流电能转换成交流电能,为负载供电,其中 U_d 为直流电源的电压,i_o 和 u_o 为逆变器的输出电流和电压,箭头方向为 i_o 和 u_o 的参考方向。逆变器的工作原理如下:控制功率 MOS 开关管 T1~T4 的栅极,当 T1、T3 导通且 T2、T4 关闭时,逆变桥的输出电压为 $+U_d$;当 T1、T3 关闭且 T2、T4 导通时,逆变桥的输出电压为 $-U_d$,控制开关管 T1~T4 在这两个状态间周期性交替工作,逆变器将输出交流电压,为负载供电。

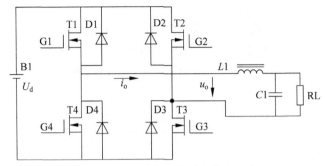

图 10.12　全单相桥式逆变器主电路

逆变器的控制方法有矩形波逆变(即 PWM 逆变)和正弦波逆变(即 SPWM 逆变)两大类,矩形波逆变控制简单,输出电压波形为交流(或双极性)矩形波,调整开关管的导通占空比即可调整输出电压的有效值。正弦波逆变控制比较复杂,SPWM 技术是逆变器控制等领域中广泛应用的关键技术,分为双极性 SPWM 逆变和单极性 SPWM 逆变。下面简单介绍双极性 SPWM 逆变控制的原理。

2. 双极性 SPWM 逆变

如图 10.13(a)所示,正弦波频率为 f,对称锯齿波频率为 $f_c = Nf$,N 是锯齿波与正弦波的频率比,N 为整数。所谓 SPWM,就是以锯齿波(也可以是三角波)为载波并用正弦波对载波进行调制,即将锯齿波与正弦波比较,当正弦波电平高于锯齿波电平时输出高电平,反之输出低电平,产生占空比按正弦规律变化的脉冲波,如图 10.13(b)所示,该波形就是脉冲宽度正弦调制波,即 SPWM 波,图 10.13(c)波形为反相 SPWM 波,与图 10.13(b)互补反相。

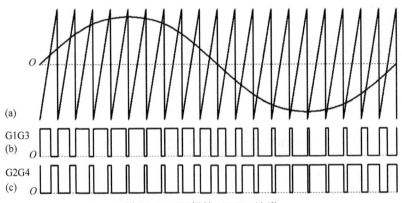

图 10.13　双极性 SPWM 波形

如图 10.13(b)所示 SPWM 波形的占空比为:

$$D(n) = \frac{1}{2}\left[m \cdot \sin\left(\frac{2\pi n}{N}\right) + 1\right], \quad n = 0,1,2,\cdots,N-1 \tag{10-12}$$

其中 $m < 1$,m 即为图 10.13(a)中正弦波与锯齿波峰-峰幅值比,称为调制比。

用图 10.13 所示的脉冲信号 U_{G1G3} 和 U_{G2G4},分别经合适的驱动电路后控制单相逆变桥 T1、T3 和 T2、T4 栅极,可以得到桥式逆变电路双极性 SPWM 逆变输出电压如图 10.14 所示。U_{G1G3} 和 U_{G2G4} 的驱动电路有多种形式,请参考相关文献,此处不赘述。

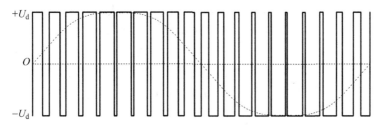

图 10.14　全单相桥式逆变器双极性 SPWM 逆变输出电压

桥式逆变器双极性 SPWM 逆变输出电压 u_o 的周期为 T,由 N 个占空比按正弦规律变化的双极性矩形脉冲构成,对 u_o 作傅里叶分析,可将 u_o 分解为各次谐波叠加:

$$u_o(t) = B_1\sin\omega t + B_2\sin2\omega t + B_3\sin3\omega t + \cdots + B_N\sin N\omega t + \cdots \tag{10-13}$$

其中 $\omega = 2\pi f$ 为图 10.13(a)正弦波的角频率,第一项频率为 ω 称为基波 $u_{o1}(t) = B_1\sin\omega t$,其他各项频率为 ω 的整数倍,称为高次谐波。图 10.14 所示的双极性 SPWM 逆变输出电压主要含基波,其他谐波成分主要有 N 次谐波、$2N$ 次谐波等 N 的整数倍频的高次谐波,输出电压 u_o 的基波如图 10.14 虚线所示。按平均值模型,当载波频率 f_c 远高于正弦调制信号的频率 f 时(即 $N \gg 1$ 时),输出电压 $u_o(t)$ 在一个载波周期中的平均值 $\bar{u}_o$ 可近似地看成输出电压基波分量的瞬时值,即

$$u_{o1}(nT_C) = \frac{1}{T_C}\int_{nT_C}^{(n+1)T_C} u_o(t)\mathrm{d}t = \frac{1}{T_C}\{U_d D(n)T_C + (-U_d)[1 - D(n)]T_C\}$$

$$= U_d[2D(n) - 1] = mU_d\sin\left(\frac{2\pi n}{N}\right) = mU_d\sin(\omega n T_C) \tag{10-14}$$

因此输出电压 u_o 的基波 $u_{o1}(t)$ 可表示为:

$$u_{o1}(t) = mU_d\sin\omega t \tag{10-15}$$

除基波外输出电压 u_o 还包含 N 次谐波及 N 的整数倍频的高次谐波,这些谐波的频率很高,比较容易滤除。因此输出电压 u_o 经过 LC 平滑滤波后,加到负载上的电压就是基波电压 $u_{o1}(t)$,为正弦电压。通过控制调制比 m,可调整负载上正弦电压的幅值。

3. 死区时间

如图 10.12 所示,桥式逆变器的控制必须确保一侧桥臂的上下两只开关管 T1 和 T4 (或 T2 和 T3)不同时导通,否则将导致该桥臂短路开关管烧毁。由于 MOS 的关断时间比开通时间要长,图 10.13(b)和图 10.13(c)所示的两路互补 SPWM 波没有考虑 MOS 管开关时间的差异,信号 U_{G1G3} 的变化沿与信号 U_{G2G4} 变化沿是同时发生的,如控制 MOS 管 T1 和 T3 关闭(U_{G1G3} 下降沿)与 T2 和 T4 开通(U_{G2G4} 上升沿)是同时的,由于 MOS 管的开关时间差,必然会出现 T1(或 T3)还没有完全关闭,T4(或 T2)已开通,这将导致逆变桥双侧桥臂

短路。为避免逆变器桥臂直通短路,通常在控制策略中要加入所谓的"互锁延时时间",也称作"死区时间",即先关断后开通,插入一个死区时间。

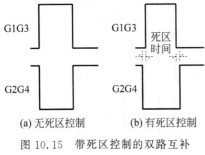

(a) 无死区控制　　(b) 有死区控制

图 10.15　带死区控制的双路互补 SPWM 波

如图 10.15(a)所示,该图是图 10.13(b)中某个载波周期波形的放大,没有死区时间,双路脉冲变化沿是同时的;图 10.15(b)是有死区控制的双路互补 SPWM 波,从该图可见,某一路的下降沿(关断控制)总比另一路的上升沿(开通控制)提前一定时间,可以确保 MOS 开关管先关断后开通,先后错开的时间差即为死区时间。MOS 管的开关时间一般为几百纳秒,因此死区时间一般在 0.5~1.0μs 即可。

10.5.2　双极性 SPWM 逆变控制信号生成

STC15W4K32S4 单片机内置 6 通道 15 位 PWM,各路 PWM 周期相同,输出占空比独立可调,输出保持同步,相位差可设置,可设置死区时间,这些特点使得该芯片可方便地用于单相或三相桥式逆变器的 SPWM 控制。下面以单相桥式逆变器双极性 SPWM 逆变控制信号产生为例,说明 6 通道增强型 PWM 模块的应用方法。

【例 10.3】　IAP15W4K58S4 单片机主时钟 24.000MHz,用 P2.1/PWM3 和 P2.2/PWM4 引脚产生单相双极性 SPWM 逆变控制的双路互补信号,要求实现以下功能:

(1) 正弦波频率为 50Hz;

(2) 锯齿波载波与正弦调制波的频率比 $N=200$;

(3) 死区时间 0.5μs、调制比 $m=0.95$;

(4) 学习实验板数码显示器左 4 位显示正弦调制波频率050.0。

先作需求分析。SPWM 波生成原理与图 10.13(a)所述类似,如图 10.16 所示,用 PWM3 产生双极性 SPWM 波 U_{G1G3},用 PWM4 产生相应的互补信号 U_{G2G4}。

(1) 在增强型 PWM 模块中,启动 PWM 模块后,内部 PWM 计数器在时钟源的驱动下从 0 开始作加 1 计数,当计数器的值与 PWM 周期寄存器(PWMCH,PWMCL)相等时,PWM 计数器回零。本例中,增强型 PWM 模块计数时钟源选择 1T(即 SYSclk 不分频),PWM 周期寄存器(PWMCH,PWMCL)取值为 PWMC=2400,则正弦调制波的频率为 24000000Hz/2400/200=50Hz。

(2) PWM3 引脚初始电平设置为 0,当 PWM 计数值与 PWM3 的第 1 个翻转值 PWM3T1 匹配时,PWM3 输出引脚电平翻转(正跳变);当 PWM 计数值与 PWM3 的第 2 个翻转值 PWM3T2 匹配时,PWM3 输出引脚电平再次翻转(负跳变);若第 1 个翻转值 PWM3T1 取一个定值 T1,由式(10-12),要产生占空比正弦调制的脉冲信号,第 2 个翻转值 PWM3T2 应为:

$$T_2(n) = T_1 + \frac{T_C}{2}\left[m \cdot \sin\left(\frac{2\pi n}{N}\right) + 1\right], \quad n = 0, 1, 2, \cdots, N-1 \qquad (10\text{-}16)$$

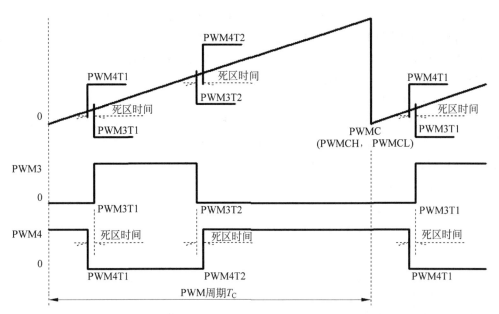

图 10.16　单相桥式逆变器双极性 SPWM 逆变控制中带死区时间的双路互补 SPWM 波生成

为减少计算量,设计时按式(10-16),预先将第 2 个翻转值计算好(在 Excel 中制表计算然后复制到 μVision 中),以无符号整型数组存储在 Flash 中。

(3) 若 PWM4 引脚初始电平设置为 1,当 PWM 计数值与 PWM4 的第 1 个翻转值 PWM4T1 匹配时,PWM4 输出引脚电平翻转(负跳变);当 PWM 计数值与 PWM4 的第 2 个翻转值 PWM4T2 匹配时,PWM4 输出引脚电平再次翻转(正跳变);为确保有死区时间,取 PWM4 的第 1 个翻转值 PWM4T1 比 PWM3T1 小 DEADZONE,PWM4 的第 2 个翻转值 PWM4T2 比 PWM3T2 大 DEADZONE。

(4) T1 值非 0,使脉冲波的跳变沿从 PWM 计数器回零点向后移,由于 T1 值恒定,每个脉冲的跳变沿都后移相同的值,不影响脉冲波的周期,其周期仍是 PWM 周期寄存器(PWMCH,PWMCL)确定的载波周期 TC。

(5) T1 的值不宜取大,过大影响调制比 m 的动态范围。T1、调制比 m 和死区时间 DEADZONE 的取值要满足以下条件: T1-DEADZONE > 0 且 T2(n)max+DEADZONE < TC。本例中,相关参数取为 T1 = 30、m = 0.95、DEADZONE = 12,则 T1-DEADZONE = 18 和 T2(n)max+DEADZONE = 2382,满足前述条件。

(6) PWM 周期 TC、PWM3 和 PWM4 的第 1 个翻转值是定值,初始化设置后就不再修改;而 PWM3 和 PWM4 的第 2 个翻转值每个载波周期都不同,每个载波周期都要修改,可在 PWM 中断服务程序中修改。如图 10.16 所示,PWM3 和 PWM4 子模块在每个载波周期中最多可以产生 3 个中断标志:PWM 计数器回零中断标志 CBIF、PWM3 第 1 个或第 2 个翻转点中断标志 C3IF、PWM4 第 1 个或第 2 个翻转点中断标志 C4IF,其中 PWM4 第 2 个翻转点为当前载波周期所有参数都已失效需要重置的时间点,因此开放 PWM4 第 2 个翻转点中断,屏蔽其他中断,并在 C4IF 中断服务程序中修改 PWM3T2 和 PWM4T2 的值,且中断服务程序的执行时间必须小于 PWM 周期 TC。因此初始化时的中断设置如下:PWM 控制寄存器 PWMCR 第 6 位 ECBI=0,PWM3 控制寄存器 PWM3CR 第 2~0 位 EPWM3I=0、EC3T2SI=0、EC3T1SI=0,PWM4 控制寄存器 PWM4CR 第 2~0 位 EPWM4I=1、EC4T2SI=1、EC4T1SI=0。

综上所述,系统程序由两个头文件:PWM 模块控制位定义 PWM. H 和 PWM3 第 2 个翻转值数组定义 SPWMT2TAB. H 和 3 个 C 文件:正弦脉宽调制模块 spwm. c、主程序模块 main. c 和数码显示模块 disp. c 构成。各文件清单如下:

(1) PWM 模块控制位定义 PWM. H。

```
#define PWM_VECTOR 22              //定义 PWM 中断编号
#define EAXSFR() P_SW2 |= 0x80     //定义 XSFR 使能函数
#define EAXRAM() P_SW2& = 0x7f     //定义 XRAM 使能函数

#define CBTADC     1 << 6          //PWMCFG,PWM 计数回零触发 ADC
#define C7INI      1 << 5          //PWMCFG,PWM7 引脚初态
#define C6INI      1 << 4          //PWMCFG,PWM6 引脚初态
#define C5INI      1 << 3          //PWMCFG,PWM5 引脚初态
#define C4INI      1 << 2          //PWMCFG,PWM4 引脚初态
#define C3INI      1 << 1          //PWMCFG,PWM3 引脚初态
#define C2INI      1 << 0          //PWMCFG,PWM2 引脚初态

#define ENPWM      1 << 7          //PWMCR,PWM 模块使能
#define ECBI       1 << 6          //PWMCR,PWM 回零中断使能
#define ENC7O      1 << 5          //PWMCR,PWM7 输出使能
#define ENC6O      1 << 4          //PWMCR,PWM6 输出使能
#define ENC5O      1 << 3          //PWMCR,PWM5 输出使能
#define ENC4O      1 << 2          //PWMCR,PWM4 输出使能
#define ENC3O      1 << 1          //PWMCR,PWM3 输出使能
#define ENC2O      1 << 0          //PWMCR,PWM2 输出使能

#define CBIF       1 << 6          //PWMIF,PWM 回零中断标志
#define C7IF       1 << 5          //PWMIF,PWM7 中断标志
#define C6IF       1 << 4          //PWMIF,PWM6 中断标志
#define C5IF       1 << 3          //PWMIF,PWM5 中断标志
#define C4IF       1 << 2          //PWMIF,PWM4 中断标志
#define C3IF       1 << 1          //PWMIF,PWM3 中断标志
#define C2IF       1 << 0          //PWMIF,PWM2 中断标志

#define ENFD       1 << 5          //PWMFDCR,PWM 外部异常检测使能
#define FLTFLIO    1 << 4          //PWMFDCR,PWM 外部异常时输出端口高阻态控制位
#define EFDI       1 << 3          //PWMFDCR,PWM 外部异常中断使能
#define FDCMP      1 << 2          //PWMFDCR,PWM 外部异常检测源为比较器输出
#define FDIO       1 << 1          //PWMFDCR,PWM 外部异常检测源为为端口 P2.4 状态
```

```
#define FDIF          1 << 0              //PWMFDCR,PWM 外部异常检测中断标志

//PWMCKS,时钟源选择,st2 = 1 选 T2 溢出脉冲
#define PWMCLK(st2,x)    (st2 << 4)|(x&0xf)

#define PWMnPS        1 << 3              //PWMnCR,PWMn 引脚选择
#define EPWMnI        1 << 2              //PWMnCR,PWMn 中断使能
#define ECnT2SI       1 << 1              //PWMnCR,PWMn 翻转点 T2 匹配中断使能
#define ECnT1SI       1 << 0              //PWMnCR,PWMn 翻转点 T1 匹配中断使能

#define MAIN_FOSC     24000000L          //主时钟频率
#define PWMTC         2400               //PWM 周期
#define DEADZONE      12                 //死区时钟数
#define SPWM_T1       30                 //PWM3 第 1 个翻转点 T1
```

(2) PWM3 第 2 个翻转值数组定义 SPWMT2TAB.H。

```
uint code SPWM_T2[] = {                  //在 CODE 区定义 200 点 SPWM 第 2 个翻转点
    1230,1266,1302,1337,1373,1408,1444,1479,1514,1548,
    1582,1616,1650,1683,1715,1748,1779,1810,1841,1871,
    1900,1929,1957,1984,2010,2036,2061,2085,2108,2131,
    2152,2173,2193,2211,2229,2246,2262,2276,2290,2303,
    2314,2325,2334,2343,2350,2356,2361,2365,2368,2369,
    2370,2369,2368,2365,2361,2356,2350,2343,2334,2325,
    2314,2303,2290,2276,2262,2246,2229,2211,2193,2173,
    2152,2131,2108,2085,2061,2036,2010,1984,1957,1929,
    1900,1871,1841,1810,1779,1748,1715,1683,1650,1616,
    1582,1548,1514,1479,1444,1408,1373,1337,1302,1266,
    1230,1194,1158,1123,1087,1052,1016,981,946,912,
    878,844,810,777,745,712,681,650,619,589,
    560,531,503,476,450,424,399,375,352,329,
    308,287,267,249,231,214,198,184,170,157,
    146,135,126,117,110,104,99,95,92,91,
    90,91,92,95,99,104,110,117,126,135,
    146,157,170,184,198,214,231,249,267,287,
    308,329,352,375,399,424,450,476,503,531,
    560,589,619,650,681,712,745,777,810,844,
    878,912,946,981,1016,1052,1087,1123,1158,1194
};
```

(3) 正弦脉宽调制模块 spwm.c。

```
#include < stc15.h>
#define uchar unsigned char
#define uint unsigned int
#include "pwm.h"                         //包含 PWM 控制位定义
#include "spwmt2tab.h"                   //包含正弦调制数据表
```

```
uchar pwm_index;                          //正弦调制数据表索引

void P2n_push_pull(uchar n)               //P2.n 推挽模式设置
{   P2M1& = ~(1 << n);P2M0| = 1 << n;
}

void PWM_cfg()                            //PWM 配置函数
{   uchar xdata * dp;                     //定义指向 xdata 的 char 数据指针
    uint tmp;
    EAXSFR();                             //使能 XSFR

    tmp = SPWM_T2[0];                     //求取 PWM3 首个第 2 个翻转值
    dp = &PWM3T1H;                        //指针指向 PWM3
    * dp = 0;                             //设置翻转点 T1
    dp++;
    * dp = SPWM_T1;
    dp++;
    * dp = (uchar)(tmp >> 8);             //设置翻转点 T2
    dp++;
    * dp = (uchar)tmp;
    dp++;
    * dp = !PWMnPS;                       //设置 PWM3CR,输出选择 1 组 P2.1,翻转不中断
    PWMCR| = ENC3O;                       //允许 PWM3 输出
    PWMCFG& = ~C3INI;                     //PWM3 初始电平为 0
    P21 = 0;                              //引脚 PWM3 = 0
    P2n_push_pull(1);                     //P2.1 上电时为高阻态,设为推挽模式

    tmp += DEADZONE;
    dp = &PWM4T1H;                        //指针指向 PWM4
    * dp = 0;                             //设置翻转点 T1
    dp++;
    * dp = SPWM_T1 - DEADZONE;
    dp++;
    * dp = (uchar)(tmp >> 8);             //设置翻转点 T2
    dp++;
    * dp = (uchar)tmp;
    dp++;
    //设置 PWM4CR,输出选择 1 组 P2.2,允许 T2 翻转中断
    * dp = !PWMnPS|EPWMnI|ECnT2SI;
    PWMCR| = ENC4O;                       //允许 PWM4 输出
    PWMCFG| = C4INI;                      //PWM4 初始电平为 1
    P22 = 1;                              //引脚 PWM4 = 1
    P2n_push_pull(2);                     //P2.2 上电时为高阻态,设为推挽模式

    dp = &PWMCH;                          //指针指向 PWM 周期寄存器
    * dp = PWMTC/256;                     //设置 PWM 周期
    dp++;
```

```
    * dp = PWMTC % 256;
    dp++;
    * dp = PWMCLK(0,0);                    //PWM 时钟源 1T

    PWMCR| = ENPWM;                        //使能 PWM 波形发生器
    EAXRAM();                              //使能 XRAM
    pwm_index = 1;                         //正弦调制数据表索引指向下一个
}

void PWM_ISR() interrupt PWM_VECTOR using 1//PWM 中断服务程序
{   uint xdata  * dp;                      //定义指向 xdata 的 int 数据指针
    uint tmp;
    if(PWMIF&C4IF)                         //PWM4 翻转点中断则
    {   PWMIF& = ~(CBIF|C4IF);             //清除中断标志
        EAXSFR();                          //使能 XSFR

        tmp = SPWM_T2[pwm_index];          //求取 PWM3 第 2 个翻转值
        dp = &PWM3T2;                      //指向 PWM3T2
        * dp = tmp;                        //设置翻转点 T2

        tmp += DEADZONE;                   //求取 PWM4 第 2 个翻转值
        dp = &PWM4T2;                      //指向 PWM4T2
        * dp = tmp;                        //设置翻转点 T2

        EAXRAM();                          //使能 XRAM
        pwm_index = (pwm_index + 1) % 200; //正弦调制数据表索引指向下一个
    }
}
```

（4）主程序模块 main.c。

```
/*增强型 PMW 模块产生双路互补双极性 SPWM 波,IAP15W4K58S4@24.000MHz.
(1) 2 路互补双极性 SPWM 波由 PWM3/P2.1 和 PWM4/P2.2 输出;
(2) PWM 时钟源 1T,周期 PWMTC = 2400,频率比 N = 200,
    正弦波频率 24000000Hz/2400/200 = 50Hz;
(3) 第 1 个翻转值 T1 取定值 SPWM_T1,
    SPWM 调制波占空比为: D(n) = 0.5 * [m * sin(2PI * n/N) + 1],
    则第 2 个翻转值 T2 取值为: T2(n) = SPWM_T1 + PWMTC * D(n),
    预先求出 T2(n)值以数组保存;
(4) 死区时间 DEADZONE = 12,即 12 时钟 0.5μs; 调制比 m = 0.95;
(5) SPWM_T1、DEADNONE、m 取值满足:
    SPWM_T1 - DEADZONE > 0 且 T2(n)max + DEADZONE < PWMTC;
*/
# include < stc15.h >
# include "pwm.h"
# define uchar unsigned char
# define uint unsigned int
```

```
extern void disp_d();              //声明外部函数,动态数码显示扫描
extern uchar disBuf[4];            //声明外部变量,显示缓存
extern void PWM_cfg();
uint data fc;                      //定义正弦调制波频率(为避免实数型数据,实值的10倍)

void gpio_init()                   //IO口初始化函数,增强型PWM相关12个IO口默认高阻输入
{   P0M1& = 0x3f;P0M0& = 0x3f;      //P0.6/PWM7_2、P0.7/PWM6_2准双向
    P1M1& = 0x3f;P1M0& = 0x3f;      //P1.6/PWM6、P1.7/PWM7准双向
    //P2.7/PWM2_2、P2.3/PWM5、P2.2/PWM4、P2.1/PWM3准双向
    P2M1& = 0x71;P2M0& = 0x71;
    P3M1& = 0x7f;P3M0& = 0x7f;      //P3.7/PWM2准双向
    //P4.5/PWM3_2、P4.4/PWM4_2、P4.2/PWM5_2准双向
    P4M1& = 0xcb;P4M0& = 0xcb;
}

void Timer0Init()                  //T0初始化,2.5ms定时@24.000MHz
{   AUXR| = 0x80;                   //定时器T0时钟1T模式
    TMOD& = 0xf0;                   //T0方式0,初值重载16位定时
    TL0 = 0xA0;                     //T0定时器初值设置,65536 - 2500 * 24.000
    TH0 = 0x15;
    TF0 = 0;                        //清定时器溢出标志
}

void main()
{   gpio_init();                    //IO初始化
    fc = 500;                       //正弦调制波频率
    Timer0Init();TR0 = 1;           //T0初始化并启动
    PWM_cfg();IP2| = 1 << 2;EA = 1;
    while(1)
    {   while(!TF0);                //2.5ms定时到?
        TF0 = 0;                    //定时器溢出标志清0
        disp_d();                   //动态显示更新
        disBuf[3] = fc % 10;        //正弦调制波频率送显示缓冲器
        disBuf[2] = fc/10 % 10;disBuf[1] = fc/100 % 10;disBuf[0] = fc/1000;
    }
}
```

(5) 数码显示模块 disp.c。

```
#include < stc15.h>
#define uchar unsigned char
uchar code segTab[] = {            //在CODE区定义七段码译码表
    0x3f,0x06,0x5b,0x4f,0x66,0x6d,0x7d,0x07,
    0x7f,0x6f,0x77,0x7c,0x39,0x5e,0x79,0x71
};
uchar code disScan[4] = {          //在CODE区定义扫描码
    ~(1 << 0),~(1 << 1),~(1 << 2),~(1 << 3)
```

```
};
uchar data disBuf[4];              //在 DATA 区定义显示缓冲区
uchar data disNum = 0;             //在 DATA 区定义位扫描控制变量
sbit P_595_DS = P4^0;              //定义 74HC595 的串行数据接口
sbit P_595_SH = P4^3;              //定义 74HC595 的移位脉冲接口
sbit P_595_ST = P5^4;              //定义 74HC595 的输出寄存器锁存信号接口
void send_595(uchar);              //声明移位输出 1 字节数据函数
void disp_d();                     //声明动态显示函数

void send_595(uchar x)             //从 STC 单片机移位输出 1 字节数据
{   uchar i;
    for(i = 0;i < 8;i++)           //循环移位,共 8 位
    {   x <<= 1;                   //左移 1 位,最高位移出到 CY
        P_595_DS = CY;             //CY 从串行数据口输出
        P_595_SH = 1;P_595_SH = 0;//输出移位脉冲
    }
}

void disp_d()                      //动态显示函数定义
{   uchar temp;
    send_595(disScan[disNum]);     //将当前扫描位扫描码发送
    temp = segTab[disBuf[disNum]];//temp = 当前扫描位段码
    if(disNum == 2)temp| = 0x80;   //当前扫描位为左 2 位则补小数点
    send_595(temp);                //将当前扫描位段码发送
    P_595_ST = 1;P_595_ST = 0;     //16 位数据移位后锁入输出寄存器中
    disNum = (disNum + 1) % 4;     //准备扫描下一位
}
```

在 μVision 平台中进行例 10.3 的软件设计,完成编译、调试,下载到学习实验板试运行。设计正确时,用示波器观察 PWM3/P2.1 和 PWM4/P2.2 引脚的输出波形,当示波器设置为双踪、扫描速度 2ms/DIV、自动触发时,可观察如图 10.13(b)和图 10.13(c)波形;当示波器设置为双踪、扫描速度 10μs/DIV、单次触发时,可观察到类似于图 10.15 的带死区时间控制的脉冲波形,死区时间为 0.5μs。

在例 10.3 中,由于正弦波频率和调制比固定,$T_2(n)$ 的值可预先计算,并以数组形式保存在 Flash 中。在变频电源的逆变控制中,要求动态调整正弦波频率和调制比,$T_2(n)$ 的值必须在单片机中计算。例如习题 10.8 的设计要求,由于载波周期 T_C = (6666~1333) SYSclk,因此 $T_2(n)$ 的算法必须高效,所用时间不能超过 600SYSclk。采用无符号整型数据运算效率最高,为此将式(10-16)改写为:

$$T_2(n) = T_1 + \frac{T_C(1-m)}{2} + \frac{T_C m}{2}\left[\sin\left(\frac{2\pi n}{N}\right) + 1\right] = T_i + T_k \frac{X(n)}{2^{15}} \tag{10-17}$$

$$X(n) = 2^{15}\left[\sin\left(\frac{2\pi n}{N}\right) + 1\right] \approx \text{INT}\left\{32767 \cdot \left[\sin\left(\frac{2\pi n}{N}\right) + 1\right] + 0.5\right\} \tag{10-18}$$

$$T_i = T_1 + \frac{T_C(100 - M)}{200}, T_k = \frac{T_C M}{200} \tag{10-19}$$

其中 $M = 100m$（即调制比 $m = M\%$）为正整数。式(10-18)所示序列 $X(n)$ 与正弦波频率和调制比无关，以无符号整型数组形式存放在 FLASH 中，正弦波频率和调制比两参数调整后，即按式(10-19)计算 T_i 和 T_k 值并保存，然后在 PWM 中断服务程序中，由式(10-17)计算 $T_2(n)$ 的值。采用 C51 编程，可做到 PWM 中断函数运行时间小于 580SYSclk，满足速度要求；如果 PWM 中断函数采用汇编语言编程，中断函数的运行效率还会进一步提高，有兴趣的读者可以自己试试。

本章小结

STC15W4K32S4 子系列内部集成了 2 路可编程计数器阵列 PCA 模块，新增了一组增强型 PWM 波形发生器。

1. PCA 模块

STC15W4K32S4 单片机的 PCA 模块由 1 个 16 位通用定时/计数器和 2 路比较/捕获/脉冲宽度调制模块(Compare/Capture/PWM，即 CCP 模块)构成，PCA 模块的内部结构如图 10.2 所示，相关的控制寄存器如表 10.1 所示。

通过模块 n 模式寄存器 CCAPMn，可将 PCA 模块设置成软件定时器、外部脉冲捕获、高速脉冲输出、脉宽调制(PWM)输出 4 种工作模式，其中 PWM 模式可细分为 8/7/6/10 位方式(10 位方式仅支持 STC15W4K32S4)，PCA 模块各种工作模式的结构原理如图 10.3～图 10.9 所示。

PCA 模块主要用于高速脉冲生成、外部脉冲信号参数测量、变流控制技术等领域，举两例详述之：一为软件定时器应用；二为 8 位 PWM 信号发生(即低速 DA 转换技术)。

2. 增强型 PWM 模块

STC15W4K32S4 系列单片机增加了一组增强型 PWM 波形发生器，可生成 6 路同步、相位独立、初始电平可预设的 PWM 信号，增加型 PWM 模块的结构原理如图 10.11 所示，相关控制寄存器如表 10.6 所示。

增强型 PWM 模块在变流器控制领域有重要应用，在该领域最基本、最典型的应用之一是单相桥式逆变器及其双极性 SPWM 控制。该领域应用涉及单相桥式逆变器的结构、工作原理、矩形波与正弦波逆变控制方法等概念，重点讲述单相桥式逆变器的双极性 SPWM 逆变控制原理，其核心是双路互补、带死区时间控制的 SPWM 波产生。举例详述应用增强型 PWM 模块生成频率为 50Hz、载波调制波频率比为 200、死区时间为 $0.5\mu s$、调制比为 0.95 的双路互补 SPWM 波的方法。

习题

10.1 STC15W4K32S4 单片机 PCA 模块含有两个 CCP 子模块，这里的 CCP 表示什么含义？

10.2　STC15W4K32S4 单片机 PCA 模块有几种工作模式？

10.3　STC15W4K32S4 单片机 PCA 计数器的计数脉冲时钟源有几种？要选择计数脉冲时钟为系统时钟的 5 分频，如何设置？

10.4　STC15W4K32S4 单片机 PCA 模块的软件定时功能与通用定时/计数器的定时功能有何不同？

10.5　利用 STC15W4K32S4 单片机 PCA 模块的捕获功能，缩写一个测量从 P3.6/CCP1_2 引脚输入的脉冲信号的高电平脉冲宽度的程序，测量范围 $10\sim2500\mu s$。

10.6　使用 IAP15W4K58S4 学习实验板，主时钟 22.1184MHz，从 CCP0_2/P3.5 引脚输出 PWM 波，经如图 4.32 所示的电路，在 P1.5/ADC_CH5 引脚产生一个 64 点的线性锯齿波，锯齿波频率为 50Hz。

10.7　试修改例 10.2 程序，将 PCA 计数时钟改为 SYSclk，PWM 位数改为 10 位，要求实现相同的功能。

10.8　使用 IAP15W4K58S4 实验板，主时钟 24.000MHz，用 P2.1/PWM3 和 P2.2/PWM4 生成双路互补 SPWM 波，要求：

(1) 载波调制波频率比固定为 180，正弦调制波（简称正弦波）频率 $20.0\sim100.0$Hz，调制比 $70\%\sim95\%$，死区时间 $0.5\mu s$ 固定；

(2) 系统上电时正弦波频率 20.0Hz，之后每隔 2 秒频率增加 1.0Hz，超过 100.0Hz 时回复 20.0Hz；

(3) 系统每隔 2 秒测量模拟通道 P1.5/ADC_CH5 的电压 1 次；

(4) 8 位数码显示器显示：A. AAA FFF. F，其中 A. AAA 为模拟电压值(V)，FFF. F 为当前正弦波频率(Hz)。

注意：本题算法参见式(10-17)~式(10-19)及其相关说明。

第 11 章

STC15 单片机串行外设接口

STC15 系列部分单片机内部集成了串行外设接口（Serial Peripheral Interface，SPI）。SPI 是一种全双工的高速同步串行通信接口，主要用于单片机与各种外围设备连接，以串行通信方式进行信息交换，外围设备包括 Flash RAM、网络控制器、LCD 显示驱动器、A/D 转换器和 MCU 等。SPI 接口由 Motorola 公司首先提出，现已成为外设接口的一种标准，是使用最广泛的外设接口之一。本章介绍 STC15 单片机 SPI 接口的结构、工作原理以及应用。

11.1　STC15 单片机 SPI 接口

按照时钟控制方式的不同，串行通信分为同步通信和异步通信两类。单片机的异步串行通信接口 UART 已在第 7 章中讲述。在异步串行通信中，通信双方按约定的传输速率，在各自的时钟信号控制下，以数据帧为单位进行传送。全双工异步串行接口只需要 2 条信号连接线：数据发送 TxD 和数据接收 RxD（地线除外），这种接口适用于终端之间近距离的数据传送。SPI 接口是全双工同步串行通信接口，这种接口适用于同一个电路板上各外围设备芯片之间的数据通信。

11.1.1　SPI 接口的逻辑结构

在同步串行通信中，由通信双方的某一方产生同步时钟信号 SCLK，在该时钟的控制下，进行数据串行传送，一次传送可以只传一个数据，也可以传多个数据，产生同步时钟信号的通信方称为主机 Master（或主设备、主器件），另一方称为从机 Slave（或从设备、从器件）。全双工同步串行接口至少需要 3 条信号连接线（地线除外）：同步时钟信号线、双向数据传输信号线（主机发从机收、从机发主机收）。

STC15 单片机 SPI 接口内部逻辑功能如图 11.1 所示，其核心是一个 8 位移位寄存器和数据缓冲器，可以同时接收和发送数据。SPI 接口由 4 条信号线组成，各信号线功能如下：

（1）SCLK——同步时钟信号线。同步时钟信号由主机输出，从机输入，用于同步主从机之间的串行数据传输。当主机启动一次数据传输时，自动产生 8 个 SCLK 时钟信号给从机,每个时钟的有效跃变沿移出一位数据,一次传输一个字节的数据。

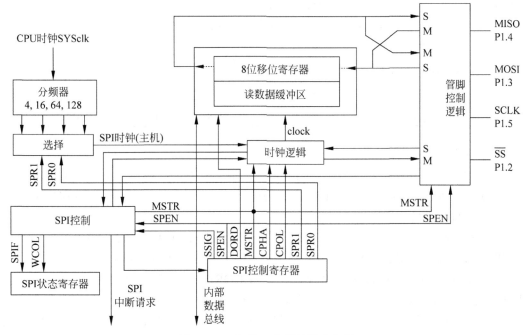

图 11.1　SPI 接口内部逻辑功能图

(2) MOSI——主出从入信号线。用于主机到从机的数据传输,作为主机时其 SPI 接口的 MOSI 引脚是输出;作为从机时其 SPI 接口的 MOSI 引脚是输入。按照 SPI 总线规范,多个从机可以共享一根 MOSI 信号线。

(3) MISO——主入从出信号线。用于从机至主机的数据传输,作为主机时其 SPI 接口的 MISO 引脚是输入;作为从机时其 SPI 接口的 MISO 引脚是输出。按照 SPI 总线规范,多个从机可以共享一根 MISO 信号线,当主机与某个从机通信时,其他从机应将其 SPI 接口的 MISO 引脚置为高阻状态。

(4) $\overline{SS}$——从机选择信号线,低电平有效。一个同步串行通信总线可以挂接多个使用 SPI 接口的外围设备,其中只有一个是主机(主模式),其他都是从机(从模式),因此只有从机选择问题,没有主机选择问题。主机不使用 $\overline{SS}$ 引脚,其 $\overline{SS}$ 引脚通常用 $10\,\mathrm{k}\Omega$ 电阻上拉,或作普通 I/O 口使用。单个从机也没有选择问题,可将从机的 $\overline{SS}$ 引脚直接接地;多个从机才存在选择问题,主机用不同的 I/O 口分别连接各从机的 $\overline{SS}$ 引脚,由主机控制各从机的 $\overline{SS}$ 引脚电平,选择当前通信的从机。在通信过程中,当前从机的 $\overline{SS}$ 引脚必须保持有效低电平。

11.1.2　SPI 接口的相关控制寄存器

STC15 系列单片机 SPI 接口相关寄存器如表 11.1 所示,各寄存器作用如下。

表 11.1　STC15 单片机 PCA 模块相关控制寄存器列表（加黑的为相关位）

符号	地址	$D7$	$D6$	$D5$	$D4$	$D3$	$D2$	$D1$	$D0$	复位值
SPCTL	CEH	**SSIG**	**SPEN**	**DORD**	**MSTR**	**CPOL**	**CPHA**	**SPR1**	**SPR0**	0000 0100
SPSTAT	CDH	**SPIF**	**WCOL**	—	—	—	—	—	—	00xx xxxx
SPDAT	CFH	SPI 数据寄存器								0000 0000
IE2	AFH	—	ET4	ET3	ES4	ES3	ET2	**ESPI**	ES2	x000 0000
IP2	B5H	—	—	—	—	—	—	**PSPI**	PS2	xxxx xx00
P_SW1	A2H	S1_S1	S1_S0	CCP_S1	CCP_S0	**SPI_S1**	**SPI_S0**	—	DPS	0000 0000

1. SPI 控制寄存器 SPCTL

(1) SSIG：$\overline{SS}$ 引脚忽略控制位。当 SSIG＝1 时，由 SPCTL 的第 4 位 MSTR 确定器件是主机还是从机，$\overline{SS}$ 引脚被忽略，可配置为普通 I/O 口；当 SSIG＝0 时，由 $\overline{SS}$ 引脚的输入信号确定本机是主机还是从机。

(2) SPEN：SPI 接口使能位。当 SPEN＝1 时，允许 SPI 接口功能；当 SPEN＝0 时，禁止 SPI 接口功能，SCLK、MOSI、MISO、$\overline{SS}$ 这 4 个引脚全部作普通 I/O 口。

(3) DORD：SPI 数据传输顺序控制位。当 DORD＝1 时，SPI 数据传输时低有效位(LSB)在前；当 DORD＝0 时，SPI 数据传输时高有效位(MSB)在前。

(4) MSTR：器件主/从模式选择位。如果 SSIG＝1，用 MSTR 位确定器件的主/从模式，当 MSTR＝1 时，器件设置为主模式；当 MSTR＝0 时，器件设置为从模式。

(5) CPOL：SPI 时钟极性选择位。当 CPOL＝1 时，SPI 空闲时 SCLK 为高电平，SCLK 前沿为下降沿，后沿为上升沿；当 CPOL＝0 时，SPI 空闲时 SCLK 为低电平，SCLK 前沿为上升降，后沿为下降沿。

(6) CPHA：SPI 时钟信号相位选择位。若 CPHA＝1，在 SCLK 前沿数据被驱动，由器件输出到 SPI 总线，在 SCLK 后沿数据被采样，从 SPI 总线输入到器件；若 CPHA＝0，在 SCLK 后沿数据被驱动，由器件输出到 SPI 总线，在 SCLK 前沿数据被采样，从 SPI 总线输入到器件。在数据传输中，如果 SSIG＝0，则从机的 $\overline{SS}$ 引脚必须为低电平。

(7) SPR[1:0]：主机模式下 SPI 时钟速率选择位，如表 11.2 所示。

表 11.2　STC15W 单片机主机模式下 SPI 时钟频率选择

SPR[1:0]	SCLK 频率	SPR[1:0]	SCLK 频率
00	SYSclk/4	10	SYSclk/16
01	SYSclk/8	11	SYSclk/32

2. SPI 状态寄存器 SPSTAT

(1) SPIF：SPI 中断标志位。当发送/接收完成 1 字节的数据后，硬件自动将此位置 1，向 CPU 提出中断请求。当 SPI 器件处于主模式且 SSIG＝0 时，如果 $\overline{SS}$ 为输入引脚，并被拉为低电平，SPIF 也将置位，表示器件主/从模式发生改变。SPIF 标志必须用用户软件向其写入 1 清零。

（2）WCOL：SPI 写冲突标志位。在数据传输过程中，如果对 SPI 数据寄存器 SPDAT 执行写操作，WCOL 将被硬件置位。WCOL 标志必须由用户软件向其写入 1 清零。

3. SPI 数据寄存器 SPDAT

SPDAT 用于存储传输的 8 位数据。

4. SPI 相关中断控制寄存器 IE2、IP2

（1）ESPI：SPI 中断允许位（中断允许控制寄存器 IE2 第 1 位）。当 ESPI＝1 时，允许 SPI 中断；当 ESPI＝0 时，禁止 SPI 中断。

（2）PSPI：SPI 中断优先级控制位（中断优先级控制寄存器 IP2 第 1 位）。当 PSPI＝1 时，SPI 中断为高优先级中断；当 PSPI＝0 时，SPI 中断为低优先级中断。

5. SPI 引脚切换控制寄存器 P_SW1（或 AUXR1）

SPI_S1、SPI_S0：SPI 接口引脚位置选择位。SPI 接口引脚可在 P1/P2/P4 口 3 个位置切换，由 P_SW1 寄存器的 SPI_S1 和 SPI_S0 位控制，如表 11.3 所示。

表 11.3　SPI 接口引脚位置选择

SPI_S[1:0]	SPI 接口引脚位置
00	SPI 在：P1.2/SS,P1.3/MOSI,P1.4/MISO,P1.5/SCLK
01	SPI 在：P2.4/SS_2,P2.3/MOSI_2,P2.2/MISO_2,P2.1/SCLK_2
10	SPI 在：P5.4/SS_3,P4.0/MOSI_3,P4.1/MISO_3,P4.3/SCLK_3
11	无效

11.1.3　SPI 接口的通信方式及模式选择

1. SPI 接口的通信方式

SPI 的通信方式通常有 3 种：单主单从、互为主从、单主多从。

（1）单主单从通信方式。两个设备相连，其中一个设备固定为主机，另外一个固定为从机，连接配置如图 11.2(a)所示。

主机设置：SSIG 设置为 1，MSTR 设置为 1，固定为主机模式。主机可以使用任意端口连接从机的 $\overline{SS}$ 引脚，拉低从机的 $\overline{SS}$ 引脚即可使能从机。

从机设置：SSIG 设置为 0，$\overline{SS}$ 引脚作为从机的片选信号。

（2）互为主从通信方式。两个设备相连，主机和从机不固定，连接配置如图 11.2(b)所示。

设置方法 1：两个设备初始化时都设置为不忽略 $\overline{SS}$ 引脚的主机模式，即 SSIG＝0 和 MSTR＝1、$\overline{SS}$ 引脚设置为准双向口模式且输出高电平。当其中一个设备需要启动传输时，可将自己的 $\overline{SS}$ 引脚设置为输出模式并输出低电平，拉低对方的 $\overline{SS}$ 引脚，强制另一设备成为从机。

设置方法 2：两个设备初始化时都设置为忽略 $\overline{SS}$ 引脚的从机模式，即 SSIG＝1 和 MSTR＝0。当其中一个设备需要启动传输时，先检测 $\overline{SS}$ 引脚的电平，如果 $\overline{SS}$ 引脚为高电平，就将自己设置成忽略 $\overline{SS}$ 引脚的主模式，即可进行数据传输。

（3）单主多从通信方式。多个设备相连，其中一个设备固定为主机，其他设备固定作为从机，连接配置如图 11.2(c)所示。

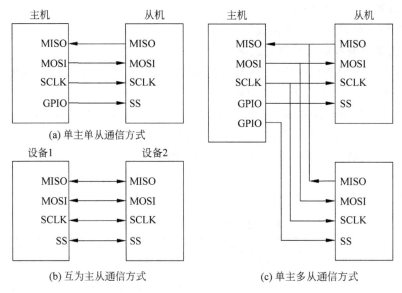

图 11.2 SPI 接口的通信方式

主机设置：SSIG 设置为 1，MSTR 设置为 1，固定为主机模式。主机可以使用任意端口分别连接各个从机的 $\overline{SS}$ 引脚，拉低其中一个从机的 $\overline{SS}$ 引脚即可使能相应的从机设备。

从机设置：SSIG 设置为 0，$\overline{SS}$ 引脚作为从机的片选信号。

2. SPI 接口工作模式选择

STC15W 单片机进行 SPI 通信时，主机或从机的工作模式由 SPEN、SSIG、MSTR 和 $\overline{SS}$ 脚联合控制，如表 11.4 所示。选择 SPI 接口工作模式时须注意以下事项，以避免出现不可预见的错误。

表 11.4 SPI 接口的工作模式选择

控制位			通信端口				SPI 模式	功 能 配 置
SPEN	SSIG	MSTR	$\overline{SS}$	MISO	MOSI	SCLK		
0	x	x	GPIO	GPIO	GPIO	GPIO	禁止	禁止 SPI 功能，端口用作普通 I/O
1	0	0	0	输出	输入	输入	从机	从机模式，被选中
1	0	0	1	高阻	输入	输入	从机未选中	从机模式，未被选中
1	0	1→0	0	输出	输入	输入	从机	不忽略 $\overline{SS}$ 且 MSTR＝1 的主机模式，当 $\overline{SS}$ 被拉低时，MSTR 被自动清 0，强制变为从机模式
1	0	1	1	输入	高阻	高阻	主机(空闲)	主机模式，空闲状态
					输出	输出	主机(激活)	主机模式，激活状态

续表

控制位			通信端口				SPI 模式	功 能 配 置
SPEN	SSIG	MSTR	$\overline{SS}$	MISO	MOSI	SCLK		
1	1	0	GPIO	输出	输入	输入	从机	从机模式
1	1	1		输入	输出	输出	主机	主机模式

1）从机模式的注意事项

当 CPHA＝0 时，SSIG 必须为 0（即不能忽略 $\overline{SS}$ 引脚）。在每次串行字节开始发送前，$\overline{SS}$ 引脚必须拉低，并且在串行字节发送完后重新设置为高电平。$\overline{SS}$ 引脚为低电平时不能对 SPDAT 寄存器执行写操作，否则将导致一个写冲突错误。CPHA＝0 且 SSIG＝1 时的操作未定义。

当 CPHA＝1 时，SSIG 可以置 1（即可以忽略 $\overline{SS}$ 引脚）。如果 SSIG＝0，$\overline{SS}$ 引脚可在连续传输之间保持低电平有效。这种方式适用于固定单主单从的系统。

2）主机模式的注意事项

在 SPI 中，传输总是由主机启动。如果 SPI 使能（SPEN＝1）并选择作为主机时，主机对 SPI 数据寄存器 SPDAT 的写操作将启动 SPI 时钟发生器和数据的传输。在数据写入 SPDAT 之后的半个到一个 SPI 位时间后，数据将出现在 MOSI 脚。写入主机 SPDAT 寄存器的数据从 MOSI 脚移出发送到从机的 MOSI 脚。同时从机 SPDAT 寄存器的数据从 MISO 脚移出发送到主机的 MISO 脚。

传输完一个字节后，SPI 时钟发生器停止，传输完成标志（SPIF）置位，如果 SPI 中断使能，则会产生一个 SPI 中断。主机和从机 CPU 的两个移位寄存器可被看作是一个 16 位循环移位寄存器。在数据从主机移位传送到从机的同时，数据也以相反的方向移入。这意味着在一个移位周期中，主机和从机的数据相互交换。

3）通过 $\overline{SS}$ 改变模式

如果 SPEN＝1，SSIG＝0 且 MSTR＝1，则 SPI 使能为主机模式，并将 $\overline{SS}$ 引脚配置为输入模式或准双向口模式。在这种情况下，另外一个主机可将该脚驱动为低电平，从而将该器件选择为 SPI 从机并向其发送数据。为了避免争夺总线，SPI 系统将该从机的 MSTR 清 0，MOSI 和 SCLK 强制变为输入模式，而 MISO 则变为输出模式，同时 SPSTAT 的 SPIF 标志位置 1。

用户软件必须一直对 MSTR 位进行检测，如果该位因一个从机选择动作而被动清 0，而用户想继续将 SPI 作为主机，则必须重新设置 MSTR 位，否则将一直处于从机模式。

4）写冲突

SPI 在发送时为单缓冲，在接收时为双缓冲。这样在前一次发送尚未完成之前，不能将新的数据写入移位寄存器。当在发送过程中对数据寄存器 SPDAT 进行写操作时，WCOL 位将被置 1 以指示发生数据写冲突错误。在这种情况下，当前发送的数据继续发送，而新写入的数据将丢失。

当对主机或从机进行写冲突检测时,主机发生写冲突的情况是很罕见的,因为主机拥有数据传输的完全控制权。但从机有可能发生写冲突,因为当主机启动传输时,从机无法进行控制。

接收数据时,接收到的数据被传送到一个可并行读出的数据缓冲寄存器,将移位寄存器释放出来,以便进行下一个数据的接收。但必须在下个字节完全移入之前从数据缓冲寄存器中读出接收到的数据,否则,前一个接收数据将丢失。

11.1.4　SPI 接口的数据格式

SPI 的时钟相位控制位 CPHA 可以让用户设定数据采样和改变时的时钟沿。时钟极性位 CPOL 可以让用户设定时钟极性。不同时钟相位、极性设置下 SPI 接口通信时序如图 11.3(a)~(d)所示。

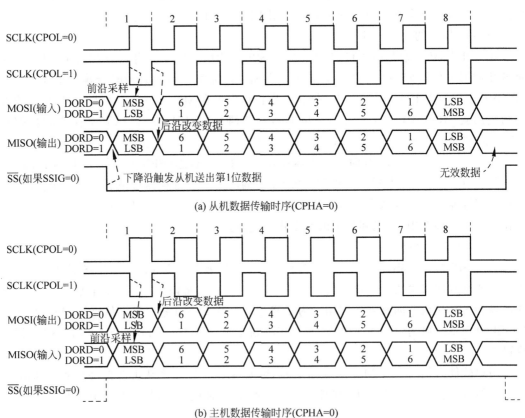

(a) 从机数据传输时序(CPHA=0)

(b) 主机数据传输时序(CPHA=0)

图 11.3　SPI 接口通信时序

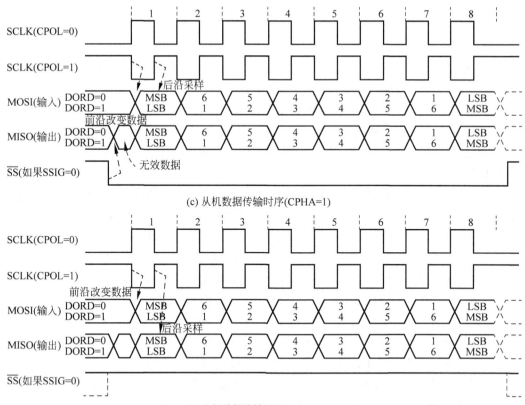

(c) 从机数据传输时序(CPHA=1)

(d) 主机数据传输时序(CPHA=1)

图 11.3　(续)

11.2　STC15 单片机 SPI 接口应用举例

5.1.4 节介绍了用 2 片带锁存功能的 8 位移位寄存器 74HC595 扩展 LED 显示接口的方法,如图 4.36 所示,IAP15W4K58S4 实验板上的 8 位共阴极数码显示模块即采用此扩展方法,这种扩展方法是单片机同步串口的典型应用。51 单片机串口 S1 的工作模式 0 为同步移位寄存器模式,该模式实际上是一种简易的单工式同步串口,由于 IAP15W4K58S4 实验板上未将数码显示模块连接到串口 S1,因此在 7.3 节讲解串口 S1 应用时,在 Proteus 平台使用 AT89C51 串口 S1 连接 2 片 74HC595 扩展 LED 数码显示模块,并用 S1 的同步移位寄存器模式(即同步串口)实现了数码管动态显示系统,完成秒表设计。本节从 SPI 接口应用的角度再来看一下这个扩展数码显示模块。

如图 4.36 所示,在 IAP15W4K58S4 实验板中,使用 P4.0 和 P4.3 口分别连接 74HC595 的串行数据输入 DS 和移位脉冲输入 SH_CP,而 P4.0 和 P4.3 口分别是 SPI 接口第 3 组引脚 MOSI_3 和 SCLK_3,数据传输方向为由 IAP15W4K58S4 单片机(主器件)到

74HC595(从器件),为单向传输,不需要连接 MISO_3,因此可用 IAP15W4K58S4 单片机的 SPI 接口控制扩展数码显示模块。

【例 11.1】 在 IAP15W4K58S4 实验板中,主时钟采用 IRC,频率选择 11.0592MHz,使用主芯片和如图 4.36 所示的扩展 8 位数码显示模块构成一个数字显示系统,要求实现以下功能:

(1) 主芯片与数码显示模块的数据通信采用 SPI 接口;

(2) 使用 8 位数码,上电时显示:01234567,之后每秒左滚屏一次,从右边滚入的数码为滚屏前最右数码+1,加至 16 回零,即依次显示:12345678,23456789,…,89AbCdEF,9AbCdEF0,…

先做需求分析。使用 SPI 接口控制数码显示模块,SPI 接口的设置应考虑以下问题:

(1) IAP15W4K58S4 单片机与扩展数码显示模块之间为单主单从通信方式,单片机为主机,其 SPI 接口为忽略 $\overline{SS}$ 引脚的主模式,应设置 SSIG=1,MSTR=1。

(2) 数据传输顺序。在如图 4.30 所示的电路中,由于最先串行移入 U6_74HC595 的数据位,最终从 U5_Q7 位并行输出,因此串行数据传输时必须高位在前,应设置 DORD=0。

(3) 由 74HC595 的真值表,如表 5.3 第 6 行所示,串行数据在 SH_CP(即 SCLK_3)的上升沿移入 74HC595 内部,因此 SPI 接口时钟信号 SCLK 的后沿为上升沿,且数据在 SCLK 的前沿驱动,应设置 CPOL=1,CPHA=1,主机数据驱动如图 11.3(d)中的 MOSI 信号波形所示,从机数据采样如图 11.3(c)中的 MOSI 信号波形所示。

(4) SPI 接口在主模式下支持 3Mbps 以上传输速度,当系统时钟选择 11.0592MHz 时,SPI 速度选择 SYSclk/4,传输速度为 2.7648MHz,未超传输速度上限,可设置 SPR[1:0]=00。

(5) 如图 4.36 所示,SPI 接口只完成将显示数据串行传输并移入 74HC595 内部,由 74HC595 的真值表,如表 5.3 第 7 行所示,串行数据移入之后还需要锁存信号 ST_CP 的上升沿的触发,这些数据才能从 74HC595 并行输出驱动数码管,74HC595 不是标准 SPI 从器件,它没有从机选择 $\overline{SS}$ 引脚,其锁存信号 ST_CP 虽然接在 P5.4/SS_3 引脚,但 P5.4 起到普通 I/O 口的作用,由其产生锁存信号 ST_CP。

综上所述,可设计出例 11.1 软件,由 main.c 和 disp.c 两个模块构成,各模块说明如下:

(1) disp.c 代码清单。

```c
#include<stc15.h>
#include "spi.h"                        //包含 SPI 寄存器控制域定义头文件
#define uchar unsigned char
uchar code segTab[] = {                 //在 CODE 区定义七段码译码表
    0x3f,0x06,0x5b,0x4f,0x66,0x6d,0x7d,0x07,
    0x7f,0x6f,0x77,0x7c,0x39,0x5e,0x79,0x71
};
uchar code disScan[8] = {               //在 CODE 区定义扫描码
    ~(1<<0),~(1<<1),~(1<<2),~(1<<3),~(1<<4),~(1<<5),~(1<<6),~(1<<7)
};
uchar data disBuf[8];                   //在 DATA 区定义显示缓冲区
```

```
uchar data disNum;                              //在 DATA 区定义位扫描控制变量
sbit P_595_ST = P5^4;                           //定义 74HC595 的输出寄存器锁存信号接口
void SPI_send_595(uchar);                       //声明 SPI 接口输出 1 字节数据函数
void disp_d();                                   //声明动态显示函数

void SPI_send_595(uchar x)                       //用 SPI 接口输出 1 字节数据
{   SPSTAT = SPIF|WCOL;                          //清 SPI 中断、写冲突标志
    SPDAT = x;                                    //启动 SPI 发送
    while(!(SPSTAT&SPIF));                        //等待发送结束
    SPSTAT = SPIF|WCOL;                          //清 SPI 中断、写冲突标志
}

void disp_d()                                     //动态显示函数定义
{   SPI_send_595(disScan[disNum]);              //将当前扫描位扫描码从 SPI 口发送
    SPI_send_595(segTab[disBuf[disNum]]);       //将当前扫描位段码从 SPI 口发送
    P_595_ST = 1;P_595_ST = 0;                  //16 位数据移位后锁入输出寄存器中
    disNum = (disNum + 1) % 8;                   //准备扫描下一位
}

void SPI_Init()
{
    //忽略 SS 主模式 + MSB 前 + 闲高 + 后沿采样
    SPCTL = SSIG|SPEN|MSTR|CPOL|CPHA|SPD_4;
    P_SW1& = ~SPI_PM;P_SW1| = SPI_P2;           //选择 SPI 引脚第 3 组
}
```

(2) main.c 代码清单。

```
/* 使用 SPI 扩展 16 位串入并出数码显示接口,IAP15W4K58S4@11.0592MHz.
(1) 74HC595 构成的 16 位串入并出数码显示接口:串行数据线 P40_MOSI,
    移位时钟线 P43_SCLK;
    IAP15W: SPI 主机(忽略 SS),显示电路:SPI 从机(无 SS),单工(主到从);
    数据前沿驱动(从主机输出到 MOSI 线),后沿(上升沿)采样(从 MOSI 移入 74HC595);
    SSIG = 1,SPEN = 1,MSTR = 1,DORD = 0,CPOL = 1,CPHA = 1,SPR[1:0] = SPD_4;
(2) 8 位显示器初始显示 01234567,每秒左滚屏一次,最右码值 + 1,至 16 回 0;
*/
#include < stc15.h >
#include "spi.h"                                 //包含 SPI 寄存器控制域定义头文件
#define uchar unsigned char
#define uint unsigned int
#define MAIN_FOSC 11.0592                        //主时钟频率
extern void disp_d();                            //声明外部函数,动态数码显示扫描
extern uchar disBuf[];                           //声明外部变量,显示缓存
extern void SPI_Init();                          //声明外部函数,SPI 接口初始化函数
uint data cnt;                                    //定义秒计数

void gpio_init()                                 //IO 口初始化函数
```

```
{    P4M1& = 0xf6;P4M0& = 0xf6;                    //P4.3/SCLK_3、P4.0/MOSI_3 准双向
     P5M1& = 0xef;P5M0& = 0xef;                    //P5.4/SS_3 准双向,作 GPIO
}


void Timer0Init()                                   //T0 初始化,2.5ms 定时
{    AUXR| = 0x80;                                  //定时器 T0 时钟 1T 模式
     TMOD& = 0xf0;                                  //T0 方式 0,初值重载 16 位定时
     TH0 = ((uint)(65536 - 2500 * MAIN_FOSC))/256;  //T0 定时器初值设置
     TL0 = ((uint)(65536 - 2500 * MAIN_FOSC)) % 256;
     TF0 = 0;                                       //清定时器溢出标志
}


void main()
{    uchar i;
     for(i = 0;i < 8;i++)disBuf[i] = i;             //显示缓冲器初始化为 01234567
     gpio_init();                                   //IO 初始化
     Timer0Init();TR0 = 1;                          //T0 初始化并启动
     SPI_Init();                                    //SPI 接口初始化
     while(1)
     {    while(!TF0);                              //2.5ms 定时到?
          TF0 = 0;                                  //定时器溢出标志清 0
          disp_d();                                 //动态显示更新
          cnt++;                                    //2.5ms 计数
          if(cnt == 400)                            //1 秒到
          {    cnt = 0;                             //则秒计数回 0
               for(i = 0;i < 7;i++)disBuf[i] = disBuf[i + 1];        //显示内容左滚动
               disBuf[7] = (disBuf[7] + 1) % 16;    //最右码 + 1,至 16 回 0
          }
     }
}
```

其中,SPI 接口相关寄存器的各控制位定义放在头文件 spi.h 中,其代码如下:

```
# define SPI_VECTOR    9                   //定义 SPI 中断编号

# define SPIF          1 << 7              //SPSTAT,SPI 中断标志
# define WCOL          1 << 6              //SPSTAT,数据冲突标志

# define SSIG          1 << 7              //SPCTL,忽略 SS 引脚
# define SPEN          1 << 6              //SPCTL,SPI 接口使能
# define DORD          1 << 5              //SPCTL,SPI 数据位顺序,LSB 在前
# define MSTR          1 << 4              //SPCTL,SPI 主从模式选择位,主模式
# define CPOL          1 << 3              //SPCTL,SPI 时钟极性控制,空闲高电平
# define CPHA          1 << 2              //SPCTL,SPI 时钟相位控制,前沿驱动,后沿采样
# define SPD_4         0 << 0              //SPCTL,SPI 时钟频率,SYSclk/4
# define SPD_8         1 << 0              //SPCTL,SPI 时钟频率,SYSclk/8
# define SPD_16        2 << 0              //SPCTL,SPI 时钟频率,SYSclk/16
```

```
#define SPD_32          3 ≪ 0                     //SPCTL,SPI 时钟频率,SYSclk/32

#define ESPI            1 ≪ 1              //IE2,SPI 中断使能
#define PSPI            1 ≪ 1              //IP2,SPI 中断优先级

//P_SW1,SPI 脚 0:P12/SS,P13/MOSI,P14/MISO,P15/SCLK
#define SPI_P0          0 ≪ 2
//P_SW1,SPI 脚 2:P24/SS_2,P23/MOSI_2,P22/MISO_2,P21/SCLK_2
#define SPI_P1          1 ≪ 2
//P_SW1,SPI 脚 3:P54/SS_3,P40/MOSI_3,P41/MISO_3,P43/SCLK_3
#define SPI_P2          2 ≪ 2
#define SPI_PM          3 ≪ 2                     //P_SW1,SPI 引脚选择位屏蔽码
```

在 μVision 平台中进行例 11.1 设计软件,完成编译、调试,下载到学习实验板试运行,可观察到预定的功能,设计得到验证。

本章小结

STC15W4K32S4 单片机内部集成了 1 路串行外设接口——SPI 接口。SPI 接口是高速全双工同步串行通信接口,其逻辑结构如图 11.1 所示,有 4 条接口信号线:MOSI、MISO、SCLK 和 $\overline{SS}$,相关主要控制寄存器有 SPI 控制寄存器 SPCTL、SPI 状态寄存器 SPSTAT、SPI 数据寄存器 SPDAT 等。

SPI 接口常用通信方式有 3 种:单主单从、互为主从、单主多从。工作模式由 SPI 控制寄存器 SPCTL 中的 SPEN、SSIG、MSTR 位和外部 $\overline{SS}$ 引脚设置,共有 8 种有效工作模式,如表 11.4 所示。SPI 接口数据传输格式受 SPI 控制寄存器 SPCTL 中的 DORD、CPOL、CPHA 3 位的影响,各种组合情况参见图 11.3,与主从模式、数据驱动沿和数据采样沿、时钟极性、传输顺序等设置有关。

IAP15W4K58S4 实验板主芯片与扩展 8 位数码显示模块的接口可视为 SPI 接口的特例。

习题

11.1　同步串行通信与异步串行通信的最主要差别是什么?

11.2　在使用 SPI 接口的通信系统中,主机的作用是什么?

11.3　STC15 单片机的 SPI 接口的中文全称是什么? 主要作用是什么?

11.4　STC15W4K32S4 单片机的 SPI 接口有哪些信号线?

11.5　SPI 接口状态寄存器 SPSTAT 中的 SPIF 和 WCOL 两位如何清 0?

11.6　试简要说明 SPI 接口控制寄存器 SPCTL 中 DORD、CPOL、CPHA 各位的作用。

11.7　在例 11.1 中,实验板中单片机与 8 位扩展数码显示模块之间的数据通信是什么方式的通信?

第12章 STC15 单片机实验与系统设计案例

为便于 STC15 单片机学习,宏晶公司的 STC 大学推广计划提供了可在线仿真的 STC15 系列单片机的实验箱 STC15-Ⅳ(仿真芯片 IAP15W4K58S4),本章基于 Proteus 仿真平台和 STC15 实验箱,构建 STC15 单片机的实验方案,包含 3 个综合案例和 5 个设计案例。通过 8 个实验,可由浅入深地学习 STC15 单片机的开发工具和仿真调试技术,掌握 Keil μVision 集成开发平台、Proteus 虚拟仿真平台、STC-ISP 在线编程工具等开发工具平台,掌握纯软件仿真和实验板在线仿真等调试技术,初步掌握单片机应用系统设计与验证的方法。

12.1 案例Ⅰ——I/O 口输入/输出操作

12.1.1 实验目的

(1) 掌握 51 单片机片内并行 I/O 口输入/输出基本操作;
(2) 掌握开关输入信号的程序管理;
(3) 掌握 LED 流水灯的程序管理,了解人眼视觉暂留效应及其应用;
(4) 学习使用 Keil μVision、Proteus、STC-ISP 等开发工具平台,掌握系统调试方法。

12.1.2 实验原理

1. Proteus 仿真流水灯控制

如图 12.1 所示,P3.2 接按钮型开关 K0,P1.6、P1.7、P2.6 和 P2.7 接 4 个 LED 灯,以下代码是 4 个 LED 按流水灯方式循环点亮的控制程序。本例的流水灯即 4 个 LED 灯从 LED1 到 LED4 循环点亮,不断重复。流水灯控制程序有 2 个循环速度,用按键 K0 选择循环速度。无 K0 按钮,每个灯状态历时 250ms;有 K0 按钮,每个灯状态历时 7.5ms。

```
/* IO 口输入输出操作综合实验,CPU: AT89C51,主时钟 12.000MHz,Proteus 仿真
(1) 4 个 LED 灯按流水灯方式循环点亮;
(2) 循环速度可选择,无 K0 键速度 250ms/灯,有 K0 键速度 7.5ms/灯
*/
```

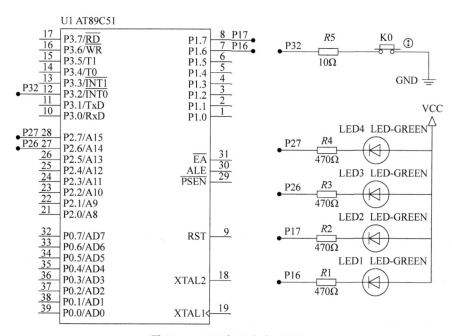

图 12.1　LED 灯及流水灯控制

```c
#include<reg51.h>
#define uchar unsigned char
#define uint unsigned int

sbit K0 = P3^2;                        //定义按键 I/O 引脚
sbit led1 = P1^6;                      //定义 LED 灯 I/O 引脚
sbit led2 = P1^7;
sbit led3 = P2^6;
sbit led4 = P2^7;

void delay(uchar td)                   //延时函数定义,主时钟 12MHz 时延时约 2.5ms*td
{   uint i;
    while(td--)
        for(i=0;i<207;i++);
}

void main()
{   uchar data ledstate;               //定义流水灯工作状态变量
    uchar data tx;                     //定义延时控制变量
    while(1)
    {   switch(ledstate&0x03)
        {   case 0:                    //状态 0,LED1 亮
                led1=0;led2=1;led3=1;led4=1;break;
            case 1:                    //状态 1,LED2 亮
                led2=0;led3=1;led4=1;led1=1;break;
```

```
        case 2:                          //状态2,LED3 亮
            led3 = 0;led4 = 1;led1 = 1;led2 = 1;break;
        case 3:                          //状态3,LED4 亮
            led4 = 0;led1 = 1;led2 = 1;led3 = 1;break;
        }
        ledstate = (ledstate + 1) % 4;   //指向下一个状态
        K0 = 1;                          //P3.2 准双向口,读之前先写1
        if(K0 == 1)tx = 100;             //无按钮,每个灯状态 250ms
        else tx = 3;                     //有按钮,每个灯状态 7.5ms
        delay(tx);
    }
}
```

2. STC15 实验箱流水灯控制

IAP15W4K58S4 单片机实验板中有 LED7、LED8、LED9、LED10 共 4 个 LED 灯,它们分别由 P1.7、P1.6、P4.7 和 P4.6 控制,如图 12.2 所示。实验板上还有独立按钮 SW17 和 SW18,其接口电路如图 12.3 所示,修改前述 Proteus 仿真流水灯控制程序,编程实现 4 个 LED 灯 LED7~LED10 的流水灯控制,按钮 SW17 用于选择流水灯循环速度,无 SW17 按钮,每个灯状态历时 250ms;有 SW17 按钮,每个灯状态历时 7.5ms。

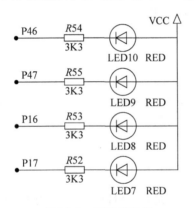

图 12.2　LED 指示灯

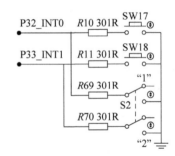

图 12.3　独立按键电路

图 12.1 的流水灯由标准 51 单片机 AT89C51 控制,其 I/O 口 P1、P2、P3 都是准双向口,因此流水灯控制程序没有设置 I/O 口工作模式的语句,实验板采用 IAP15W4K58S4 单片机,这款单片机是增强型的非标准 51 单片机,其 I/O 口有 4 种工作模式。IAP15W4K58S4 单片机复位后,一些 I/O 口处在准双向口状态,另一些处在非准双向口状态,主函数使用 I/O 口之前要设置相关 I/O 口的工作模式,即进行 I/O 口的初始化。

12.1.3　实验内容

1. 流水灯硬件设计

(1) 新建一个文件夹,用于存放本实验的原理图、软件工程项目、C51 源程序等文件。

（2）流水灯硬件设计，用 Proteus 软件，绘制如图 12.1 所示的电路原理图，双击 LED1～LED4，修改其元件属性，如图 12.4 所示。

图 12.4　修改 LED 的元件属性

2. 流水灯软件设计与仿真

（1）用 μVision4 集成开发环境，创建本实验 Proteus 仿真流水灯工程项目，新建 C51 源程序，并将其添加到项目中。

（2）设置"流水灯"工程项目的目标：单片机型号 AT89C51、时钟频率 12MHz、编译生成的目标文件名及路径等。

（3）编写、录入 C51 源程序，检查语法、编译项目、修改程序，直到编译成功。

（4）作好 Proteus 软件和 μVision 集成开发环境的联调设置，调试、修改程序直到实现预定功能。

3. 实验板流水灯软件设计与在系统调试

（1）用 μVision4 集成开发环境，创建 STC15 实验箱 IAP15W4K58S4 单片机实验板 LED7～LED10 的流水灯控制项目，新建 C51 源程序，并将其添加到项目中。

（2）设置"流水灯"工程项目的目标：单片机机型号 STC15W4K32S4、时钟频率 12MHz、编译生成的目标文件名及路径等（与 Proteus 软件仿真的目标文件不同名）。

（3）编写、录入 C51 源程序，检查语法、编译项目、修改程序，直到编译成功，由于 STC15W4K32S4 系列单片机的运行速度比标准 51 单片机 AT89C51 快 8 倍左右，当时钟频率相同时，延时函数的参数须重新设置。

（4）用 STC-ISP 在线编程器，设置好单片机型号、时钟源和频率等选项，打开目标程序，并将程序下载到实验板，在系统调试程序，直到完成预定功能。在系统调试程序时，实验板上设置开关 S1 拨到"两个串口无关联"位，S2 拨到"正常工作"位，如图 12.5 所示。

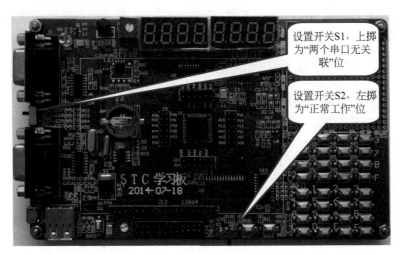

设置开关S1，上拨为"两个串口无关联"位

设置开关S2，左拨为"正常工作"位

图 12.5　实验板 2 个设置开关

4. 人眼视觉暂留效应观察

由于人眼有视觉暂留效应，当流水灯的循环速度达到每秒循环次数超过 25 次以上，流水灯看上去 4 个 LED 灯都是亮的，没有闪烁的感觉。上述程序当 K0（或 SW17）按钮被按下时，每个灯被点亮的时间为 7.5ms，流水灯一次循环用时 30ms，循环速度达到每秒循环 33.3 次，这样的循环速度，4 个 LED 灯感觉都是亮的，应没有闪烁的感觉。试分别在 Proteus 仿真和实验板上观察"人眼视觉暂留效应"，并回答思考题的问题 3。

5. 提高部分 Proteus 仿真

前述本实验 2.1 节流水灯控制程序中循环速度控制采用"按键有效（或开关型）"方式，即键按下选择一种循环速度，键抬起选择另一种循环速度。编程实现，将流水灯控制程序中循环速度控制更改为"按键触发"方式，即键每按一次（含按下或释放），循环速度变换一种（按下触发或释放触发均可）。

12.1.4　思考题

问题 1　C51 变量定义与 ANSI C 变量定义有什么不同？

问题 2　如果图 12.1 中电源 VCC 为 +5V，发光二极管 LED 的正向导通电压约为 1.8V，那么 LED 点亮时，流过 LED 的电流约是多少？

问题 3　当选择快速流水灯（即每个灯状态历时 7.5ms），将程序下载到实验板中，在系统运行程序时，可以观察到正常的人眼视觉暂留效应，而使用 Proteus 软件仿真时，则流水灯可能仍有闪烁（与 PC 的性能有关），这说明什么问题？

问题 4　怎样测试延时函数的延时时长？这个问题很重要，能测试延时时长，也就有了根据需要调整延时时长的方法。

12.1.5　实验报告要求

一、实验名称

二、实验目的

三、实验原理(简述、含算法分析与流程图)

四、实验内容(简述)

五、实验结果与总结

六、思考题

提交附件：电路原理图、实验程序项目等设计文件(电子文档)。

12.2　案例Ⅱ——动态数码管显示

12.2.1　实验目的

(1) 进一步掌握51单片机片内并行I/O口输入/输出基本操作；

(2) 掌握LED数码管动态显示原理及显示驱动程序编程方法；

(3) 掌握使用移位寄存器74HC595扩展串入并出接口的工作原理和控制程序编程方法；

(4) 进一步学习使用Keil μVision、Proteus、STC-ISP等开发工具平台,掌握系统调试方法。

12.2.2　实验原理

1. Proteus仿真动态数码管显示

如图12.6所示,P3.2接按钮型开关K0,P1.0~P1.7经限流电阻R1~R8接4位共阳极数码管显示模块的8条段数据线a~dp,P2.0~P2.3经六反相器74HC04驱动4位共阳极数码管显示模块的4条位选线com1~com4。

以下代码是4位共阳极数码管显示模块的控制程序,实现如下功能：按键K0释放时显示"0123",按键K0按下时显示"FEdC"。控制程序由C语言文件main.c和disp4ca.c构成,其中main.c是主程序,主要负责定时调用显示驱动子程序、检查按键,根据键状态更新显示缓冲寄存器的内容；disp4ca.c是显示驱动子程序模块,负责根据当前扫描位变量的值更新显示模块的段数据和位扫描信号。

(1) 主程序main.c。

```
/*动态数码管显示综合实验,CPU: AT89C51,主时钟12.000MHz,Proteus仿真
(1) 4位共阳极数码显示模块动态显示
(2) 显示内容可选择,无K0键显示0123,有K0键显示FEdC,按键K0接P3.2口
(3) 主程序main.c——定时调用显示驱动子程序、检查按键,根据键状态更新显缓的内容
*/
```

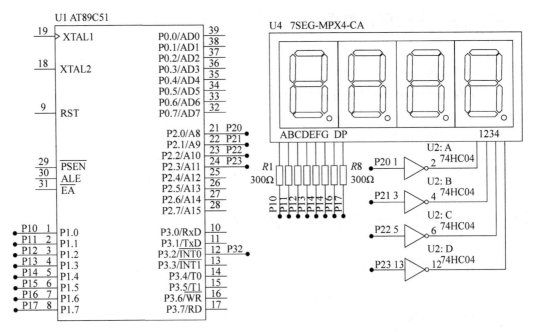

图 12.6　AT89C51 与 4 位共阳极数码管显示模块的接口

```c
#include<reg51.h>
#define uchar unsigned char
#define uint unsigned int
extern void disp_d();              //声明外部函数,动态显示函数
extern uchar data disBuf[];        //声明变量,显示缓冲区
extern uchar data disNum;          //声明变量,当前扫描位
sbit K0 = P3^2;                    //定义按键接口

void delay2ms5()                   //定义延时函数,2.5ms
{   uint i;
    for(i = 0;i < 427;i++);
}

void  main(void)
{   while(1)
    {   delay2ms5();
        disp_d();
        K0 = 1;                    //准双向口,读之前先写 1
        if(K0)
        {   disBuf[0] = 0x0; disBuf[1] = 0x1;//K0 = 1,无键显示"0123"
            disBuf[2] = 0x2; disBuf[3] = 0x3;
        }
        else
        {   disBuf[0] = 0xf; disBuf[1] = 0xe;//K0 = 0,有键显示"FEdC"
```

```
            disBuf[2] = 0xd; disBuf[3] = 0xc;
        }
    }
}
```

（2）显示驱动子程序模块 disp4ca.c。

```
/ * 共阳极数码动态显示驱动程序
(1) 4 位共阳极数码管显示模块,
(2) P1.0～P1.7 接段线 a～dp,P2.0～P2.3 经反相器驱动位选线 com1～com4(低电平有效).
* /
# include < reg51.h >
# define uchar unsigned char
uchar code segTab[ ] = {                          //在 CODE 区定义七段码译码表
    0xc0,0xf9,0xa4,0xb0,0x99,0x92,0x82,0xf8,
    0x80,0x90,0x88,0x83,0xc6,0xa1,0x86,0x8e
};
uchar code disScan[ ] = {                          //4 种位选线信号数据
    ～(1 ≪ 0),～(1 ≪ 1),～(1 ≪ 2),～(1 ≪ 3)
};
uchar data disBuf[4];                              //定义变量,显示缓冲区
uchar data disNum;                                 //定义变量,当前扫描位

void disp_d(void)                                  //显示驱动函数
{   P2 | = 0x0f;                                    //关闭所有位
    P1 = segTab[disBuf[disNum]];                   //将当前扫描位七段码送 P1 口
    P2& = disScan[disNum];                         //将当前扫描位选线信号送 P2 口
    disNum = (disNum + 1) % 4;                     //调整扫描位的值,指向下一位
}
```

2. STC15 实验板动态数码管显示

5.1.4 节介绍了 IAP15W4K58S4 单片机实验板上的 8 位共阴极数码管显示模块的工作原理,并分析了 8 位共阴极数码管动态扫描函数的详细代码。实验板有 8 位共阴极数码管显示模块,选用其高 4 位(左边的 4 码,对应的位选线是 com1～com4),构建一个"4 位数码显示系统",适当修改这些代码,可形成实验板上的左 4 位共阴极数码管动态扫描函数的 C 源程序文件。在实验板上的"4 位数码显示系统"中,分两屏显示自己的学号,没有 SW17 键时显示学号低 4 位,有 SW17 键时显示学号高 4 位。

12.2.3　实验内容

1. 数码管动态显示电路硬件设计

（1）新建一个文件夹,用于存放本实验的原理图、工程项目、C51 源程序等文件。

（2）完成 4 位共阳极数码管显示电路硬件设计,用 Proteus 软件,绘制如图 12.6 所示的电路原理图。

2．数码管动态显示软件设计与仿真

（1）用 μVision4 集成开发环境,创建 Proteus 仿真"4 位共阳极数码管显示控制"工程项目,新建 C51 源程序,并将其添加到项目中。

（2）设置"4 位共阳极数码管显示控制"工程项目的目标：单片机型号、时钟频率、编译生成的目标文件名及路径等。

（3）编写、录入 C51 源程序,检查语法、编译项目、修改程序,直到编译成功。

（4）作好 Proteus 软件和 μVision 集成开发环境的联调设置,调试、修改程序直到实现预定功能。

3．实验板数码管显示软件设计与在系统调试

根据本实验 2.2 节所述接口原理,编程实现以下功能：按键 SW18 抬起时,显示学生学号低 4 位(班级码＋个人码),按键 SW18 按下进显示学生学号 8~5 位(学院码＋专业码)。

（1）用 μVision4 集成开发环境,创建 STC 实验箱 IAP15W4K56S4 单片机实验板"4 位数码显示系统"项目,移植 Proteus 仿真的 C51 源程序,并将其添加到项目中。

（2）设置"4 位数码显示系统"工程项目的目标：单片机型号、时钟频率、编译生成的目标文件名及路径等。

（3）修改 main. c 文件延时函数的参数,当时钟仍为 12MHz、单片机更换为 IAP15W4K58S4 时,相关 I/O 口(如 P4.0、P4.3、P5.4 等)须设置为准双向口；每位数码的显示时长仍保持 2.5ms；修改 disp4ca. c 文件(建议改名 disp4cc. c,ca 表示共阳极 common anode,cc 表示共阴极 common cathode)中的段数据和位扫描数组、从 16 位串入并出接口输出位扫描数据和扫描位的段数据,检查语法、编译项目、修改程序,直到编译成功。

（4）用 STC-ISP 在线编程器,设置好单片机型号、时钟源和频率等选项,打开目标程序,并将程序下载到实验板,在系统调试程序,直到完成预定功能。

4．提高部分

在 IAP15W4K58S4 单片机实验板上的"4 位数码显示系统"中,实现左滚屏显示 "98765432109876……",滚屏速度为每秒左移 1 位字符,完成软件设计、调试。

12.2.4　思考题

问题 1　在图 12.6 中,如果 P1 口与段数据线的接法变更为 P1.1 接 a、P1.0 接 b,其他 6 个引脚接法不变,那么 disp4ca. c 中的段数据数组应怎样变化?

问题 2　如果图 12.6 中系统的电源电压 VCC 为＋5V,发光二极管 LED 的正向导通电压约为 1.8V,则数码管中各笔段的 LED 点亮时峰值电流约是多少? 平均电流约是多少? 不更换数码管的前提下,如何调整数码管的显示亮度?

问题 3　在图 12.6 中,如不使用共阳极数码管,而是采用共阴极数码管,可行吗?

问题 4　实验板有 8 位共阴极数码管显示模块,选用其最高 2 位(最左边的 2 位)和最低 2 位(最右边的 2 位)构成 4 位数码显示器,显示驱动程序应如何修改?

12.2.5　实验报告要求

实验报告要求同案例Ⅰ——I/O口输入/输出操作。

12.3　案例Ⅲ——定时计数器与矩阵键盘

12.3.1　实验目的

(1) 掌握 51 单片机片内定时/计数器的内部结构与编程控制方法;

(2) 掌握用片内定时器定时启动主循环的编程方法,并理解该方法的优点;

(3) 掌握矩阵键盘扫描、消抖动、键状态按下降沿(或释放沿)检出、按键提示"嘀"发声等相关程序的算法与编程。

12.3.2　实验原理

1. 用定时器作为程序主循环控制

在案例Ⅱ关于实验原理描述的动态数码管显示驱动程序中,每位数码的扫描时间为2.5ms,采用执行延时子程序的软件延时方法。在这 2.5ms 时间内,CPU 一直在运行,空耗时间,不能处理其他重要事件,宝贵的 CPU 时间被耗尽。如果改用定时器实现延时,将单片机中的定时/计数器设置成溢出时间为 2.5ms 的定时器,每当定时器溢出时,CPU 先恢复定时器初值,接着处理其他重要工作(如调用显示驱动子程序等),然后再查询等待定时器下一次溢出,这样宝贵的 CPU 时间得到充分利用,不被空耗。由于 AT89C51 属于标准 51 单片机,T0 的工作方式 1 是 16 位且初值不能重装载的定时/计数器,定时模式的内部时钟只能是主时钟的 12 分频,因此主程序 main.c 可改为(动态数码显示模块 disp4ca.c 不改动):

```
/* 动态数码管显示综合实验,CPU: AT89C51,主时钟 12.000MHz,Proteus 仿真
(1) 4 位共阳极数码显示模块动态显示
(2) 显示内容可选择,无 K0 键显示 0123,有 K0 键显示 FEdC,按键 K0 接 P3.2 接口
(3) 主程序 main.c——定时调用显示驱动子程序、检查按键,根据键状态更新显缓的内容
*/
# include < reg51.h >
# define uchar unsigned char
# define uint unsigned int
# define MAIN_FOSC 12.0000                    //主时钟频率(MHz)
extern void disp_d();                         //声明外部函数,动态显示函数
extern uchar data disBuf[];                   //声明外部变量,显示缓冲区
extern uchar data disNum;                     //声明外部变量,当前扫描位
sbit K0 = P3^2;                               //定义按键接口

void Timer0Init()                             //T0 初始化函数,2.5ms 定时
{   TMOD& = 0xf0;TMOD| = 0x01;                //T0 方式 1,16 位定时,初值不能重载
    TL0 = ((uint)(65536 - 2500 * MAIN_FOSC/12)) % 256;    //T0 定时器初值设置
```

```
        TH0 = ((uint)(65536 - 2500 * MAIN_FOSC/12))/256;
        TF0 = 0;                                          //清 T0 溢出标志
        TR0 = 1;                                          //启动 T0
    }

void  main(void)
{   Timer0Init();                                         //调用 T0 初始化函数
    while(1)
    {   while(!TF0);                                      //2.5ms 定时未到则等待
        TF0 = 0;                                          //清 T0 溢出标志
        TL0 = ((uint)(65536 - 2500 * MAIN_FOSC/12)) % 256;//T0 初值重载
        TH0 = ((uint)(65536 - 2500 * MAIN_FOSC/12))/256;
        disp_d();
        K0 = 1;                                           //准双向口,读之前先写 1
        if(K0)
        {   disBuf[0] = 0x0; disBuf[1] = 0x1;             //K0 = 1,无键显示"0123"
            disBuf[2] = 0x2; disBuf[3] = 0x3;
        }
        else
        {   disBuf[0] = 0xf; disBuf[1] = 0xe;             //K0 = 0,有键显示"FEdC"
            disBuf[2] = 0xd; disBuf[3] = 0xc;
        }
    }
}
```

2. 多任务系统程序结构

在 5.3 节中,对含有数码动态显示和键信号消抖动处理的多任务系统,如果将主程序的 2.5ms 软件延时改为 2.5ms 定时,图 5.10 的主程序流程图变更为如图 12.7 所示,该主程序流程图有广泛的代表性,许多单片机系统程序都采用这样的循环。与图 5.10 所示的流程图相比,主要有 3 个好处:其一,时间控制比较准确,原程序一个循环所用时间是"软件延时 2.5ms"加"调用扫描键盘保存键状态,及其后的数码显示动态扫描……程序执行时间",而后者用时不确定(执行不同分支用时不同);新程序只要"调用扫描键盘保存键状态,及其后的数码显示动态扫描……程序执行时间"不超过 2.5ms,一个循环所用时间都是 2.5ms;其二,CPU 时间能够得到有效利用,"调用扫描键盘保存键状态,及其后的数码显示动态扫描……程序执行时间"是该简单系统要完成的主要任务,对于复杂的系统主要任务可能很复杂,需要较长的处理时间,对

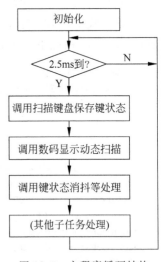

图 12.7　主程序循环结构

原程序,这将导致循环时间严重超时;对新程序,只要任务处理时间不超过 2.5ms,循环时间都是 2.5ms;大多数的单片机应用系统不涉及大量数据运算处理,任务处理时间一般不

会超过 2.5ms;其三,单片机应用系统任务处理过程有多项子任务处理需要计时,如按键去抖动、按键发出"嘀"声响、加热 1 分钟、风机延迟 30 秒关闭等,这些需计时处理的子任务都可以用此 2.5ms 定时为时间基准。

3. 矩阵键盘扫描与键信息处理

如图 12.8 所示是一配有 4×4 矩阵键盘、蜂鸣器和 4 位共阳极数码显示器的系统,矩阵键盘的行与列是相对的,本实验可以 P0.0～P0.3 为行线,以 P0.4～P0.7 为列线。右击蜂鸣器,设置其属性,修改"运行电压"和"负载电阻"的值,如图 12.9 所示。参考例 5.5,矩阵键盘扫描和键信息处理项目软件由 main.c、disp4ca.c 和 key4r4l.c 共 3 个 C 语言文件构成,各文件功能如下:

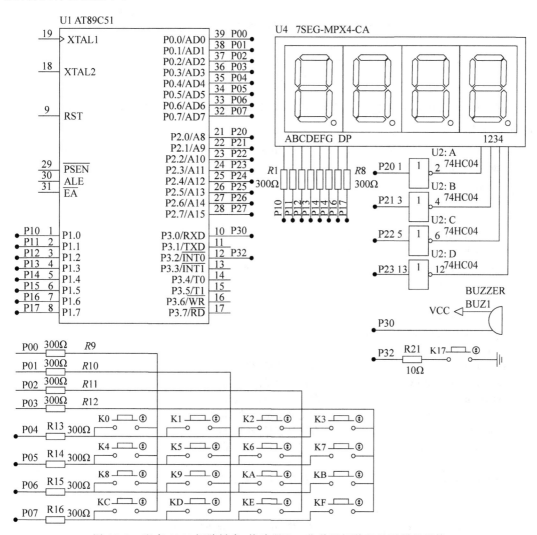

图 12.8　配有 4×4 矩阵键盘、蜂鸣器和 4 位共阳极数码显示器的系统

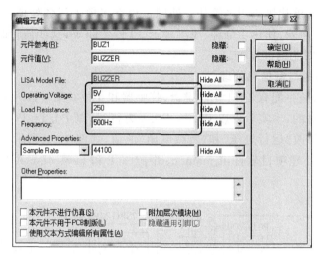

图 12.9 蜂鸣器属性设置(PC 配有声卡和音箱时可模拟蜂鸣器发声)

(1) disp4ca.c 是 4 位共阳极数码显示器扫描驱动子程序,详见案例 Ⅱ 中 disp4ca.c 文件对应的代码。

(2) key4r4l.c 是定义了与键信号处理相关的函数,含 4 行 4 列矩阵键盘扫描存键状态、按键消抖动、键状态变化前沿提取、求键号、按键发出"嘀"提示声等,算法原理如例 5.5 所述,代码如下:

```
/* 4 * 4 矩阵键盘扫描子程序
(1) readkey()读键状态函数,并保存在 edgk 中
     列线 P0.4~P0.7,行线 P0.0~P0.3,逐列扫描,列线输出 0,有键行线为 0,求反转正逻辑
(2) keytrim()键信号处理函数,含键状态消抖动、键前沿提取、求键号
(3) keysound()发"嘀"按键提示声函数
*/
# include < reg51.h>
# define uchar unsigned char
# define uint unsigned int
extern uint bdata key;              //声明变量,键状态
extern uint bdata edgk;             //声明变量,键变化前沿
extern uchar data kcode;            //声明变量,键编号
uchar data ktmr;                    //定义变量,消抖计时器
uchar data beeftmr;                 //定义变量,蜂鸣计时器
sbit BEEF = P3^0;                   //定义变量,蜂鸣器控制 I/O

void readkey()                      //扫描键盘存键状态
{   uchar i,j;
    for(i = 7;i > 3;i -- )
    {   P0 = ~(1 << i);             //扫描 P0.i 列,该列线为输出 0
        for(j = 0;j < 3;j++);       //延时约 10μs 等待信号稳定,键盘引线较长应加长延时
        edgk << = 4;               //edgk 空出低 4 位
```

```
        edgk| = (～P0)&0x0f;        //读键,转正逻辑,新读的4个键状态补到edgk低4位
    }
}

void keytrim()                      //键状态消抖动,键前沿提取,求键号
{   uint temp;                      //本行及以下为:键状态消抖动
    if(edgk == 0)ktmr = 0;          //无键,消抖计时器清0
    else
    {   if(ktmr < 255)ktmr++;       //有键,消抖计时器+1(防溢出)
        if(ktmr < 8)edgk = 0;       //延时20ms未到丢弃不稳定键
    }
    temp = edgk;                    //本行及以下为:键前沿提取.本次键状态暂存
    edgk = (key^edgk)&edgk;         //运算前key保存上次键状态、edgk保存本次键状态
    key = temp;                     //暂存的本次循环键状态移至key
    if(edgk!= 0)                    //本行及以下为:求键号
    {   temp = edgk >> 1;           //kcode初值0,temp = 1～F键的键状态
        for(kcode = 0;temp!= 0;kcode++)temp >> = 1;        //逐位查键,未查出kcode+1
    }
    else kcode = 0x10;              //无键,kcode = 0x10
}

void keysound()                     //按键发出"嘀"声响
{   if(edgk!= 0)beeftmr = 40;       //有变化沿,蜂鸣100ms初值
    if(beeftmr == 0)BEEF = 1;       //蜂鸣时间已到,蜂鸣关
    else {beeftmr -- ;BEEF = 0;}    //蜂鸣时间未到,走时、蜂鸣开
}
```

(3) main.c是主程序,完成2.5ms定时器初始化,显示内容选择和按键解释与响应,实现功能:上电时显示"0123",有键按下,对应键值从显示器右边滚入。代码如下:

```
/* 定时计数器与矩阵键盘综合实验,CPU: AT89C51,主时钟12.000MHz,Proteus仿真
(1) 4位共阳极数码显示模块动态显示,4*4矩阵键盘,键状态读取及消抖等处理
(2) 上电时显示0123,有键按下,对应键值从显示器右边滚入
(3) 主程序main.c——定时调用显示驱动子程序、检查按键,根据键状态更新显缓的内容
*/
#include < reg51.h >
#define uchar unsigned char
#define uint unsigned int
#define MAIN_FOSC 12.0000           //主时钟频率(MHz)
extern void disp_d();               //声明函数,显示扫描函数
extern void readkey();              //声明函数,扫描键盘存键状态
extern void keytrim();              //声明函数,键状态消抖等处理
extern void keysound();             //声明函数,有键发出"嘀"声响
extern uchar data disBuf[];         //声明变量,显示缓冲器
extern uchar data disNum;           //声明变量,当前扫描位
uint bdata key;                     //声明变量,键状态
uint bdata edgk;                    //声明变量,键状态变化前沿
```

```
uchar data kcode;                          //声明变量,键编号
sbit K0 = key^8;                           //定义位变量,开关型键 K0(7～0 键状态低字节高地址)
sbit K7 = key^15;                          //定义位变量,开关型键 K7
sbit K8 = key^0;                           //定义位变量,开关型键 K8(8～F 键状态高字节低地址)
sbit KF = key^7;                           //定义位变量,开关型键 KF
sbit EK0 = edgk^8;                         //定义位变量,触发型键 EK0
sbit EK7 = edgk^15;                        //定义位变量,触发型键 EK7
sbit EK8 = edgk^0;                         //定义位变量,触发型键 EK8
sbit EKF = edgk^7;                         //定义位变量,触发型键 EKF
sbit BEEF = P3^0;                          //定义变量,蜂鸣器控制 I/O

void Timer0Init()                          //T0 初始化函数,2.5ms 定时
{   TMOD& = 0xf0;TMOD| = 0x01;             //T0 方式 1,16 位定时,初值不能重载
    TL0 = ((uint)(65536 - 2500 * MAIN_FOSC/12)) % 256;   //T0 定时器初值设置
    TH0 = ((uint)(65536 - 2500 * MAIN_FOSC/12))/256;
    TF0 = 0;                               //清 T0 溢出标志
    TR0 = 1;                               //启动 T0
}

void  main(void)
{   BEEF = 1;                              //蜂鸣器初始化
    Timer0Init();                          //调用 T0 定时器初始化函数
    disBuf[0] = 0x0; disBuf[1] = 0x1;      //默认显示"0123"
    disBuf[2] = 0x2; disBuf[3] = 0x3;
    while(1)
    {   while(!TF0);                       //2.5ms 定时未到则等待
        TF0 = 0;                           //清 T0 溢出标志
        TL0 = ((uint)(65536 - 2500 * MAIN_FOSC/12)) % 256;   //T0 初值重载
        TH0 = ((uint)(65536 - 2500 * MAIN_FOSC/12))/256;
        readkey();                         //调用扫描键盘存键状态函数
        disp_d();                          //调用显示扫描函数
        keytrim();                         //调用键状态消抖等处理函数
        keysound();                        //调用有键发出"嘀"提示声函数
        if(kcode < 16)                     //有键,则键号右边滚入
        {   disBuf[0] = disBuf[1]; disBuf[1] = disBuf[2];
            disBuf[2] = disBuf[3]; disBuf[3] = kcode;
        }
    }
}
```

12.3.3 实验内容

1. 数码动态显示主程序循环的定时控制

(1) 新建一个文件夹,用于存放本实验的原理图、工程项目、C51 源程序等文件。

(2) 按本实验原理中"用定时器作程序主循环控制"所述,在案例Ⅱ——动态数码管显示的基础上修改程序,实现用 2.5ms 定时器控制主循环。

2. 矩阵键盘信号处理相关程序设计与仿真

（1）硬件设计，用 Proteus 软件，绘制图 12.8 的电路原理图，系统由 4×4 矩阵键盘、蜂鸣器和 4 位共阳极数码显示器构成。

（2）软件设计，按键信号处理需含有矩阵键盘扫描、保存键状态、键状态去抖动、键状态变化沿提取、按键发出"嘀"提示声等功能，主程序实现键号从显示器右边滚入。

（3）用 μVision4 集成开发环境，创建本实验 2.3 节的工程项目，设置工程项目的目标：单片机机型号、时钟频率、编译生成的目标文件名及路径等。新建 C51 源程序，并将其添加到项目中，编写、录入 C51 源程序，检查语法、编译项目、修改程序，直到编译成功。

（4）作好 Proteus 软件和 μVision 集成开发环境的联调设置，调试、修改程序直到实现预定功能。

3. 实验板矩阵键盘信号处理相关程序设计与在系统调试

选用实验板高 4 位数码管显示模块（左边的 4 码，对应的共阴极位选线是 com1～com4），以及接口如图 4.34 所示的 4 行 4 列矩阵键盘（实验板右下方的 16 键），构建一个键盘与数码显示系统，修改矩阵键盘扫描与键信息处理程序，将其移植到实验板中，在实验板上实现矩阵键盘扫描与键信息处理功能。由于实验板中没有配蜂鸣器，以实验板上的 LED4 模拟蜂鸣器，LED4 驱动如图 12.10 所示，有键按下 LED4 闪烁 100ms。

（1）用 μVision4 集成开发环境，创建工程项目，移植矩阵键盘扫描与键信息处理程序，并将其添加到项目中。

（2）设置工程项目的目标：单片机机型号、时钟频率、编译生成的目标文件名及路径等。

（3）修改 key4r4l.c 文件。当时钟仍为 12MHz、单片机更换为 IAP15W4K58S4 时，相关 I/O 口（如 P0、P4.0、P4.3、P5.4 等）必须设置为准双向口；键盘扫描的 10μs 延时语句的参数应作相应修改，数码显示器扫描驱动改用共阴极程序 disp4cc.c。

（4）用 STC-ISP 在线编程器，设置好单片机型号、时钟源和频率等选项，打开目标程序，并将程序下载到实验板，在系统调试程序，直到完成预定功能。

4. 使用 char 型键状态的程序修改

在 key4r4l.c 文件中，键状态 key 及其变化沿 edgk 数据类型是 int，16 位数据正好对应 16 个键的状态。若数据类型改用 char 型，键状态及其变化沿可分别用数组 edgk[2] 和 key[2] 存储，edgk[0] 保存 KF～K8 键状态、edgk[1] 保存 K7～K0 键状态，请修改相关程序。

12.3.4　思考题

问题 1　在本实验 2.3 节 key4r4l.c 文件 keytrim() 函数中，如果要想提取键状态变化的后沿（对应键释放），那么后沿提取算法用 C 语言语句如何表示？

问题 2　在本实验 2.3 节 key4r4l.c 文件中，从 readkey() 函数中可知 K8 的键状态存储在 edgk 的第 8 位，为什么在 main.c 中定义 K8 的键状态变化沿（或触发型键）EK8，其位地址是"edgk^0"，而不是"edgk^8"？

问题 3   在本实验 2.3 节 keysound()函数中,为什么蜂鸣倒计时器初值 40 对应"嘀"声长 100ms?

问题 4   实验板中除有 4×4 矩阵键盘外,还 2 个独立按键,独立按键也存在键抖动问题,本实验 2.3 节所示的键状态消抖动、键状态变化沿提取等算法能适用于独立按键信号处理吗?

12.3.5   实验报告要求

实验报告要求同案例Ⅰ——I/O 口输入/输出操作。

视频

12.4   案例Ⅳ——电动门控制系统设计

12.4.1   实验目的

(1)掌握 51 单片机的中断系统结构与中断控制;
(2)掌握中断函数的编程方法;
(3)掌握外部中断源的基本应用,中断与查询编程的区别,2 个中断源的优先级管理;
(4)掌握用 51 单片机定时/计数器门控功能测量脉冲宽度的方法,提高综合应用能力;
(5)学习系统软件设计方法——状态转移分析法。

12.4.2   实验原理

1. 电动门控制系统

在电动门系统中,可用 2 只继电器控制电机的正反转,驱动门体的上升与下降,用光电传感器或霍尔传感器记录电机的转角,电机每转过一定角度产生 1 个脉冲。若用单片机对该脉冲计数(正转为加 1、反转减 1 计数),则可根据计数值判断门的开度。当计数值增至某一极限值 N_max 时,门升至上限位;当计数减至 0 时,门降至下限位。图 12.10 所示为一模拟电动门控制系统,用 LED7 表示电机正转控制使能,LED8 作为上升指示(闪烁);LED9 表示电机反转控制使能,LED10 作为下降指示(闪烁);用开关 K18 模拟光电传感器或霍尔传感器,开关 K18 按一次产生 1 个负脉冲(转角脉冲);数码显示器用于显示门的开度,即当前门位对应的脉冲计数值;KC、KD、KE、KF 作为系统运行控制键,分别称为上升键(UP)、下降键(DN)、停止键(ST)、调试键(ADJ)。系统功能如下:

【功能 1】   电动门停止时,正反转控制禁止,上升和下降指示灯灭,数码显示器显示当前脉冲计数值,点按上升(或下降)键则触发电机正转(或反转),长按调试键 5 秒则进入调试状态。

【功能 2】   电动门上升时,正转控制使能,上升指示灯每秒闪烁 1 次,数码显示器显示当前脉冲计数值,点按 4 个控制键中任意键或门上升至上限位则停止。

【功能 3】   电动门下降时,反转控制使能,下降指示灯每秒闪烁 1 次,数码显示器显示当前脉冲计数值,点按 4 个控制键中任意键或门下降至下限位则停止。

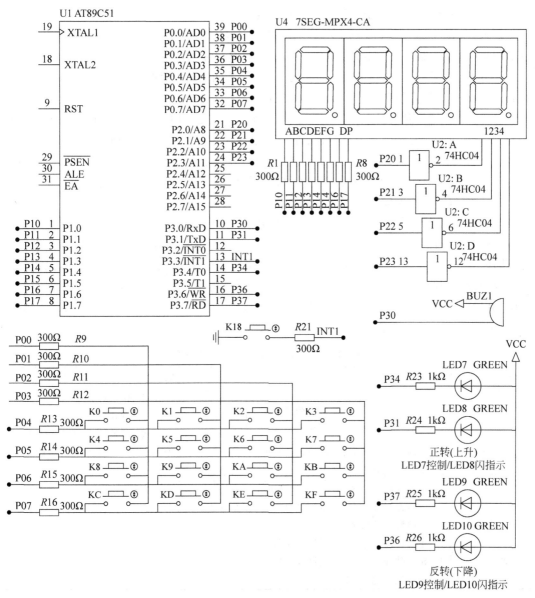

图 12.10　电动门控制系统

【功能 4】　电机不能直接进行正反转切换,切换必须经停至少 0.5 秒,以避免继电器动作滞后导致短路。

【功能 5】　调试时,正转控制使能,上升和下降指示灯双亮,系统自动测量并显示两脉冲的间隔时间,或两次按下 K18 之间的间隔时间,即 INT1 高电平时间;再次点按调试键,结束调试,控制电机正常工作。此项功能不是实际电动门控制系统所需,增加该功能仅为结合实际构建定时器的综合应用场景。

2．INT1引脚上两个负脉冲的间隔时间测量

INT1引脚(P3.3)两个负脉冲的间歇期是开关K18抬起期，是INT1引脚的高电平期。INT1是定时计数器T1的门控引脚，将T1设置成有门控的定时器，可实现该引脚高电平的持续时间测量。采用12MHz晶振时，AT89C51定时器的最长定时时间为65.535ms(方式1)，而K18两次按下之间的间隔时间在100ms级以上，因此必须用扩展定时计数的方法才能测量INT1引脚上两个负脉冲的间隔时间。考虑到软件恢复定时器初值会导致扩展定时计数误差，因此将T1定时器设置为有门控、方式2(晶振12MHz时最长定时长度256μs)、100μs定时、允许中断，然后定义unsigned int型变量pw作为扩展定时计数单元，在T1中断服务程序中对pw作加1计数处理，这样INT1引脚两负脉冲间隔时间最大测量范围为6.5535秒。

3．系统状态及状态转移分析

单片机应用系统软件设计常采用状态转移法。设计时，首先要分析系统的功能，将系统分解为几个不同的工作状态，用状态变量state保存状态编码，处在不同工作状态时，系统执行不同的程序模块，实现不同的功能；其次要分析实现这些功能的控制量有哪些，包括开关量和模拟量等，找出系统的工作状态发生变化的条件，得出系统的状态转移表。根据实验原理中"电动门控制系统"构思的电动门控制系统功能，系统可分为待机、正转(升)、反转(降)、停止、调试共5个工作状态，状态转移表如表12.1所示。

表12.1　电动门控制系统状态转移表

状态及其编码	显示及执行任务	响应的控制量、状态转移及条件
待机态 state＝0	1. 当前脉冲计数值，禁止中断计数； 2. 正反转控制禁止，正反转指示灯灭	1. 有上升键(触发型)则进入正转(升)态； 2. 有下降键(触发型)则进入反转(降)态； 3. 有调试键(开关型长键5秒)则进入调试态
正转(升)态 state＝1	1. 当前脉冲计数值，允许INT1中断； 2. 正转控制允许，正转指示灯秒闪	任意一键(触发型)或门上升至上限位则进入停止态
反转(降)态 state＝2	1. 当前脉冲计数值，允许INT1中断； 2. 反转控制允许，反转指示灯秒闪	任意一键(触发型)或门下降至下限位则进入停止态
停止态 state＝3	1. 当前脉冲计数值，禁止中断计数； 2. 正反转控制禁止，正反转指示灯灭	停止时间(0.5秒)到自动进入待机态
调试态 State＝4	1. 显示脉冲间隔时间，允许T1中断； 2. 正转控制允许，正反转指示灯双亮	有调试键(触发型)则进入待机态

4．电动门控制系统参考主程序

在状态转移表(表12.1)的基础上，利用switch语句，根据状态变量state实现系统工作状态的转移，完成工作任务的调度，系统程序及中断服务程序流程如图12.11所示。

/＊电动门控制系统设计实验，CPU：AT89C51，主时钟12.000MHz，Proteus仿真
(1) 行程限位采用脉冲计数控制，由INT1外接按键K18模拟转角脉冲信号
(2) 4位共阳极数码动态显示模块，显示当前门的开度(即当前行程记录的电机转角脉冲数)
(3) 4＊4键盘的KC～KF键设为以下功能：UP上行键、DN下行键、ST停止键、ADJ调试键；
(4) 主程序main.c－－定时调用显示子程序、读键及键信号消抖等处理、状态转移分析法

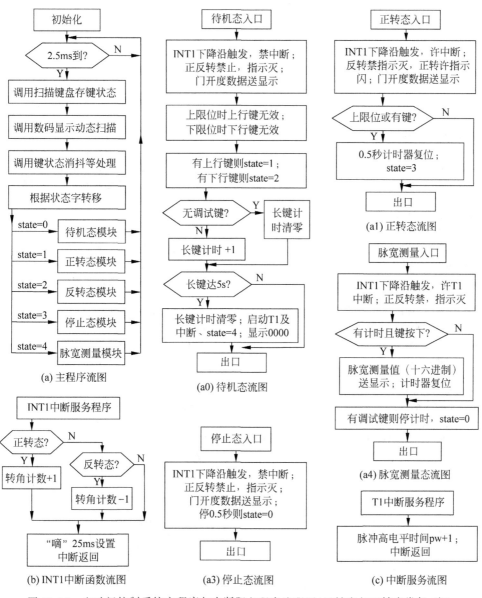

图 12.11 电动门控制系统主程序与中断服务程序流程图(反转态与正转态类似,略)

```
*/
#define N_max 50                        //极限转角脉冲计数值,或行程上限
#include <reg51.h>
#define uchar unsigned char
#define uint unsigned int
#define MAIN_FOSC 12.0000               //主时钟频率(MHz)
extern void disp_d();                   //声明函数,显示扫描函数
extern void readkey();                  //声明函数,扫描键盘存键状态
```

```
extern void keytrim();                          //声明函数,键状态消抖等处理
extern void keysound();                         //声明函数,有键发出"嘀"声响
extern uchar data disBuf[];                     //声明变量,显示缓冲器
extern uchar data disNum;                       //声明变量,当前扫描位
uint bdata key;                                 //定义变量,键状态
uint bdata edgk;                                //定义变量,键状态变化前沿
uchar data kcode;                               //定义变量,键编号
extern uchar data beeftmr;                      //声明变量,蜂鸣计时器
sbit EUP = edgk^4;                              //定义位变量,KC 键为上升键(触发型)
sbit EDN = edgk^5;                              //定义位变量,KD 键为下降键(触发型)
sbit EST = edgk^6;                              //定义位变量,KE 键为停止键(触发型)
sbit EADJ = edgk^7;                             //定义位变量,KF 键为调试键(触发型)
sbit ADJK = key^7;                              //定义位变量,KF 键为调试键(开关型)
sbit LED7 = P3^4;                               //定义位变量,LED7 驱动 I/O 口
sbit LED8 = P3^1;                               //定义位变量,LED8 驱动 I/O 口
sbit LED9 = P3^7;                               //定义位变量,LED9 驱动 I/O 口
sbit LED10 = P3^6;                              //定义位变量,LED10 驱动 I/O 口
sbit BEEF = P3^0;                               //定义位变量,蜂鸣器控制 I/O
uchar data cnt;                                 //定义变量,当前门的开度
uchar data state;                               //定义变量,工作状态
uchar data timer;                               //定义变量,0.5 秒计时器
uchar data KeyOnTmr;                            //定义变量,调整键长键计时
uint data pw;                                   //定义变量,脉冲宽度计时,基准 100μs

void TimerInit()                                //T0、T1 初始化
{   TMOD = 0xa1;                                //T0 无门控方式 1 定时,T1 有门控方式 2 定时
    TL0 = ((uint)(65536 - 2500 * MAIN_FOSC/12)) % 256;  //T0 定时器初值设置
    TH0 = ((uint)(65536 - 2500 * MAIN_FOSC/12))/256;
    TL1 = TH1 = 256 - 100;                      //T1 定时器初值设置(8 位自动重载)
    TF0 = 0;TF1 = 0;                            //清 T0、T1 溢出标志
}

void INT1_int() interrupt 2                     //INT1 中断服务函数
{   if(state == 1)cnt++;                        //正转(升),脉冲 +1 计数
    else if(state == 2)cnt -- ;                 //反转(降),脉冲 -1 计数
    beeftmr = 10;                               //检测到脉冲发出 25ms"嘀"声
}

void T1_int() interrupt 3 using 1               //T1 中断服务函数
{   pw++;                                       //脉冲宽度计时
}

void wrdisb(uchar w,uchar x,uchar y,uchar z)    //写显示缓存
{   disBuf[0] = w;disBuf[1] = x;disBuf[2] = y;disBuf[3] = z;
}
void main()
{   BEEF = 1;                                   //蜂鸣初始化
```

```
cnt % = N_max;                            //实际系统中当前门开度从 EEPROM 中恢复
state = 0;                                //默认待机态
TimerInit();TR0 = 1;                      //调用 T0、T1 定时器初始化函数,启动 T0
while(1)
{   while(!TF0);                          //2.5ms 定时未到则等待
    TF0 = 0;                              //清 T0 溢出标志
    TL0 = ((uint)(65536 - 2500 * MAIN_FOSC/12)) % 256;   //T0 初值重载
    TH0 = ((uint)(65536 - 2500 * MAIN_FOSC/12))/256;
    readkey();                            //调用扫描键盘存键状态函数
    disp_d();                             //调用显示扫描函数
    keytrim();                            //调用键状态消抖等处理函数
    keysound();                           //调用有键发"嘀"提示声函数
    timer = (timer + 1) % 200;            //计时,500ms 回 0
    switch(state)                         //根据状态转移
    {   case 0:                           //待机态
            IT1 = 1;IE = 0;               //INT1 下降沿触发,中断禁止
            LED7 = 1;LED8 = 1;LED9 = 1;LED10 = 1;   //正反转控制禁止、无指示
            //显示当前位置脉冲计数值
            wrdisb(0,cnt/100,cnt/10 % 10,cnt % 10);
            if(cnt == N_max)EUP = 0;      //上限位,EUP 键无效
            if(cnt == 0)EDN = 0;          //下限位,EDN 键无效
            if(EUP)state = 1;             //有 EUP 键则转上升态
            if(EDN)state = 2;             //有 EDN 键则转下降态
            if(!ADJK)KeyOnTmr = 0;        //无 ADJK 则键计时器清 0
            else if(timer == 0)KeyOnTmr++;  //有 ADJK 则计时(时基 0.5S)
            if(KeyOnTmr == 10)            //判断长键达 5 秒?
            {   KeyOnTmr = 0;             //长键计时复位
                TR1 = 1;ET1 = 1;state = 4;  //启动 T1 及中断,转脉宽测试
                pw = 0;wrdisb(0,0,0,0);   //脉冲间隔清 0,显示"0000"
            }
            break;
        case 1:                           //正转(升)态
            IT1 = 1;EX1 = 1;EA = 1;       //INT1 下降沿触发允许其中断
            LED9 = 1;LED10 = 1;LED7 = 0;  //正转(升)控制使能
            if(timer == 0)LED8 = !LED8;   //正转(升)指示,闪 1 次/秒
            wrdisb(0,cnt/100,cnt/10 % 10,cnt % 10);
            //达上限或有键则转停止态
            if(cnt == N_max||EUP||EDN||EST||EADJ)
            {   timer = 0;state = 3;
            }
            break;
        case 2:                           //反转(降)态
            … …;                          //待补充
        case 3:                           //停止态
            IT1 = 1;IE = 0;               //INT0 下降沿触发禁止其中断
            LED7 = 1;LED8 = 1;LED9 = 1;LED10 = 1;//正反转控制禁止、无指示
            wrdisb(0,cnt/100,cnt/10 % 10,cnt % 10);
            if(timer == 0)state = 0;      //0.5 秒到则转待机态
            break;
        case 4:                           //脉宽测试态
```

```
            IT1 = 1; ET1 = 1;EA = 1;                //INT1 下降沿触发,T1 中断允许
            LED7 = 0;LED8 = 0;LED9 = 1;LED10 = 0;//正转控制允许、双亮指示
            if((pw!= 0)&&(!INT1))               //INT1 有高电平,且已转为低电平
            {
        wrdisb((pw >> 12)&0x0f,(pw >> 8)&0x0f,(pw >> 4)&0x0f,pw&0x0f);
                pw = 0;                        //显示脉宽(十六进制),清 pw
            }
            if(EADJ){TR1 = 0;state = 0;}        //有 ADJK 键则转待机态
            break;
        default:break;
      }
    }
}
```

12.4.3 实验内容

1. Proteus 电动门控制系统设计与仿真

（1）新建一个文件夹,用于存放本实验的原理图、工程项目、C51 源程序等文件。

（2）硬件设计,用 Proteus 软件,绘制图 12.11 的电路原理图,系统由 4×4 矩阵键盘、蜂鸣器和 4 位共阳极数码显示器、4 只发光二极管及限流电阻、独立按键 K18 等构成。

（3）对照电动门控制系统功能和状态转移表,全面解读系统主程序,并完成反转（降）态程序模块设计。

（4）用 μVision4 集成开发环境,创建电动门控制系统相应的工程项目,设置工程项目的目标：单片机机型号、时钟频率、编译生成的目标文件名及路径等。新建 C51 源程序文件 main.c,并将其添加到项目中,编写、录入 C51 源程序。将实验 Ⅱ 的显示驱动子程序模块 disp4ca.c,以及实验 Ⅲ 的矩阵键盘信号处理程序模块 key4r4l.c 复制到当前文件夹中,并添加到项目中,检查语法、编译项目、修改程序,直到编译成功。

（5）作好 Proteus 软件和 μVision 集成开发环境的联调设置,调试、修改程序直到实现预定功能。

2. 实验板电动门控制系统程序设计与在系统调试

选用实验板高 4 位数码管显示模块（左边的 4 码）、4 行 4 列矩阵键盘（实验板右下方的 16 键）、发光二极管 LED7～LED10、独立按键 SW18 构建一个电动门控制系统,由于实验板中没有配蜂鸣器,以实验板上的 LED4 模拟蜂鸣器（如图 12.10 所示）,有键按下 LED4 亮 100ms。由于 IAP15W4K58S4 单片机 T1 定时器的方式 0 是初值自动重装的 16 位定时器,定时范围比 AT89C51 单片机 T1 定时器的方式 2 的定时范围大,因此实验板电动门控制系统将 T1 定时器设置为有门控、方式 0、1ms 定时,将脉冲间隔时间测量的量程扩大到 65.535 秒。修改实验原理中提供的代码,将其移植到实验板中,在实验板上实现所构思的电动门控制功能。

（1）新建项目文件夹,用 μVision4 集成开发环境,创建实验板电动门控制系统工程项目,移植实验原理中提供的代码,并将其添加到项目中。

(2) 设置工程项目的目标：单片机型号、时钟频率、编译生成的目标文件名及路径等。

(3) 矩阵键盘信号处理程序 key4r4l.c 文件选用适合实验板的参数，数码显示器扫描驱动改用适用实验板的共阴极程序 disp4cc.c。

(4) 用 STC-ISP 在线编程器，设置好单片机型号、时钟源和频率等选项，打开目标程序，并将程序下载到实验板，在系统调试程序，直到完成预定功能。

3. 增加电动门锁定功能

在上述实验内容的基础上，若给电动门控制系统增加以下新功能：

【功能6】　当电动门关闭（门处在下限位，cnt＝0）时，长按停止键 5 秒，电动门系统锁定。锁定后，正反转指示灯双闪，点按任何按键都无法开启电动门，只有长按停止键 3 秒，才能退出锁定，正常工作。

试根据以上新增功能，重新分析系统的状态及其状态转移条件，形成新的状态转移表。由新的状态转移表，修改相应的程序，在实验板上实现所有功能。

12.4.4　思考题

问题1　普通（非中断）函数能否调用中断函数？中断函数能否调用普通函数？普通函数和中断函数能否调用同一函数？

问题2　为什么在本实验中外部中断 INT1 要采用脉冲触发方式，而不能采用电平（STC 单片机为双沿）触发方式？

问题3　在 Proteus 仿真中，由于 AT89C51 单片机 16 位定时器（方式 1）的初值不能自动重载，因此将 T0 设置为方式 1、2.5ms 定时器时，需用软件恢复定时器的初值（见电动门控制系统参考主程序 main.c 文件中加粗表示的程序行），这将导致 2.5ms 定时存在误差，试分析造成定时误差的原因是什么？

问题4　在实验板中，INT1（即 P3.3）引脚外接的按钮 SW18 抖动会导致什么结果，如何通过软件消除抖动？

问题5　结合本实验，说明键状态变化前沿（简称键前沿或触发型键）与键状态（或称开关型键）各有什么特点？在使用上有什么差别？

12.4.5　实验报告要求

实验报告要求案例 I ——I/O 口输入/输出实验。

12.5　案例 V ——简易电子时钟设计

视频

12.5.1　实验目的

(1) 掌握 LED 数码管动态扫描显示器赋值位闪烁的控制方法及编程实现；

(2) 掌握单片机应用系统常用的三键赋值方法及其编程实现；

（3）掌握用单片机内部定时器实现简易电子时钟设计的方法；

（4）掌握用状态转移法设计单片机应用系统软件的方法。

12.5.2 实验原理

1. 电子时钟设计

在单片机应用系统中，经常会嵌入一个电子时钟功能模块，电子时钟模块可采用专门的时钟芯片，如 DS1302 或 PCF8563 等，低成本系统中也会采用单片机内部的定时器实现电子时钟功能，本实验研究利用 51 单片机设计电子时钟的方法。

图 12.12 所示为基于 AT89C51 的电子时钟电路，其中 $R1 \sim R8$、$R21$、$R22$ 属性为 Model Type 选择 DIGITAL，发光二极管 D1 和 D2 的属性设置如图 12.13 所示。各电路模块功能如下：

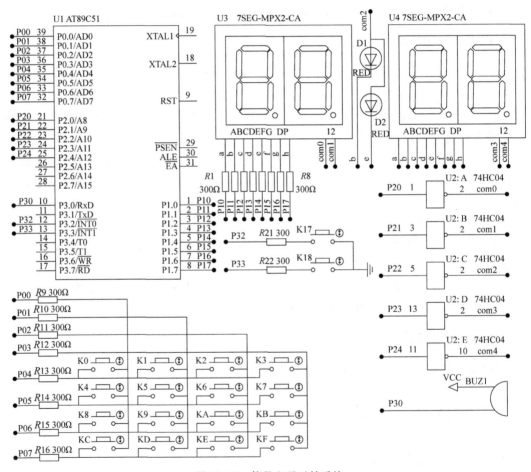

图 12.12 简易电子时钟系统

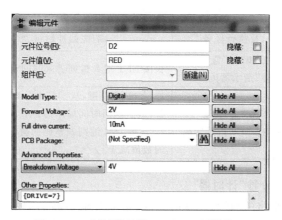

图 12.13　"秒"指示器 D1 和 D2 属性设置

（1）2 个 2 位共阳极数码管显示时钟的"时"和"分"值，2 只发光二极管 D1 和 D2 采用共阳极接法，它们的阴极分别接到数码管的 e、b 笔段，该 2 只发光二极管作为"秒"指示器。

（2）数码管和发光管"秒"指示器采用动态显示驱动，P1 口经限流电阻接段信号线，P2.0～P2.4 经反相驱动器 74HC04 接位选信号线。

（3）P3.0 驱动蜂鸣器，用于发按键"嘀"提示声。

（4）时间设置采用电子钟常用的三键调时法，只需 3 个按键，但如果把电子钟作为嵌入应用系统的一个功能，系统其他功能需要配置矩阵键盘和独立按键（或一般的独立的开关输入量），因此本设计中冗余配置了 4×4 矩阵键盘和 2 个独立按键，以此为例研究键盘与其他独立输入开关量的联合消抖动等问题。

（5）KC 键作为"设置/确认"键，记为 SET 键，K17 作为"加 1"键，记为 INC 键，K18 键作为"减 1"键，记为 DEC 键。构思简易电子时钟的功能如下。

【功能 1】　电子钟采用"24 小时计时制"。通常情况下，电子时钟显示"时"和"分"值，"秒"指示器每秒闪烁 1 次，长按 SET 键 5 秒进入调时（或校时）状态。

【功能 2】　进入调时状态，从"时"的十位开始调整，继续点按 SET 键，依次调整"时"个位、"分"十位、"分"个位，再点按 SET 键结束调时，并确认"时""分"的调整值，"秒"值自动回0，回到时间正常显示状态。

【功能 3】　在调时状态下，正在调整的位每秒闪烁 1 次，表示该位为当前调整码，点按 INC 键则调整码的数值加 1，点 DEC 键则调整码的数值减 1，调整码的数值增减要在"24 小时计时制"时间各位数值的取值范围内变化，如"分"十位由 5 加 1 应当回零，"时"的个位由 0 减 1 应当回 9 或 3（与"时"的十位有关）。

2. 系统状态及状态转移分析

采用状态转移法设计软件，用状态变量 state 保存状态编码。根据所构思的电子时钟的功能，系统状态可分为时间显示态和时间调整态两个工作状态，状态转移表如表 12.2 所示。

表 12.2　简易电子钟状态转移表

状态及其编码	显示及执行任务	响应的控制量、状态转移及条件
时间显示态 state＝0	"时"和"分"值； "秒"指示器闪	长按 SET 键 5 秒则进入时间调整态
时间调整态 state＝1	"时"和"分"值； 调整位闪，"秒"指示常亮	1. 点按 SET 键，从"时"十位向"分"个位，逐位后移调整位，最后返回时间显示态； 2. 点按 INC 键则调整码的数值加 1，点 DEC 键则调整码的数值减 1

3. 计时基准与"时分秒"计时器

作为一种计时仪器，时钟必须有计时基准，精度要求不高的简易电子时钟可将 51 单片机的定时计数器 T0 设置成 2.5ms 定时器，该定时器既可作为电子时钟计时基准，又可作数码管动态扫描和消除抖动等按键信号处理的计时基准(如案例Ⅲ、案例Ⅳ所示)，因此，定义无符号字符型计时变量 timer、sec、min、hour，其中 timer 对 2.5ms 时基信号计数，计满 200 回零，产生"0.5秒"信号；sec 对"0.5秒"信号计数，计满 120 回零，产生"分"信号；min 对"分"信号计数，计满 60 回零，产生"时"信号；hour 对"时"信号计数，计满 24 回零。

4. 调时状态下调整位数码的闪烁控制

闪烁控制即控制显示数码在一个时段亮(称为亮时段)，在下一个时段暗(称为暗时段)，亮暗交替进行。动态扫描情况下的数码管闪烁控制有两种办法：其一是控制显示数码的段信号，亮时段正常输出显示数码的段信号，暗时段则输出"灭"的段信号(共阳数码管"灭"的段信号为 0xff)，位选码以正常方式控制；其二是控制显示数码的位选码，亮时段输出正常的位选码，暗时段则输出"灭"的位选码。本设计采用后一种方法。

按功能 3 要求，在时间调整状态下，正在调整的位每秒闪烁 1 次，因此亮、暗时长各 0.5 秒，由于计时变量 sec 对"0.5秒"信号计数，因此可用 sec 的最低位 sec.0 表示亮、暗时段，规定 sec.0＝0 为亮时段，sec.0＝1 为暗时段。

按功能 2 要求，调时从"时"的十位开始，受 SET 键控制，逐位后移，至"分"个位结束，因此，定义无符号字符型变量 setNum 表征当前调整位，setNum＝0 对应"时"十位，setNum＝4 对应"分"个位。进入调时状态时，setNum＝0，点按 SET 键一次，setNum 加 1，加至 5 时，调时结束，返回时间显示状态。

综上所述，将共阳极数码管动态显示驱动程序 disp4ca.c 修改为：

```
/＊共阳极数码动态显示驱动程序
(1) 2 只 2 位共阳极数码管显示模块，将 2 只 LED 按共阳接法形成仅有 b、e 段的秒指示器，
    显示器显示格式为 XX：XX，从左到右位选线依次为 com1，com2，…，com5
(2) P1.0～P1.7 接段线 a～dp,P2.0～P2.4 经反相器驱动位选线 com1～5(低电平有效)
＊/
＃include < reg51. h >
＃define uchar unsigned char
uchar code segTab[ ] = {                    //在 CODE 区定义七段码译码表
```

```
        0xc0,0xf9,0xa4,0xb0,0x99,0x92,0x82,0xf8,
        0x80,0x90,0x88,0x83,0xc6,0xa1,0x86,0x8e,0xff,0xed
    };
    uchar code disScan[ ] = {                    //5 种位选线信号数据
        ~(1 << 0),~(1 << 1),~(1 << 2),~(1 << 3),~(1 << 4)
    };
    uchar data disBuf[5];                        //定义变量,显示缓冲区
    uchar data disNum;                           //定义变量,当前扫描位
    extern uchar data state;                     //声明变量,工作状态
    extern uchar data sec;                       //声明变量,秒变量,二进制
    extern uchar data setNum;                    //声明变量,当前调整位,0~时十位,4~分个位

    void disp_d(void)                            //显示驱动函数
    {   P2| = 0x1f;                              //关闭所有位
        P1 = segTab[disBuf[disNum]];             //将当前扫描位七段码送 P1 口
        //调时且暗时段且扫描至调整位则关闭位选码
        if((state! = 0)&&(sec < &1)&&(disNum == setNum));
        else P2& = disScan[disNum];              //正常输出位选线信号
        disNum = (disNum + 1) % 5;               //调整扫描位的值,指向下一位
    }
```

加黑的部分为修改内容,主要涉及:

(1) 带上"秒"指示器,显示器实际为 5 位;

(2) 七段码译码表中增加了第 16(0xff)和第 17(0xed),分别对应"秒"指示器暗和亮;

(3) 调整位闪烁控制,调时态(state=1)下,且暗时段(sec.0=1),且动态扫描至调整位时,不输出位选线信号(即"灭")。

5. 输入开关量的信号处理

案例Ⅲ专题研究了矩阵键盘键状态读取与保存、键状态消除抖动、键状态变化沿提取等键信号处理算法及编程实现,独立按键(或其他输入开关量)也存在抖动问题,常用的消抖动的方法也是延时法,因此案例Ⅲ所述的键信号处理算法也适用于一般的输入开关量。通常,单片机应用系统使用的键盘规模较小,在本设计中不妨假设不使用矩阵键盘中的 KE、KF键(两键可拆除),这时只要在 readkey()函数的末尾增加以下 7 行程序(加黑部分):

```
    extern bit EINC;                             //声明位变量,INC 键——edgk^6
    extern bit EDEC;                             //声明位变量,DEC 键——edgk^7
    sbit K17 = P3^2;                             //定义位变量,K17 键
    sbit K18 = P3^3;                             //定义位变量,K18 键
    void readkey()                               //扫描键盘存键状态
    {   uchar i,j;
        for(i=7;i>3;i-- )
        {   P0 = ~(1 << i);                      //扫描 P0.i 列,该列线为输出 0
            for(j=0;j<3;j++);                    //延时约 10μs 等待信号稳定,键盘引线较长应加长延时
            edgk << = 4;                         //edgk 空出低 4 位
            edgk| = (~P0)&0x0f;                  //读键,转正逻辑,新读的 4 个键状态补到 edgk 低 4 位
```

```
    }
    EINC = 0; EDEC = 0;                    //放弃矩阵键盘的 KE、KF 键状态
    if(!K17)EINC = 1;                      //K17 键状态存入 EKE -- edgk^6
    if(!K18)EDEC = 1;                      //K18 键状态存入 EKF -- edgk^7
}
```

就能实现矩阵键盘和独立按键联合键状态读取与保存、消抖动、键状态变化前沿提取等键信号处理。

6. 电子时钟设计参考主程序

主程序由 void main()主函数和一些完成某种独立功能的短小函数构成,主函数的结构类似于案例Ⅳ,也采用状态转移分析法编程,程序流程图如图 12.14 所示,其他短小程序逻辑比较简单,流程图省略。主程序模块清单如下:

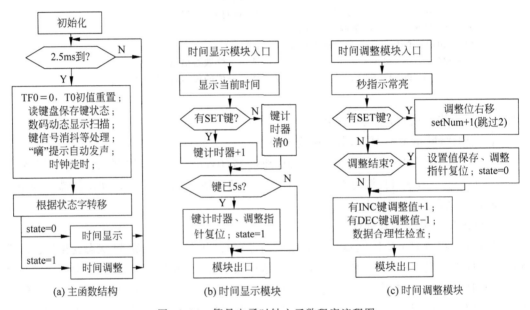

图 12.14　简易电子时钟主函数程序流程图

/ * 简易电子时钟设计实验,CPU: AT89C51,主时钟 12.000MHz,Proteus 仿真

(1) 时间显示格式:XX:XX,采用 24 小时制,秒指示每秒闪烁一次

(2) 时间校正方式:采用三键赋值法调整、校正时间.SET 键长按 5 秒进入校时,从时十位至分个位逐位调整数值,当前调整位秒闪,点按 INC 键调整位值 + 1,点按 DEC 键调整位数 - 1,自动检查调整位数值合理性,点按 SET 键调整位后移一位,至分个位调整后退出校时

(3) 主程序 main.c——定时调用显示子程序、读键及键信号消抖等处理、状态转移分析法

* /

```
# include < reg51.h >
# include < intrins.h >
# define uchar unsigned char
# define uint unsigned int
# define MAIN_FOSC 12.0000              //主时钟频率(MHz)
```

```c
extern void disp_d();                      //声明函数,显示扫描函数
extern void readkey();                     //声明函数,扫描键盘存键状态
extern void keytrim();                     //声明函数,键状态消抖等处理
extern void keysound();                    //声明函数,有键发出"嘀"声响
extern uchar data disBuf[];                //声明变量,显示缓冲器
extern uchar data disNum;                  //声明变量,当前扫描位
uint bdata key;                            //定义变量,键状态
uint bdata edgk;                           //定义变量,键状态变化前沿
uchar data kcode;                          //定义变量,键编号
extern uchar data beeftmr;                 //声明变量,蜂鸣计时器
uchar data state;                          //定义变量,工作状态
uchar data timer;                          //定义变量,0.5秒计时器
uchar data KeyOnTmr;                       //定义变量,调整键长键计时
uchar data hour = 0x0c;                    //定义变量,时变量,二进制
uchar data min = 0x00;                     //定义变量,分变量,二进制
uchar data sec = 0x00;                     //定义变量,秒变量,二进制
uchar data setNum;                         //定义变量,当前调整位,0~"时"十位,4~"分"个位
sbit ESET = edgk^4;                        //定义位变量,KC键为设置键(触发型)
sbit EINC = edgk^6;                        //定义位变量,K17键为加1键(触发型)
sbit EDEC = edgk^7;                        //定义位变量,K18键为减1键(触发型)
sbit SETK = key^4;                         //定义位变量,KC键为设置键(开关型)
sbit BEEF = P3^0;                          //定义位变量,蜂鸣器控制I/O

void Timer0Init()                          //T0初始化,2.5ms定时@12MHz
{   TMOD& = 0xf0;TMOD| = 0x01;             //T0方式1,16位定时,初值不能重载
    TL0 = ((uint)(65536 - 2500 * MAIN_FOSC/12)) % 256;   //T0定时器初值设置
    TH0 = ((uint)(65536 - 2500 * MAIN_FOSC/12))/256;
    TF0 = 0;                               //清T0溢出标志
}


void clock()                               //时钟走时函数
{   timer++;                               //计时,500ms回0
    if(timer > = 200)                      //0.5秒到则
    {   timer = 0;sec++;                   //走秒
        if(sec > = 120){sec = 0;min++;}    //60秒到则秒回0、走分
        if(min > = 60){min = 0;hour++;}    //60分到则分回0、走时
        if(hour > = 24)hour = 0;           //24时到则时回0
    }
}


void wrdisb()                              //设置显示缓冲器函数
{   disBuf[0] = hour/10;                   //数码左第1位显示时"十"位
    disBuf[1] = hour % 10;                 //数码左第2位显示时"个"位
    disBuf[2] = 17 - (sec&1);              //秒指示闪,段码表第17为秒亮,第16为秒灭
    disBuf[3] = min/10;                    //数码左第3位显示分"十"位
    disBuf[4] = min % 10;                  //数码左第4位显示分"个"位
}
```

```
void adjchk()                            //时分秒数值合理性检查
{   if(disBuf[4] == 255)disBuf[4] = 9;   //分个位由 0 减 1 则回 9
    if(disBuf[4] == 10)disBuf[4] = 0;    //分个位由 9 加 1 则回 0
    if(disBuf[3] == 255)disBuf[3] = 5;   //分十位由 0 减 1 则回 5
    if(disBuf[3] == 6)disBuf[3] = 0;     //分十位由 5 加 1 则回 0
    if(disBuf[1] == 255)                 //时个位由 0 减 1 则
        disBuf[1] = (disBuf[0] == 2)?3:9;//时为 23,或 09/19
    if(disBuf[1] == 10)disBuf[1] = 0;    //时个位由 9 加 1 则回 0
    if(disBuf[0] == 255)disBuf[0] = 2;   //时十位由 0 减 1 则回 2
    if(disBuf[0] == 2&&disBuf[1]> = 4)disBuf[1] = 0;  //时十位为 2,个位超 3 则回 0
    if(disBuf[0] == 3)disBuf[0] = 0;     //时十位由 2 加 1 则回 0
}

void  main()
{   BEEF = 1;                            //初始化,关蜂鸣器,上电时 BEEF 为高电平
    state = 0;                           //默认待机态
    Timer0Init();TR0 = 1;                //T0 初始化,启动 T0
    while(1)
    {   while(!TF0);                     //2.5ms 定时未到则等待
        TF0 = 0;                         //清定时器溢出标志
        TR0 = 0;                         //T0 初值精确恢复(溢出到恢复的运行时间需补偿)
        TL0 += ((uint)(65536 - 2500 * MAIN_FOSC/12 + 9)) % 256;
        TH0 += (uchar)CY + ((uint)(65536 - 2500 * MAIN_FOSC/12 + 9))/256;
        /* TR0 = 0 到 TR0 = 1,编译生成 9 条汇编指令,每条执行时间 1 机器周,修正值 9 */
        TR0 = 1;                         //对自动重载初值工作方式,不需要以上的初值恢复
        _nop_();                         //调试时视情况插入机器周期,确保循环为 2500μs
        readkey();                       //调用扫描键盘存键状态函数
        disp_d();                        //调用显示扫描函数
        keytrim();                       //调用键状态消抖等处理函数
        keysound();                      //调用有键发出"嘀"声响函数
        clock();                         //时钟走时
        switch(state)                    //根据状态转移
        {   case 0:                      //时钟显示态
                wrdisb();                //显示时分秒
                if(!SETK)KeyOnTmr = 0;   //无 SETK 则键计时器清 0
                else if(timer == 0)KeyOnTmr++;      //有 SETK 则键计时(时基 0.5 秒)
                if(KeyOnTmr == 10)       //判断长键达 5 秒?
                {   KeyOnTmr = 0;        //长键计时复位,转时间调整态
                    state = 1;
                    setNum = 0;
                }
                break;
            case 1:                      //时间调整态
                disBuf[2] = 17;          //"秒"指示常亮
                if(ESET)setNum += (setNum == 1)?2:1;   //点按 SET 键则调整位后移
                if(setNum == 5)          //4 位都调整完则结束
```

```
        {    timer = 0; sec = 0;                      //设置值存入时钟单元
             min = disBuf[3] * 10 + disBuf[4];
             hour = disBuf[0] * 10 + disBuf[1];
             setNum = 0; state = 0;                   //转时钟显示态
        }
        if(EINC)disBuf[setNum]++;                     //点按加1键则调整位+1
        if(EDEC)disBuf[setNum] -- ;                   //点按减1键则调整位-1
        adjchk();                                     //检查时钟数据合理性
        break;
    default:break;
    }
  }
}
```

案例Ⅳ的思考题的问题3提出了一个问题：AT89C51定时器初值不能自动重载，需用软件恢复初值，这会导致定时误差。其原因是采用软件恢复初值，从定时器溢出到初值恢复，代码运行需要时间 Δt，而定时器初值是按溢出时间为2.5ms计算的，因此定时器二次溢出的时间间隔是 $2.5ms + \Delta t$，案例Ⅳ恢复定时器初值的相关代码及其汇编指令如表12.3所示。从该表可见，如果 TF0 在"JNB TF0, $"的第1个机器周期溢出，则 $\Delta t = 4\mu s$；如果 TF0 在"JNB TF0, $"的第2个机器周溢出，则 $\Delta t = 3\mu s$，最不利情况误差为 0.16%。如果系统还开放了中断，那么执行中断服务程序也会耽误初值的恢复，从而导致更大的误差，且误差的大小不确定。

表 12.3　案例Ⅳ恢复定时器初值的相关代码

C51 语句	汇编指令	指令执行时间
while(! TF0);	JNB TF0, $	2 机器周期
TF0 = 0;	CLR TF0	1 机器周期
TL0 = (unit)(65536 − 2500 * MAIN_FOSC/12)%256;	MOV TL0, ♯0x3C	2 机器周期

在案例Ⅳ中，2.5ms 定时仅用于控制数码管扫描、键状态信息处理等控制，0.16%的误差是可以忽略的，但对电子时钟来说，0.16%的误差将造成每天超过 138 秒的系统误差，这是不能容忍的，必须修正。本节 main.c 程序清单中加粗表示的代码行就是这个系统误差修正的特殊算法，由于编程时不能确定程序运行时 TF0 在"JNB TF0, $"指令的第几个周期溢出（这与循环体中代码运行时间的机器周数的奇偶有关），软件调试时，采用纯模拟仿真，在循环体内设运行控制断点，然后通过"全速运行遇断点停止"的调试方式，可观察得到循环体的运行时间，若为 $2499\mu s$，则在循环体中插入一个空操作，最终将系统误差修正到0。这段用于修正系统误差的特殊代码（加黑的代码行）如果采用8.5.1节介绍的嵌入式汇编来处理，代码会更加简洁、明了，有兴趣的读者可以自己试试。

12.5.3　实验内容

1. Proteus 简易电子时钟设计与仿真

（1）新建一个文件夹，用于存放本实验的原理图、工程项目、C51源程序等文件。

（2）硬件设计，用 Proteus 软件，绘制图 12.12 的电路原理图，系统由 AT89C51 单片机、74HC04 六反相驱动器、4×4 矩阵键盘、蜂鸣器和 2 只 2 位共阳极数码显示器、2 只发光二极管及限流电阻、独立按键 K17、K18 等构成。

（3）对照简易电子钟系统功能和状态转移表（表 12.2）及流程图（图 12.14），全面解读系统主程序。

（4）用 μVision4 集成开发环境，创建简易电子时钟系统相应的工程项目，设置工程项目的目标：单片机型号、时钟频率、编译生成的目标文件名及路径等。新建 C51 源程序文件 main.c，并将其添加到项目中，编写、录入 C51 源程序。移植动态数码显示和矩阵键盘信号处理源程序，并添加到项目中。根据调时状态下调整位数码的闪烁控制、输入开关量的信号处理所述原理修改数码管动态显示驱动程序 disp4ca.c 和键状态读取与保存函数 readkey（）。检查所有源程序语法、编译项目、修改程序，直到编译成功。

（5）作好 Proteus 软件和 μVision 集成开发环境的联调设置，调试、修改程序直到实现预定功能。

2. 实验板简易电子时钟程序设计与在系统调试

选用实验板高 5 位数码管显示模块（左边的 5 码）、4 行 4 列矩阵键盘（实验板右下方的 16 键）、独立按键 SW17、SW18 构建一个简易电子时钟系统。用 5 位数码管显示模块中间数码管的 b、e 笔段作为"秒"指示器，由于实验板中没有配蜂鸣器，以实验板上的 LED4 模拟蜂鸣器（参见图 12.10），有键按下 LED4 亮 100ms。构思电子时钟的功能如下：

【功能 1、2、3】 同仿真系统。

试修改本实验 2.6 节的主程序，将其移植到实验板中，在实验板上实现所构思的简易电子时钟功能。

（1）用 μVision4 集成开发环境，创建实验板简易电子时钟系统工程项目，移植 2.6 节程序，并将其添加到项目中。

（2）设置工程项目的目标：单片机型号、时钟频率、编译生成的目标文件名及路径等。

（3）矩阵键盘信号处理程序 key4r4l.c 文件选用适合实验板的参数，数码显示器扫描驱动改用适用实验板的 5 位共阴极程序 disp5cc.c，修改 readkey（）、disp_d（）两个函数。检查所有源程序语法、编译项目、修改程序，直到编译成功。

（4）用 STC-ISP 在线编程器，设置好单片机型号、时钟源和频率等选项，打开目标程序，并将程序下载到实验板，在系统调试程序，直到完成预定功能。

3. 增加简易电子时钟的闹钟功能

在上述实验内容的基础上，给简易电子时钟增加以下新功能：

【功能 4】 将实验板上矩阵键盘的 KD 键作为闹钟设置键 ALARM，LED7 作为闹钟"允许/禁止"指示，LED7 亮闹钟允许，LED7 灭闹钟禁止。LED8 作为调整设置指示，时间显示态 LED8 灭，时间调整态 LED8 常亮，闹钟设置态 LED8 闪烁。电子时钟处在时间显示状态时，长按 ALARM 键 5 秒进入闹钟设置状态，闹钟设置只能设置"时"和"分"值，"秒"值自动为 0，设置方法与时间调整方法类似。电子钟处在时间显示状态时，点按 ALARM 一次,闹钟允许或禁止标志切换一次。闹钟允许时,提醒时刻到,蜂鸣器常响,点按 SET、ALARM、INC、DEC 4 个键中的任意一键,蜂鸣器停止。

试根据以上新增功能,重新分析系统的状态及其状态转移条件,形成新的状态转移表。由新的状态转移表,修改相应的程序,并在实验板上实现所有功能。

12.5.4　思考题

问题 1　试简要分析"时分数值合理性检查"函数 adjchk() 的算法。

问题 2　试简要叙述本设计案是如何实现时间调整位数码的闪烁控制。

问题 3　在 AT89C51 单片机的简易电子钟 Proteus 仿真系统中,2.5ms 定时作为时钟的时间基准,必须精确。AT89C51 定时器 T0 工作在方式 1 时,16 位定时器初值不能自动重载,因此不论用查询还是中断编程方法,精确定时都必须进行定时器初值修正,为什么?

问题 4　(提高题)在案例Ⅳ中,用外部中断 INT1 引脚外接的按键 SW18 模拟电动门系统中的转角脉冲,在 INT1 外部中断函数中对转角脉冲计数,实现电动门定位控制,在实验中发现 SW18 的按键抖动对计数定位系统影响很大,由于电动门的转角脉冲是低速率的,可用本实验的独立输入开关量消抖方法消除转角脉冲的抖动问题,但转角脉冲的计数不能再采用中断方式记录,可改用查询方式记录,试编程实现之。

12.5.5　实验报告要求

实验报告要求同案例Ⅰ。

12.6　案例Ⅵ——简易数字温度控制器设计

视频

12.6.1　实验目的

(1) 掌握 NTC 电阻(负温度系数热敏电阻)测温电路的工作原理,掌握 NTC 电阻阻值与温度的换算方法及其编程实现;

(2) 掌握 STC15 系列单片机片内 A/D 转换器的结构与控制方法;

(3) 掌握 51 单片机内部通用异步串行通信接口的工作原理及其应用编程;

(4) 掌握单片机应用系统软件设计方法——状态转移法,实现简易温度控制器软件设计。

12.6.2　实验原理

1. NTC 电阻测温电路工作原理及阻值温度换算

温度测量与控制系统是最常见的测控系统之一,广泛应用于工业生产过程控制,或各种工业设备与商务机器的安全保护等。温度传感器主要有 4 种类型:热电偶、热敏电阻、金属电阻温度检测器、集成温度传感器,根据特定应用对测温范围、测量精度、工作环境要求,选择不同类型的温度传感器设计温控器。NTC 电阻(负温度系数热敏电阻)的温度测量范围为－25℃～125℃,分辨率可达 0.5℃,精度可达 1%,是成本较低的接触式温度传感器,广泛应用于各种商务机器核心部件工作温度监控和热保护。SDNT2012X103F3950FTF 是精度为 1% 的 NTC 电阻,其电阻-温度对照如表 12.4 所示。

表 12.4　NTC 电阻 SDNT2012X103F3950FTF 分度表(－20.0℃～99.5℃)(数据由厂商提供)

$T(℃)$	$R(kΩ)$	$T(℃)$	$R(kΩ)$	$T(℃)$	$R(kΩ)$	$T(℃)$	$R(kΩ)$	$T(℃)$	$R(kΩ)$
−20.0	95.3370	4.0	26.6058	28.0	8.7760	52.0	3.3238	76.0	1.4136
−19.5	92.6559	4.5	25.9567	28.5	8.5889	52.5	3.2615	76.5	1.3902
−19.0	90.0580	5.0	25.3254	29.0	8.4063	53.0	3.2005	77.0	1.3672
−18.5	87.5406	5.5	24.7111	29.5	8.2281	53.5	3.1408	77.5	1.3447
−18.0	85.1009	6.0	24.1135	30.0	8.0541	54.0	3.0824	78.0	1.3225
−17.5	82.7364	6.5	23.5320	30.5	7.8842	54.5	3.0252	78.5	1.3008
−17.0	80.4445	7.0	22.9661	31.0	7.7184	55.0	2.9692	79.0	1.2795
−16.5	78.2227	7.5	22.4154	31.5	7.5565	55.5	2.9144	79.5	1.2586
−16.0	76.0689	8.0	21.8795	32.0	7.3985	56.0	2.8608	80.0	1.2381
−15.5	73.9806	8.5	21.3579	32.5	7.2442	56.5	2.8082	80.5	1.2180
−15.0	71.9558	9.0	20.8502	33.0	7.0935	57.0	2.7568	81.0	1.1983
−14.5	69.9923	9.5	20.3559	33.5	6.9463	57.5	2.7065	81.5	1.1789
−14.0	68.0881	10.0	19.8747	34.0	6.8026	58.0	2.6572	82.0	1.1599
−13.5	66.2412	10.5	19.4063	34.5	6.6622	58.5	2.6089	82.5	1.1412
−13.0	64.4499	11.0	18.9502	35.0	6.5251	59.0	2.5616	83.0	1.1229
−12.5	62.7122	11.5	18.5060	35.5	6.3912	59.5	2.5153	83.5	1.1050
−12.0	61.0264	12.0	18.0735	36.0	6.2604	60.0	2.4700	84.0	1.0873
−11.5	59.3908	12.5	17.6523	36.5	6.1326	60.5	2.4255	84.5	1.0700
−11.0	57.8038	13.0	17.2421	37.0	6.0077	61.0	2.3820	85.0	1.0530
−10.5	56.2639	13.5	16.8426	37.5	5.8858	61.5	2.3394	85.5	1.0363
−10.0	54.7694	14.0	16.4534	38.0	5.7666	62.0	2.2977	86.0	1.0199
−9.5	53.3189	14.5	16.0743	38.5	5.6501	62.5	2.2568	86.5	1.0038
−9.0	51.9111	15.0	15.7049	39.0	5.5363	63.0	2.2167	87.0	0.9880
−8.5	50.5445	15.5	15.3450	39.5	5.4251	63.5	2.1775	87.5	0.9725
−8.0	49.2178	16.0	14.9944	40.0	5.3164	64.0	2.1390	88.0	0.9573
−7.5	47.9298	16.5	14.6528	40.5	5.2102	64.5	2.1013	88.5	0.9424
−7.0	46.6792	17.0	14.3198	41.0	5.1064	65.0	2.0644	89.0	0.9277
−6.5	45.4649	17.5	13.9954	41.5	5.0049	65.5	2.0282	89.5	0.9133
−6.0	44.2856	18.0	13.6792	42.0	4.9057	66.0	1.9928	90.0	0.8991
−5.5	43.1403	18.5	13.3710	42.5	4.8088	66.5	1.9580	90.5	0.8852
−5.0	42.0279	19.0	13.0705	43.0	4.7140	67.0	1.9240	91.0	0.8715
−4.5	40.9474	19.5	12.7777	43.5	4.6213	67.5	1.8906	91.5	0.8581
−4.0	39.8978	20.0	12.4922	44.0	4.5307	68.0	1.8579	92.0	0.8450
−3.5	38.8780	20.5	12.2138	44.5	4.4421	68.5	1.8258	92.5	0.8320

续表

$T(℃)$	$R(kΩ)$	$T(℃)$	$R(kΩ)$	$T(℃)$	$R(kΩ)$	$T(℃)$	$R(kΩ)$	$T(℃)$	$R(kΩ)$
−3.0	37.8873	21.0	11.9425	45.0	4.3554	69.0	1.7944	93.0	0.8193
−2.5	36.9246	21.5	11.6778	45.5	4.2707	69.5	1.7636	93.5	0.8068
−2.0	35.9892	22.0	11.4198	46.0	4.1878	70.0	1.7334	94.0	0.7945
−1.5	35.0801	22.5	11.1681	46.5	4.1068	70.5	1.7037	94.5	0.7825
−1.0	34.1965	23.0	10.9227	47.0	4.0275	71.0	1.6747	95.0	0.7707
−0.5	33.3378	23.5	10.6834	47.5	3.9500	71.5	1.6462	95.5	0.7590
0.0	32.5030	24.0	10.4499	48.0	3.8742	72.0	1.6183	96.0	0.7476
0.5	31.6915	24.5	10.2222	48.5	3.8000	72.5	1.5910	96.5	0.7364
1.0	30.9026	25.0	10.0000	49.0	3.7275	73.0	1.5641	97.0	0.7253
1.5	30.1355	25.5	9.7833	49.5	3.6565	73.5	1.5378	97.5	0.7145
2.0	29.3896	26.0	9.5718	50.0	3.5870	74.0	1.5120	98.0	0.7038
2.5	28.6644	26.5	9.3655	50.5	3.5190	74.5	1.4867	98.5	0.6933
3.0	27.9590	27.0	9.1642	51.0	3.4525	75.0	1.4619	99.0	0.6831
3.5	27.2730	27.5	8.9677	51.5	3.3875	75.5	1.4375	99.5	0.6729

实验板上 NTC 电阻测温电路如图 12.15 所示,电源电压 V_{CC} 经电阻 R_6 和热敏电阻 R_t 分压后,NTC 电阻分到模拟电压 V_{Rt}:

$$V_{Rt} = V_{CC} \frac{R_t}{R_6 + R_t} \qquad (12\text{-}1)$$

模拟电压 V_{Rt} 由 IAP15W4K58S4 单片机的模拟量通道 ADC_CH3 输入,由于片内 A/D 转换模块为 10 位,参考电压为 V_{CC},因此 AD 转换的结果为

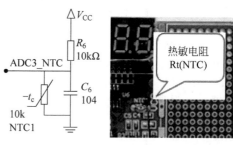

图 12.15　NTC 电阻测温电路

$$ADC3\_NTC = INT\left[1024 \frac{R_t}{R_6 + R_t}\right] \qquad (12\text{-}2)$$

由分度表 12.4 和式(12-2)可得"数字温感信号与温度对照表",如表 12.5 所示,可见温度测量分辨率可达 0.5℃。

表 12.5　数字温感信号与温度对照表(0.0℃～99.5℃)

$T(℃)$	ADC3_N	$T(℃)$	ADC3_N	$T(℃)$	ADC3_N	$T(℃)$	ADC3_N	$T(℃)$	ADC3_N
0.0	783	20.0	569	40.0	355	60.0	203	80.0	113
0.5	778	20.5	563	40.5	351	60.5	200	80.5	111
1.0	774	21.0	557	41.0	346	61.0	197	81.0	110
1.5	769	21.5	552	41.5	342	61.5	194	81.5	108
2.0	764	22.0	546	42.0	337	62.0	191	82.0	106
2.5	759	22.5	540	42.5	333	62.5	189	82.5	105

$T(℃)$	ADC3_N	$T(℃)$	ADC3_N	$T(℃)$	ADC3_N	$T(℃)$	ADC3_N	$T(℃)$	ADC3_N
3.0	754	23.0	535	43.0	328	63.0	186	83.0	103
3.5	749	23.5	529	43.5	324	63.5	183	83.5	102
4.0	744	24.0	523	44.0	319	64.0	180	84.0	100
4.5	739	24.5	518	44.5	315	64.5	178	84.5	99
5.0	734	25.0	512	45.0	311	65.0	175	85.0	98
5.5	729	25.5	506	45.5	306	65.5	173	85.5	96
6.0	724	26.0	500	46.0	302	66.0	170	86.0	95
6.5	719	26.5	495	46.5	298	66.5	168	86.5	93
7.0	713	27.0	490	47.0	294	67.0	165	87.0	92
7.5	708	27.5	484	47.5	290	67.5	163	87.5	91
8.0	703	28.0	479	48.0	286	68.0	160	88.0	89
8.5	697	28.5	473	48.5	282	68.5	158	88.5	88
9.0	692	29.0	468	49.0	278	69.0	156	89.0	87
9.5	686	29.5	462	49.5	274	69.5	154	89.5	86
10.0	681	30.0	456	50.0	270	70.0	151	90.0	84
10.5	676	30.5	451	50.5	267	70.5	149	90.5	83
11.0	670	31.0	446	51.0	263	71.0	147	91.0	82
11.5	665	31.5	441	51.5	259	71.5	145	91.5	81
12.0	659	32.0	435	52.0	255	72.0	142	92.0	80
12.5	654	32.5	430	52.5	252	72.5	140	92.5	79
13.0	648	33.0	425	53.0	248	73.0	138	93.0	78
13.5	643	33.5	420	53.5	245	73.5	136	93.5	76
14.0	637	34.0	415	54.0	241	74.0	134	94.0	75
14.5	631	34.5	409	54.5	238	74.5	132	94.5	74
15.0	626	35.0	404	55.0	234	75.0	130	95.0	73
15.5	620	35.5	399	55.5	231	75.5	129	95.5	72
16.0	614	36.0	394	56.0	228	76.0	127	96.0	71
16.5	609	36.5	389	56.5	225	76.5	125	96.5	70
17.0	603	37.0	384	57.0	221	77.0	123	97.0	69
17.5	597	37.5	379	57.5	218	77.5	121	97.5	68
18.0	592	38.0	375	58.0	215	78.0	120	98.0	67
18.5	586	38.5	370	58.5	212	78.5	118	98.5	66
19.0	580	39.0	365	59.0	209	79.0	116	99.0	65
19.5	574	39.5	360	59.5	206	79.5	114	99.5	65

创建 C 源程序文件 ntc. c,该文件包含两个内容:

(1) 在程序 Flash 存储器中定义一维无符号整型数组 TEMP[i],用于存储表 12.5 中的数字温感信号值,即定义:

```
#define uchar unsigned char
#define uint unsigned int
uint code TEMP[] = {783,778,774,…, 66,65,65};
```

（2）温度测量首先启动 A/D 转换，采集数字温感信号 ADC3_NTC，然后在数组 TEMP[i]（i=0,1,2,…,199）中查找数值最接近 ADC3_NTC 信号值的元素 TEMP[N]，该元素的序号值 N 的 0.5 倍就是所测的温度值，由数字温感信号 ADC3_NTC 查找与之最接近的数组元素序值的函数可定义如下：

```
uchar TEMP_value(uint x)              //数字温感信号转换温度值函数,返回温度值的2倍
{   uchar n;
    for(n = 0;n < 200&&x < TEMP[n];n++);      //查找数字温感信号反转点
    if((2 * x)>(TEMP[n-1] + TEMP[n]))n-- ;   //正负偏差2个反转点,更接近哪个
    return n;
}
```

2. 简易数字温度控制器功能

以实验板中的测温电路（见图 12.15）、8 位数码显示器、LED4、LED7、LED8、LED9、LED10、异步串行通信接口 S1 和 IAP15W4K58S4 等部件构成简易数字温控器，温度控制范围为 0.0℃～99.5℃。温控器各部件作用如下：

（1）LED4 作为键盘按键声光指示；

（2）LED7 表示加热器控制使能，LED8 作为加热指示，LED9 表示散热风机控制使能，LED10 作为散热指示；

（3）异步串行通信接口 S1 用于温控器与 PC 的通信，PC 串口工作方式设置：数据 8 位、无校验、停止 1 位、无流控、波特率 9600bps，上位机使用串口助手软件。

构思简易数字温控器功能如下：

【功能 1】 高 4 位数码显示器用于显示实时温度，显示格式为"CXX.X"，小数点固定在第 3 位数码；低 4 位数码显示器交替显示下限温度和上限温度，每隔 5 秒显示内容变更 1 次，下限温度显示格式为"LXX.X"，上限温度显示格式为"HXX.X"。

【功能 2】 温控器开机后，下限温度默认为 0.0℃，上限温度默认为 99.5℃。开机后温控器处在待机状态，该状态下，加热器（LED7）和散热风机（LED9）控制使能禁止，加热指示（LED8）和散热指示（LED10）灭。

【功能 3】 在待机状态下，通过串口助手 PC 可向温控器发送数据或命令。

（1）发送上限温度和下限温度的设定值，有效的上下限温度范围为 0.0℃～99.5℃（分辨率 0.5℃）。PC 发送的数据为文本格式：HhhhLlll，其中 H 为上限温度标志，hhh 为上限温度值的 2 倍，L 为下限温度标志，lll 为下限温度值的 2 倍，如上限温度 29.5℃、下限温度 4.0℃，则发送的字符串为"H059L008"，其 ASCII 码流为 48H，30H，35H，39H，4cH，30H，30H，38H，00H。

（2）可通过 PC 的串口助手向温控器下达启动命令，命令格式为字符串"TCN"，温控器

接收到启动命令后转入工作状态。

【功能 4】 在工作状态下,若实时温度低于下限温度,加热器(LED7)使能控制允许,加热指示(LED8)每秒闪烁 1 次,散热风机(LED9)使能控制禁止,散热指示(LED10)灭;若实时温度高于上限温度,加热器(LED7)使能控制禁止,加热指示(LED8)灭,散热风机(LED9)使能控制允许,散热指示(LED10)每秒闪烁 1 次;若实时温度既不低于下限温度,也不高于上限温度,加热器(LED7)和散热风机(LED9)使能控制禁止,加热指示(LED8)和散热指示(LED10)每秒交替点亮 1 次。

【功能 5】 处在工作状态下,通过串口助手 PC 与温控器之间有以下信息交换:

(1)温控器每隔 5 秒向 PC 发送实时温度检测值,数据格式为"Cccc",ccc 为实时温度的 2 倍,如实时温度 34.5℃,则发送的字符串为"C069"。

(2)PC 向温控器下达结束命令,命令格式为字符串"TCF",温控器接收到结束命令后退回待机状态。

3. 系统状态及状态转移分析

采用状态转移法设计软件,用状态变量 state 保存状态编码。根据"简易数字温度控制器功能"实验的构思,系统可分为待机和工作两个状态,状态转移如表 12.6 所示。

表 12.6 简易温控器状态转移表

状态及编码	显示及执行任务	响应的控制量、状态转移及条件
待机态 state=0	1. 高 4 位显示实时温度,低 4 位上下限温度轮替; 2. LED7~LED10 灭,有键 LED4 闪 0.1s; 3. 接收 PC 发送的上下限温度值和启动命令	1. 接收 PC 启动命令,转入工作状态 state=1; 2. 控制量:实时温度
工作态 state=1	1. 高 4 位显示实时温度,低 4 位上下限温度轮替; 2. LED7~LED10 由实时温度控制(3 种情况),有键 LED4 闪 0.1s; 3. 向 PC 发送实时温度检测值,接收其结束命令	1. 接收 PC 结束命令,转入待机状态 state=0; 2. 控制量:实时温度

4. 简易数字温控器参考程序片段

(1)数码管显示驱动子程序模块的修改。

本实验数码显示为 8 位,显示的内容除了十六进制的 0~F 各字符外,还增加了带小数点的数字 0~9、C、H、L、暗,因此显示驱动子程序模块中的七段码(字型码)表和位选码表须扩充,参考程序片段如下:

```
uchar code segTab[ ] = {                         //在 CODE 区定义七段码译码表
    0x3f,0x06,0x5b,0x4f,0x66,0x6d,0x7d,0x07,     //0~7
    0x7f,0x6f,0x77,0x7c,0x39,0x5e,0x79,0x71,     //8~F
    0xbf,0x86,0xdb,0xcf,0xe6,0xed,0xfd,0x87,     //0~7 带小数点
    0xff,0xef,0x39,0x76,0x38,0x00,0x00,0x00,     //8~9 带小数点,C,H,L,暗 * 3
};
uchar code disScan[ ] = {                        //8 种位选线信号数据
    ~(1 << 0),~(1 << 1),~(1 << 2),~(1 << 3),~(1 << 4),~(1 << 5),~(1 << 6),~(1 << 7),
};
```

（2）IAP15W4K58S4 内置 AD 转换模块程序。

本实验使用 IAP15W4K58S4 单片机内置的 10 位 AD 转换器，需创建 AD 模块控制字域定义的头文件 adc.h，以及 AD 模块初始化、进行 AD 转换的程序模块文件 adc.c。头文件 adc.h 的参考清单如下：

```
/* --------- ADC 转换模块控制字域定义 --------- */
#define ADC_POWER    1<<7              //电源控制位
#define ADC_FLAG     1<<4              //转换结束标志位
#define ADC_START    1<<3              //启动控制位
#define ADC_SPDLL    0<<5              //转换速率选择,540T
#define ADC_SPDL     1<<5              //转换速率选择,360T
#define ADC_SPDH     2<<5              //转换速率选择,180T
#define ADC_SPDHH    3<<5              //转换速率选择,90T
#define ADC_CH0      0                //AD 模块 0 通道
#define ADC_CH1      1                //AD 模块 1 通道
#define ADC_CH2      2                //AD 模块 2 通道
#define ADC_CH3      3                //AD 模块 3 通道
#define ADC_CH4      4                //AD 模块 4 通道
#define ADC_CH5      5                //AD 模块 5 通道
#define ADC_CH6      6                //AD 模块 6 通道
#define ADC_CH7      7                //AD 模块 7 通道
#define ADC_BGV      8                //AD 模块 BandGap 通道
#define ADC_ADRJ     1<<5             //转换结果调整控制位
```

C 程序文件 adc.c 参考清单如下：

```
/* IAP15W4K58S4 内置 ADC 模块初始化和 AD 转换程序 */
#include< stc15.h>
#define uchar unsigned char
#define uint unsigned int
#include "adc.h"                     //包含 ADC 模块控制字域定义头文件

void ADC_Init(uchar speed,uchar ch)//ADC 初始化函数,speed 速度,ch 通道
{   uchar i;
    P1ASF = 1<<ch;                   //设置通道为模拟量输入口
    CLK_DIV| = ADC_ADRJ;             //结果格式：高 2 位 ADC_RES[1:0]低 8 位 ADC_RESL
    ADC_CONTR = ADC_POWER|speed|(ch&7);  //ADC 上电,设置速度和通道
    for(i=0;i<185;i++);              //上电后延时 100μs@11.0592MHz
}
uint ADC(uchar speed,uchar ch)           //ADC 转换函数,speed 速度、ch 通道
{   uchar i;uint adctmp = 0;             //连续 8 次转换,结果平均,i 控制次数,adctmp 累加
    for(i=0;i<8;i++)
    {   ADC_CONTR = ADC_POWER|ADC_START|speed|(ch&7);   //启动
        while(!(ADC_CONTR&ADC_FLAG));   //等待转换结束
        ADC_CONTR = ADC_POWER|speed|(ch&7); //清 ADC_FLAG,避用复合赋值语句
        adctmp += (uint)((ADC_RES&3)<<8); //读取结果高 2 位
```

```
            adctmp += ADC_RESL;                      //再读取低8位,组成10位结果
        }
        adctmp = (adctmp + 4)/8;                     //除8为平均,除8前加4为四舍五入
        return adctmp;                               //结果返回
    }
```

（3）主程序模块 main.c。采用状态转移法,主函数流程图如图 12.16 所示,其他一些简短函数流程图省略。

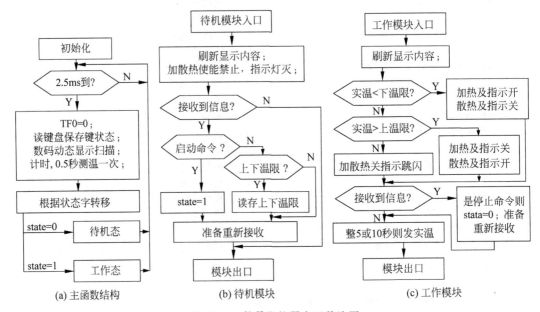

图 12.16　简易温控器主函数流图

主程序参考清单如下:

/ * 简易数字温度控制器设计实验

CPU: IAP15W4K58S4,主时钟 11.0592MHz,STC-4 实验板

(1) 使用 NTC 测温电路,模拟信号由 ADC3_NTC 接入

(2) LED7 加热允许、LED8 加热指示灯,LED9 散热允许、LED10 散热指示灯

(3) 显示格式: CXX.XHXX.X(实时温度上限温度)或 CXX.XLXX.X(实时温度下限温度)

(4) 待机态:上位机发送上下限温度设置值、启动命令给单片机

　　工作态:单片机发送实时温度给 PC,接收 PC 的停止命令

(5) 主程序 main.c －－ 定时调用显示子程序、通信处理、状态转移分析法

* /

```c
# include < stc15.h >
# define uchar unsigned char
# define uint unsigned int
# define MAIN_FOSC 11.0592                  //主时钟频率(MHz)
# define BAUD      9600                     //波特率
# define T1_RL    (uint)(65536 - 250000 * MAIN_FOSC/BAUD)//波特率发生器 T1 初值
# include "adc.h"                           //包含 ADC 模块控制字域定义头文件
```

```
extern void ADC_Init(uchar,uchar);              //声明函数,ADC初始化函数
extern uint ADC(uchar,uchar);                   //声明函数,ADC转换函数(speed速度,ch通道)
extern void disp_d();                           //声明函数,显示扫描函数
extern uchar TEMP_value(uint);                  //数字温感信号转换温度值函数,返回温度值的2倍
extern uchar data disBuf[];                     //声明变量,显示缓冲器
uchar data timer;                               //定义变量,0.5秒计时器,基准2.5ms
uchar data sec;                                 //定义变量,10秒计时器,基准0.5s
uchar data ctemp;                               //定义变量,实时温度
uchar data htemp;                               //定义变量,上限温度
uchar data ltemp;                               //定义变量,下限温度
uchar data state;                               //定义变量,程序状态
uchar data * ps;                                //定义变量,接收字符指针
uchar data sd[9];                               //定义变量,接收字符串数组最长字符串"HhhhLlll"
sbit BEEF = P2^7;                               //定义位变量,按键声光指示I/O(LED4替代)
sbit LED7 = P1^7;                               //定义位变量,LED7~10
sbit LED8 = P1^6;
sbit LED9 = P4^7;
sbit LED10 = P4^6;

void Timer0Init()                               //T0初始化,2.5ms定时@11.0592MHz
{   AUXR| = 0x80;                               //定时器时钟1T模式
    TMOD& = 0xf0;                               //T0方式0,初值重载16位定时
    TL0 = ((uint)(65536 - 2500 * MAIN_FOSC)) % 256;    //T0定时器初值设置
    TH0 = ((uint)(65536 - 2500 * MAIN_FOSC))/256;
    TF0 = 0;                                    //清定时器溢出标志
}

void UartInit(void)                             //串口初始化函数,9600bps@11.0592MHz
{   SCON = 0x50;                                //串口1模式1(8位数据,可变波特率),允许接收
    AUXR| = 1 << 6;                             //定时器T1时钟为1T
    AUXR& = 0xFE;                               //串口1选择T1为波特率发生器
    TMOD& = 0x0F;                               //设定T1为16位自动重装方式
    TL1 = T1_RL % 256;TH1 = T1_RL/256;          //设定定时器T1初值
    ET1 = 0;TR1 = 1;                            //禁止定时器1中断,启动定时器1
}

void s1_ISR() interrupt 4     using 1           //串口1中断服务函数,接收
{   if(RI)
    {   ps++; * ps = SBUF;RI = 0;               //读串行接收数据
        if( * ps == 0)EA = 0;                   //收到字符串结束标志则关闭中断
    }
}

void wrdisb()                                   //设置显示缓冲器
{   disBuf[0] = 0x1a;                           //高4位显示实时温度"Cxx.x",段码表第26(0x1a)为"C"
    disBuf[1] = ctemp/20;                       //ctemp实时温度的2倍,温度十位
    //温度个位,段码表第16~25(0x10~0x19)为0~9带小数点
}
```

```
        disBuf[2] = (ctemp/2) % 10 + 16;
        disBuf[3] = (ctemp % 2) * 5;                 //小数点后为.0或.5度
        if(sec < 10)                                 //低4位,前5秒显示上限温度,后5秒显示下限温度
        {   disBuf[4] = 0x1b;                        //显示"Hhh.h",段码表第27(0x1b)为"H"
            disBuf[5] = htemp/20;
            disBuf[6] = (htemp/2) % 10 + 16;
            disBuf[7] = (htemp % 2) * 5;
        }
        else
        {   disBuf[4] = 0x1c;                        //显示"Lll.l",段码表第28(0x1c)为"L"
            disBuf[5] = ltemp/20;
            disBuf[6] = (ltemp/2) % 10 + 16;
            disBuf[7] = (ltemp % 2) * 5;
        }
    }

void s1_send(char s,uchar x)                         //向PC发送字符's'和数据x(0~255)
{   EA = 0;TI = 0;
    SBUF = s;while(!TI);TI = 0;                       //发送字符's'
    SBUF = x/100 + 48;
    while(!TI);
    TI = 0;                                          //发送数据x的百位,'0'的ASCII码48(0x30)
    SBUF = (x/10) % 10 + 48;while(!TI);TI = 0;//发送数据x的十位
    SBUF = (x % 10) + 48;while(!TI);TI = 0;          //发送数据x的个位
    SBUF = 0;while(!TI);TI = 0;                       //发送字符串结束标志(NULL~0)
    EA = 1;
}

void main()
{   uint adc_ntc;                                    //定义变量,保存数字温感信号,8次AD转换平均
    P2M1& = 0x3f;P2M0& = 0x3f;                        //初始化,P2.7、P2.6准双向口设置
    P1M1& = 0x3f;P1M0& = 0x3f;                        //P1.7、P1.6准双向口设置
    P0M1& = 0x3f;P0M0& = 0x3f;                        //P0.7、P0.6准双向口设置
    BEEF = 1;                                        //蜂鸣器(键声光指示)关闭
    Timer0Init();TR0 = 1;                            //T0初始化,启动
    ADC_Init(ADC_SPDLL, ADC_CH3);                    //AD转换器模块初始化
    UartInit();                                      //串口1初始化
    ES = 1;EA = 1;                                   //允许串口1中断
    htemp = 199;ltemp = 0;                           //上电默认上限温度99.5℃,下限温度0.0℃
    state = 0;                                       //上电默认待机态
    ps = &sd - 1;                                    //接收字符指针指向字符串数组首址地址 - 1
    while(1)
    {   while(!TF0);                                  //2.5ms定时未到则等待
        TF0 = 0;                                     //清定时器溢出标志
        disp_d();                                    //调用显示扫描函数
        if(++timer == 200)                           //计时,基准2.5ms,满500ms则
        {   timer = 0;sec = (sec + 1) % 20;          //timer回0,秒计数,10秒回0
```

```
            adc_ntc = ADC(ADC_SPDLL, ADC_CH3);      //8 次 AD 转换,求平均
        ctemp = TEMP_value(adc_ntc);      //数字温度信号值转换为温度值
    }
    switch(state)                        //根据状态选择不同分支
    {   case 0:                          //待机态
            wrdisb();                    //刷新显示内容
            LED7 = 1;LED8 = 1;           //加热散热控制使能禁止,指示灯灭
            LED9 = 1;LED10 = 1;
            if((ps!= &sd - 1)&&( * ps) == 0)      //有接收且已收到字符串结束标志
            {   if(sd[0] == 'T'&&sd[1] == 'C'&&sd[2] == 'N')
                    state = 1;           //收到启动命令
                else if(sd[0] == 'H'&&sd[4] == 'L')      //收到上下温限则
                {   //读上下限
                    htemp = (sd[1] - 48) * 100 + (sd[2] - 48) * 10 + sd[3] - 48;
                    ltemp = (sd[5] - 48) * 100 + (sd[6] - 48) * 10 + sd[7] - 48;
                }
                ps = &sd - 1;EA = 1;     //准备重新接收
            }
            break;
        case 1:                          //工作态
            wrdisb();                    //刷新显示内容
            if(ctemp < ltemp)            //判断温度低于下限?
            {   LED7 = 0;LED9 = 1;LED10 = 1;LED8 = (sec&1)?0:1;
            }
            else if(ctemp > htemp)       //判断温度高于上限?
            {   LED7 = 1;LED8 = 1;LED9 = 0;LED10 = (sec&1)?0:1;
            }
            else                         //温度既不低于下限也不高于上限
            {   LED7 = 1;LED9 = 1;LED8 = (sec&1)?0:1;LED10 = !LED8;
            }
            if((ps!= &sd - 1)&&( * ps) == 0)   //判断接收到结束命令
            {   if(sd[0] == 'T'&&sd[1] == 'C'&&sd[2] == 'F')state = 0;
                ps = &sd - 1;EA = 1;
            }
            if(timer == 0&&(sec == 0||sec == 10))
                s1_send('C',ctemp);      //5 秒向 PC 发送实时温度 1 次
            break;
        default:break;
    }
  }
}
```

12.6.3 实验内容

1. 实验板简易数字温控器程序设计及其在系统调试

试补充完善所有源程序,在实验板上实现所构思的简易数字温控器功能。

(1) 新建一个文件夹,用于存放本实验的工程项目、C51 源程序等文件。

(2) 用 μVision4 集成开发环境,创建实验板简易数字温控器工程项目,创建各模块源程序文件,并将其添加到项目中。

(3) 设置工程项目的目标:单片机型号、时钟频率、编译生成的目标文件名及路径等。

(4) 用 STC-ISP 在线编程器,设置好单片机型号、时钟源和频率等选项,打开目标程序,并将程序下载到实验板,在系统调试程序,直到完成预定功能。

(5) 在系统调试程序时,需用 PC 上的“串口调试助手”向下位机发送数据和命令,图 12.17 所示为 STC-ISP 在线编程器附带的串口调试助手。首先,设置好串口波特率、校验位、停止位。其次,在发送缓冲区输入字符串,图 12.17 窗口中的十六进制编码集{48 30 36 34 4c 30 35 36 00}是字符串"H064L056",代表上限温度 32.0℃、下限温度 28.0℃。最后,单击“打开串口”按钮,激活并点击“发送数据”按钮,由此实现上位机对简易数字温控器的控制。启动命令 TCN 和结束命令 TCF 的编码集分别为{54 43 4e 00}和{54 43 46 00}。

图 12.17 STC-ISP 在线编程器附带的串口调试助手

2. 增加简易数字温控器功能

在上述实验内容的基础上,若给简易数字温控器增加以下新功能:

【功能 6】 给简易数字温控器增加按键控制功能,选实验板上矩阵键盘中的任意 4 键,记为 SET、INC、DEC、ON_OFF。各键功能如下:

(1) 在待机状态下,长按 ON_OFF 键 3 秒,进入工作态;

(2) 在工作状态下,长按 ON_OFF 键 3 秒,退回待机状态;

(3) 在待机状态下,长按 SET 键 3 秒进入上下限温度设定状态,显示器显示 Hhh.hLll.l,其中 hh.h 为上限温度,ll.l 为下限温度;

（4）进入上下限温度设定态后，首先，H 秒闪，表示调整上限温度，点按 INC 或 DEC 键，以 0.5℃的步进值调增或调减上限温度，之点按 SET 键，确认上限温度值，并向 PC 发送设定的上限温度值 Hhhh；其次，L 秒闪，表示调整下限温度，点按 INC 或 DEC 键，以 0.5℃的步进值调增或调减下限温度，点按 SET 键，确认下限温度值，并向 PC 发送设定的下限温度值 Llll，然后返回待机状态。

试根据以上新增功能，重新分析系统的状态及其状态转移条件，形成新的状态转移表。由新的状态转移表，重新绘制主函数流程图，并修改相应的程序，在实验板上实现所有功能。

12.6.4 思考题

问题 1 在本设计案中有关温度的变量都采用实际值的 2 倍，试简要说明为什么。

问题 2 在本设计案中，主程序每 2.5ms 循环 1 次，处在工作态时，温控器向 PC 发送实时温度的哪些循环会出现循环执行时间超过 2.5ms 的"超时"情况，试简要说明"超时"对系统有什么影响？

12.6.5 实验报告要求

实验报告要求同案例Ⅰ。

12.7 案例Ⅶ——红外遥控系统设计

视频

12.7.1 实验目的

（1）掌握红外遥控系统数据发送和接收电路的结构和工作原理，了解载波的作用；
（2）掌握红外遥控系统中广泛应用的 NEC 红外数据传输协议；
（3）掌握 STC15 单片机的 PCA 模块内部结构和工作原理；
（4）用 STC15 单片机 PCA 模块，用软件编程实现 NEC 协议红外数据发送与接收。

12.7.2 实验原理

1. 遥控系统及其通信方式

遥控系统是一种非接触的无线信息传输系统，即一方发出控制指令（或信息），经空间（无线）传输，另一方接收指令，对指令进行解释，并执行相应的操作。常用的遥控系统有无线电遥控系统和红外线遥控系统，前者以射频无线电波（电磁波）为载波传输遥控信号，后者以红外线为载波传输遥控信号。红外遥控系统具有体积小、功耗低、功能强、成本低、传输距离近等特点，广泛应用于家电、玩具和办公设备的遥控中。

在无线传输系统中，传输信息的媒介只有一种，如红外遥控系统的传输媒介为红外线，只有一个信道，数据通信只能以串行方式进行，且系统中也不可能有一个同步时钟来控制数据的发送与接收，通信只能以某种特殊的异步串行通信方式进行，不同传输媒介的遥控系统或不同商家的遥控系统有不同的通信协议。

通信协议主要规定串行数据通信的起始(同步头)和数据编码,通常以一个特定脉冲作为数据通信的同步头,引导数据传输。由于通信双方没有导线连接,因此没有共同的电平参考点(地),无法使用电平高低来表示二进制的比特 1 和 0,通常也采用脉冲的占空比来表示二进制比特。

2. 无线通信的载波

在无线通信系统中,信息传输的空间中有大量的同种传输媒介的无线信号,为了不互相干扰,也为了提高数据传输距离、减小系统体积等,通常用串行通信数据信号对特定载波进行调制。如家用电器红外遥控系统中常用数据信号对 38.0kHz 的红外线载波进行幅度调制,以避免直流、工频红外信号的干扰;而广泛应用的射频卡常用数据信号对射频无线电波进行调制,低频射频卡载波主要包括 125kHz 和 134kHz 两种,中频射频卡载波主要是 13.56MHz,高频射频卡载波主要有 433MHz、915MHz、2.45GHz 和 5.8GHz。

3. NEC 红外遥控传输协议

在家电及办公设备的红外遥控系统中,广泛使用 NEC 传输协议,该协议的主要特征有:

(1) 载波为 38.0kHz 红外脉冲,周期 26.3μs,每个周期红外管发射 9.0μs,间歇 17.3μs。

(2) 同步脉冲。用脉冲宽度 9.0ms(也称为同步头)、间隔 4.5ms 的脉冲表示同步,如图 12.18(a)所示,同步头也称为 AGC 脉冲(即自动增益控制脉冲),在早期的红外接收模块中用于设置增益。

(3) 通过脉冲串之间两种不同时间间隔来表示比特 1 和 0,如图 12.18(b)所示,两种比特的脉冲宽度(即高电平时间,或有红外载波时间)都是 0.56ms,比特 1 的脉冲间隔(即低电平时间,或无红外载波时间)1.68ms,编码时间为 2.24ms;比特 0 的脉冲间隔 0.56ms,编码时间为 1.12ms。

(4) 按下遥控器的按键一次,发送一帧数据(或一帧命令),传输格式如下:同步脉冲、16 位用户码(或地址码)、8 位命令码(或按键码)、8 位命令码反码,发送顺序为低位在前,编码格式如图 12.18(c)所示,图中密集的竖直细线表示周期 26.3μs 的载波脉冲串。

(5) 如果遥控器上的键一直按着,遥控器只发送一帧数据,但每隔 108.0ms 会发送一次重复码,直到按键释放。重复码比较简单,格式如下:9.0ms 的 AGC 脉冲、间隔 2.25ms、0.56ms 脉冲,如图 12.18(d)所示。

4. 红外遥控信号发送与接收电路

红外遥控系统由发射端和接收端两部分组成,使用专用红外遥控编码芯片(如用遥控发送集成芯片 uPD6121)、矩阵键盘、红外 LED、三极管等元件可方便地构成发射电路。也可用 STC15 单片机取代专用红外遥控编码芯片构成红外遥控发射电路,STC15 单片机学习实验板上的红外遥控发射电路如图 4.28 所示,元件实物参见图 4.26 左上角标注。

红外遥控接收电路一般由专用红外遥控接收模块和单片机构成,STC15 单片机学习实验板(STC-4)上的红外遥控接收电路如图 4.29 所示,其中 IRM-3638 为红外遥控接收模块,

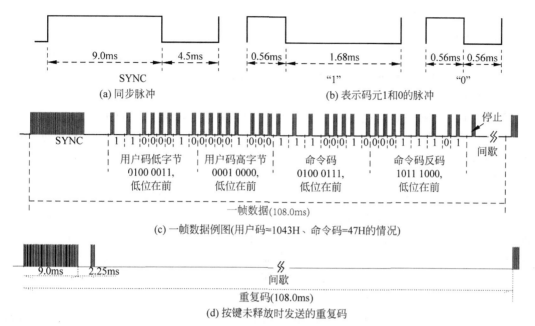

(a) 同步脉冲

(b) 表示码元1和0的脉冲

(c) 一帧数据例图(用户码=1043H、命令码=47H的情况)

(d) 按键未释放时发送的重复码

图 12.18　NEC 红外遥控传输协议主要特征

其内含红外光敏二极管、前置放大、选频放大、增益控制、脉冲成形电路等子模块,该模块只有 3 个引脚,其中引脚 2,引脚 3 分别为地、电源端,引脚 1 为信号输出端 OUT。IRM-3638 模块自带红外线汇聚镜头,当接收到用 38.0kHz 的红外光脉冲信号时,输出端 OUT 输出低电平;当没有 38.0kHz 的红外光脉冲信号时,输出端 OUT 输出高电平,因此图 12.18(c) 所示的红外遥控发射器发送的数据帧,经红外遥控接收模块接收后输出的数据编码信号如图 12.19(a)所示,遥控按键释放前发送的重复码经接收模块后输出的信号如图 12.19(b) 所示。

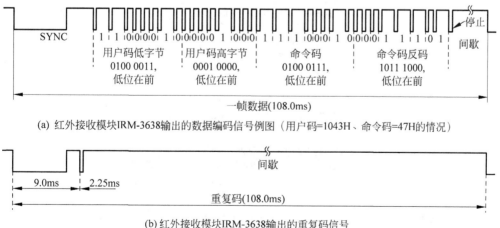

(a) 红外接收模块IRM-3638输出的数据编码信号例图 (用户码=1043H、命令码=47H的情况)

(b)红外接收模块IRM-3638输出的重复码信号

图 12.19　红外接收模块 IRM-3638 信号特征

5. 红外遥控发送和接收双机系统

用 2 套 STC15 实验板构成红外遥控系统,其中实验板 A 为红外遥控发送器,由 IAP15W4K58S4 主芯片、4×4 矩阵键盘和图 4.24 所示的发射电路构成;实验板 B 为红外遥控接收器,由 IAP15W4K58S4 主芯片和图 4.29 所示的接收电路、8 位数码显示模块构成,实现以下功能:

【功能 1】 遥控发送器(实验板 A)实现 NEC 红外遥控传输协议的所有发送功能。当矩阵键盘有稳定可靠的键按下时,即用发射电路发送如图 12.18(c)的一帧遥控数据,其中用户码由 C 语言的宏定义进行设置,命令码是按键的编码 0~F,数据帧发送结束后如果按键还没有释放,则发送重复码直至按键释放。

【功能 2】 红外接收器(实验板 B)实现 NEC 红外遥控数据的接收并显示。开机时显示:nEC---Ir,当 IRM-3638 模块接收到有效的一帧 NEC 红外遥控数据时,其引脚 1 输出数据编码信号,类似于图 12.19(a)所示,IAP15W4K58S4 单片机从该信号中读出用户码和命令码,验证接收正确后,用 8 位数码显示器显示接收到的用户码和命令码,格式为:UUUU---CC,其中 UUUU 为 2 字节(16 位)的用户码,CC 为命令码。

6. 红外发送器需求分析

对红外发送器,有 3 个相关联的实时任务:产生发送光载波的 38.0kHz 脉冲信号、键盘扫描与键状态消除抖动等处理、NEC 红外遥控数据串行传输,分述如下:

(1) 产生发送光载波的 38.0kHz 脉冲信号是红外遥控发送器中实时性要求最高的任务,脉冲时间参数控制精度必须达到 0.1μs 量级,用可编程计数器阵列 PCA 模块 0 实现,其工作原理如图 12.20 所示。

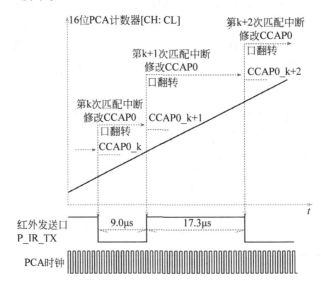

图 12.20　用 PCA0 的软件定时模式产生 38.0kHz 脉冲信号原理

当 PCA 模块 0 工作在软件定时方式,且允许 CCF0 以高优先级中断时,启动 PCA 计数后,随着时间的推移,在 PCA 时钟的驱动下,PCA 计数器[CH:CL]的值线性增加,当它的

值与 PCA 模块 0 的比较寄存器[CCAP0H:CCAP0L]的值相等(即匹配)时,中断标志 CCF0
被置 1,触发 PCA 中断,在 PCA 模块 CCF0 中断服务程序中将控制红外发光管通断的 I/O
端口翻转,并修改[CCAP0H:CCAP0L]的值,增加量为 9.0μs(或 17.3μs)折合成 PCA 时钟
周数,让 CCAP0 的值指向下一个匹配点。按以上原理可写出 PCA 配置函数 void PCA_
config()、PCA0 模块 CCF0 中断服务函数 void PCA0_Isr()、发送脉冲函数 void IR_
TxPulse(uint pulse)和发送空闲或延时函数 void IR_TxSpace(uint pulse)(其中形参 unit
pulse 为发送的脉冲个数)、串行发送一个字节函数 void IR_TxByte(uchar dat),这几个函数
构成红外发送 C 程序模块 IR_Tx.c,清单如下:

```
# include < stc15.h>
# include "pca.h"
# define uchar unsigned char
# define uint unsigned int
# define M_FOSC 11059200L                     //主时钟频率
/********** 红外发送相关变量 **********/
sbit P_IR_TX = P3^7;                          //定义红外发送控制引脚
# define IR_TX_ON 0                           //P_IR_TX = IR_TX_ON,红外 LED 导通
# define IR_TX_OFF 1                          //P_IR_TX = IR_TX_OFF,红外 LED 关闭
bit F_space;                          //发送或空闲标志,F_space = 0 发送,F_space = 1 空闲或延时
uint data PCA_tmr;                    //PCA0 软件定时器控制变量,用于指向 PCA0 下次的匹配时刻
uint data P_cnt;                      //未发脉冲计数(脉冲数即对应时间,每个脉冲 26.3μs)
uchar data Tx_time;                   //发送时间
void PCA_config()                     //PCA0 配置函数,PCA0 初始化
{    CCON = 0x00;                     //清除所有中断标志
        CCAPM0 = PCA_CMP_I;          //PCA_CMP_I——软件定时模式 + 中断允许,pca.h 中定义
        PCA_tmr = 100;               //随便给一个小的初值
        CCAP0L = (uchar)PCA_tmr;     //下次匹配时刻写入比较寄存器,先写 CCAP0L
        CCAP0H = (uchar)(PCA_tmr >> 8);  //后写 CCAP0H
        PPCA = 1;                    //PCA 高优先级中断
        //PCA_1T——选时钟为 SYSclk(1T 时钟源),pca.h 中定义
        CMOD = (CMOD&~PCA_8T)|PCA_1T;
        CH = 0,CL = 0;               //PCA 计数器清 0
}

/* PCA 中断服务函数,38.0kHz 高速脉冲由该函数生成 */
//载波周期 26.3μs 折合成 SYSclk 周数
# define T_38K ((M_FOSC * 26)/1000000L + M_FOSC/3000000L)
//高电平 17.3μs 折合成 SYSclk 周数
# define H_38K ((M_FOSC * 17)/1000000L + M_FOSC/3000000L)
# define L_38K ((M_FOSC * 9)/1000000L)  //低电平 9.0μs 折合成 SYSclk 周数
void PCA0_Isr() interrupt 7
{    CCON = 0x40;                     //清除所有中断标志,但允许 PCA 计数(CR = 1)
     if(!F_space)
     {   P_IR_TX = ~P_IR_TX;         //F_space = 0 发脉冲态,脉冲输出口翻转,修改 CCAP0
         if(P_IR_TX)
```

```
        {   PCA_tmr += H_38K;                    //引脚高电平,软件定时器变量增加高电平时间 17.3μs
            if( -- P_cnt == 0)CR = 0;            //脉冲态,已发脉冲倒计数,至 0 停止
        }
        else PCA_tmr += L_38K;                   //引脚低电平,软件定时器变量增加低电平时间 9.0μs
    }
    else                                         //F_space = 1 空闲或延迟态,脉冲输出口不变(即无脉冲)
    {   PCA_tmr += T_38K;                        //软件定时器变量增加周期时间 26.3μs
        if( -- P_cnt == 0)CR = 0;                //空闲态,已空脉冲周数倒计数,至 0 停止
    }
    CCAP0L = (uchar)PCA_tmr;                      //下次匹配时刻写入比较寄存器,先写 CCAP0L
    CCAP0H = (uchar)(PCA_tmr >> 8);               //后写 CCAP0H
}


void IR_TxPulse(uint pulse)                      //发送脉冲函数,参数 pulse 为载波脉冲个数
{   P_cnt = pulse;                               //脉冲串计数赋初值
    F_space = 0;                                 //发脉冲,标志 F_space = 0
    CR = 1;                                      //启动
    while(CR);                                   //等待脉冲发完
    P_IR_TX = IR_TX_OFF;                          //红外发射驱动端口关闭
}


void IR_TxSpace(uint pulse)                      //发送空闲或延时函数,参数 pulse 为载波脉冲个数
{   P_cnt = pulse;                               //脉冲串计数赋初值
    F_space = 1;                                 //空闲或延时,标志 F_space = 1
    CR = 1;                                      //启动
    while(CR);                                   //等待空闲脉冲发完
    P_IR_TX = IR_TX_OFF;                          //红外发射驱动端口关闭
}


void IR_TxByte(uchar dat)                        //串行发送一个字节函数
{   uchar i;
    for(i = 0; i < 8; i++)
    {   IR_TxPulse(21);                          //38kHz 脉冲都是 0.56ms
        if(dat&1)IR_TxSpace(63),Tx_time += 2;    //数据 1~1.68ms 空闲
        else IR_TxSpace(21),Tx_time++;           //数据 0~0.56ms 空闲
        dat >>= 1;                               //下一个位
    }
}
```

利用发送脉冲函数 void IR_TxPulse(uint pulse)、发送空闲或延时函数 void IR_TxSpace(uint pulse)就可方便地产生图 12.18(c)所示的用串行数据信号调制的红外光载波信号。例如,发送比特 1 时,应先发送 0.56ms 的红外光载波,再发送 1.68ms 的空闲(空闲即无红外光载波);由于每个光载波周期为 0.0263ms,连续发送 21 个光载波所需时间为 $21 \times 0.0263 \approx 0.56$ms,因此以下的两个函数调用就发送了用比特 1 的数据信号调制的红外光载波:

```
IR_TxPulse(21);                    //发送 38.0kHz 红外光载波 0.56ms
IR_TxSpace(63);                    //发送 38.0kHz 空闲 1.68ms
```

以此类推,可得串行发送 1 字节数据的函数 void IR_TxByte(uchar dat)。

(2) 键盘扫描与键状态消抖动等处理,该部分的原理已在 5.4 节及案例Ⅲ中详细讲述,相关函数在 C 程序模块 key4r4l.c 中定义,代码清单参考 5.4 节或案例Ⅲ相应内容。

(3) NEC 红外遥控数据串行传输。在红外发送器的 3 个相关联的实时任务中,产生 38.0kHz 光载波的实时性要求是 $0.1\mu s$ 量级,而键盘扫描、消除抖动处理的实时性要求则是 10ms 量级,模拟 NEC 协议传输串行数据的实时性要求是 100ms 量级。为此用 PCA 模块产生 38.0kHz 光载波,并将 CCF0 中断设置为高优先级,在该中断服务中完成脉冲输出引脚的翻转和设置下次 PCA 匹配的时点;将定时/计数器 T1 设置成 2.5ms 定时器,将 TF1 中断设置为低优先级(默认)中断,在 TF1 中断服务中完成键盘定时扫描和键状态消除抖动等处理;而 NEC 红外遥控数据串行传输任务则安排在主程序循环中,按顺序循环执行。综上所述,主程序模块 main.c 清单如下:

```
/*红外发送器程序.按 NEC 红外遥控传输协议进行编码
(1) 用户可在宏定义中更改 MCU 主时钟,范围 8~33MHz;可在宏定义中指定 2 字节用户码
(2) 使用 PCA0 软件定时产生 38.0kHz 载波,1/3 占空比,每个载波发射管导通 9.0μs,关闭 17.3μs
(3) 使用实验板上的 4×4 矩阵键盘,MCU 定时扫描键盘,并作消抖等处理
(4) 当键按下,发送一帧数据,之后发送重复码直至键释放
*/
#include<stc15.h>
#define uchar unsigned char
#define uint unsigned int
#define M_FOSC 11059200L              //主时钟频率
#define     User_code 0xFF00          //定义红外用户码
/********** 红外发送相关变量 ***********/
sbit P_IR_TX = P3^7;                  //定义红外发送控制引脚
#define IR_TX_ON 0                    //P_IR_TX = IR_TX_ON,红外 LED 导通
#define IR_TX_OFF 1                   //P_IR_TX = IR_TX_OFF,红外 LED 关闭
extern uchar data Tx_time;           //声明变量,发送时间
/*************** IO 口定义 **************/
sbit P_595_DS = P4^0;                 //定义 74HC595 的串行数据接口
sbit P_595_SH = P4^3;                 //定义 74HC595 的移位脉冲接口
sbit P_595_ST = P5^4;                 //定义 74HC595 的输出寄存器锁存信号接口
/********** IO 键盘变量声明 ***********/
uint bdata key;                       //定义变量,键状态
uint bdata edgk;                      //定义变量,键变化前沿
uchar data kcode;                     //定义变量,键编号
uchar data Keycode;                   //定义变量,给用户使用的键号,0~15 有效
/*********** 本地函数声明 ************/
void DisableHC595();                  //关闭 8 位数码显示器函数(可以减小功耗)
void TimerInit();                     //定时器初始化函数
```

```
/ ************  外部函数声明  ************* /
extern void PCA_config();              //PCA 模块配置初始化函数
extern void IR_TxPulse(uint);          //发送脉冲函数
extern void IR_TxSpace(uint);          //发送空闲或延迟函数
extern void IR_TxByte(uchar);          //串行发送一个字节函数
extern void readkey();                 //扫描键盘存键状态
extern void keytrim();                 //键状态消抖动,键前沿提取,求键号
extern void keysound();                //按键发"嘀"指示音
/ ******************** 主函数 ********************** /
void main(void)
{   P0M1 = 0;P0M0 = 0;                  //设置 P0 为准双向口
    P3M1 = 0;P3M0 = 0;                  //设置 P3 为准双向口
    P4M1 = 0;P4M0 = 0;                  //设置 P4 为准双向口
    P5M1 = 0;P5M0 = 0;                  //设置 P5 为准双向口
    DisableHC595();                    //关闭学习板上数码管显示,省电
    PCA_config();                      //PCA0 设置:软件定时 + 允许 CCP0 中断 + 高优先级 + 1T
    P_IR_TX = IR_TX_OFF;               //红外发射管关闭
    TimerInit();                       //定时器初始化,T1 设置 2.5ms 定时
    EA = 1;                            //打开总中断
    while(1)
    {   if(edgk!= 0)                   //判断是否检测到触发型键
        {   Keycode = kcode;           //有触发型键则将键编号存入 Keycode
            Tx_time = 0;               //发送时间,发送 1 时 Tx_time + 2,发送 0 时 Tx_time + 1
            / * 一帧数据的编码长 = (9 + 4.5 + Tx_time * 1.12 + 0.56)ms,1.12 为"0"的编码时间。
            命令码及其反 0 和 1 均 8 位。最短帧:用户码 16 位全 0,Tx_time = 40,编码长为 58.
            86ms;最长帧:用户码 16 位全 1,Tx_time = 56,编码长为 76.78ms * /
            IR_TxPulse(342);           //同步头 9ms,9000/26.3～342
            IR_TxSpace(171);           //同步头间隔 4.5ms
            IR_TxByte(User_code % 256); //发用户码低字节
            IR_TxByte(User_code/256);  //发用户码高字节
            IR_TxByte(Keycode);        //发数据
            IR_TxByte(～Keycode);      //发数据反码
            IR_TxPulse(21);            //停止发送数据 0.56ms
            //间歇,至最长帧 76.78ms,间歇 31.22ms,31220/26.3～1187
            IR_TxSpace((56 - Tx_time) * 42 + 1187);
        }
        while(edgk == 0&&key!= 0)       //判断键是否释放
        {   IR_TxPulse(342);           //9ms 的 AGC 脉冲,9000/26.3～342
            IR_TxSpace(86);            //2.25ms 间隔,22500/26.3～86
            IR_TxPulse(21);            //0.56ms 脉冲
            IR_TxSpace(3657);          //间歇(108 - 9 - 2.25 - 0.56)/0.0263～3657
        }
    }
}
/ *********** 定时器初始化函数 ************ /
#define T1_RL (uint)(65536 - (0.0025 * M_FOSC/12))  //定时器 T1 重载值,2.5ms 定时
void TimerInit()                       //定时器初始化函数
```

```
{   AUXR& = 0xbf;                        //T1 时钟 12T 模式
    TMOD& = 0x0f;                        //T1 方式 0,初值重载 16 位定时
    TL1 = (uchar)T1_RL;                  //T1 定时器初值设置
    TH1 = (uchar)(T1_RL >> 8);
    TF1 = 0,ET1 = 1,TR1 = 1;             //清 T0 溢出标志,许 T0 中断,低优先级
}

void Timer1_Isr() interrupt 3           //TF1 中断服务程序
{   readkey();                           //调用键盘扫描存键状态函数
    keytrim();                           //调用键消抖动处理、沿提取、键编号识别函数
}

void DisableHC595()                     //关闭 8 位数码显示器函数(从串入并出接口输出 16 位 1)
{   uchar i;
    P_595_DS = 1;                        //从串行数据口输出 1
    for(i = 0;i < 16;i++)                //16 个移位脉冲
    {   P_595_SH = 1;P_595_SH = 0;
    }
    P_595_ST = 1;P_595_ST = 0;           //输出锁存脉冲,锁存输出数据
}
```

7. 红外接收器需求分析

对红外接收器,有 3 个相关联的实时任务:串行红外遥控数据接收、数码动态显示、红外遥控数据显示,分述如下:

(1) 串行红外遥控数据接收。IAP15W4K58S4 芯片必须实时检测红外接收模块 IRM-3638 的输出,测量其输出脉冲的时间参数,按图 12.19(a)分析脉冲时序,从中分离出遥控串行数据。由图 12.19(a)可知,表示红外遥控串行数据的脉冲,同步脉冲时间为 13.5ms,比特 1 的脉冲时间为 2.24ms,比特 0 的脉冲时间为 1.12ms,重复码 AGC 脉冲时间 11.25ms,从这些时间参数看,红外接收模块输出脉冲时间参数的测量精度必须达到 0.1ms 量级,各特征脉冲的时间区分度比较大,识别信息时以各特征脉冲的标准时间为准,允许一定的容差。为此,将 IAP15W4K58S4 单片机的定时/计数器 T0 设置成 0.1ms 定时器,并允许 TF0 中断,在中断服务程序中检测红外接收模块输出信号 P_IR_RX 的下降沿,以 0.1ms 时基记录脉冲时间(即相邻两个下降沿之间的时间),从记录的脉冲时间中分析出同步头、比特 1 和 0 等信息。红外接收模块输出信号 P_IR_RX 的脉冲下降沿检测、时间记录、脉冲时间分析等代码的程序流程图如图 12.21 所示,相关代码单独形成一个 C 源文件 IR_Rx.c,代码清单如下:

```
/* 红外遥控 NEC 码接收程序.
(1) 数据帧格式:同步头,地址低位,地址高位,数据,数据反码,停止位
(2) 数据帧同步头:低电平 9ms,高电平 4.5ms;重复帧同步头:低电平 9ms,高电平 2.25ms
(3) Bit0:低电平 0.56ms,高电平 0.56ms;Bit1:低电平 0.56ms,高电平 1.68ms
(4) 停止位低电平 0.56ms;空闲高电平;每帧 108ms */
/*********** 红外采样时间宏定义 ***********/
```

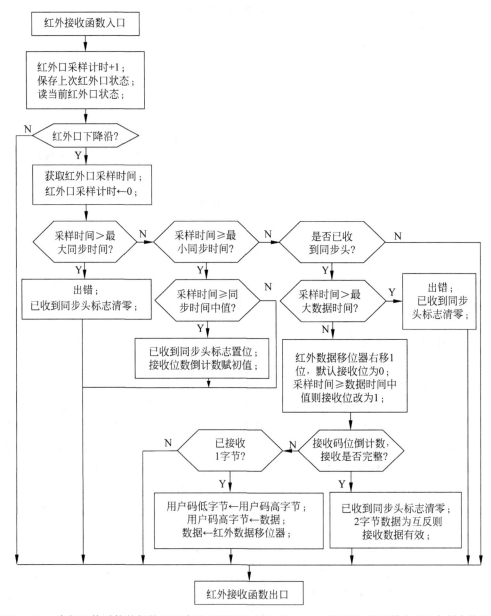

图 12.21　串行红外遥控数据接收程序流程图(T0 设置成 0.1ms 定时器,该函数在 T0 中断中执行)

```
#include<stc15.h>
#define uchar unsigned char
#define uint unsigned int
#define SysTick 10000                    //系统节拍频率(次/秒),在 4000～16000 之间
#define IR_sample (1000000L/SysTick)     //查询时间间隔,要求 60μs～250μs 间
#define IR_SYNC_MAX (15000/IR_sample)    //最大同步时间 15ms
#define IR_SYNC_MIN (9700 /IR_sample)    //最小同步时间 9.7ms
```

```
#define IR_SYNC_DIV (12375/IR_sample)          //同步脉冲时间中值
#define IR_DATA_MAX (3000 /IR_sample)          //数据脉冲时间最大值
#define IR_DATA_MIN (600   /IR_sample)         //数据脉冲时间最小值
#define IR_DATA_DIV (1687 /IR_sample)          //区分数据 0 和 1 的脉冲时间
#define IR_BIT_NUM 32                          //未接收数据位数
/********* 红外接收程序变量声明 *********/
sbit P_IR_RX = P3^6;                           //定义红外接收输入 IO 口
uchar data IR_SampleCnt;                       //采样计数
uchar data IR_BitCnt;                          //编码位数
uchar data IR_UserH;                           //用户码(地址)高字节
uchar data IR_UserL;                           //用户码(地址)低字节
uchar data IR_Data;                            //数据原码
uchar data IR_DataShit;                        //数据移位
bit P_IR_RX_temp;                              //Last sample
bit B_IR_Sync;                                 //已收到同步标志
bit B_IR_Press;                                //按键动作发生(收到按键标志)
uchar data IR_Code;                            //红外键码
uint data UserCode;                            //用户码
/*********** 红外遥控接收函数 ***********/
void IR_RX_NEC()
{   uchar SampleTime;
    IR_SampleCnt++;                            //采样时间计数
    F0 = P_IR_RX_temp;                         //保存上次红外口状态,F0 = PSW.5 通用
    P_IR_RX_temp = P_IR_RX;                     //读当前红外口状态
    if(F0 && !P_IR_RX_temp)                     //口状态,上次为 1 且当前为 0,下降沿
    {   SampleTime = IR_SampleCnt;             //获取采样时间
        IR_SampleCnt = 0;                      //采样时间计数清零
        //采样时间超最大同步时间,出错
        if(SampleTime > IR_SYNC_MAX)B_IR_Sync = 0;
        else if(SampleTime >= IR_SYNC_MIN)     //采样时间超最小同步时间则
        {   if(SampleTime >= IR_SYNC_DIV)       //采样时间超最小同步时间
            {   B_IR_Sync = 1;                 //置已收到同步标志
                IR_BitCnt = IR_BIT_NUM;        //接收位数倒计数赋初值
            }
        }
        else if(B_IR_Sync)                     //已收到同步头
        {   if(SampleTime > IR_DATA_MAX)
                B_IR_Sync = 0;                 //采样时间超最大数据时间,出错
            else
            {   IR_DataShit >>= 1;             //红外数据右移 1 位,默认接收位为 0
                if(SampleTime >= IR_DATA_DIV)
                    IR_DataShit | = 0x80;      //长则接收位改为 1
                if( -- IR_BitCnt == 0)         //接收编码位倒计数,接收完整?
                {   B_IR_Sync = 0;             //已收到同步标志清 0
                    if(~ IR_DataShit == IR_Data) //2 字节数据为互反
                    {   UserCode = ((uint)IR_UserH << 8) + IR_UserL;
                        IR_Code = IR_Data;
```

```
                    B_IR_Press = 1;              //接收数据有效
                }
            }
            else if((IR_BitCnt&7) == 0)    //已接收 1 字节则
            {   IR_UserL = IR_UserH;         //保存用户码低字节
                IR_UserH = IR_Data;          //保存用户码高字节
                IR_Data = IR_DataShit;       //保存遥控键码
            }
        }
    }
}
```

（2）数码动态显示。在红外遥控接收器，使用实验板上 8 位数码显示器显示设备初始信息和接收到的用户码、数据码，数码动态扫描原理和代码参考 5.1 节和案例 II 相关内容，不再赘述。可将定时/计数器 T1 设置成 2.5ms 定时器，允许 TF1 中断，在中断服务程序中定时调用数码动态扫描函数 void disp_d()。由于初始显示内容为：nEC---Ir，遥控用户码和数据显示内容为：UUUU--CC，出现新增显示符号：n、-、r，因此显示符号七段译码表需要增加新字形码，必须修改数组 segTab[]，增加新元素，修改后的相关内容为：

```
#define uchar unsigned char
uchar code segTab[ ] = {                        //在 CODE 区定义七段码译码表
0x3f,0x06,0x5b,0x4f,0x66,0x6d,0x7d,0x07,        //0  1  2  3  4  5  6  7
0x7f,0x6f,0x77,0x7c,0x39,0x5e,0x79,0x71,        //8  9  A  b  C  d  E  F
0x54,0x50,0x40,0x00,                            //n     r     -     暗
};
```

（3）红外遥控数据显示。这部分内容实时性最低，任务也相对简单，只需将要显示的内容写到显示缓冲区即可，将系统初始化、数据显示等代码放在主程序模块 main.c 中，代码清单如下：

```
/* 红外接收程序，适用于广泛使用的 NEC 编码
(1) 接收一帧数据后，将用户码、键码放在 UserCode 和 IR_Code 中，置位 B_IR_Press 标志位
(2) 应用层查询到 B_IR_Press 标志后，数码管显示：UUUU -- CC，UUUU 为用户码，CC 为键码
(3) 用户码、键码以十六进制数码显示，显示更新后清除 B_IR_Press 标志
*/
#include< stc15.h>
#define uchar unsigned char
#define uint unsigned int
#define M_FOSC 11059200L                //主时钟频率
#define SysTick 10000                   //系统节拍频率(次/秒)，为 4000～16000
/************   本地函数声明   *************/
void TimerInit();                       //定时器初始化函数
/************   外部函数声明   *************/
extern void disp_d();                   //数码动态显示函数
extern void IR_RX_NEC();                //红外遥控串行数据接收
```

```
/ ************  外部变量声明   ************ /
extern uchar data disBuf[];           //显示缓冲区
extern bit B_IR_Press;                //收到按键标志
extern uint UserCode;                 //接收到的红外用户码
extern uchar IR_Code;                 //接收到的红外键码
/ ********************** 主函数 *********************** /
void main(void)
{    P0M1 = 0;P0M0 = 0;               //设置为准双向口
     P3M1 = 0;P3M0 = 0;               //设置为准双向口
     P4M1 = 0;P4M0 = 0;               //设置为准双向口
     P5M1 = 0;P5M0 = 0;               //设置为准双向口
     TimerInit();                     //定时器 T0 和 T1 初始化
     EA = 1;                          //打开总中断
     disBuf[0] = 0x10;                //显示 nEC --- Ir
     disBuf[1] = 0x0e;                //n, - ,r 在七段译码表中的序:0x10,0x12,0x11(见 disp_cc.c)
     disBuf[2] = 0x0c,disBuf[3] = 0x12;
     disBuf[4] = 0x12,disBuf[5] = 0x12;
     disBuf[6] = 0x01,disBuf[7] = 0x11;
     while(1)
     {    if(B_IR_Press)              //检测到收到红外键码
          {    B_IR_Press = 0;
               //用户码高字节的高半字节
               disBuf[0] = (uchar)((UserCode >> 12)&0x0f);
               //用户码高字节的低半字节
               disBuf[1] = (uchar)((UserCode >> 8)&0x0f);
               //用户码低字节的高半字节
               disBuf[2] = (uchar)((UserCode >> 4)&0x0f);
               disBuf[3] = (uchar)(UserCode&0x0f);      //用户码低字节的低半字节
               disBuf[6] = IR_Code >> 4;
               disBuf[7] = IR_Code&0x0f;
          }
     }
}
/ ************ 定时器初始化函数 ************ /
//定时器 T0 重载值,(1000000/SysTick)μs,SysTick 节拍率即溢出率
#define T0_RL (65536 - M_FOSC/SysTick)
#define T1_RL (uint)(65536 - (0.0025 * M_FOSC)/12)     //定时器 T1 重载值,2.5ms 定时
void TimerInit()                      //定时器初始化函数
{    AUXR| = 0x80;                    //T0 时钟 1T 模式,T1 时钟 12T 模式
     TMOD = 0x00;                     //T0 和 T1 方式 0,初值重载 16 位定时
     TL0 = (uchar)T0_RL;              //T0 定时器初值设置
     TH0 = (uchar)(T0_RL >> 8);
     TL1 = (uchar)T1_RL;              //T1 定时器初值设置
     TH1 = (uchar)(T1_RL >> 8);
     TF0 = 0,ET0 = 1,TR0 = 1;         //清 T0 溢出标志,许 T0 中断,低优先级
     TF1 = 0,ET1 = 1,TR1 = 1;         //清 T1 溢出标志,许 T1 中断,低优先级
}
```

```
/************** TF0 中断函数 ****************/
void Timer0_Isr() interrupt 1
{   IR_RX_NEC();                      //检测 IR_Rx 引脚,接收红外信号
}
/************** TF1 中断函数 ****************/
void Timer1_Isr() interrupt 3
{   disp_d();                         //2.5ms 扫描显示 1 位
}
```

12.7.3 实验内容

1. 红外遥控发送和接收双机系统程序设计及其在系统调试

试补充完善所有源程序,在实验板上实现所构思的红外遥控系统功能。

(1)新建文件夹,分别用于存放本实验中红外遥控发送器、红外遥控接收器的工程项目、C51 源程序等文件。

(2)用 μVision4 集成开发环境,分别创建红外遥控发送器和接收器工程项目,创建各模块源程序文件,并将其添加到项目中。

(3)分别设置两个工程项目的目标:单片机型号、时钟频率、编译生成的目标文件名及路径等。

(4)用 STC-ISP 在线编程器,设置好单片机型号、时钟源和频率等选项,分别打开红外遥控发送器和接收器的目标程序,并将程序分别下载到实验板 A 和 B 上,在系统分别调试程序,直到完成预定红外遥控系统的功能。

2. 红外遥控自发自收单机系统程序设计及其在系统调试

将红外遥控发送器和接收器的功能集成到一个实验板,实现红外遥控自发自收单机系统,要求实现以下功能:

【功能 3】 实现 NEC 红外遥控数据的自发自收并显示。开机时显示:nEC---Ir,当矩阵键盘有稳定可靠的键按下时,系统即发送一帧遥控数据,其中用户码由 C 语言的宏定义进行设置,命令码是按键的编码 0~F,数据发送结束后不论按键是否释放,系统都不再发送重复码。当系统从红外接收模块输出信号中读出用户码和命令码,验证接收正确后,用 8 位数码显示器显示接收到的用户码和命令码,格式为:UUUU-CC,其中 UUUU 为 2 字节(16 位)的用户码,CC 为命令码。

试根据以上新增功能,试从各任务实时性要求重新分配主芯片 IAP15W4K58S4 的硬件资源,修改相关的程序,完成系统软件设计,在单个实验板上实现红外遥控自发自收系统。

12.7.4 思考题

问题 1 在红外遥控系统中 38.0kHz 的光载波有什么作用,试简要说明之。

问题 2 在 NEC 红外遥控数据传输系统中,怎样表示比特 0 和 1,试简要说明为什么?

问题3 现实中的家电遥控器都是使用电池的低功耗系统,两只七号电池一般可使用1年以上,本实验在红外遥控发送和接收双机系统中,所设计的发送器显然不满足低功耗的要求,试研究怎样才能进一步降低发送器的功耗。

12.7.5 实验报告要求

实验报告要求同案例Ⅰ。

12.8 案例Ⅷ——12864 图形液晶显示系统设计

视频

12.8.1 实验目的

（1）了解液晶的种类与液晶显示器的工作原理,点阵图形液晶的驱动方法;

（2）掌握以 ST7920 为控制器的中小尺寸 12864 点阵液晶屏的内部结构和接口方法;

（3）掌握在 12864 点阵液晶屏的指定区域显示 16×8 西文字符、16×16 中文字符、16×16 自定义中文字符的程序设计方法;

（4）掌握在 12864 点阵液晶屏显示图形以及文字符与图形混合显示的程序设计方法。

12.8.2 实验原理

1. 液晶屏的工作原理

液晶是一种有机化合物,常温条件下,该化合物既有液体的流动性,又有晶体的光学各向异性,因而被称为液晶。在电场、磁场、应力等外部条件影响下,液晶分子容易发生再排列,液晶的光电性质也随之发生改变,这种特性称为液晶的电光效应。

液晶屏有反射式、透射式和半反半透式,数字万用表、电子钟表等简单仪表多采用反射式液晶屏,各种数字设备中多使用透射式液晶屏。

透射式单色液晶屏结构如图 12.22 所示,单色液晶显示器由两片很薄的平行玻璃板构成,玻璃板中间均匀填充液晶材料,玻璃板上覆有偏振薄膜,上下玻璃板的偏振方向相互垂直,图 12.22 中上玻璃板偏振方向在纸面内横向,下层玻璃板偏振方向垂直纸面,玻璃板上还镀有透明的电极和背电极,电极的形状就是各种显示符号,液晶板背面配有背光源,发出均匀的光线。背光源发出的光经过下层玻璃板后成为线偏振光,在没有电极的区域,或在电极区但电极和背电极没有电压时,区域中的液晶分子取向是杂乱无章的,液晶不表现出光学各向异性,液晶不会改变透过下层玻璃板的光的偏振方向,由于上下层玻璃的偏振方向相互垂直,因此透过下层玻璃板的偏振光线无法透过上层玻璃板,观察者观察不到图像。当给电极和背电极施加一定的交流电压,在两电极间形成交变电场,该电场导致液晶分子形成分层并有序排列,沿电场方向(即垂直玻璃板方向)不同液晶分子层的排列方向不同,最下面的液晶分子层的排列方向与最上面的液晶分子层的排列方向正好成 90°,此时透过下层玻璃板的偏振光线在电极区域的液晶分子的作用下,透过液晶时其偏振方向也跟着旋转了 90°,变成和上层玻璃板的偏振方向一致,最终可以透过上层玻璃板,观察者即可在屏上观察到与电极形状相同的光斑,或电极的形状得到显示。

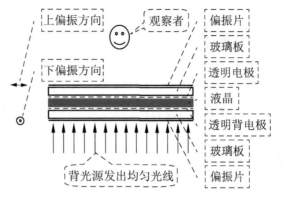

图 12.22   单色液晶显示器电光原理示意图

为了能够显示各种复杂的图形,液晶屏的电极通常做成如图 12.23 所示的点阵形式,相应的屏也称为点阵屏。在点阵屏上,每个小的方形电极控制其所在方形屏域的亮暗,在屏上形成亮暗可控的最小发光单元,该单元也称为像素。控制屏上所有像素的发光组合,就可以形成各种复杂的图形。

图 12.23   液晶屏点阵式电极

彩色液晶屏的工作原理与单色点阵液晶屏类似,在彩色屏的结构中还增加了红、绿、蓝 3 种点阵式的滤色片薄膜,在屏上形成可控制亮暗的三基色发光单元,相邻的红、绿、蓝 3 种颜色的发光单元构成一个彩色像素。

2. ASCII 码与汉字编码及其点阵字库

美国信息交换标准代码 ASCII 定义了英文字符、数字、专用符号和控制符号的编码。ASCII 编码表见附录 A,共有 128 个符号,其中 00H~1FH 的编码为不可显示的控制符号,20H~7FH 的编码为可显示的英文、数字、空格、标点、运算符及专用符号。在计算机系统中,英文、数字、空格、标点、运算符及专用符号等西文字符用 ASCII 码表示。

《信息交换用汉字编码字符集》GB 2312—80 定义了 6763 个常用汉字和 682 个图形字符的编码。GB 2312—80 将汉字(含图形字符)分成 94 个区,每区 94 个位,每个区位上只有一个字符,用 2 字节分别表示汉字所在区和位,这种汉字(含图形字符)编码称为区位码。在计算机系统中,汉字(含图形字符)用机内码表示,机内码就是区位码+A0A0H。例如,在 GB 2312—80 字符集中,汉字"啊"排在 16 区 01 位,其区位码为 1001H,机内码为 B0A1H。

点阵液晶屏不仅可以显示图形,也可以显示西文字符和中文字符(汉字及图形字符,下同),西文字符显示常用 8×16 点阵,中文字符显示常用 16×16 点阵,表示字符点阵信息的数据称为点阵字模,存储某字符集的点阵字模的文件称为点阵字库。对中文字符点阵,每个点用 1 个比特位表示其亮暗状态,1 表示亮,0 表示暗,16×16 点阵每行 16 个点,点阵信息为 2 字节,共 16 行,因此 16×16 点阵字模共 32 字节,它们在点阵字库中的存储顺序如表 12.7 所示。例如,汉字"啊"宋体 16×16 点阵如图 12.24 所示,32 字节字模信息如下:

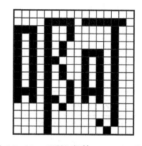

```
0x00,0x00,0x0F,0x7E,0xE9,0x04,0xA9,0x04,
0xAA,0x04,0xAA,0x74,0xAC,0x54,0xAA,0x54,
0xAA,0x54,0xA9,0x54,0xE9,0x74,0xAD,0x54,
0x0A,0x04,0x08,0x04,0x08,0x14,0x08,0x08
```

图 12.24 "啊"宋体 16×16 点阵

表 12.7 字模在字库中的存储顺序

行 \ 列	高位 D7…低位 D0								高位 D7…低位 D0							
	15	14	13	12	11	10	9	8	7	6	5	4	3	2	1	0
0	0 字节								1 字节							
1	2 字节								3 字节							
…	…								…							
14	28 字节								29 字节							
15	30 字节								31 字节							

3. 点阵液晶屏的种类

从制造技术分,点阵液晶屏分为超扭曲向列(Super Twisted Nematic,STN)液晶屏、薄膜晶体管(Thin Film Transistor,TFT)液晶屏、低温多晶硅(Low Temperature Polycrystalline Silicon,LTPS)液晶屏和有机发光二极管(Organic Light Emitting Diode,OLED)液晶屏 4 种类型,它们的主要特点如表 12.8 所示。

表 12.8 4 种不同液晶屏的特点对照表

液晶种类	市场占位	功耗	响应时间	光 学 特 性
STN	最低端	低	200ms	色彩鲜艳度和画面亮度不足
TFT	主流	稍高	50ms 以下	饱和度和对比度出色,显示效果真实
LTPS	高端	低	12ms	色彩更艳丽,画面更清晰,可视角度 170°,亮度对比度高
OLED	发展方向	很低	极小	色彩明亮,可视角度超大

8 位单片机应用系统如果使用点阵液晶屏,由于单片机资源相对较少,往往使用中小规模的单色点阵式 STN 液晶屏,如 12864 单色点阵液晶屏,其点阵结构为水平方向 128 列、竖直方向 64 行。

12864 单色液晶屏种类繁多,除点阵和背光颜色、尺寸不同外,其主要差别在于所使用的控制器不同,主要的控制器有 ST7920、KS0108/KS0107、T6963C 等,其中 ST7920 和 KS0108 两类屏较为常见,前者内带 16×16 点阵汉字字库,不能在 Proteus 中仿真;后者不带 16×16 点阵汉字字库,能够在 Proteus 中仿真。ST7920 和 KS0108 系列的点阵液晶屏都是 20 个引脚,典型的引脚分布如表 12.9 所示。二者的主要差别在于:ST7920 系列液晶屏的引脚 15 为并行/串行接口方式选择 PSB,引脚 16 为空置 NC;KS0108 系列液晶屏的引脚 15 为左半屏片选 CS1、引脚 16 为右半屏片选 CS2。

表 12.9 基于 ST7920 和 KS0108 控制器的 12864 点阵液晶屏引脚差别

引　　脚	20	19	18	17	16	15	14	…	7	6	5	4	3	2	1
ST7920	BLK	BLA	Vout	$\overline{RST}$	NC	PSB	DB7	…	DB0	E	$R/\overline{W}$	RS	V0	VCC	GND
KS0108	BLK	BLA	Vout	$\overline{RST}$	CS2	CS1	DB7	…	DB0	E	$R/\overline{W}$	RS	V0	VCC	GND

4. ST7920 系列 12864 点阵液晶屏

ST7920 是台湾矽创电子公司生产的一款优秀的中文图形控制芯片,可驱动 256×32 (或 128×64)点阵液晶屏,其内带汉字 16×16 点阵字库,可以方便地实现字符/图形混合显示,是 12864 点阵液晶屏最常用的控制器。下面介绍 ST7920 系列 12864 点阵液晶屏的主要功能及控制方法。

1) ST7920 系列液晶屏的接口

ST7920 系列液晶屏与单片机的接口有:8 位并口、4 位并口以及串口 3 种可选方式。不同的厂家引脚的分布略有差别,典型的引脚分布如表 12.9 所示,各引脚的功能如下:

* VCC、GND——LCD 模块工作电源输入端,电源电压 3.0～5.5V。
* V0——对比度调节输入端,通常模块出厂时已将对比度设置到最佳状态,该端可悬空。
* RS(CS)——寄存器选择线,或串行接口方式时为片选线(高电平有效)。RS＝0 时选择指令(写)或状态(读)寄存器,RS＝1 时选择数据寄存器。
* $R/\overline{W}$(SID)——读写控制线,或串行接口方式时为串行数据线。$R/\overline{W}$＝0 时,写操作;$R/\overline{W}$＝1 时,读操作。
* E(SCLK)——使能控制线,或串行接口方式时为时钟输入线。并行接口方式情况下,E＝1 时,总线数据有效,E 下降沿触发 LCD 模块执行内部操作。
* DB7～DB0——选择并行接口时为并行数据总线,或选择串行接口方式时为空脚。
* PSB——并行/串行接口方式选择。PSB＝0 时选择串行接口方式,PSB＝1 时选择并行接口方式。多数厂家的 LCD 模块在线路板上设置了跳线,可以用焊锡将 PSB 线与 VCC(或 GND)短接,从而将 LCD 屏固定设置成并行(或串行)接口方式,使用 LCD 屏之前须用万用表检查 PSB 引脚与 VCC(或 GND)的通断状态,如果通断状态与自己欲设定的状态不符,应使用烙铁和焊锡改变 PSB 跳线的连接方式,否则可能导致单片机控制 PSB 的引脚损坏或电源短路。
* $\overline{RST}$:LCD 模块复位端。电源稳定、LCD 正常工作情况下,该端 $10\mu s$ 的低电平可导致 LCD 有效复位。模块内一般配有上电复位电路,不需要可控复位的场合可将 $\overline{RST}$ 悬空。
* Vout:模块内部倍压(驱动电压)输出,有些模块内部倍压没有引出,该端悬空。
* BLA:背光源 LED 正极,通常直接接 VCC,需要屏幕保护或低功耗控制除外。

- BLK：背光源 LED 负极，通常直接接 GND。

2) ST7920 内部硬件及其功能

- 字模生成 ROM(CGROM 及 HCGROM)。ST7920 内部集成了中文字模生成 ROM (CGROM)，共存储 8192 个 16×16 点阵的中文字模，以及西文字模生成 ROM (HCGROM)，共存储 126 个 16×8 点阵的西文字模。

- 字模生成 RAM(CGRAM)。ST7920 内部提供了 64×2 字节的中文字模生成 RAM (CGRAM)，用户可将 CGROM 中没有的中文字模定义(或造字)到 CGRAM 中，最多可同时自定义 4 个中文字模。字模生成 RAM 编为 64 个 CGRAM 地址，每个 CGRAM 地址有高低 2 字节，CGRAM 地址与自定义字符的字模数据的映射关系如表 12.10 所示。CGRAM 内有 4 个地址段：00H～0FH、10H～1FH、20H～2FH、30H～3FH，分别存储编码为 0000H、0002H、0004H、0006H 4 个自定义字符的字模数据。字模的第 16 行是光标的显示区域，在光标显示状态下，光标与该行点阵重叠。

表 12.10　CGRAM 地址与自定义字符字模数据的映射关系(以自定义字符"口"为例)

CGRAM 地址						CGRAM 数据(高字节)								CGRAM 数据(低字节)							
a5	a4	a3	a2	a1	a0	d7	d6	d5	d4	d3	d2	d1	d0	d7	d6	d5	d4	d3	d2	d1	d0
x	x	0	0	0	0	1	1	1	1	1	1	1	1	0	0	0	0	0	0	0	0
x	x	0	0	0	1	1	0	0	0	0	0	0	1	0	0	0	0	0	0	0	0
x	x	0	0	1	0	1	0	0	0	0	0	0	1	0	0	0	0	0	0	0	0
x	x	0	0	1	1	1	0	0	0	0	0	0	1	0	0	0	0	0	0	0	0
x	x	0	1	0	0	1	0	0	0	0	0	0	1	0	0	0	0	0	0	0	0
x	x	0	1	0	1	1	0	0	0	0	0	0	1	0	0	0	0	0	0	0	0
x	x	0	1	1	0	1	0	0	0	0	0	0	1	0	0	0	0	0	0	0	0
x	x	0	1	1	1	1	1	1	1	1	1	1	1	0	0	0	0	0	0	0	0
x	x	1	0	0	0	0	0	0	0	0	0	0	0	1	0	0	0	0	0	0	0
x	x	1	0	0	1	0	0	0	0	0	0	0	0	0	1	0	0	0	0	0	0
x	x	1	0	1	0	0	0	0	0	0	0	0	0	0	0	1	0	0	0	0	0
x	x	1	0	1	1	0	0	0	0	0	0	0	0	0	0	0	1	0	0	0	0
x	x	1	1	0	0	0	0	0	0	0	0	0	0	0	0	0	0	1	0	0	0
x	x	1	1	0	1	0	0	0	0	0	0	0	0	0	0	0	0	0	1	0	0
x	x	1	1	1	0	0	0	0	0	0	0	0	0	0	0	0	0	0	0	1	0
x	x	1	1	1	1	0	0	0	0	0	0	0	0	0	0	0	0	0	0	0	0

- 显示 RAM(DDRAM)。ST7920 提供 64×2 字节的显示 RAM(DDRAM)，12864 屏使用其中的 32×2 字节，可以控制 2 行、每行 16 字的中文字符显示，平分为 2 行、每行 8 汉字的上下半屏，中文字符显示位置与 DDRAM 地址的映射关系如表 12.11 所示，2 字节的显示 RAM 使用 1 个 DDRAM 地址。将字符编码写入 DDRAM 单元时，即可从 CGROM、HCGROM、CGRAM 中调出该字符字模，并在屏上指定位置显示该汉字。字符编码与字模选择之间的关系如下：

表 12.11   中文字符显示位置与 DDRAM 地址的映射关系（设置地址的指令字为该地址与 80H 逻辑或）

上半屏		0 字格	1 字格	2 字格	3 字格	4 字格	5 字格	6 字格	7 字格
下半屏		8 字格	9 字格	10 字格	11 字格	12 字格	13 字格	14 字格	15 字格
上半屏	0 行	00H	01H	02H	03H	04H	05H	06H	07H
	1 行	10H	11H	12H	13H	14H	15H	16H	17H
下半屏	2 行	08H	09H	0AH	0BH	0CH	0DH	0EH	0FH
	3 行	18H	19H	1AH	1BH	1CH	1DH	1EH	1FH

（1）显示西文字符，将 02～7FH 的单字节西文编码写入 DDRAM 中，字模从 HCGROM 调取，1 个 DDRAM 地址应写 2 个单字节编码。

（2）显示自定义字符，将 0000H、0002H、0004H、0006H 4 种双字节编码之一写入 DDRAM 中，字模从 CGRAM 调取。

（3）显示中文字符，将中文字符的双字节编码（机内码为 A1A0H～F7FFH）写入 DDRAM 中，字模从 CGROM 调取。双字节字符编码写入 DDRAM 的顺序为先高字节后低字节，且高字节只能在地址计数器（AC）的起始位置。

- 绘图 RAM（GDRAM）。ST7920 提供 32×64 字节的绘图 RAM（GDRAM），12864 屏使用其中的 32×32 字节，可以控制 256×32 点阵的二维绘图缓冲空间，平分为 128×32 点阵的上下半屏，点阵坐标与绘图 RAM 间的映射关系如图 12.25 所示，2 字节的绘图 RAM 使用一组 GDRAM 垂直地址和水平地址，用扩充指令可设置绘图 RAM（GDRAM）地址，先设垂直地址，后设水平地址。

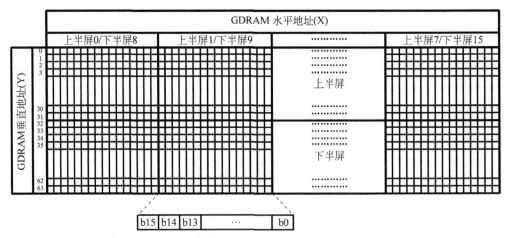

图 12.25   ST7920 系列 12864 液晶屏点阵坐标与绘图 RAM（GDRAM）间的映射关系

3）ST7920 的指令集及其说明

ST7920 的指令分为基本指令和扩充指令，指令集如表 12.12 所示，各指令详述如下：

- 清除显示（CLEAR）。将 DDRAM 填满 20H（即空格的编码），并设定 DDRAM 地址计数器（AC）为 00H。

表 12.12　ST7920 的指令集

指　　令		控制信号		指令代码								初始值	执行时间 (540kHz)
		RS	$R/\overline{W}$	D7	D6	D5	D4	D3	D2	D1	D0		
基本指令集(RE=0)													
清除显示		0	0	0	0	0	0	0	0	0	1	无意义	1.6ms
地址归 0		0	0	0	0	0	0	0	0	1	x	无意义	72μs
进入设定点		0	0	0	0	0	0	0	1	I/D	S	00000110	72μs
显示开关设置		0	0	0	0	0	0	1	D	C	B	00001000	72μs
光标或显示移位控制		0	0	0	0	0	1	S/C	R/L	x	x	0001xxxx	72μs
功能设定		0	0	0	0	1	DL	x	RE	x	x	0011x0xx	72μs
设定 CGRAM 地址		0	0	0	1	A5	A4	A3	A2	A1	A0	无意义	72μs
设定 DDRAM 地址		0	0	1	0	A5	A4	A3	A2	A1	A0	无意义	72μs
读取忙标志和地址		0	1	BF	A6	A5	A4	A3	A2	A1	A0	无意义	0μs
写数据到 RAM		1	0	数据								无意义	72μs
从 RAM 读数据		1	1	数据								无意义	72μs
扩充指令集(RE=1)													
待命模式		0	0	0	0	0	0	0	0	0	1	无意义	72μs
卷动或 RAM 地址选择		0	0	0	0	0	0	0	1	SR		00000010	72μs
反白显示		0	0	0	0	0	0	1	R1	R0		00000100	72μs
睡眠模式		0	0	0	0	0	1	SL	x	x		000011xx	72μs
扩充功能设定		0	0	0	0	1	DL	x	RE	G	0	001xx100	72μs
设定绘图 RAM 地址	先垂直	0	0	1	0	A5	A4	A3	A2	A1	A0	无意义	72μs
	后水平	0	0	1	0	0	0	A3	A2	A1	A0	无意义	72μs

注 1：向 ST7920 写入指令之前，必须通过读 BF(忙)标志或延时，确认 ST7920 处于非忙状态。

　　2：RE 是基本指令集与扩充指令集的选择控制位，RE 的状态持续有效直至其变更更新的状态。

- 地址归 0(HOME)。设定 DDRAM 地址计数器(AC)为 00H，并将光标移到原点位置。

- 进入设定点(ENTRY MODE SET)。指定在显示数据读写时，设定光标的移动方向及指定显示的移位。$I/D=1$，光标右移，DDRAM 地址计数器(AC)加 1；$I/D=0$，光标左移，DDRAM 地址计数器(AC)减 1。$S=1$，显示画面整体位移；$S=0$，显示画面不位移。

- 显示开关设置(DISPLAY STATUS)。$D=1$，整体显示开；$D=0$，整体显示关。$C=1$，光标显示开；$C=0$，光标显示关。$B=1$，光标处字符反白显示；$B=0$，光标处字符正常显示。

- 光标或显示移位控制(CURSOR AND DISPLAY SHIFT CONTROL),如表 12.13 所示。

表 12.13　光标或显示移位控制

S/C	R/L	光标或显示移位方向	AC 值的变化
0	0	光标向左移动	AC=AC−1
0	1	光标向右移动	AC=AC+1
1	0	显示向左移动,光标跟着移动	AC=AC
1	1	显示向右移动,光标跟着移动	AC=AC

- 功能设定(FUNCTION SET)。DL:并口宽度控制位,DL=1,8 位并行接口;DL=0, 4 位并行接口。RE:指令集选择控制位,RE=0,选择基本指令集;RE=1,选择扩充指令集。执行一次指令不能同时改变 DL 和 RE,可先改变 DL 再改变 RE,才能正确设置。

- 设定 CGRAM 地址。设定 CGRAM 地址(00H~3FH)到地址计数器(AC),需确认扩充指令中 SR=0(即允许设定 CGRAM 地址)。

- 设定 DDRAM 地址。设定 DDRAM 地址到地址计数器(AC),ST7920 系列 12864 屏,AC 取值范围为 00H~1FH。设置 0~3 行的 AC 指令字分别为 80H~87H、90H~97H、88H~8FH、98H~9FH。128×64 点阵屏的原理等同于 256×32 点阵屏,2 行(或 3 行)的 DDRAM 地址紧接 0 行(或 1 行),如果使用"行反白"功能,0 和 2 行(或 1 和 3 行)只能同时反白。

- 读忙标志和地址。读取忙标志 BF 以确定内部操作是否完成,同时读出地址计数器(AC)的值。BF=1,表示内部操作待完成,为"忙"状态;BF=0,表示内部操作已完成,为"非忙"状态。

- 写数据到 RAM。每个 RAM(CGRAM、DDRAM、GDRAM)地址单元都是 16 位(2 字节),可以连续写入 2 字节的数据(先高字节后低字节),写入第 2 字节时,地址计数器(AC)的值自动加 1 或减 1。

- 从 RAM 读数据。设定 RAM(CGRAM、DDRAM、GDRAM)地址后,先要"盲读"一次,之后才能正确读取 2 字节的数据,读第 2 字节时,地址计数器(AC)的值自动加 1 或减 1。

- 待命模式。进入待命模式后,执行任何其他指令都可以结束待命模式。待命不会改变 RAM 的内容。

- 卷动地址或 RAM 地址选择。SR=1 时,允许输入垂直卷动地址;SR=0 时,允许设定 CGRAM 地址(用基本指令设定)。

- 反白显示。设置 R1 和 R0,选择任意行整行反白显示。对 12864 屏,R1R0=00 时,0 和 2 行同时反白;R1R0=01 时,1 和 3 行同时反白,因此 12864 屏一般不使用整行反白。

- 睡眠模式。SL＝1,脱离睡眠模式；SL＝0,进入睡眠模式。
- 扩充功能设定。并口宽度控制位 DL、指令集选择控制位 RE 同基本指令集的功能设定指令。G：绘图显示控制位,G＝1,绘图显示开；G＝0,绘图显示关。执行一次指令不能同时改变 RE、DL 和 G。需先改变 DL 或 G 再改变 RE,才能确保设置正确。
- 设定绘图 RAM 地址。设定 GDRAM 地址到地址计数器(AC),连续 2 次写才能完成地址设置,先置垂直地址(指令字为：80H＋00H～3FH)后置水平地址(指令字为：80H＋00H～0FH)。对 12864 屏,垂直地址范围为 00H～1FH,水平地址范围：上半屏 00H～07H、下半屏 08H～0FH。

4) 指令和数据的传输时序

采用并行接口时,主控制器通过 RS、$R/\overline{W}$、E、并行总线实现与液晶模块之间的指令、数据传输。一个正确、完整的读 RAM(CGRAM、DDRAM、GDRAM)过程如下：首先设置 RAM 地址,然后盲读一次,再然后连续读 2 字节数据,操作时序如图 12.26(a)和图 12.26(b)所示。

采用串行接口时,主控制器通过 CS、SCLK、SID 实现与液晶模块之间的指令、数据传输,传输时序如图 12.26(c)所示。

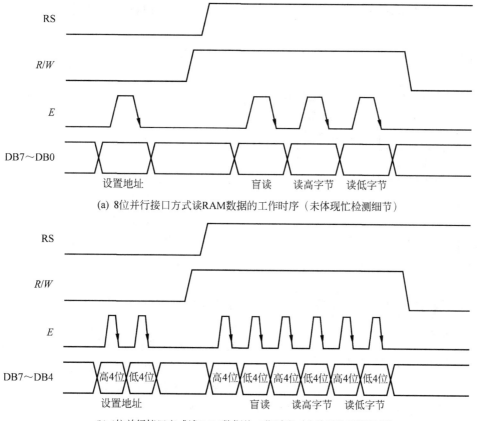

(a) 8位并行接口方式读RAM数据的工作时序（未体现忙检测细节）

(b) 4位并行接口方式读RAM数据的工作时序（未体现忙检测细节）

图 12.26　ST7920 指令和数据的传输时序

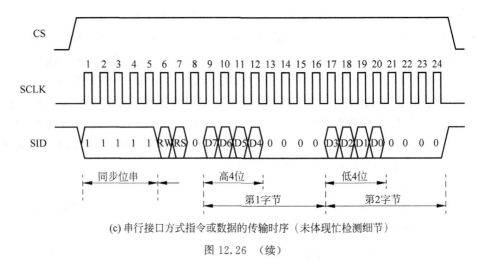

(c) 串行接口方式指令或数据的传输时序（未体现忙检测细节）

图 12.26 （续）

5. 点阵液晶屏图文显示程序设计方法

检查 ST7920 系列 12864 点阵液晶屏的 PSB 引脚是否与 VCC 或 GND 短路,若有则用烙铁烫开液晶模块内的跳线,并通过 2.54mm/20 脚单排插座,将液晶模块与 STC 实验板连接,如图 4.37 所示,构成液晶屏显示系统,为该系统设计接口驱动与控制程序,要求实现以下功能:

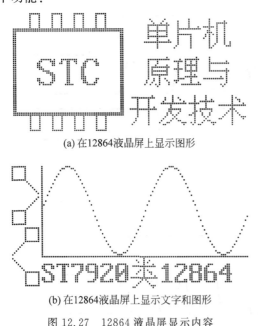

(a) 在12864液晶屏上显示图形

(b) 在12864液晶屏上显示文字和图形

图 12.27　12864 液晶屏显示内容

【功能】　开机后系统循环显示图 12.27 (a)所示的图形画面 3 秒,之后切换为显示图 12.27(b)所示的文字图形混合画面 7 秒。

6. 需求分析

1) 分析图 12.27(a)的显示程序

由于 ST7920 系列 12864 点阵液晶屏将屏划分为 4 行、每行 8 个字格,在这些字格中显示 16×16 点阵中文字符(含自定义中文字符)或 16×8 点阵西文字符可以直接采用字符显示方式,将字符编码写入 DDRAM 即可。图 12.28(a)右半边的"单片机原理与开发技术"虽然是 16×16 点阵的中文字符串,这些汉字也都收纳在《信息交换用汉字编码字符集》GB 2312—80 中,但它们在屏上的显示位置不在中、西文字符显示的字格上,因此这部分内容只能采用图形显示方式。

图 12.27(a)左边的 STC 是西文字符串,但不是 16×8 的点阵字模,ST7920 的 HCGROM 中没有它们的点阵数据,它们的显示位置也不在字符显示的字格上,这部分也只能采用图形

显示方式。这样图 12.27(a)全图只能采用纯图形显示方式,即需将全屏图形的点阵数据写入 ST7920 的绘图 RAM(GDRAM)中,该图形的点阵数据保存在 cgimagedata.h 文件中,用 CODE 区 unsigned char 类型的数组 gImage_mcu[1024]存储。

2) 分析图 12.27(b)的显示程序

图 12.27(b)左边 4 个符号"▯、◪、▯、◪"不是《信息交换用汉字编码字符集》GB2312—80 中的字符,但它们是 16×16 的点阵,显示位置正好在字符显示的字格上,因此可以采用字符方式显示,将这 4 个符号作为自定义字符,点阵数据写入字模生成 RAM(CGRAM)后,字符编码分别为 0000H、0002H、0004H、0006H,只要将字符编码写入对应的显示 RAM(DDRAM)中,就可在相应的字格中显示这 4 个符号;这 4 个符号的点阵数据保存在 cgimagedata.h 文件中,用 CODE 区 unsigned char 类型的数组 cgdata[128]存储。

图 12.27(b)右下方的"ST7920 类 12864"是 16×8 点阵的西文和 16×16 点阵的中文混合的字符串,显示位置也正好在中、西文字符显示的字格上(注意:中文字符之前的西文字符必须是偶数个),也可以采用字符方式显示,将中西文字符编码直接写入对应的显示 RAM(DDRAM)中即可。

图 12.27(b)右上方是水平、竖直的坐标轴和 2 个周期的正弦曲线,这是一个图形区域。如果 12864 点阵屏原点设在屏的左上方,Y 方向竖起向下,X 方向水平向右,像素点(以下简称点)的坐标记为(X,Y),其中 X、Y 为正整数,取值范围 X:0～127 和 Y:0～63。水平坐标轴从$(16,47)$点开始到$(127,47)$点,竖直坐标轴从$(16,0)$点开始到$(16,47)$点。图形区域水平为 112 点、竖直为 48 点,画 2 个满幅度、完整的正弦曲线,因此正弦的周期为 56 点,幅度为 23 点,用公式:

$$\sin\_da[n]=\text{INT}\left[23-23\sin\left(\frac{2\pi n}{56}\right)+0.5\right],\quad n=0,1,\cdots,55 \tag{12-3}$$

计算正弦序列的值,该序列值保存在 cgimagedata.h 文件中,用 CODE 区 unsigned char 类型的数组 sine_da[56]存储。

3) 绘图 RAM 地址及数据位与点(X,Y)的坐标之间的关系

由图 12.25 可见,如果 X 和 Y 坐标的二进制表示记为 $X=X6X5X4X3X2X1X0$ 和 $Y=Y5Y4Y3Y2Y1Y0$,则点(X,Y)对应的绘图 RAM(GDRAM)地址为:

- 垂直地址$=Y4Y3Y2Y1Y0$,即$(Y\&0x1F)$,设置垂直地址的扩充指令字为:80H$+$$(Y\&0x1F)$。
- 水平地址$=X6X5X4$,即$((X>>4)\&7)$,设置上半屏$(Y5=0)$水平地址的扩充指令字为:80H$+((X>>4)\&7)$;设置下半屏$(Y5=1)$水平地址的扩充指令字为:80H$+$08H$+((X>>4)\&7)$;统一表示为:80H$+Y5\times8+((X>>4)\&7)$,即:80H$+(Y>>2)\&8+((X>>4)\&7)$。

每个 GDRAM 地址有 16 位点阵数据,分为高字节$(X3=0)$和低字节$(X3=1)$,其中 $X3$ 即$(X\&8)$。像素点数据位在字节单元中从高向低的第 $X2X1X0$ 位,其中 $X2X1X0$ 即$(X\&7)$。像素数据位置 1,即将字节数据与$(0x80>>(X\&7))$逻辑或;像素数据位清 0,即

将字节数据与～(0x80>>(X&7))逻辑与。

综上所述,系统的液晶显示驱动程序和文字图形显示控制程序分为 3 个文件:点阵和正弦数据文件 cgimagedata. h、ST7920 系列液晶屏基本函数定义模块 lcm. c、系统功能主程序模块 main. c,程序清单分列如下:

(1) 点阵和正弦数据文件 cgimagedata. h。

```
/***   定义幅值 23 的 56 点正弦表   ***/
uchar code sine_da[56] = {
  23,20,18,15,13,11,9,7,5,4,2,1,1,0,
  0,0,1,1,2,4,5,7,9,11,13,15,18,20,
  23,26,28,31,33,35,37,39,41,42,44,45,45,46,
  46,46,45,45,44,42,41,39,37,35,33,31,28,26,
};


/*****   CGRAM 自定义字符字模   ****/
uchar code cgdata[128] = {
  0xff,0x00,0x81,0x00,0x81,0x00,0x81,0x00,0x81,0x00,0x81,0x00,0x81,0x00,0xff,0x00,
  0x00,0x80,0x00,0x40,0x00,0x20,0x00,0x10,0x00,0x08,0x00,0x04,0x00,0x02,0x00,0x00,
  0x00,0x02,0x00,0x04,0x00,0x08,0x00,0x10,0x00,0x20,0x00,0x40,0x00,0x80,0xff,0x00,
  0x81,0x00,0x81,0x00,0x81,0x00,0x81,0x00,0x81,0x00,0xff,0x00,0x00,0x00,
  0x01,0xfe,0x01,0x02,0x01,0x02,0x01,0x02,0x01,0x02,0x01,0x02,0x01,0x02,0x01,0xfe,
  0x02,0x00,0x04,0x00,0x08,0x00,0x10,0x00,0x20,0x00,0x40,0x00,0x80,0x00,0x00,0x00,
  0x80,0x00,0x40,0x00,0x20,0x00,0x10,0x00,0x08,0x00,0x04,0x00,0x02,0x00,0x01,0xfe,
  0x01,0x02,0x01,0x02,0x01,0x02,0x01,0x02,0x01,0x02,0x01,0x02,0x01,0xfe,0x00,0x00,
};


/******   12864 点阵图形数据   *****/
uchar code gImage_mcu[1024] = {
  0x00,0x00,0x00,0x00,0x00,0x00,0x00,0x00,0x00,0x00,0x00,0x00,0x00,0x00,0x00,0x00,
  0x00,0x3F,0x03,0xF0,0x3F,0x03,0xF0,0x00,0x00,0x00,0x00,0x00,0x00,0x00,0x00,0x00,
  0x00,0x21,0x02,0x10,0x21,0x02,0x10,0x00,0x00,0x00,0x00,0x00,0x00,0x00,0x00,0x00,
  0x00,0x21,0x02,0x10,0x21,0x02,0x10,0x00,0x00,0x00,0x00,0x00,0x00,0x00,0x00,0x00,
  0x00,0x21,0x02,0x10,0x21,0x02,0x10,0x00,0x00,0x10,0x10,0x00,0x80,0x10,0x00,0x00,
  0x00,0x21,0x02,0x10,0x21,0x02,0x10,0x00,0x00,0x08,0x20,0x20,0x80,0x10,0x10,0x00,
  0x00,0x21,0x02,0x10,0x21,0x02,0x10,0x00,0x00,0x04,0x48,0x20,0x80,0x11,0xF8,0x00,
  0x00,0x21,0x02,0x10,0x21,0x02,0x10,0x00,0x00,0x3F,0xFC,0x20,0x80,0x11,0x10,0x00,
  0x00,0x21,0x02,0x10,0x21,0x02,0x10,0x00,0x00,0x21,0x08,0x20,0x84,0xFD,0x10,0x00,
  0x7F,0xFF,0xFF,0xFF,0xFF,0xFF,0xF8,0x00,0x21,0x08,0x3F,0xFE,0x11,0x10,0x00,
  0x7F,0xFF,0xFF,0xFF,0xFF,0xFF,0xF8,0x00,0x3F,0xF8,0x20,0x00,0x31,0x10,0x00,
  0x60,0x00,0x00,0x00,0x00,0x00,0x00,0x18,0x00,0x21,0x08,0x20,0x00,0x39,0x10,0x00,
  0x60,0x00,0x00,0x00,0x00,0x00,0x00,0x18,0x00,0x21,0x08,0x3F,0xC0,0x55,0x10,0x00,
  0x60,0x00,0x00,0x00,0x00,0x00,0x00,0x18,0x00,0x3F,0xF8,0x20,0x40,0x51,0x10,0x00,
  0x60,0x00,0x00,0x00,0x00,0x00,0x00,0x18,0x00,0x21,0x00,0x20,0x40,0x91,0x10,0x00,
  0x60,0x00,0x00,0x00,0x00,0x00,0x00,0x18,0x00,0x01,0x04,0x20,0x40,0x11,0x10,0x00,
  0x60,0x00,0x00,0x00,0x00,0x00,0x00,0x18,0x00,0xFF,0xFE,0x20,0x40,0x11,0x12,0x00,
  0x60,0x00,0x00,0x00,0x00,0x00,0x00,0x18,0x00,0x01,0x00,0x20,0x40,0x12,0x12,0x00,
```

```
0x60,0x00,0x00,0x00,0x00,0x00,0x00,0x18,0x00,0x01,0x00,0x40,0x40,0x14,0x0E,0x00,
0x60,0x00,0x00,0x00,0x00,0x00,0x00,0x18,0x00,0x01,0x00,0x80,0x40,0x18,0x00,0x00,
0x60,0x00,0x00,0x00,0x00,0x00,0x00,0x18,0x00,0x00,0x00,0x00,0x00,0x00,0x00,0x00,
0x60,0x00,0x00,0x00,0x00,0x00,0x00,0x18,0x00,0x00,0x00,0x00,0x00,0x00,0x00,0x00,
0x60,0x00,0x00,0x00,0x00,0x00,0x00,0x18,0x00,0x00,0x00,0x00,0x00,0x00,0x00,0x00,
0x60,0x00,0x00,0x00,0x00,0x00,0x00,0x18,0x00,0x00,0x00,0x00,0x00,0x00,0x00,0x00,
0x60,0x00,0x00,0x00,0x00,0x00,0x00,0x18,0x00,0x00,0x08,0x00,0x08,0x10,0x00,0x00,
0x60,0x00,0xFD,0x1F,0xF0,0x7A,0x00,0x18,0x00,0x3F,0xFC,0x13,0xFC,0x10,0x00,0x00,
0x60,0x01,0x87,0x13,0x30,0xC6,0x00,0x18,0x00,0x21,0x00,0xFA,0x48,0x10,0x08,0x00,
0x60,0x03,0x03,0x33,0x11,0x83,0x00,0x18,0x00,0x21,0x00,0x22,0x48,0x1F,0xFC,0x00,
0x60,0x03,0x03,0x03,0x01,0x83,0x00,0x18,0x00,0x22,0x08,0x23,0xF8,0x10,0x00,0x00,
0x60,0x03,0x80,0x03,0x03,0x80,0x00,0x18,0x00,0x2F,0xFC,0x22,0x48,0x10,0x00,0x00,
0x60,0x01,0xC0,0x03,0x03,0x00,0x00,0x18,0x00,0x28,0x08,0xFA,0x48,0x10,0x08,0x00,
0x60,0x00,0x78,0x03,0x03,0x00,0x00,0x18,0x00,0x2F,0xF8,0x23,0xF8,0x1F,0xFC,0x00,
0x60,0x00,0x1E,0x03,0x03,0x00,0x00,0x18,0x00,0x28,0x08,0x20,0x40,0x00,0x08,0x00,
0x60,0x00,0x07,0x03,0x03,0x00,0x00,0x18,0x00,0x2F,0xF8,0x20,0x50,0x00,0x08,0x00,
0x60,0x00,0x03,0x03,0x03,0x80,0x00,0x18,0x00,0x20,0x80,0x23,0xF8,0x00,0x48,0x00,
0x60,0x03,0x03,0x03,0x03,0x83,0x00,0x18,0x00,0x24,0x90,0x3C,0x40,0xFF,0xE8,0x00,
0x60,0x03,0x03,0x03,0x01,0x82,0x00,0x18,0x00,0x44,0x88,0xE0,0x40,0x00,0x08,0x00,
0x60,0x01,0xC6,0x03,0x01,0xC6,0x00,0x18,0x00,0x48,0x84,0x40,0x44,0x00,0x08,0x00,
0x60,0x01,0x7C,0x07,0xC0,0x7C,0x00,0x18,0x00,0x92,0x84,0x0F,0xFE,0x00,0x50,0x00,
0x60,0x00,0x00,0x00,0x00,0x00,0x00,0x18,0x00,0x01,0x00,0x00,0x00,0x00,0x20,0x00,
0x60,0x00,0x00,0x00,0x00,0x00,0x00,0x18,0x00,0x00,0x00,0x00,0x00,0x00,0x00,0x00,
0x60,0x00,0x00,0x00,0x00,0x00,0x00,0x18,0x00,0x00,0x00,0x00,0x00,0x00,0x00,0x00,
0x60,0x00,0x00,0x00,0x00,0x00,0x00,0x18,0x00,0x00,0x00,0x00,0x00,0x00,0x00,0x00,
0x60,0x00,0x00,0x00,0x00,0x00,0x00,0x18,0x00,0x00,0x00,0x00,0x00,0x00,0x00,0x00,
0x60,0x00,0x00,0x00,0x00,0x00,0x00,0x18,0x00,0x08,0x01,0x00,0x10,0x40,0x01,0x00,
0x60,0x00,0x00,0x00,0x00,0x00,0x00,0x18,0x7F,0xFC,0x11,0x20,0x10,0x40,0x01,0x40,
0x60,0x00,0x00,0x00,0x00,0x00,0x00,0x18,0x08,0x20,0x11,0x10,0x10,0x48,0x01,0x30,
0x60,0x00,0x00,0x00,0x00,0x00,0x00,0x18,0x08,0x20,0x21,0x04,0x13,0xFC,0x01,0x10,
0x60,0x00,0x00,0x00,0x00,0x00,0x00,0x18,0x08,0x20,0x7F,0xFE,0xFC,0x40,0x01,0x04,
0x60,0x00,0x00,0x00,0x00,0x00,0x00,0x18,0x08,0x20,0x02,0x00,0x10,0x40,0xFF,0xFE,
0x60,0x00,0x00,0x00,0x00,0x00,0x00,0x18,0x08,0x24,0x02,0x00,0x10,0x40,0x01,0x00,
0x60,0x00,0x00,0x00,0x00,0x00,0x00,0x18,0xFF,0xFE,0x07,0xF0,0x13,0xF8,0x03,0x80,
0x60,0x00,0x00,0x00,0x00,0x00,0x00,0x18,0x08,0x20,0x06,0x10,0x1A,0x08,0x05,0x40,
0x7F,0xFF,0xFF,0xFF,0xFF,0xFF,0xFF,0xF8,0x08,0x20,0x0A,0x20,0x31,0x10,0x09,0x20,
0x7F,0xFF,0xFF,0xFF,0xFF,0xFF,0xFF,0xF8,0x08,0x20,0x09,0x40,0xD1,0x10,0x11,0x10,
0x00,0x21,0x02,0x10,0x21,0x02,0x10,0x00,0x08,0x20,0x10,0x80,0x10,0xA0,0x21,0x0E,
0x00,0x21,0x02,0x10,0x21,0x02,0x10,0x00,0x10,0x20,0x21,0x40,0x10,0x40,0xC1,0x04,
0x00,0x21,0x02,0x10,0x21,0x02,0x10,0x00,0x10,0x20,0x42,0x30,0x10,0xB0,0x01,0x00,
0x00,0x21,0x02,0x10,0x21,0x02,0x10,0x00,0x20,0x20,0x8C,0x0E,0x51,0x0E,0x01,0x00,
0x00,0x21,0x02,0x10,0x21,0x02,0x10,0x00,0x40,0x20,0x30,0x04,0x26,0x04,0x01,0x00,
0x00,0x21,0x02,0x10,0x21,0x02,0x10,0x00,0x00,0x00,0x00,0x00,0x00,0x00,0x00,0x00,
0x00,0x21,0x02,0x10,0x21,0x02,0x10,0x00,0x00,0x00,0x00,0x00,0x00,0x00,0x00,0x00,
0x00,0x3F,0x03,0xF0,0x3F,0x03,0xF0,0x00,0x00,0x00,0x00,0x00,0x00,0x00,0x00,0x00,
0x00,0x00,0x00,0x00,0x00,0x00,0x00,0x00,0x00,0x00,0x00,0x00,0x00,0x00,0x00,0x00,
};
```

（2）ST7920 系列液晶屏基本函数定义模块 lcm.c。

```c
#include< stc15.h>
#define uchar unsigned char
#define uint unsigned int
#define M_FOSC 11059200L              //主时钟频率
/********** IO 口定义 **********/
sbit LCD_RS = P2^5;                   //LCD 内部寄存器选择,L 选指令 R,H 选数据 R
sbit LCD_RW = P2^6;                   //LCD 读写控制信号,H 读,L 写
sbit LCD_E = P2^7;                    //LCD 访问使能控制,H 指令数据有效,下降沿触发内部操作
sbit PSB = P2^4;                      //PSB 脚为 ST7920 系列串、并接口切换,PSB = 1 使用并口
sbit LCD_RST = P2^3;                  //LCM 复位引脚,低电平有效
#define LCD_Data P0                   //8 位并口
#define Busy 0x80                     //用于检测 LCM 状态字中的 Busy 标志

/******** 声明局部函数 ********/
uchar RdStatusLCD();                  //读 LCD 状态函数
void WrComLCD(uchar wc);              //写 LCD 命令函数; wc:待写指令字
uchar RdDataLCD();                    //读 LCD 数据函数; 返回 RAM 数据
void WrDataLCD(uchar wd);             //写 LCD 数据函数; wd:待写数据
void DrawPixel(uchar X,uchar Y);
/*绘制 1 个像素点函数; 在(x,y)处画点,x:0~127,y:0~63 */
void delay_ms(uint ms);              //延时函数; ms:需延时的毫秒数
void LCDInit();                       //LCD 初始化函数
void LCDClear();                      //清屏函数
void DispListChar(uchar X,uchar Y,uchar code * PS);
/*显示字串函数;从 Y 行 X 格起始至行尾或申终,PS 为字符串数组首址 */
void WrUserDot(uchar C);             //单个自定义字符字模写入 CGRAM 函数; C:字编号 0~3
void DispUserChar(uchar X,uchar Y,uchar C);
/*显示单个自定义字符函数; Y 行 X 格,C:字编号 0~3 */
void DispImage(uchar code * PS);
/*显示图形函数;用 CODE 区 1024 字节数据设置全部 IRAM 并显示,PS 数据数组首址 */
void ClearImage();                    //清除 IRAM 图形数据
void DrawHorLine(uchar X1,uchar X2,uchar Y);
/*绘制水平直线函数; 从(X1,Y)到(X2,Y) */
void DrawVerLine(uchar Y1,uchar Y2,uchar X);
/*绘制竖直直线函数; 从(X,Y1)到(X,Y2) */

#include "cgimagedata.h"

/*** 延时函数,ms~延时毫秒数 ***/
/*其中"while(--i);"语句执行时间计算,需查编译后的汇编语言程序单及第 8 章指令表 */
void  delay_ms(uint ms)
{   uint i;
    do{
        i = M_FOSC/13000;
        while( -- i);                 //每个循环执行时间 13T
```

```
        }while( -- ms);
}


/ ********** 读状态函数 ********** /
uchar RdStatusLCD()
{    LCD_Data = 0xFF;                  //准双向读之前先写1
     LCD_RS = 0;LCD_RW = 1;           //RS = L,RW = H 时,E = L 从 LCM 读状态
     LCD_E = 1;                        //E 高电平
     while(LCD_Data & Busy);           //检测忙信号
     LCD_E = 0;                        //E 低电平
     return LCD_Data;                  //返回地址值
}


/ ********** 写指令函数 ********** /
void WrComLCD(uchar wc)
{    RdStatusLCD();                    //忙检测
     LCD_RS = 0;LCD_RW = 0;           //RS = L,RW = L 时,E 下降沿指令锁存到 LCM
     LCD_Data = wc;                    //指令送到 P0 口
     LCD_E = 1;LCD_E = 0;              //锁存脉冲
}


/ ********** 读数据函数 ********** /
uchar RdDataLCD()
{    uchar rdtmp;
     RdStatusLCD();                    //忙检测
     LCD_Data = 0xFF;                  //准双向读之前先写1
     LCD_RS = 1;LCD_RW = 1;           //RS = H,RW = H 时,E 高 LCM 数据输出到 I/O
     LCD_E = 1;                        //E 高电平
     rdtmp = LCD_Data;                 //读数据
     LCD_E = 0;                        //E 低电平
     return rdtmp;                     //返回数据
}


/ ********** 写数据函数 ********** /
void WrDataLCD(uchar wd)
{    RdStatusLCD();                    //忙检测
     LCD_RS = 1;LCD_RW = 0;           //RS = H,RW = L 时,E 下降沿数据锁存到 LCM
     LCD_Data = wd;                    //数据送到 P0 口
     LCD_E = 1;LCD_E = 0;              //锁存脉冲
}
/ ******** LCM 初始化函数 ********* /
void LCDInit()
{    PSB = 1;                          //并口(PSB = 0;    //SPI 口)
     delay_ms(10);                     //延时 10ms
     LCD_RST = 0;                      //LCD 复位
     delay_ms(10);                     //延时 10ms
     LCD_RST = 1;                      //解除复位
```

```
        delay_ms(100);                      //延时 100ms
        WrComLCD(0x30);                      //设置屏模式,8 位并口 + 基本指令集
        WrComLCD(0x01);                      //显示清屏
        WrComLCD(0x06);                      //设置显示数据读写时光标右移动
        WrComLCD(0x0C);                      //显示开 + 光标隐 + 光标字符正常显示
}


/********* LCM 清屏函数 *********/
void LCDClear()
{    WrComLCD(0x01);                         //显示清屏
}


/** 在指定位置显示一串字符函数 **/
void DispListChar(uchar X, uchar Y, uchar code * PS)
{    uchar i = 0, X2;
        X& = 0x07;                           //限制 X 不能大于 7
        X2 = X << 1;                         //X2 为当前行 DDRAM 的首字节
        switch(Y&0x03)                       //根据行数选择写 DDRAM 地址的指令字
        {    case 0:X| = 0x80;break;
             case 1:X| = 0x90;break;
             case 2:X| = 0x88;break;
             case 3:X| = 0x98;break;
        }
        WrComLCD(X);                         //发送写 DDRAM 地址指令
        while(PS[i]>= 0x20 && X2 < 16)       //若到达字串尾或行尾则退出
        {    WrDataLCD(PS[i]);               //字符编码写入 DDRAM
             i++;                            //指向字符编码下一字节
             X2++;
        }
}


/* 在指定位置显示自定义字符函数 */
void DispUserChar(uchar X, uchar Y, uchar C)
{    X& = 0x07;                              //限制 X 不能大于 7
        switch(Y&0x03)                       //根据行数选择写 DDRAM 地址的指令字
        {    case 0:X| = 0x80;break;
             case 1:X| = 0x90;break;
             case 2:X| = 0x88;break;
             case 3:X| = 0x98;break;
        }
        WrComLCD(X);                         //发送写 DDRAM 地址指令
        WrDataLCD(0x00);                     //LCD 写自定义字符编码首字节 0H
        WrDataLCD(C << 1);                   //LCD 写自定义字符编码次字节 0 或 2 或 4 或 6H
}


/** 自定义字符字模写入 CGRAM 函数 */
void WrUserDot(uchar C)
```

```
{   uchar i;
    WrComLCD(0x40 + (C&3) * 16);         //设定 CGRAM 地址
    for(i = 0;i < 32;i++)
        WrDataLCD(cgdata[(C&3) * 32 + i]);    //将自定义字符字模写到 CGRAM
}


/ * 用 CODE 数据设置 IRAM 并显示图形 * /
void DispImage(uchar code * PS)
{   uchar X,Y;
    for(Y = 0;Y < 64;Y++)                 //Y:0~31 行上半屏,Y:32~63 行下半屏
    {   WrComLCD(0x34);                   //功能设定:8 位并口 + 扩展指令集
        WrComLCD(0x80 + (Y&0x1f));        //GDRAM 垂直地址
        WrComLCD(0x80 + ((Y >> 2)&8));    //水平地址,上下半屏 AC 首址 00H 或 08H
        WrComLCD(0x30);                   //功能设定:8 位并口 + 基本指令集
        for(X = 0;X < 16;X++)
            WrDataLCD(PS[Y * 16 + X]);    //读取 CODE 数据写入 LCD 的 GDRAM
    }
    WrComLCD(0x36);                       //功能设定:8 位并口 + 扩展指令集 + 绘图显示 ON
    WrComLCD(0x30);                       //功能设定:8 位并口 + 基本指令集
}


/ ********* 清除 GDRAM 图形 ******** /
void ClearImage()
{   uchar X,Y;
    for(Y = 0;Y < 64;Y++)                 //Y:0~31 行上半屏,Y:32~63 行下半屏
    {   WrComLCD(0x34);                   //功能设定:8 位并口 + 扩展指令集
        WrComLCD(0x80 + (Y&0x1f));        //GDRAM 垂直地址
        WrComLCD(0x80 + ((Y >> 2)&8));    //水平地址,上下半屏 AC 首址 00H 或 08H
        WrComLCD(0x30);                   //功能设定:8 位并口 + 基本指令集
        for(X = 0;X < 16;X++)WrDataLCD(0x00);    //00H 写入 LCD 的 GDRAM
    }
    WrComLCD(0x36);                       //功能设定:8 位并口 + 扩展指令集 + 绘图显示 ON
    WrComLCD(0x30);                       //功能设定:8 位并口 + 基本指令集
}


/ ***** 在(x,y)绘点像素函数 ****** /
//原点左上角.水平 X:0~127,竖直 Y:0~63(0~31 上半屏,32~63 下半屏)
void DrawPixel(uchar X,uchar Y)
{   uchar tmp1,tmp2;
    WrComLCD(0x34);                       //功能设定:8 位并口 + 扩展指令集
    WrComLCD(0x80 + (Y&0x1f));            //GDRAM 垂直地址
    WrComLCD(0x80 + ((Y >> 2)&8) + ((X >> 4)&7));
                                          //水平地址:上下半屏首址 00H 或 08H + (X/16)
    WrComLCD(0x30);                       //功能设定:8 位并口 + 基本指令集
    RdDataLCD();                          //盲读
    tmp1 = RdDataLCD();                   //读高字节数据
    tmp2 = RdDataLCD();                   //读低字节数据
```

```
        if((X&8) == 0)tmp1| = 0x80 >>(X&7);        //(X 低 4 位):0～7,则修改高字节数据
        else tmp2| = 0x80 >>(X&7);                  //(X 低 4 位):8～15,则修改低字节数据
        WrComLCD(0x34);                              //功能设定:8 位并口 + 扩展指令集
        WrComLCD(0x80 + (Y&0x1f));                   //GDRAM 垂直地址
        //水平地址:上下半屏首址 00H 或 08H + (X/16)
        WrComLCD(0x80 + ((Y >> 2)&8) + ((X >> 4)&7));
        WrComLCD(0x30);                              //功能设定:8 位并口 + 基本指令集
        WrDataLCD(tmp1);                             //修改后的显示数据写回(高字节)
        WrDataLCD(tmp2);                             //修改后的显示数据写回(低字节)
        WrComLCD(0x36);                              //功能设定:8 位并口 + 扩展指令集 + 绘图显示 ON
        WrComLCD(0x30);                              //功能设定:8 位并口 + 基本指令集
}


/******* 绘水平直线函数 *********/
void DrawHorLine(uchar X1,uchar X2,uchar Y)
{    uchar i;
     for(i = X1;i <= X2;i++)DrawPixel(i,Y);
}


/******* 绘竖直直线函数 *********/
void DrawVerLine(uchar Y1,uchar Y2,uchar X)
{    uchar i;
     for(i = Y1;i <= Y2;i++)DrawPixel(X,i);
}
```

(3) 系统功能主程序模块 main.c。

```
/* 12864 点阵液晶模块基本程序
(1) ST7920 系列 12864 点阵液晶屏,采用 8 位并行接口
(2) 研究纯字符(中文、西文和自定义中文)显示控制程序的设计方法
(3) 研究纯图形显示控制程序的设计方法
(4) 研究图文混合显示控制程序的设计方法
*/
#include< stc15.h>
#define uchar unsigned char
#define uint unsigned int
#define M_FOSC 11059200L                    //主时钟频率
/********** IO 口定义 **********/
sbit P_595_DS = P4^0;                        //定义 74HC595 的串行数据接口
sbit P_595_SH = P4^3;                        //定义 74HC595 的移位脉冲接口
sbit P_595_ST = P5^4;                        //定义 74HC595 的输出寄存器锁存信号接口
/******** 定义局部函数 ********/
void DisableHC595();                         //关闭实验板上的数码显示器函数


/******** 声明外部函数 ********/
extern void DrawPixel(uchar X,uchar Y);
/* 绘制 1 个像素点函数;在(x,y)处画点,x:0～127,y:0～63 */
```

```c
extern void delay_ms(uint ms);              //延时函数; ms:需延时的毫秒数
extern void LCDInit();                       //LCD 初始化函数
extern void LCDClear();                      //清屏函数
extern void DispListChar(uchar X,uchar Y,uchar code * PS);
/* 显示字串函数; 从 Y 行 X 格起始至行尾或串终,PS 为字符串组首址 */
//单个自定义字符字模写入 CGRAM 函数; C:字编号 0~3
extern void WrUserDot(uchar C);
extern void DispUserChar(uchar X,uchar Y,uchar C);
/* 显示单个自定义字符函数; Y 行 X 格,C:字编号 0~3 */
extern void DispImage(uchar code * PS);
/* 显示图形函数; 用 CODE 区 1024 字节数据设置全部 IRAM 并显示,PS 数据数组首址 */
extern void ClearImage();                    //清除 IRAM 图形数据
extern void DrawHorLine(uchar X1,uchar X2,uchar Y);
/* 绘制水平直线函数; 从(X1,Y)到(X2,Y) */
extern void DrawVerLine(uchar Y1,uchar Y2,uchar X);
/* 绘制竖直直线函数; 从(X,Y1)到(X,Y2) */
extern uchar code sine_da[];
extern uchar code gImage_mcu[];
uchar code str[] = {"ST7920 类 12864"};

void main(void)
{   uchar i;
    P0M1 = 0;P0M0 = 0;                       //设置为准双向口
    P1M1 = 0;P1M0 = 0;                       //设置为准双向口
    P2M1 = 0;P2M0 = 0;                       //设置为准双向口
    P3M1 = 0;P3M0 = 0;                       //设置为准双向口
    P4M1 = 0;P4M0 = 0;                       //设置为准双向口
    P5M1 = 0;P5M0 = 0;                       //设置为准双向口
    DisableHC595();                          //禁止掉学习板上的 HC595 显示,省电
    delay_ms(100);                           //启动等待,等 LCD 进入工作状态
    LCDInit();                               //LCM 初始化
    ClearImage();                            //清除绘图 RAM(GDRAM)
    WrUserDot(0);WrUserDot(1);WrUserDot(2);WrUserDot(3);
    while(1)
    {   LCDClear();                          //清屏
        DispImage(gImage_mcu);               //显示图形
        delay_ms(3000);                      //延时 3 秒
        ClearImage();
        DrawHorLine(16,127,47);              //画水平直线(16,47)到(127,47)
        DrawVerLine(0,47,16);                //画竖直直线(16,0)到(16,47)
        for(i = 0;i < 112;i++)DrawPixel(i + 16,sine_da[i % 56]);  //画正弦线
        DispUserChar(0,0,0);                 //0 行 0 字格显示"自定义字 0"
        DispUserChar(0,1,1);                 //1 行 0 字格显示"自定义字 1"
        DispUserChar(0,2,2);                 //2 行 0 字格显示"自定义字 2"
        DispUserChar(0,3,3);                 //3 行 0 字格显示"自定义字 3"
        DispListChar(1,3,str);               //3 行 1 字格显示字库中的西文字串
        delay_ms(7000);                      //延时 7 秒
```

```
      }
   }
/******* 关闭数码显示函数 *******/
void DisableHC595()
{   uchar i;                              //从串入并出接口输出16位1
    P_595_DS = 1;                         //从串行数据口输出1
    for(i = 0;i < 16;i++)                 //16个移位脉冲
    {   P_595_SH = 1;P_595_SH = 0;
    }
    P_595_ST = 1;P_595_ST = 0;            //输出锁存脉冲,锁存输出数据
}
```

12.8.3　实验内容

1. ST7920 系列 12864 液晶屏模块基本程序设计及其在系统调试

试解读所有源程序,在实验板上实现所构思的液晶屏显示系统功能。

(1) 新建文件夹,分别用于存放本实验中 ST7920 系列 12864 液晶屏模块基本程序工程项目、C51 源程序等文件。

(2) 用 μVision4 集成开发环境,创建液晶屏模块基本程序工程项目,创建各模块源程序文件,并将其添加到项目中。

(3) 设置工程项目的目标:单片机型号、时钟频率、编译生成的目标文件名及路径等。

(4) 用 STC-ISP 在线编程器,设置好单片机型号、时钟源和频率等选项,打开本实验的目标程序,并将程序下载到实验板上,在系统调试程序,直到完成预定的液晶屏显示系统的功能。

2. 串行通信方式的液晶屏显示系统基本程序设计及其在系统调试

若 ST7920 系列 12864 液晶屏模块与 STC 单片机的通信方式改为串行通信,试修改相关程序,实现原有功能。

12.8.4　思考题

问题 1　当前机动车驾驶员使用太阳镜多数为半透镜,戴上这样的太阳镜,看车载电脑液晶屏时,有时会出现黑屏,试说明为什么。

问题 2　试简要说明 ST7920 系列 12864 点阵液晶屏绘图 RAM 地址及数据位与像素点(X,Y)的坐标之间的关系。

问题 3　本实验中在液晶屏上画正弦曲线时,曲线呈现断续状,而不是用一些折线段连接起来的平滑曲线,有什么方法可以解决?

12.8.5　实验报告要求

实验报告要求同案例Ⅰ。

附　　录

本附录包括：

- 附录 A　ASCII 码字符表；
- 附录 B　C51 编译器选项卡；
- 附录 C　C51 其他库函数；
- 附录 D　STC1515W4K32S4 系列单片机引脚分布；
- 附录 E　STC15-Ⅳ实验板 USB 串口驱动程序安装；
- 附录 F　STC15 系列单片机汇编指令集；
- 附录 G　STC15 系列单片机片内 RAM 与特殊功能寄存器；
- 附录 H　STC15-Ⅳ实验板原理图汇总。

扫码可详细阅读。

附　录

图 书 资 源 支 持

感谢您一直以来对清华大学出版社图书的支持和爱护。为了配合本书的使用，本书提供配套的资源，有需求的读者请扫描下方的"书圈"微信公众号二维码，在图书专区下载，也可以拨打电话或发送电子邮件咨询。

如果您在使用本书的过程中遇到了什么问题，或者有相关图书出版计划，也请您发邮件告诉我们，以便我们更好地为您服务。

我们的联系方式：

地　　址：北京市海淀区双清路学研大厦 A 座 701

邮　　编：100084

电　　话：010-83470236　010-83470237

资源下载：http://www.tup.com.cn

客服邮箱：tupjsj@vip.163.com

QQ：2301891038（请写明您的单位和姓名）

用微信扫一扫右边的二维码，即可关注清华大学出版社公众号。

教学资源·教学样书·新书信息

人工智能科学与技术
人工智能|电子通信|自动控制

资料下载·样书申请

书圈